中 国 国 家 标 准 汇 编

537

GB 28458～28495

（2012 年制定）

中国标准出版社　编

中国标准出版社

北　京

图书在版编目(CIP)数据

中国国家标准汇编:2012年制定.537:GB 28458～28495/中国标准出版社编.—北京:中国标准出版社,2013.11

ISBN 978-7-5066-7268-9

Ⅰ.①中… Ⅱ.①中… Ⅲ.①国家标准-汇编-中国-2012 Ⅳ.①T-652.1

中国版本图书馆CIP数据核字(2013)第186332号

中国标准出版社出版发行
北京市朝阳区和平里西街甲2号(100013)
北京市西城区三里河北街16号(100045)

网址 www.spc.net.cn
总编室:(010)64275323 发行中心:(010)51780235
读者服务部:(010)68523946

中国标准出版社秦皇岛印刷厂印刷
各地新华书店经销

*

开本 880×1230 1/16 印张 36.75 字数 1 120 千字
2013年11月第一版 2013年11月第一次印刷

*

定价 220.00 元

出 版 说 明

1.《中国国家标准汇编》是一部大型综合性国家标准全集。自1983年起，按国家标准顺序号以精装本、平装本两种装帧形式陆续分册汇编出版。它在一定程度上反映了我国建国以来标准化事业发展的基本情况和主要成就，是各级标准化管理机构，工矿企事业单位，农林牧副渔系统，科研、设计、教学等部门必不可少的工具书。

2.《中国国家标准汇编》收入我国每年正式发布的全部国家标准，分为"制定"卷和"修订"卷两种编辑版本。

"制定"卷收入上一年度我国发布的、新制定的国家标准，顺延前年度标准编号分成若干分册，封面和书脊上注明"20××年制定"字样及分册号，分册号一直连续。各分册中的标准是按照标准编号顺序连续排列的，如有标准顺序号缺号的，除特殊情况注明外，暂为空号。

"修订"卷收入上一年度我国发布的、被修订的国家标准，视篇幅分设若干分册，但与"制定"卷分册号无关联，仅在封面和书脊上注明"20××年修订-1，-2，-3，……"字样。"修订"卷各分册中的标准，仍按标准编号顺序排列（但不连续）；如有遗漏的，均在当年最后一分册中补齐。需提请读者注意的是，个别非顺延前年度标准编号的新制定的国家标准没有收入在"制定"卷中，而是收入在"修订"卷中。

读者配套购买《中国国家标准汇编》"制定"卷和"修订"卷则可收齐由我社出版的上一年度我国制定和修订的全部国家标准。

3.由于读者需求的变化，自1996年起，《中国国家标准汇编》仅出版精装本。

4.2012年我国制修订国家标准共2 101项。本分册为"2012年制定"卷第537分册，收入国家标准GB 28458～28495的最新版本。

中国标准出版社

2013年8月

目　　录

ICS 35.040
L 80

中华人民共和国国家标准

GB/T 28458—2012

信息安全技术　安全漏洞标识与描述规范

Information security technology—Vulnerability identification and description specification

2012-06-29 发布　　2012-10-01 实施

中华人民共和国国家质量监督检验检疫总局
中国国家标准化管理委员会　发布

前　言

本标准按照GB/T 1.1—2009给出的规则起草。

请注意本文件的某些内容可能涉及专利。本文件的发布机构不承担识别这些专利的责任。

本标准由全国信息安全标准化技术委员会(SAC/TC 260)提出并归口。

本标准起草单位:国家信息技术安全研究中心、中国科学院研究生院国家计算机网络入侵防范中心。

本标准主要起草人:张玉清、宫亚峰、王宏、刘奇旭、付安民。

引　言

随着计算机及互联网技术的发展，信息安全环境越来越复杂，信息安全隐患越来越严重。计算机信息系统安全漏洞已经成为影响网络信息安全的重要因素。为规范和加强计算机信息系统安全漏洞的管理，制定统一的安全漏洞标识与描述规范是十分必要的。

信息安全技术　安全漏洞标识与描述规范

1　范围

本标准规定了计算机信息系统安全漏洞的标识与描述规范。

本标准适用于计算机信息系统安全管理部门进行安全漏洞信息发布和漏洞库建设。

2　规范性引用文件

下列文件对于本文件的应用是必不可少的。凡是注日期的引用文件，仅注日期的版本适用于本文件。凡是不注日期的引用文件，其最新版本(包括所有的修改单)适用于本文件。

GB/T 7408—2005　数据元和交换格式　信息交换　日期和时间表示法(ISO 8601:2000)

GB/T 7713—1987　科学技术报告、学位论文和学术论文的编写格式

GB/T 15835—2011　出版物上数字用法

GB/T 25069—2010　信息安全技术　术语

3　术语和定义

GB/T 25069—2010界定的以及下列术语和定义适用于本文件。

3.1

计算机信息系统　computer information system

由计算机及其相关的和配套的设备、设施(含网络)构成的，按照一定的应用目标和规则对信息进行采集、加工、存储、传输、检索等处理的人机系统。

[GB/T 25069—2010，定义2.1.14]

3.2

安全漏洞　vulnerability

计算机信息系统在需求、设计、实现、配置、运行等过程中，有意或无意产生的缺陷。这些缺陷以不同形式存在于计算机信息系统的各个层次和环节之中，一旦被恶意主体所利用，就会对计算机信息系统的安全造成损害，从而影响计算机信息系统的正常运行。

4　安全漏洞标识与描述

4.1　原则

本标准的制定遵循以下原则：

a)　简明原则：对安全漏洞信息进行筛选，提炼安全漏洞管理所需要的基本内容，保证安全漏洞描述简洁明确。

b)　客观原则：安全漏洞描述便于安全漏洞信息的发布和安全漏洞数据库的建设。

4.2　描述项

安全漏洞描述项如图1所示，包括标识号、名称、发布时间、发布单位、类别、等级、影响系统等必须

的描述项(图1实线框描述项),并可根据需要扩充(但不限于)相关编号、利用方法、解决方案建议、其他描述等描述项(图1虚线框描述项)。

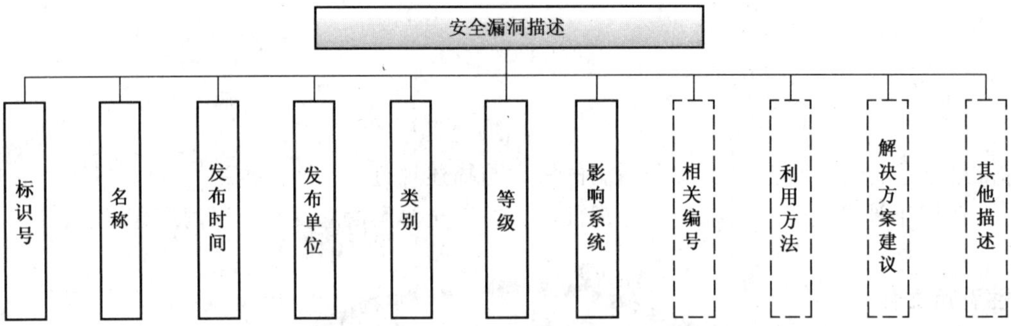

图1　安全漏洞描述项

安全漏洞描述所采用文字、字符、数字等书写形式,采用GB/T 7713—1987和GB/T 15835—2011。

4.2.1　标识号

安全漏洞以CVD-YYYY-NNNNNN格式为标识号。CVD为Common Vulnerabilities Description的缩写;YYYY为4位十进制数字,表示产生本安全漏洞的年份;NNNNNN为6位十进制数字,表示当年内产生的安全漏洞的序号。

4.2.2　名称

安全漏洞标题,概括性描述安全漏洞信息的短语,例如Internet Explorer 8.0缓冲区溢出漏洞。

4.2.3　发布时间

安全漏洞信息发布日期,日期书写采用GB/T 7408—2005中5.2.1.1完全表示法的扩展格式。

4.2.4　发布单位

发布安全漏洞的单位全称。

4.2.5　类别

安全漏洞所属分类,说明安全漏洞分类归属的信息。

4.2.6　等级

安全漏洞危害级别,说明安全漏洞能够造成的危害程度。

4.2.7　影响系统

安全漏洞所影响系统的信息,例如厂商、产品名称和版本号等。

4.2.8　相关编号

安全漏洞的其他相关编号,例如Bugtraq编号、CVE编号等。

4.2.9　利用方法

安全漏洞利用的方法,例如安全漏洞攻击方案或利用代码。

4.2.10　解决方案建议

安全漏洞的解决方案，例如补丁信息等。

4.2.11　其他描述

安全漏洞描述需要说明的其他相关信息，例如安全漏洞产生的具体原因。

参 考 文 献

［1］ NIST Special Publication 800-51. Use of Common Vulnerabilities and Exposures（CVE） Vulnerability Naming Scheme. http：//csrc. nist. gov/publications/nistpubs/800-51/sp800-51. pdf

［2］ National Vulnerability Database. http：//nvd. nist. gov/

ICS 97.160
W 57

GB

中华人民共和国国家标准

GB/T 28459—2012

公共用纺织品

Public textiles

2012-06-29 发布　　2012-12-01 实施

中华人民共和国国家质量监督检验检疫总局
中国国家标准化管理委员会　发布

前　言

本标准按照 GB/T 1.1—2009 给出的规则起草。

本标准由中国纺织工业联合会提出。

本标准由全国家用纺织品标准化技术委员会(SAC/TC 302)归口。

本标准起草单位:南京金龙纺实业有限公司、江苏省纺织产品质量监督检验研究院。

本标准主要起草人:魏长生、李辉、唐祖根。

公 共 用 纺 织 品

1 范围

本标准规定了公共用纺织品(床单、被套、枕套、毛巾类和服装)的术语和定义、要求、抽样、试验方法、检验规则以及标志和包装。

本标准适用于以纯棉、棉涤混纺/交织为原料的公共用纺织品(床单、被套、枕套、毛巾类和服装),其他原料的产品可参照使用。

2 规范性引用文件

下列文件对于本文件的应用是必不可少的。凡是注日期的引用文件,仅注日期的版本适用于本文件。凡是不注日期的引用文件,其最新版本(包括所有的修改单)适用于本文件。

GB/T 250 纺织品 色牢度试验 评定变色用灰色样卡

GB/T 3917.2 纺织品 织物撕破性能 第2部分:裤形试样(单缝)撕破强力的测定

GB/T 3920 纺织品 色牢度试验 耐摩擦色牢度

GB/T 3921 纺织品 色牢度试验 耐皂洗色牢度

GB/T 3923.1 纺织品 织物拉伸性能 第1部分:断裂强力和断裂伸长率的测定 条样法

GB/T 4802.2 纺织品 织物起毛起球性能的测定 第2部分:改型马丁代尔法

GB/T 4841.3 染料染色标准深度色卡 2/1、1/3、1/6、1/12、1/25

GB/T 7069 纺织品 色牢度试验 耐次氯酸盐漂白色牢度

GB/T 8170 数值修约规则与极限数值的表示和判定

GB/T 8628 纺织品 测定尺寸变化的试验中织物试样和服装的准备、标记及测量

GB/T 8629 纺织品 试验用家庭洗涤和干燥程序

GB/T 8630 纺织品 洗涤和干燥后尺寸变化的测定

GB/T 14801 机织物与针织物纬斜和弓纬试验方法

GB 18401 国家纺织产品基本安全技术规范

GB/T 21196.2 纺织品 马丁代尔法织物耐磨性的测定 第2部分:试样破损的测定

GB/T 22798 毛巾产品脱毛率测试方法

GB/T 22799 毛巾产品吸水性测试方法

3 术语和定义

下列术语和定义适用于本文件。

3.1

公共用纺织品 public textiles

在公共场所,供不同的人重复使用的纺织品。

4 要求

4.1 内在质量

4.1.1 公共用纺织品(床单、被套、枕套和服装)内在质量指标包括断裂强力、撕破强力、耐磨、起球、耐

皂洗色牢度、耐摩擦色牢度、耐氯漂色牢度、水洗尺寸变化率和纬斜，指标见表1。

表1 公共用纺织品(床单、被套、枕套和服装)内在质量指标

序号	考核项目			单位	新品要求	水洗90次后要求
1	断裂强力 ≥		经向	N	450	350
			纬向		380	330
2	撕破强力 ≥	涤纶含量<30%	经向	N	9	6
			纬向		9	6
		涤纶含量≥30%	经向		11	6
			纬向		11	6
3	耐磨 ≥			次	20 000	
4	起球 ≥			级	3	
5	色牢度[a] ≥	耐皂洗	变色	级	4	—
			沾色		4	—
		耐摩擦	干摩		4	—
			湿摩		3-4	—
		耐氯漂	变色		4	—
6	水洗尺寸变化率 ≥	床单、被套、枕套	经向	%	−10	—
			纬向		−2	—
		服装	经向		−5	—
			纬向		−2	—
7	纬斜 ≤			%	3	—

[a] 色牢度要求包括辅料，如绣花、缝线、水洗标、印字等。

4.1.2 公共用纺织品(毛巾类)内在质量指标包括断裂强力、吸水性、脱毛率和色牢度，指标见表2。

4.1.3 深色产品降半级要求；以颜色深度大于或等于GB/T 4841.3标准2/1色卡为深色。

表2 公共用纺织品(毛巾类)内在质量指标

序号	考核项目			单位	新品要求	水洗60次后要求
1	断裂强力 ≥			N	220	200
2	吸水性 ≤			s	30	
3	脱毛率 ≤			%	—	5
4	色牢度[a] ≥	耐皂洗	变色	级	4	—
			沾色		4	—
		耐摩擦	干摩	级	4	—
			湿摩		3-4	—
		耐氯漂	变色	级	4	—

[a] 色牢度要求包括辅料，如绣花、缎档、缝线、水洗标、印字等。

4.2 外观质量

4.2.1 公共用纺织品(床单、被套、枕套)

4.2.1.1 外观质量指标见表3。

表3 公共用纺织品(床单、被套、枕套)外观质量指标

序号	考核项目	指标
1	规格尺寸偏差率/% ≥	−1.0
2	色花、色差/级 ≥	4-5
3	破损、针眼、色、污渍	不允许
	线状疵点	长度≤3 cm的允许1处/件
	条块状疵点	长度≤3 cm的允许1处/件
4	缝针质量	无跳、浮、漏、偏针,无脱线
5	缝纫质量	针迹均匀、直、牢固,卷边拼缝平服齐直,宽狭一致,不露毛;接针套正,5 cm以上重叠;起止回针≥3道,长度≥2 cm;针密度≥11针/3 cm

4.2.1.2 线状疵点:沿经向或纬向延伸的、宽度不超过0.2 cm的所有各类疵点。条块状疵点:沿经向或纬向延伸的、宽度超过0.2 cm的疵点,不包括色、污渍。

4.2.1.3 破损:相邻的纱、线断2根及以上的破洞,破边,0.3 cm及以上的跳花。

4.2.2 公共用纺织品(毛巾类)

4.2.2.1 外观质量指标见表4。

4.2.2.2 线状疵点:粗细程度为一根纱线及以内,长度≥1 cm的织疵。每3 cm及以内为一处,超过3 cm的累计计算。一处疵点长度不应超过6 cm。条状疵点:粗细程度为两根纱线及以内,长度≥0.5 cm的织疵。每1.5 cm及以内为一处,超过1.5 cm的累计计算,一处疵点长度不应超过4.5 cm。块状疵点:脱毛露底、梯形毛。

4.2.2.3 破损性疵点为经纬共计断3根纱及以上。

表4 公共用纺织品(毛巾类)外观质量指标

序号	考核项目		指标
1	规格尺寸偏差率[a]/% ≥		−2.0
2	色差、色花/级 ≥		4
3	线状疵点/(处/条)	方巾、面巾	≤2
		浴巾	≤4
	条状疵点/(处/条)	方巾、面巾	≤1
		浴巾	≤2
	块状疵点、油污、色渍、破损性疵点		不允许
4	缝针质量	不回针、散角	不允许
		跳针、脱线	不允许
		平缝针密度 ≥	14针/5 cm
		包缝针密度 ≥	16针/5 cm

[a] 尺寸偏差考核绝对值小于1 cm按1 cm考核。

4.3 产品应符合 GB 18401 的要求。

4.4 特殊要求按双方合同协议的约定执行。

5 抽样

5.1 内在质量检验抽样方案见表 5。

表 5 内在质量检验抽样方案

批量范围 N	样本大小 n	合格判定数 Ac	不合格判定数 Re
2～1 200	2	0	1
1 201～3 200	3	0	1
3 201～10 000	5	0	1
＞10 000	8	0	1
注：内在质量抽样的样本由满足进行表 1 检验的样品组成。			

5.2 外观质量检验抽样方案见表 6。

表 6 外观质量检验抽样方案

批量范围 N	样本大小 n	合格判定数 Ac	不合格判定数 Re
20～1 200	20	1	2
1 201～10 000	32	3	4
10 001～35 000	50	5	6
＞35 000	80	10	11

5.3 检验样品从检验批中随机抽取。

5.4 实施抽样时，当样本大小 n 大于批量 N 时，实施全检，合格判定数 Ac 为 0。

5.5 抽样方案另有规定和合同协议的，按有关规定和合同协议执行。

6 试验方法

6.1 内在质量检测

6.1.1 断裂强力的测定按 GB/T 3923.1 执行。

6.1.2 撕破强力的测定按 GB/T 3917.2 中的单舌法执行。

6.1.3 耐磨的测定按 GB/T 21196.2 执行。

6.1.4 起球的测定按 GB/T 4802.2 执行。

6.1.5 耐皂洗色牢度的测定按 GB/T 3921 中的试验 C，洗涤温度 80 ℃执行。

6.1.6 耐摩擦色牢度的测定按 GB/T 3920 执行。

6.1.7 耐氯漂色牢度的测定按 GB/T 7069 执行。

6.1.8 水洗尺寸变化率检测按 GB/T 8628、GB/T 8629 和 GB/T 8630 执行，选用 2A 程序、干燥方法 E，重复 3 次。

6.1.9 水洗 90 次、水洗 60 次，程序参见附录 A。

6.1.10 纬斜的测定按 GB/T 14801 执行。
6.1.11 吸水性的测定按 GB/T 22799 中的 A 法执行。
6.1.12 脱毛率的测定按 GB/T 22798 执行。

6.2 外观质量检测

6.2.1 外观

以产品的正面为主，检验时产品表面照度不低于 600 lx，检验人员以目光进行检查。

6.2.2 规格尺寸偏差率的测定

6.2.2.1 工具：钢尺。
6.2.2.2 将产品平摊在检验台上，用手轻轻理平，使产品呈自然伸缩状态，用钢尺在整个产品长、宽方向的四分之一和四分之三处测量，精确到 1 mm，按式(1)进行计算，计算结果按 GB/T 8170 修约至 1 位小数。
6.2.2.3 计算公式见式(1)。

$$P=\frac{L_1-L_0}{L_0}\times 100\% \qquad \cdots\cdots(1)$$

式中：
P——规格尺寸偏差率，%；
L_0——产品规格尺寸明示值，单位为毫米(mm)；
L_1——产品规格尺寸实测值，单位为毫米(mm)。

6.2.3 色差、色花检测

用 GB/T 250 评定变色用灰色样卡进行评定。

7 检验规则

7.1 单件产品内在质量、外观质量分别按表 1、表 2、表 3、表 4 中最低一项评定，综合质量按内在质量和外观质量中的最低等评定。
7.2 判定内在质量时抽样按表 5 执行，判定外观质量时抽样按表 6 执行。不合格数小于 Re，则判检验批合格；不合格数大于或等于 Re，则判检验批不合格。
7.3 综合质量评定按内在质量抽样检查和外观质量抽样检查中最低等评定。

8 标志和包装

8.1 产品上应有规格的标志。
8.2 产品包装应确保产品不易散落、破损、沾污、受潮，或按供需双方协商确定。

附　录　A
（资料性附录）
公共用纺织品的洗涤程序

A.1　全自动滚筒洗衣脱水机技术参数

A.1.1　滚筒直径 900 mm～1 070 mm。
A.1.2　径深 480 mm～610 mm。
A.1.3　提升片 3 个～4 个。
A.1.4　转速 38 r/min～800 r/min。
A.1.5　温度≥80 ℃。

A.2　转筒烘干机技术参数

A.2.1　转筒直径≥1 000 mm。
A.2.2　温度≤80 ℃。

A.3　烫平机技术参数

A.3.1　辊筒直径 600 mm～800 mm。
A.3.2　熨烫温度≥150 ℃。
A.3.3　熨烫速度≥25 m/min。

A.4　试剂

A.4.1　工业用通用洗衣粉，成分比例如下：
a)　十二烷基苯磺酸钠 5％；
b)　脂肪醇聚氧乙烯醚 5％；
c)　羧甲基纤维素 2％；
d)　纯碱 30％；
e)　偏硅酸钠 10％；
f)　4A 沸石 30％；
g)　元明粉 18％。
A.4.2　氧漂粉：过硼酸钠 80％；EDTA20％。
A.4.3　氯漂粉：二氯异氰脲酸钠含量 28％。
A.4.4　中和酸：柠檬酸 60％，柠檬酸钠 40％。

A.5　洗涤程序

A.5.1　洗涤用水：自来水。
A.5.2　洗涤剂：工业用通用洗衣粉。

A.5.3 洗脱机装载量:80%~85%

A.5.4 洗涤剂用量:以泡沫高度为 2 cm~3 cm 为宜。

A.5.5 预洗:高水位;3 min~5 min;不加洗涤剂。

A.5.6 主洗:低水位;40 ℃时加工业用通用洗衣粉;水温 80 ℃洗 5 min~8 min。

A.5.7 氧漂:低水位;80 ℃时加氧漂粉,洗涤 5 min。

A.5.8 每 10 次洗涤,其中一次为氯漂;氯漂工艺:低水位,60 ℃时加氯漂粉,洗涤 5 min~8 min。

A.5.9 漂洗 1:高水位;3 min~5 min;水温 40 ℃。

A.5.10 漂洗 2:高水位;3 min;水温常温。

A.5.11 漂洗中和:低水位;中和酸调至符合要求的 pH 值;5 min;水温 40 ℃。

A.5.12 脱水:高脱 3 min~5 min。

A.5.13 烘干:40 min~50 min,温度 80 ℃。

A.5.14 烫平:滚筒烫平(毛巾类产品除外)。

ICS 59.080.30
W 59

中华人民共和国国家标准

GB/T 28460—2012

马尾衬布

Horsetail hair interlining

2012-06-29 发布　　2012-12-01 实施

中华人民共和国国家质量监督检验检疫总局
中国国家标准化管理委员会　发布

前言

本标准按照 GB/T 1.1—2009 给出的规则起草。

本标准由中国纺织工业联合会提出。

本标准由全国纺织品标准化技术委员会(SAC/TC 209)归口。

本标准起草单位:河北华龙马尾衬布有限公司、纺织工业标准化研究所。

本标准主要起草人:彭亚卿、徐路、滑均凯。

马 尾 衬 布

1 范围

本标准规定了马尾衬布的要求、试验方法、检验规则、包装和标志及其他要求。

本标准适用于以棉或涤棉纱为经纱、以单根马尾为纬纱交织而成的纯棉马尾衬布和涤棉马尾衬布。

2 规范性引用文件

下列文件对于本文件的应用是必不可少的。凡是注日期的引用文件，仅注日期的版本适用于本文件。凡是不注日期的引用文件，其最新版本(包括所有的修改单)适用于本文件。

GB/T 3923.1 纺织品 织物拉伸性能 第1部分:断裂强力和断裂伸长率的测定 条样法

GB/T 4666 纺织品 织物长度和幅宽的测定

GB/T 4668 机织物密度的测定

GB/T 8628 纺织品 测定尺寸变化的试验中织物试样和服装的准备、标记和测量

GB/T 8630 纺织品 洗涤和干燥后尺寸变化的测定

GB/T 8631 纺织品 织物因冷水浸渍而引起的尺寸变化的测定

GB/T 13772.3 纺织品 机织物接缝处纱线抗滑移的测定 第3部分:针夹法

GB/T 14801 机织物与针织物纬斜和弓纬试验方法

GB 18401 国家纺织产品基本安全技术规范

GB/T 19981.2 纺织品 织物和服装的专业维护、干洗和湿洗 第2部分:使用四氯乙烯干洗和整烫时性能试验的程序

GB/T 28188 纺织品 马尾衬布回弹性的测定 环状挂重法

3 要求

3.1 产品分类

马尾衬布按经纱原料分类，经纱为纯棉纱的为纯棉马尾衬布，经纱为涤棉混纺纱的为涤棉马尾衬布。

3.2 产品分等

产品的品等按内在质量和外观质量的检验结果评定，并以其中较低一项定等，分为一等品和合格品，低于合格品者为不合格品。其中，内在质量和外观质量分别以其最低一项定等。

3.3 技术要求

3.3.1 内在质量

马尾衬布的内在质量应符合表1的要求。

表 1 内在质量要求

项目		要求	
		一等品	合格品
pH(甲醛)		符合 GB 18401 的要求	
断裂强力/N ≥	经向	涤棉 800,纯棉 600	涤棉 650,纯棉 450
	纬向	250	200
断裂伸长率/% ≤	经向	涤棉 18,纯棉 8	涤棉 17,纯棉 7
	纬向	10	8
经纱滑移量/mm ≤		6	7
织物密度偏差/(根/10 cm)	经纱	±10	±20
	纬纱	±5	±10
水浸尺寸变化率/%	经向	−1.0～0	−1.5～0
	纬向	−0.3～0	−0.6～0
干洗尺寸变化率/%	经向	−0.3～0	−0.5～0
	纬向	−0.3～0	−0.5～0
回弹性/%	急弹性变形率	80	75
	缓弹性变形率	88	85

3.3.2 外观质量

马尾衬布的外观质量应符合表 2 的要求。外观质量按卷评定,以 50 m 为计量单位,不定长包装或其他定长包装的,按比例增加或减少。

表 2 外观质量要求

项目	要求	
	一等品	合格品
纬斜/% ≤	2.5	4.0
幅宽偏差/cm	−0.2	−0.5
线状疵点[a]/(个/50 m) ≤	3	5
条状疵点[b]/(个/50 m) ≤	3	5
马尾疵点[c]/(个/50 m) ≤	30	50
破洞[d]/(个/50 m) ≤	2	5
跳纱[e]/(个/50 m) ≤	30	50
松边、紧边、破边、折皱	不允许	不允许明显的
每卷允许段数及段长	两段,每段不低于 10 m	三段,每段不低于 5 m

[a] 线状疵点:宽度<0.1 cm,长度>1 cm 的疵点。

[b] 条状疵点:宽度>0.1 cm,长度>1 cm 的疵点。

[c] 马尾没有平直的排在经纱之间,弓出布面成为≤0.2 cm 的点状或成为>0.2 cm 的环状。

[d] 经纬共断 2 根纱以上,且<0.3 cm。

[e] 1 根～2 根经(纬)纱线不按组织起伏跳过 5 根及以上纬(经)纱。

4 试验方法

4.1 断裂强力和断裂伸长率的测定按 GB/T 3923.1 执行。

4.2 经纱滑移量的测定按 GB/T 13772.3 执行，定负荷值为 100 N。

4.3 织物密度的测定按 GB/T 4668 执行。

4.4 冷水浸渍尺寸变化率的测定按 GB/T 8631 执行。

4.5 干洗尺寸变化率的测定按 GB/T 8628 和 GB/T 8630 执行，采用 GB/T 19981.2 中的正常材料干洗程序。

4.6 回弹性的测定按 GB/T 28188 执行。

4.7 纬斜的测定按 GB/T 14801 执行。

4.8 幅宽的测定按 GB/T 4666 执行，以协议值或标称值作为基准值计算幅宽偏差率，以百分率表示，精确至 0.1%。

4.9 外观疵点检验以产品正面为主。检验应在水平检验台上进行，采用正常白昼北光或日光灯照明，台面照度不低于 750 lx，目光与台面距离 60 cm 左右。

5 检验规则

5.1 抽样

以交货批号的同一品种、同一规格、同一色别的产品作为检验批。内在质量和外观质量的检验抽样方案分别见表 3 和表 4。

表 3 内在质量检验抽样方案

单位为卷

批量 N	样本量 n	接收数 Ac	拒收数 Re
≤50	2	0	1
51～500	3	0	1
≥501	5	1	2

表 4 外观质量检验抽样方案

单位为卷

批量 N	样本量 n	接收数 Ac	拒收数 Re
≤15	2	0	1
16～25	3	0	1
26～90	5	1	2
91～150	8	1	2
151～280	13	2	3
281～500	20	3	4
≥501	32	5	6

5.2 内在质量的判定

按3.3.1对批样的每个样本进行内在质量测定，符合3.3.1相应品等要求的，则为内在质量合格，否则为不合格。如果所有样本的内在质量合格，或不合格样本数不超过表3的接收数Ac，则该批产品内在质量合格。如果不合格样本数达到了表3的拒收数Re，则该批产品质量不合格。

5.3 外观质量的判定

按3.3.2对批样的每个样本进行外观质量评定，符合3.3.2相应品等要求的，则为外观质量合格，否则为不合格。如果所有样本的外观质量合格，或不合格样本数不超过表4的接收数Ac，则该批产品外观质量合格。如果不合格样本数达到了表4的拒收数Re，则该批产品质量不合格。

5.4 结果判定

按5.2和5.3判定，若均为合格，则该批产品合格。

6 包装和标志

6.1 产品按卷包装，卷长根据协议或合同规定。

6.2 应保证在储运中产品的包装不破损，产品不沾污、不受潮。

6.3 产品的包装上应标明下列内容：

a) 产品名称和类型；

b) 产品主要规格(例如：幅宽、密度)；

c) 颜色；

d) 执行的标准编号；

e) 生产企业名称和地址。

7 其他要求

供需双方另有要求，可按合同或协议执行。

ICS 59.080.99
W 59

中华人民共和国国家标准

GB/T 28461—2012

碳纤维预浸料

Carbon fiber prepreg

2012-06-29 发布 2012-12-01 实施

中华人民共和国国家质量监督检验检疫总局
中国国家标准化管理委员会 发布

前　言

本标准按照 GB/T 1.1—2009 给出的规则起草。

本标准由中国纺织工业联合会提出。

本标准由全国纺织品标准化技术委员会(SAC/TC 209)归口。

本标准起草单位:威海光威集团有限责任公司、哈尔滨玻璃钢研究院。

本标准主要起草人:林凤森、张淑萍、段长兵、夏向欣、李书乡、李盛林、高赫、商伟辉、丁新静。

碳纤维预浸料

1 范围

本标准规定了碳纤维预浸料的术语和定义、分类和标记、要求、检验规则、包装和标识、贮运及其他要求。

本标准适用于单向碳纤维和碳纤维织物增强环氧树脂预浸料。

2 规范性引用文件

下列文件对于本文件的应用是必不可少的。凡是注日期的引用文件,仅注日期的版本适用于本文件。凡是不注日期的引用文件,其最新版本(包括所有的修改单)适用于本文件。

GB/T 1447 纤维增强塑料拉伸性能试验方法

GB/T 1448 纤维增强塑料压缩性能试验方法

GB/T 1449 纤维增强塑料弯曲性能试验方法

GB/T 1450.1 纤维增强塑料层间剪切强度试验方法

GB/T 3354 定向纤维增强塑料拉伸性能试验方法

GB/T 3356 单向纤维增强塑料弯曲性能试验方法

GB/T 3856 单向纤维增强塑料平板压缩性能试验方法

HB 7736.2 复合材料预浸料物理性能试验方法 第2部分:面密度的测定

HB 7736.3 复合材料预浸料物理性能试验方法 第3部分:纤维面密度的测定

HB 7736.4 复合材料预浸料物理性能试验方法 第4部分:挥发份含量的测定

HB 7736.5 复合材料预浸料物理性能试验方法 第5部分:树脂含量的测定

HB 7736.7 复合材料预浸料物理性能试验方法 第7部分:凝胶时间的测定

JC/T 773 单向纤维增强塑料层间剪切强度试验方法

3 术语和定义

下列术语和定义适用于本文件。

3.1

贫树脂区 staved resin areas

明显可见的预浸料中含有未被树脂浸渍的区域。

3.2

富树脂区 execessive resin areas

明显可见树脂含量超过预浸料平均厚度的区域。

3.3

纱毛团 yarn feathers

纤维的断纱、毛丝聚集在一起,形成夹杂在预浸料中的毛团或疏松丝束。

4 分类和标记

4.1 分类

碳纤维预浸料分为两类：

——A 类：单向碳纤维预浸料；

——C 类：碳纤维织物预浸料。

4.2 标记

碳纤维预浸料按名称、代号（包括纤维牌号、树脂牌号、类别、纤维面密度）和本标准编号进行标记，表示如下。

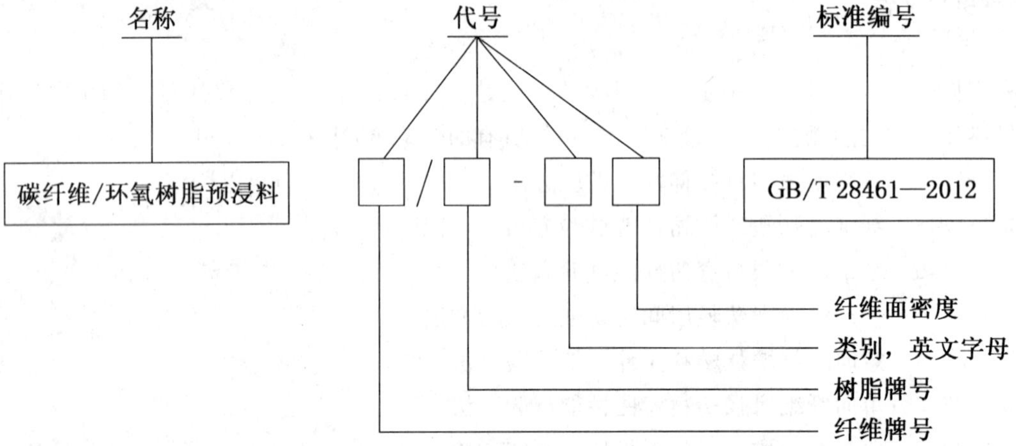

示例：碳纤维为 CCF300，环氧树脂为 5884，纤维面密度为 150 g/m^2，按本标准生产的单向碳纤维预浸料标记为：碳纤维/环氧树脂预浸料 CCF300/5884-A150 GB/T 28461—2012。

5 要求

5.1 原材料

5.1.1 碳纤维

碳纤维的性能应满足表 1 的要求。

表 1 碳纤维的主要性能指标

类别	项目	单位	指标
碳纤维	拉伸强度	MPa	≥3 530
	拉伸弹性模量	GPa	≥230

5.1.2 基体树脂

满足最终产品的性能要求，适合于预浸工艺的环氧树脂。

5.2 外观质量

预浸料的外观质量应符合表 2 的规定。

表 2 预浸料的外观质量

类别	外观要求
A类	1. 外观平整，厚度均匀，不应有对使用、操作不利的明显缺陷。 2. 纤维应连续，不应有明显的交叉变形、起皱或松散。 3. 树脂应浸透纤维，分布均匀，不应有明显可见干纱及明显的贫、富树脂区。 4. 不应有任何外来杂质。 5. 不应有损伤纤维的永久性折叠、褶皱。 6. 纤维的间隙：在每平方米内允许有不多于3处的长度小于300 mm、宽度小于1 mm的空隙。 7. 纱毛团：在每平方米内纱毛团累积面积小于0.02 m^2，纱毛团的存在未使纤维产生变形
C类	1. 外观平整，厚度均匀，不应有对使用、操作不利的明显缺陷。 2. 树脂应浸透纤维，分布均匀，不应有明显可见干纱及明显的贫、富树脂区。 3. 不应有任何外来杂质。 4. 不应有损伤纤维的永久性折叠、褶皱。 5. 织物无稀密路，经、纬纱无明显变形及断经、断纬现象，经纱与纬纱应相互垂直，经纱与经纱、纬纱与纬纱相互平行

5.3 规格尺寸

预浸料以卷状形式供应。每卷长度为100 m，宽度为1 000 mm，宽度偏差不大于10 mm。

5.4 物理性能

物理性能应符合表3的规定。

表 3 物理性能

类型	物理性能					
	纤维面密度/(g/m^2)	纤维面密度偏差/%	树脂含量/%	预浸料面密度/(g/m^2)	预浸料面密度偏差/%	挥发分含量/%
A类	54	±5	40±3	90	±5	≤1.5
	75		38±3	121		
	100		33±3	149		
	125			186		
	150			224		
	175			262		
	200			298		
	225	±8		336	±8	
	250			373		
	300			448		
	600			896		

表3（续）

类型	物理性能					
	纤维面密度/(g/m²)	纤维面密度偏差/%	树脂含量/%	预浸料面密度/(g/m²)	预浸料面密度偏差/%	挥发分含量/%
C类	125	±5	40±3	209	±5	≤1.5
	160			267		
	200			333		
	220			367		
	280			467		
	330			550		
	370			617		
	640			1 067		

5.5 层合板力学性能

碳纤维预浸料层合板力学性能应符合表4的规定。

表4 层合板力学性能

性能	类型	
	A类	C类
0°(或经向)拉伸强度/MPa	≥1 700	≥400
0°(或经向)拉伸弹性模量/GPa	≥120	≥40
90°(或纬向)拉伸强度/MPa	≥15	≥350
90°(或纬向)拉伸弹性模量/GPa	≥8	≥30
0°(或经向)弯曲强度/MPa	≥1 100	—
0°(或经向)弯曲弹性模量/GPa	≥100	—
0°(或经向)压缩强度/MPa	≥850	≥300
层间剪切强度/MPa	≥65	≥15

6 检验规则

6.1 检验分类

本标准规定的检验分为出厂检验和型式检验。有下列情况之一时应进行型式检验：

a） 新产品或老产品转厂的试制定型鉴定；

b） 正常生产后，如产品结构、材料、工艺等有较大改变；

c） 停产一段时间，又恢复生产；

d） 当发生质量争议或质量仲裁时。

6.2 组批规则

以同批原料、按相同工艺在同一生产周期内连续生产的产品为一批。

6.3 抽样方案

从每批产品中随机抽取预浸料进行检验。规格尺寸和外观质量应逐件检验，取样数量应根据批量范围按表5的抽样方案进行。

表5 抽样方案

每批预浸料卷数	取样卷数
1～3	1
4～10	2
11～30	3
31～75	4
75以上	5

6.4 检验项目

按表6的检验项目进行检验。

表6 检验项目

		出厂检验	型式检验	要求章节号	检验方法章节号
外观质量		√	√	5.2	6.6.1
规格尺寸		√	√	5.3	6.6.2
物理性能	预浸料面密度	√	√	5.4	6.6.3.1
	纤维面密度	√	√	5.4	6.6.3.2
	挥发分含量	√	√	5.4	6.6.3.3
	树脂含量	√	√	5.4	6.6.3.4
	凝胶时间	√	√	5.4	6.6.3.5
层合板力学性能	0°(或经向)拉伸强度	—	√	5.5	6.6.4.1
	0°(或经向)拉伸弹性模量	—	√	5.5	6.6.4.1
	90°(或纬向)拉伸强度	—	√	5.5	6.6.4.1
	90°(或纬向)拉伸弹性模量	—	√	5.5	6.6.4.1
	0°(或经向)压缩强度	—	√	5.5	6.6.4.2
	0°(或经向)弯曲强度	—	√	5.5	6.6.4.3
	0°(或经向)弯曲弹性模量	—	√	5.5	6.6.4.3
	层间剪切强度	—	√	5.5	6.6.4.4

6.5 判定

生产企业应逐批进行出厂检验，符合本标准的为出厂检验合格。

在检验结果中，若有一项或一项以上不符合本标准要求，应加倍抽样复验，经复验后仍有一项不符合本标准要求，则判定该批产品不合格。

6.6 检验方法

6.6.1 外观

目测并配以分度值为 1 mm 的钢直尺检测。

6.6.2 尺寸

用最小刻度 1 mm、长度大于 1 m 的钢直尺测量预浸料的宽度，用数字记录仪测量预浸料的长度。

6.6.3 物理性能

6.6.3.1 预浸料面密度

预浸料面密度的检测，按 HB 7736.2 的规定执行。

6.6.3.2 纤维面密度

纤维面密度的检测，按 HB 7736.3 的规定执行。

6.6.3.3 挥发分含量

挥发分含量的检测，按 HB 7736.4 的规定执行。

6.6.3.4 树脂含量

树脂含量的检测，按 HB 7736.5 的规定执行。

6.6.3.5 凝胶时间

凝胶时间的检测，按 HB 7736.7 的规定执行。

6.6.4 层合板力学性能

6.6.4.1 拉伸性能

A 类：拉伸强度、拉伸模量按 GB/T 3354 的规定执行。

C 类：拉伸强度、拉伸模量按 GB/T 1447 的规定执行。

6.6.4.2 压缩性能

A 类：压缩强度按 GB/T 3856 的规定执行。

C 类：压缩强度按 GB/T 1448 的规定执行。

6.6.4.3 弯曲性能

A 类：弯曲强度、弯曲模量按 GB/T 3356 的规定执行。

C 类：弯曲强度、弯曲模量按 GB/T 1449 的规定执行。

6.6.4.4 层间剪切性能

A 类：层间剪切强度按 JC/T 773 的规定执行。

C 类：层间剪切强度按 GB/T 1450.1 的规定执行。

7 包装和标识

7.1 包装

预浸料两面使用聚乙烯压花薄膜（或平膜），亦可以一面用薄膜，另一面用离型纸，收卷在直径为 250 mm～300 mm 的硬纸芯筒上，然后将预浸料封装于清洁、气密性好的塑料袋中。

所选择聚乙烯薄膜的颜色与产品应有明显差异。

预浸料外包装应使用硬纸箱。预浸料与箱体应隔开，防止碰撞。

7.2 标识

7.2.1 在每件产品上应标识下列内容：

a) 产品名称、规格型号；

b) 生产日期、批号；

c) 规格尺寸；

d) 树脂含量。

7.2.2 产品外包装应标识下列内容：

a) 生产企业名称、地址；

b) 产品名称、规格型号；

c) 生产日期、批号及保质期；

d) 规格尺寸；

e) 注意小心轻放、防潮、冷冻贮存、方向及箱号等字样或图标。

8 贮运

8.1 贮存

预浸料产品应低温贮存。在室温（25 ℃）下，产品贮存期为 1 个月；在 −5 ℃～0 ℃ 条件下，产品贮存期为 3 个月；在 −18 ℃ 以下条件下，产品贮存期为 6 个月。

8.2 运输

预浸料应冷藏运输，避免受潮、日光曝晒，装卸时要小心轻放，不可翻滚或竖放，不可损伤包装。

9 其他要求

供需双方如另有要求，可按合同或协议执行。

ICS 59.080.30
W 59

中华人民共和国国家标准

GB/T 28462—2012

机织起绒合成革基布

Woven napping fabric for synthetic leather

2012-06-29 发布　　　　2012-12-01 实施

中华人民共和国国家质量监督检验检疫总局
中国国家标准化管理委员会　发布

前　言

本标准按照GB/T 1.1—2009给出的规则起草。

本标准由中国纺织工业联合会提出。

本标准由全国纺织品标准化技术委员会(SAC/TC 209)归口。

本标准起草单位:福建省纤维检验局、福建南纺股份有限公司、海宁市宏源无纺布业有限公司。

本标准主要起草人:杨瑜榕、王明葵、林登光、虞学锋、陈琪、彭惠华、林清华、毛国荣、王关兴。

机织起绒合成革基布

1 范围

本标准规定了机织起绒合成革基布产品的分类、技术要求、试验方法、检验规则以及包装和标志。

本标准适用于各类机织起绒合成革基布。

2 规范性引用文件

下列文件对于本文件的应用是必不可少的。凡是注日期的引用文件，仅注日期的版本适用于本文件。凡是不注日期的引用文件，其最新版本(包括所有的修改单)适用于本文件。

GB/T 250 纺织品 色牢度试验 评定变色用灰色样卡

GB/T 2910(所有部分) 纺织品 定量化学分析

GB/T 3820 纺织品和纺织制品厚度的测定

GB/T 3917.2 纺织品 织物撕破性能 第2部分：裤形试样(单缝)撕破强力的测定

GB/T 3920 纺织品 色牢度试验 耐摩擦色牢度

GB/T 3922 纺织品耐汗渍色牢度试验方法

GB/T 3923.1 纺织品 织物拉伸性能 第1部分：断裂强力和断裂伸长率的测定 条样法

GB/T 4666 纺织品 织物长度和幅宽的测定

GB/T 5713 纺织品 色牢度试验 耐水色牢度

GB/T 17592 纺织品 禁用偶氮染料的测定

GB/T 23344 纺织品 4-氨基偶氮苯的测定

FZ/T 01057(所有部分) 纺织纤维鉴别试验方法

FZ/T 01071 纺织品 毛细效应试验方法

FZ/T 30003 麻棉混纺产品定量分析方法 显微投影法

3 分类

3.1 机织起绒合成革基布按产品厚度分类，可分为重厚型、中厚型、轻薄型，见表1。

表1 按厚度分类

类别	厚度/mm
重厚型	>0.90
中厚型	0.60～0.90
轻薄型	<0.60

3.2 机织起绒合成革基布按其后道制革加工工艺分类，可分为干法用基布和湿法用基布。

3.3 机织起绒合成革基布按其用途分类，可分为服用和非服用。

4 技术要求

4.1 内在质量要求

内在质量要求见表 2。

表 2 内在质量要求

项 目		重厚型	中厚型	轻薄型
厚度偏差/mm		−0.08～+0.20	−0.06～+0.20	−0.05～+0.15
毛细效应[a]/(cm/5 min) ≥	服用	2.5		
	非服用	7.5	7.0	5.0
断裂强力/N ≥	经 向	400	300	260
	纬 向	350	280	240
撕破强力/N ≥	经 向	40	20	18
	纬 向	30	16	15
耐干摩擦色牢度		按 GB 18401 规定执行		
耐水色牢度				
耐汗渍色牢度				
可分解芳香胺染料				
纤维含量偏差		按 FZ/T 01053 规定执行		

[a] 干法基布不考核毛细效应。

4.2 外观质量要求

4.2.1 外观质量要求见表 3。

表 3 外观质量要求

项 目	要 求
幅宽偏差/cm	−2.0～+3.0
同匹前后色差/级 ≥	3-4
同批色差/级 ≥	3
布面疵点评分限度/(分/m^2) ≤	0.8

每匹布允许的外观疵点总评分按式(1)计算,计算结果修约到个位数。

$$A = 0.8 \times L \times W/100 \quad \cdots\cdots(1)$$

式中:

A ——每匹布允许的外观疵点总评分,单位为分每匹(分/匹);

L ——段(匹)长,单位为米(m);

W ——标准幅宽,单位为厘米(cm)。

4.2.2 布面外观疵点评分要求见表4。

表4 布面外观疵点评分

疵点	评分数			
	1分	2分	3分	4分
非破损性疵点	≤10.0 cm	10.1 cm～20.0 cm	20.1 cm～30.0 cm	30.1 cm～40.0 cm
破损性疵点	—	—	—	经纬纱线共断3根及以上
注1：不影响外观的疵点不考核。 注2：无论疵点大小和数量，经向1 m全幅范围内最多计4分。				

5 试验方法

5.1 内在质量试验方法

5.1.1 厚度的测定按GB/T 3820规定执行，试验压脚面积采用100 mm^2，厚度＜0.6 mm的基布施加压力100 cN，厚度在0.6 mm～0.9 mm的基布施加压力250 cN，厚度＞0.9 mm的基布施加压力300 cN，加压时间30 s。

5.1.2 毛细效应的测定按FZ/T 01071规定执行，其中测定时间为5 min。

5.1.3 断裂强力的测定按GB/T 3923.1规定执行。

5.1.4 撕破强力的测定按GB/T 3917.2规定执行。

5.1.5 耐摩擦色牢度的测定按GB/T 3920规定执行。

5.1.6 耐水色牢度的测定按GB/T 5713规定执行。

5.1.7 耐汗渍色牢度的测定按GB/T 3922规定执行。

5.1.8 可分解芳香胺染料的测定按GB/T 17592和GB/T 23344规定执行。

5.1.9 纤维含量的测定按GB/T 2910、FZ/T 01057、FZ/T 30003等规定执行。

5.2 外观质量检验

5.2.1 产品外观质量检验条件：采用验布机检验，验布机速度为16 m/min～18 m/min，将产品正面朝上放在与垂直线成15°～45°的验布机台面上，布面处光照度不低于600 lx，检验人员目光距离布面60 cm左右，目视测定，疵点检验以基布的正面为准。

5.2.2 长度和幅宽的测定按GB/T 4666规定执行。

5.2.3 色差评定方法：在北向光下或标准光源箱中用GB/T 250标准样卡评定色差等级。

5.2.4 布面外观疵点的量计

5.2.4.1 疵点的长度以经向或纬向的最大长度量计。

5.2.4.2 曲线形状的疵点按其面积最大距离量计，重叠疵点按评分最多的疵点评定。

5.2.5 成匹规定

5.2.5.1 机织起绒合成革基布卷筒要求平整紧密、布边整齐、无折皱，基布反面朝外。

5.2.5.2 同一匹机织起绒合成革基布各段的品种规格及基布毛向要求一致。

5.2.5.3 每匹机织起绒合成革基布只允许一段40 m长，其余各段应在40 m以上。

5.2.5.4 机织起绒合成革基布总长度在200 m以上的，每匹总段数不超过四段；总长度在200 m及以下的，每匹总段数不超过三段。

6 检验规则

6.1 取样

6.1.1 以交货批号的同一品种、同一规格、同一色别的产品作为检验批。

6.1.2 内在质量按检验批随机抽样，抽样方案见表5。抽样时距布头至少2 m处随机剪取1.5 m，所取试样不允许有影响试验结果的疵点。

表5 内在质量检验抽样方案

单位为匹

批量数 N	样本量 n	接收数 Ac	拒收数 Re
≤50	2	0	1
51～500	3	0	1
≥501	5	1	2

6.1.3 外观质量按检验批随机抽样，抽样方案见表6。

表6 外观质量检验抽样方案

单位为匹

批量数 N	样本量 n	接收数 Ac	拒收数 Re
≤15	2	0	1
16～25	3	0	1
26～90	5	1	2
91～150	8	1	2
151～280	13	2	3
≥281	20	3	4

6.2 结果判定

6.2.1 内在质量按4.1的要求对批样的每个样本的测试结果进行评定，各项指标均符合要求，则内在质量合格，否则为不合格。如果所有样本的内在质量合格，或不合格样本数不超过表5的接收数Ac，则判定该批产品内在质量合格。如果不合格样本数达到了表5中的拒收数Re，则判定该批产品内在质量不合格。

6.2.2 外观质量按4.2的要求对批样的每个样品进行评定，符合4.2的要求，则外观质量合格，否则为不合格。如果所有样品的外观质量合格，或不合格样品数不超过表6的接收数Ac，则判定该批产品外观质量合格。如果不合格样本数达到了表6中的拒收数Re，则判定该批产品外观质量不合格。

6.2.3 内在质量和外观质量均合格，则判定该批产品合格，否则判定该批产品不合格。

6.3 复验

6.3.1 检验时任何一方对所检验的结果有异议时，在规定的期限内，对所有异议的项目均可要求复验。

6.3.2 复验时按表5、表6中规定的数量加倍取样，复验结果按6.2的规定进行判定，以复验结果为准。

7 包装和标志

7.1 包装

产品包装应保证产品不散落、不破损、不沾污。

7.2 标志

标志要求明确、清晰、耐久、便于识别。标志应包括以下内容：

a) 产品名称；

b) 规格型号(按协议约定，例如，厚度、幅宽、颜色)；

c) 产品类型(单面或双面起绒、干法或湿法)；

d) 纤维含量；

e) 质量等级；

f) 每匹长度、段数；

g) 产品执行标准；

h) 制造者名称和地址；

i) 检验合格证。

ICS 59.080.40
W 59

中华人民共和国国家标准

GB/T 28463—2012

纺织品　装饰用涂层织物

Textiles—Coated fabrics for furnishings

2012-06-29 发布　　　　2012-12-01 实施

中华人民共和国国家质量监督检验检疫总局
中国国家标准化管理委员会　发布

前　言

本标准按照 GB/T 1.1—2009 给出的规则起草。

本标准由中国纺织工业联合会提出。

本标准由全国纺织品标准化技术委员会(SAC/TC 209)归口。

本标准起草单位:国家纺织制品质量监督检验中心、海宁中天检测有限公司、浙江和心纺织有限公司。

本标准主要起草人:姜慧霞、王宝军、郑园园、方春锦、王锋。

纺织品 装饰用涂层织物

1 范围

本标准规定了装饰用涂层织物的分类、要求、试验方法、检验规则以及包装、储运和标志等技术内容。

本标准适用于各类装饰用涂层织物。

2 规范性引用文件

下列文件对于本文件的应用是必不可少的。凡是注日期的引用文件,仅注日期的版本适用于本文件。凡是不注日期的引用文件,其最新版本(包括所有的修改单)适用于本文件。

GB/T 250 纺织品 色牢度试验 评定变色用灰色样卡

GB/T 420 纺织品 色牢度试验 颜料印染纺织品耐刷洗色牢度

GB/T 3917.2 纺织品 织物撕破性能 第2部分:裤形试样(单缝)撕破强力的测定

GB/T 3920 纺织品 色牢度试验 耐摩擦色牢度

GB/T 3923.1 纺织品 织物拉伸性能 第1部分:断裂强力和断裂伸长率的测定 条样法

GB/T 4666 纺织品 织物长度和幅宽的测定

GB/T 4744—1997 纺织织物 抗渗水性测定 静水压试验

GB/T 7742.1—2005 纺织品 织物胀破性能 第1部分:胀破强力和胀破扩张度的测定 液压法

GB/T 8427—2008 纺织品 色牢度试验 耐人造光色牢度:氙弧

GB/T 12588 塑料涂覆织物 聚氯乙烯涂覆层 融合程度快速检验法

GB 18401 国家纺织产品基本安全技术规范

GB/T 19981.2 纺织品 织物和服装的专业维护、干洗和湿洗 第2部分:使用四氯乙烯干洗和整烫时性能试验的程序

GB/T 21196.2—2007 纺织品 马丁代尔法织物耐磨性的测定 第2部分:试样破损的测定

FZ/T 01007 涂层织物 耐低温性的测定

FZ/T 01008—2008 涂层织物 耐热空气老化性的测定

FZ/T 01010 涂层织物 涂层粘附强度测定方法

FZ/T 01063 涂层织物 抗粘连性的测定

QB/T 2714 皮革 物理和机械试验 耐折牢度的测定

3 分类

3.1 装饰用涂层织物按涂层剂类型分类

——PVC涂层织物;

——PU涂层织物。

3.2 装饰用涂层织物按基布类型分类

——机织涂层织物;

——针织涂层织物；
——非织造涂层织物。

3.3 装饰用涂层织物按用途分类

——室内装饰用涂层织物，如：窗帘布、沙发布、台布等；
——室外装饰用涂层织物，如：遮阳布、灯箱布、蓬盖布等。

4 要求

4.1 安全性指标

室内装饰用涂层织物安全性能应符合 GB 18401 和其他相关强制性标准的要求。

4.2 内在质量

内在质量应符合表 1 要求。

表 1 内在质量要求

项目		室内装饰用	室外装饰用
断裂强力[a]/N ≥	经向	400	1 000
	纬向	200	600
胀破强力[b]/kPa ≥		400	700
撕破强力[a]/N ≥		25	40
耐磨性 ≥	耐磨次数/次	300	700
	变色/级	3	
静水压/kPa ≥		—	50
抗老化性		不发脆、不发黏、不分层、无裂痕	
耐低温性		—	−20 ℃不脆裂
粘附强度[c]/N ≥		12	
耐干洗性能[d]		外观变化不明显， 变色不低于 3-4 级	—
耐光色牢度/级 ≥		3	4
耐摩擦色牢度/级 ≥	干摩	4	
	湿摩	3-4(深色 3)	
耐刷洗色牢度/级 ≥		4	
抗粘连性		允许轻度粘连	
耐折牢度	20 ℃	3 万次无裂纹	
	−10 ℃	—	3 000 次无裂纹
燃烧性能		符合相关国家标准规定	
融合程度[e]		融合完全	

表 1（续）

项　　目	室内装饰用	室外装饰用
[a] 仅考核机织涂层织物。 [b] 机织涂层织物不考核。 [c] 难以剥离的按合格计。 [d] 仅考核可干洗涂层织物。 [e] 仅考核 PVC 涂层织物。		

4.3 外观质量

外观质量分为轻缺陷和重缺陷(见表 2)。每一卷(段)产品上不允许存在重缺陷,轻缺陷每 100 m^2 不超过 10 个。

表 2　外观质量的评定

序号	疵点名称		轻缺陷	重缺陷
1	分层、气泡、划伤		明显	严重
2	折痕、皱条、道痕		每 50 cm	＞200 cm
3	杂质		软质,宽度≤5 mm	硬质;软质,宽度＞5 mm
4	边不良,边陷		宽度≤1 cm,长度每 40 cm	宽度＞1 cm,或长度＞160 cm
5	油污渍、色渍		每 3 cm	＞10 cm
6	修补点		≤2 cm	＞2 cm
7	基布或涂层破损		≤3 mm	＞3 mm
8	有效幅宽偏差率		—	超过－2%
9	色差	左中右、前后	—	＜4 级
		匹间	—	＜3-4 级
		与确认样	—	＜3-4 级
10	色花等散布性疵点		不影响总体效果	影响总体效果

注 1：以长度度量的轻缺陷疵点,超过极限值的划段计数。

注 2：未列出的疵点参照相似疵点评定。

5　试验方法

5.1　断裂强力的测定按 GB/T 3923.1 执行。

5.2　胀破强力的测定按 GB/T 7742.1—2005 执行,试验面积为 7.3 cm^2。

5.3　撕破强力的测定按 GB/T 3917.2 执行。

5.4　耐磨性的测定按 GB/T 21196.2—2007 执行,压力为 9 kPa,涂层面为摩擦面。达到表 1 中规定的耐磨次数后,检查试样是否破损,并评定变色。如果试样破损,则不再评定变色。

5.5　静水压的测定按 GB/T 4744—1997 执行,水压上升速率为 6.0 kPa/min±0.3 kPa/min

(60 cmH_2O/min±3 cmH_2O/min),试样使用面接触水。

5.6 老化性能的测定按 FZ/T 01008—2008 中的方法 B 执行,70 ℃老化 168 h。

5.7 耐低温性能的测定按 FZ/T 01007 执行。

5.8 涂层粘附强度的测定按 FZ/T 01010 执行。

5.9 耐干洗性能的测定按 GB/T 19981.2 执行,将干洗后的试样与原样相比对,记录有无明显硬化、龟裂、分层、脱落、起泡等外观变化,并对色泽变化进行评级。

5.10 耐光色牢度的测定按 GB/T 8427—2008 中的方法 3 执行。

5.11 耐摩擦色牢度的测定按 GB/T 3920 执行,试样两面分别进行测试评级,考核时取级数较低的一面作为该试样的测试结果。

5.12 耐刷洗色牢度的测定按 GB/T 420 执行,检验以使用面为准。

5.13 抗粘连性的测定按 FZ/T 01063 执行。

5.14 耐折牢度的测定按 QB/T 2714 执行。

5.15 融合程度的测定按 GB/T 12588 执行。

5.16 幅宽的测定按 GB/T 4666 执行。

5.17 外观质量检验应在水平检验台或检验机上进行,检验灯光以正常北光为准,受条件所限时可采用日光灯照明(40 W,2 只~4 只),光源距台面 1.2 m 左右,台面照度不低于 750 lx,检验速度不大于 20 m/min。幅宽超过 100 cm,至少两人检验;幅宽超过 200 cm,至少三人检验。检验以使用面为准。疵点程度以不影响服用为轻微,对服用影响不大为明显,明显影响服用为严重。

5.18 色差的评定按 GB/T 250 执行。

6 检验规则

6.1 抽样

以交货批号的同一品种、同一规格、同一色别的产品作为检验批。内在质量和外观质量的检验抽样方案分别见表 3 和表 4。

表 3 内在质量检验抽样方案

批量 *N*/卷	样本量 *n*	接收数 Ac	拒收数 Re
≤50	2	0	1
51~500	3	0	1
≥501	5	0	1

表 4 外观质量检验抽样方案

批量 *N*/卷	样本量 *n*	接收数 Ac	拒收数 Re
≤15	2	0	1
16~25	3	0	1
26~90	5	0	1
91~150	8	1	2
151~280	13	1	2
281~500	20	2	3
≥501	32	3	4

6.2 内在质量的判定

按4.2对批样的每个样本进行内在质量测定，符合4.2对应要求的，则为内在质量合格，否则为不合格。如果所有样本的内在质量合格，或不合格样本数不超过表3的接收数Ac，则该批产品内在质量合格。如果不合格样本数达到了表3的拒收数Re，则该批产品质量不合格。

6.3 外观质量的判定

按4.3对批样的每个样本进行外观质量评定，符合4.3对应要求的，则为外观质量合格，否则为不合格。如果所有样本的外观质量合格，或不合格样本数不超过表4的接收数Ac，则该批产品外观质量合格。如果不合格样本数达到了表4的拒收数Re，则该批产品质量不合格。

6.4 结果判定

按6.2和6.3判定均为合格，则该批产品合格。

7 包装、储运和标志

7.1 产品定长包装，每卷长度及拼件率根据协议或合同规定。

7.2 应保证在储运中产品的包装不破损，产品不沾污、不受潮，避免阳光直射，防雨淋，保持清洁，禁止与酸、碱、油类以及有机溶剂等影响涂层质量的物质接触，置于干燥和通风的环境中。

7.3 每卷织物应附一个标签，包含下列内容：

a) 生产企业名称和地址；
b) GB 18401 安全类别；
c) 产品名称和批号；
d) 执行的标准编号；
e) 产品类型；
f) 产品规格（例如，平方米克重、有效宽度）；
g) 基布纤维种类；
h) 颜色；
i) 卷长（m）；
j) 生产日期。

ICS 59.080.40
W 59

中华人民共和国国家标准

GB/T 28464—2012

纺织品　服用涂层织物

Textiles—Coated fabrics for clothing

2012-06-29 发布　　2012-12-01 实施

中华人民共和国国家质量监督检验检疫总局
中国国家标准化管理委员会　发布

前言

本标准按照 GB/T 1.1—2009 给出的规则起草。

本标准由中国纺织工业联合会提出。

本标准由全国纺织品标准化技术委员会(SAC/TC 209)归口。

本标准起草单位:国家纺织制品质量监督检验中心、浙江朗莎尔维迪制衣有限公司。

本标准主要起草人:郑园园、王宝军、姜慧霞、顾洁萍。

纺织品　服用涂层织物

1　范围

本标准规定了服用涂层织物的分类、要求、试验方法、检验规则以及包装、储运和标志等技术内容。

本标准适用于各类服用涂层织物。

2　规范性引用文件

下列文件对于本文件的应用是必不可少的。凡是注日期的引用文件，仅注日期的版本适用于本文件。凡是不注日期的引用文件，其最新版本(包括所有的修改单)适用于本文件。

GB/T 250　纺织品　色牢度试验　评定变色用灰色样卡

GB/T 3917.2　纺织品　织物撕破性能　第2部分：裤形试样(单缝)撕破强力的测定

GB/T 3920　纺织品　色牢度试验　耐摩擦色牢度

GB/T 3921—2008　纺织品　色牢度试验　耐皂洗色牢度

GB/T 3923.1　纺织品　织物拉伸性能　第1部分：断裂强力和断裂伸长率的测定　条样法

GB/T 4666　纺织品　织物长度和幅宽的测定

GB/T 4744—1997　纺织织物　抗渗水性测定　静水压试验

GB/T 4745　纺织织物　表面抗湿性测定　沾水试验

GB/T 8427—2008　纺织品　色牢度试验　耐人造光色牢度：氙弧

GB/T 8629—2001　纺织品　试验用家庭洗涤和干燥程序

GB/T 12588　塑料涂覆织物　聚氯乙烯涂覆层　融合程度快速检验法

GB/T 12704.1　纺织品　织物透湿性试验方法　第1部分：吸湿法

GB 18401　国家纺织产品基本安全技术规范

GB/T 19976—2005　纺织品　顶破强力的测定　钢球法

GB/T 19981.2　纺织品　织物和服装的专业维护、干洗和湿洗　第2部分：使用四氯乙烯干洗和整烫时性能试验的程序

GB/T 21196.2—2007　纺织品　马丁代尔法织物耐磨性的测定　第2部分：试样破损的测定

FZ/T 01010　涂层织物　涂层粘附强度测定方法

FZ/T 01052　涂层织物　抗扭曲弯挠性能的测定

FZ/T 01063　涂层织物　抗粘连性的测定

QB/T 2714　皮革　物理和机械试验　耐折牢度的测定

3　分类

3.1　服用涂层织物按基布类型分类

——机织涂层织物；

——针织涂层织物；

——非织造涂层织物。

3.2 服用涂层织物按最终用途分类

——Ⅰ型：用于一般服用类涂层织物；
——Ⅱ型：用于防水透湿服用类涂层织物；
——Ⅲ型：用于工作服类涂层织物；
——Ⅳ型：用于防水服用类涂层织物。

4 要求

4.1 安全性指标

产品安全性指标应符合 GB 18401 和其他相关强制性标准的要求。

4.2 内在质量

内在质量应符合表1要求。

表1 内在质量要求

项目			要求 Ⅰ型	Ⅱ型	Ⅲ型	Ⅳ型
静水压/kPa	≥	原样	15	30	30	60
		屈挠后	—	25	20	45
		水洗后[a]	—	15	15	25
顶破强力[b]/N	≥		260	300	500	500
断裂强力[c]/N	≥	经向	300	500	900	900
		纬向	200	300	600	600
撕破强力[c]/N	≥		10	10	25	25
耐磨性	≥	耐磨次数/次	100	100	300	300
		变色/级	3			
透湿性/[g/(m²·d)]	≥		—	4 000	2 500	—
沾水/级	≥		3	4	3	4
抗粘连性			允许轻度粘连			
耐干洗性能[d]			无明显外观变化，变色不低于3-4级			
耐光色牢度/级	≥	变色	4(浅色、荧光色3-4)			
耐洗色牢度[a]/级	≥	变色	4			
		沾色	3-4			
耐摩擦色牢度/级	≥	干摩	4			
		湿摩	3-4(深色3)			
耐折牢度/级		20 ℃,25 000次	无裂纹			
		−10 ℃,3 000次	无裂纹			

表 1（续）

项目	要求			
	Ⅰ型	Ⅱ型	Ⅲ型	Ⅳ型
粘附强度[e]/N ≥	12			
融合程度[f]	融合完全			

[a] 仅考核可水洗涂层织物。
[b] 仅考核针织涂层织物。
[c] 仅考核机织涂层织物。
[d] 仅考核可干洗涂层织物。
[e] 难以剥离的按合格计。
[f] 仅考核 PVC 涂层织物。

4.3 外观质量

外观质量分为轻缺陷和重缺陷(见表 2)。每一卷(段)产品上不允许存在重缺陷,轻缺陷每 100 m^2 不超过 10 个。

表 2 外观质量的评定

序号	疵点名称		轻缺陷	重缺陷
1	分层、气泡、划伤		明显	严重
2	折痕、皱条、道痕		每 30 cm	>100 cm
3	杂质		软质,宽度≤3 mm	硬质;软质,宽度>3 mm
4	边不良,边陷		宽度≤1 cm,长度每 20 cm	宽度>1 cm,或长度>60 cm
5	油污渍、色渍		每 3 cm	>10 cm
6	修补点		≤2 cm	>2 cm
7	基布或涂层破损		≤2 mm	>2 mm
8	有效幅宽偏差率		—	超过−2%
9	色差	左中右、前后	—	<4 级
		匹间	—	<3-4 级
		与确认样	—	<3-4 级
10	色花等散布性疵点		不影响总体效果	影响总体效果

注 1：以长度度量的轻缺陷疵点,超过极限值的划段计数。
注 2：未列出的疵点参照相似疵点评定。

5 试验方法

5.1 静水压的测定按 GB/T 4744—1997 执行,水压上升速率为 6.0 kPa/min±0.3 kPa/min (60 cmH_2O/min±3 cmH_2O/min),试样使用面接触水。

屈挠和水洗试验的试样大小应满足静水压试验的要求。其中，屈挠程序按 FZ/T 01052 进行，9 000 循环；水洗程序按 GB/T 8629—2001 执行，6A 洗 3 个循环，C 法干燥。经任一程序处理后，若有任何开裂或分层、起泡等现象则判定该项指标不符合，并在试验报告中说明；若试样表面状态良好，则按照 GB/T 4744 进行静水压试验。

5.2 顶破强力的测定按 GB/T 19976—2005 执行，钢球直径为 38 mm。

5.3 断裂强力的测定按 GB/T 3923.1 执行。

5.4 撕破强力的测定按 GB/T 3917.2 执行。

5.5 耐磨性的测定按 GB/T 21196.2—2007 进行，压力为 3 kPa，涂层面为摩擦面。达到表 1 中规定的耐磨次数后，检查试样是否破损，并评定变色。如果试样破损，则不再评定变色。

5.6 透湿性的测定按 GB/T 12704.1 执行。

5.7 沾水的测定按 GB/T 4745 执行。

5.8 抗粘连性的测定按 FZ/T 01063 执行。

5.9 耐光色牢度的测定按 GB/T 8427—2008 中的方法 3 执行。

5.10 耐洗色牢度的测定按 GB/T 3921—2008 中的方法 A 执行，试样两面均采用多纤维贴衬进行测试评级，考核时取级数较低的一面作为该试样的测试结果。

5.11 耐干洗性能的测定按 GB/T 19981.2 执行，将干洗后的试样与原样相比对，记录有无明显硬化、龟裂、分层、脱落、起泡等外观变化，并对色泽变化进行评级。

5.12 耐摩擦色牢度的测定按 GB/T 3920 执行，试样两面分别进行测试评级，考核时取级数较低的一面作为该试样的测试结果。

5.13 耐折牢度的测定按 QB/T 2714 执行。

5.14 粘附强度的测定按 FZ/T 01010 执行。

5.15 融合程度的测定按 GB/T 12588 执行。

5.16 幅宽的测定按 GB/T 4666 执行。

5.17 外观质量检验应在水平检验台或检验机上进行，检验灯光以正常北光为准，受条件所限时可采用日光灯照明(40 W，2 只～4 只)，光源距台面 1.2 m 左右，台面照度不低于 750 lx，检验速度不大于 20 m/min。幅宽超过 100 cm，至少两人检验；幅宽超过 200 cm，至少三人检验。检验以使用面为准，疵点程度以不影响服用为轻微，对服用影响不大为明显，明显影响服用为严重。

5.18 色差的评定按 GB/T 250 执行。

6 检验规则

6.1 抽样

以交货批号的同一品种、同一规格、同一色别的产品作为检验批。内在质量和外观质量的检验抽样方案分别见表 3 和表 4。

表 3 内在质量检验抽样方案

批量 N	样本量 n	接收数 Ac	拒收数 Re
≤50	2	0	1
51～500	3	0	1
≥501	5	0	1

表 4 外观质量检验抽样方案

批量 N	样本量 n	接收数 Ac	拒收数 Re
≤15	2	0	1
16～25	3	0	1
26～90	5	0	1
91～150	8	1	2
151～280	13	1	2
281～500	20	2	3
≥501	32	3	4

6.2 内在质量的判定

按 4.2 对批样的每个样本进行内在质量测定，符合 4.2 对应要求的，则为内在质量合格，否则为不合格。如果所有样品的内在质量合格，或不合格样品数不超过表 3 的接收数 Ac，则该批产品内在质量合格。如果不合格样品数达到了表 3 的拒收数 Re，则该批产品质量不合格。

6.3 外观质量的判定

按 4.3 对批样的每个样本进行外观质量评定，符合 4.3 要求的，则为外观质量合格，否则为不合格。如果所有样本的外观质量合格，或不合格样本数不超过表 4 的接收数 Ac，则该批产品外观质量合格。如果不合格样本数达到了表 4 的拒收数 Re，则该批产品质量不合格。

6.4 结果判定

按 6.2 和 6.3 判定均为合格，则该批产品合格。

7 包装、储运和标志

7.1 产品定长包装，每卷长度及拼件率根据协议或合同规定。

7.2 应保证在储运中产品的包装不破损，产品不沾污、不受潮，避免阳光直射，防雨淋，保持清洁，禁止与酸、碱、油类以及有机溶剂等影响涂层质量的物质接触，置于干燥和通风的环境中。

7.3 每卷织物应附一个标签，包含下列内容：

a) 生产企业名称和地址；

b) GB 18401 安全类别；

c) 产品名称和批号；

d) 执行的标准编号；

e) 产品类型；

f) 产品规格(例如，平方米克重、有效宽度)；

g) 基布纤维种类；

h) 颜色；

i) 卷长(m)；

j) 生产日期。

ICS 59.080.01
W 10

中华人民共和国国家标准

GB/T 28465—2012

服装衬布检验规则

Inspection rules for garment interlinings

2012-06-29 发布　　　　2012-12-01 实施

中华人民共和国国家质量监督检验检疫总局
中国国家标准化管理委员会　发布

前　言

本标准按照 GB/T 1.1—2009 给出的规则起草。

本标准由中国纺织工业联合会提出。

本标准由全国纺织品标准化技术委员会棉纺织印染分技术委员会(SAC/TC 209/SC 2)归口。

本标准起草单位:维柏思特衬布(南通)有限公司、上海市纺织工业技术监督所、南通海汇服装辅料有限公司、浙江金三发粘合衬有限公司、中国产业用纺织品行业协会、上海市服装研究所。

本标准主要起草人:沈荣、张宝庆、曹平、严华荣、李桂梅、赵鲁江、姜倩、许鉴。

服装衬布检验规则

1 范围

本标准规定了各种材质的机织、针织、非织造服装衬布的验收、检验项目和试验方法、抽样方法和检验结果的评定及复验。

本标准适用于各种材质的机织、针织、非织造服装衬布的质量验收和复验。

2 规范性引用文件

下列文件对于本文件的应用是必不可少的。凡是注日期的引用文件，仅注日期的版本适用于本文件。凡是不注日期的引用文件，其最新版本(包括所有的修改单)适用于本文件。

FZ/T 01074 服装衬产品标识

3 验收

3.1 供货方根据检验结果，出具产品检验合格证。根据产品标准，收货方对该产品的质量、包装和标记的内容进行验收，并将验收结果及时通知供货方，供货方在15天内或双方约定时间内没有答复，应以收货方验收结果为准。

3.2 收货方如因条件限制，未在收到货物后15天内或双方约定时间内通知供货方验收结果，即按供货方检验结果收货。

4 检验项目和试验方法

检验和试验的类别、项目、方法均按相应产品标准的规定执行。凡有合约或供货协议的产品按其规定执行。产品质量标识的检验按 FZ/T 01074 规定执行。

5 抽样方法和检验结果的评定

5.1 外观质量

5.1.1 验收时根据批量大小，确定抽样数量及合格判定数，见表1。

表1 外观质量检验抽样规定

单位为卷

批量范围 N	样本大小 n	合格判定数 Ac	不合格判定数 Re
1～15	2	0	1
16～50	3	0	1
51～150	5	0	1
151～500	8	0	1

表 1（续） 单位为卷

批量范围 N	样本大小 n	合格判定数 Ac	不合格判定数 Re
501～3 200	13	1	2
3 200 以上	20	1	2
注：当批量范围小于样本大小时，全数检验。			

5.1.2 按产品标准中外观疵点评定要求，若抽样中发现不符合品等数小于或等于合格判定数，则判该批产品为合格；若抽样中发现不符合品等数等于或大于不合格判定数，则判该批产品为不合格。

5.2 理化性能

5.2.1 理化性能的抽验要求

理化性能按产品标准的考核项目要求，以供货批为单位，数量在 20 000 m 以内，抽样数量不得少于两块，每增加 10 000 m，抽样数量增加一块，分别在不同卷中抽验。每块抽样长度为不低于 1 m，在离卷头 1 m 以上剪取。

5.2.2 理化性能的结果判定

5.2.2.1 产品标准的考核项目中，服装衬剥离强力、组合试样水洗后外观变化及尺寸变化率、组合试样干洗后外观变化及尺寸变化率、组合试样干热尺寸变化率指标检测有一个样品不合格的，应在不合格卷中重新抽样，并从其他卷中再抽样，对不合格项目进行复验检测，最终结果以第二次检测为依据，若有指标不合格则判定该批产品不合格。

5.2.2.2 理化性能其他指标以全部抽验样品试验结果的平均值作为该批产品的试验结果，平均值合格则全批合格；平均值不合格则全批不合格。

5.3 包装和标志

包装和标志按相应标准执行，如不符合要求为不合格。

5.4 长度

5.4.1 每卷衬布实测长度误差在该卷衬布明示长度－0.2%范围内（弹性衬在－0.3%范围内），判该卷衬布长度验收合格。

5.4.2 长度抽样按表 1 执行。若抽样样本中发现长度短于标准规定的公差范围的卷数，小于或等于合格判定数，且平均每卷衬布实测长度大于或等于平均每卷衬布明示长度，则判该批产品长度为合格；若抽样样本中发现长度短于标准规定的公差范围的卷数，等于或大于不合格判定数，或平均每卷衬布实测长度小于平均每卷衬布明示长度，则判该批产品长度不合格。

5.5 拼件率

按供需双方协议规定，如不符合要求为不合格。

6 复验

6.1 如检验结果判定该批产品不合格，供需双方有异议时，可以会同复验或委托专业检验机构进行检测。复验以一次为准，凡判定合格的应作全批合格。

6.2 复验或委托专业检验机构进行检测的一切费用由责任方负责。

7 其他

7.1 服装衬发生贮存变质,经查明原因,应由责任方负责处理。

7.2 供货方交货后,如因收货方运输、贮藏、保管不良使产品质量受到影响时,应由收货方负责。

ICS 59.080.20
W 58

中华人民共和国国家标准

GB/T 28466—2012

涤纶长丝绣花线

Polyester filament embroidery threads

2012-06-29 发布　　2012-12-01 实施

中华人民共和国国家质量监督检验检疫总局
中国国家标准化管理委员会　发布

前 言

本标准按照 GB/T 1.1—2009 给出的规则起草。

本标准由中国纺织工业联合会提出。

本标准由全国纺织标准化技术委员会(SAC/TC 209)归口。

本标准起草单位:浙江华欣新材料股份有限公司。

本标准主要起草人:曹欣羊、钱樟宝、赵江峰、俞海祥、汪国民。

涤纶长丝绣花线

1 范围

本标准规定了涤纶长丝绣花线产品的分类、要求、分等规定、试验方法、验收规则以及包装、标识和贮运。

本标准适用于涤纶长丝绣花线。

2 规范性引用文件

下列文件对于本文件的应用是必不可少的。凡是注日期的引用文件，仅注日期的版本适用于本文件。凡是不注日期的引用文件，其最新版本(包括所有的修改单)适用于本文件。

GB/T 250 纺织品 色牢度试验 评定变色用灰色样卡

GB/T 251 纺织品 色牢度试验 评定沾色用灰色样卡

GB/T 3916 纺织品 卷装纱 单根纱线断裂强力和断裂伸长率的测定

GB/T 3920 纺织品 色牢度试验 耐摩擦色牢度

GB/T 3921—2008 纺织品 色牢度试验 耐皂洗色牢度

GB/T 4743—2009 纺织品 卷装纱 绞纱法线密度的测定

GB 5296.4 消费品使用说明 纺织品和服装使用说明

GB/T 6152—1997 纺织品 色牢度试验 耐热压色牢度

GB 18401 国家纺织产品基本安全技术规范

3 分类

涤纶长丝绣花线按工艺不同分为：

——原液着色涤纶长丝绣花线；

——染色涤纶长丝绣花线(包括本白线)。

4 要求

4.1 涤纶长丝绣花线的要求分为内在质量和外观质量。内在质量包括单线断裂强力、单线断裂强力变异系数、线密度偏差率、耐皂洗色牢度、耐摩擦色牢度、耐热压色牢度、长度允许偏差率和结头个数。外观质量包括毛丝、污渍、麻懈线、蛛网线、表面结头、色差(含色花、夹心)。

4.2 涤纶长丝绣花线单线断裂强力要求见表1。

表1 涤纶长丝绣花线单线断裂强力要求

线密度/dtex(den)×单纱根数	单线断裂强力/cN ≥		
	优等品	一等品	合格品
56(50)×2	390	360	330
78(70)×2	530	500	470

表 1（续）

线密度/dtex(den)×单纱根数	单线断裂强力/cN ≥		
	优等品	一等品	合格品
78(70)×3	800	750	700
89(80)×2	610	570	540
110(100)×2	750	700	650
133(120)×2	900	850	800
167(150)×2	1 100	1 050	1 000
222(200)×2	1 500	1 400	1 300
333(300)×2	2 250	2 050	1 850

4.3 涤纶长丝绣花线其他内在质量要求见表 2。

表 2 涤纶长丝绣花线其他内在质量要求

项 目		优等品	一等品	合格品
单线断裂强力变异系数/% ≤	原液着色线	6.0	9.0	12.0
	染色线	8.0	11.0	13.0
线密度偏差率/%	原液着色线	±3	±5	±6
	染色线	−3～+10	−5～+13	−6～+16
耐皂洗色牢度[a]/级 ≥	变色	4-5	4	3-4
	沾色	4-5	4	3-4
耐摩擦色牢度[a]/级 ≥	干摩擦	4-5	4	3-4
	湿摩擦	4-5	4	3-4
耐热压色牢度[a]/级 ≥	变色	4-5	4	3-4
长度允许偏差率/%	1 000 m 及以下	−2.0	−2.5	−4.0
	1 001 m～5 000 m	−1.5	−2.0	−3.0
	5 001 m 及以上	−1.0	−1.5	−2.0
结头个数/个 ≤	5 000 m	0	2	3

[a] 染色线色牢度指标降低半级，本白线、漂白线不考核色牢度。

4.4 涤纶长丝绣花线的外观质量要求见表 3。

表 3 涤纶长丝绣花线外观质量要求

项目	优等品	一等品	合格品
毛丝	不允许	每个筒子不超过 2 个	每个筒子不超过 5 个
污渍	无	(1) 4 级以上，面积不超过 1 cm^2 或单根线不超过 4 cm； (2) 3 级及以下不允许	(1) 3 级以上，面积不超过 1 cm^2 或单根线不超过 8 cm； (2) 2 级以上，面积不超过 0.16 cm^2 或单根线不超过 3 cm； (3) 2 级及以下，面积不超过 0.01 cm^2

表 3（续）

项目		优等品	一等品	合格品
麻懈线		不允许	轻微	较明显
蛛网线		不允许	宝塔线小头允许跳线 2 根，每根跳线长度不超过半圈，大头不允许	宝塔线小头允许跳线 4 根，每根跳线长度不超过半圈，大头不允许
表面结头		不允许	不允许	不允许
色差（含色花、夹心）	按色卡或来样	不低于 4 级	不低于 3-4 级	不低于 3 级
	筒与筒之间	不低于 4-5 级	不低于 4 级	不低于 3 级

4.5　产品的安全性能应符合 GB 18401 的要求。

4.6　涤纶长丝绣花线的捻度、丝截面参考值参见附录 A。

5　分等规定

5.1　成品质量分等

涤纶长丝绣花线的成品质量分为优等品、一等品和合格品。

5.2　评定规定

5.2.1　涤纶长丝绣花线内在质量按批评定，并以其中最低的一项评等；外观质量按个评定，以其中最低的一项评等。

5.2.2　涤纶长丝绣花线最终等级由内在质量的等级和外观质量的等级综合评定，按最低的一项来评等。

6　试验方法

6.1　线密度试验

线密度的试验方法按 GB/T 4743—2009 中的程序 3 执行，线密度偏差率按式(1)计算，结果保留 2 位有效数字。

$$D_T = \frac{T_t - T_0}{T_0} \times 100 \qquad \cdots\cdots(1)$$

式中：

D_T ——线密度偏差率，%；

T_t ——实际线密度，单位为特克斯(tex)；

T_0 ——公称线密度，单位为特克斯(tex)。

6.2　单线断裂强力和单线断裂强力变异系数的试验

按 GB/T 3916 执行。

6.3　长度试验

6.3.1　长度试验用测长器应符合 GB/T 4743 规定。

6.3.2 测试长度时，单线预加张力为(0.5±0.1)cN/tex。

6.3.3 样品在测长器上每摇满 100 m 后应拨在一旁再继续摇，直至全部摇完为止，不足 1 m 长的线用米尺测量，精确至 0.01 m。

6.3.4 实测长度应以该试样的全部试验值的算术平均值表示，计算结果修约至一位小数。

6.4 耐皂洗色牢度的试验

按 GB/T 3921—2008 中试验方法 C(3)的规定执行。

6.5 耐摩擦色牢度的试验

按 GB/T 3920 执行。

6.6 耐热压色牢度的试验

按 GB/T 6152—1997 中温度为(150±2)℃干压执行。

6.7 结头个数的试验方法

将绣花线筒固定，在绣花线倒筒机上用机械清纱器检测。

6.8 外观质量检验

6.8.1 外观质量检验条件

采用室内北向自然光源，如光源不足，照度低于 600 lx 时，采用 D65 标准光源。

6.8.2 外观质量检验规定

外观质量检验中，除污渍的深度按 GB/T 251 评定、色差(含色花、夹心)按 GB/T 250 评定外，其余内容按目测评定。

7 验收规则

7.1 取样

以交货批号的同一品种、同一规格、同一色别的产品作为检验批。内在质量每批抽取的试样数量及试验次数的规定见表 4。外观质量检验取样数量的规定见表 5。

表 4 内在质量取样数量及试验次数的规定

项目	塑芯线、纸芯线		塔筒或其他	
	取样数量/个	试验次数	取样数量/个	试验次数
线密度	10	10	10	10
单线断裂强力	10	30	10	30
长度	10	10	3	3
耐皂洗色牢度	4	1	2	1
耐摩擦色牢度	4	1	2	1
耐热压色牢度	4	1	2	1
结头个数	4	1	2	1

表 5 外观质量检验取样数量的规定

每批数量 （最小包装）	50 及以下	51～100	101～500	501～1 000	1 001～2 000	2 001 及以上
取样数量 （最小包装）	2	4	5	10	15	20

7.2 结果的评定

7.2.1 内在质量应符合 4.2 和 4.3 的要求。若内在质量有不符合项时，可重新抽取相同数量的产品进行复验，复验结果为该批产品的最终结果。

7.2.2 外观质量应符合 4.4 的要求。外观质量不符合率 5％及以内者，其不符合的产品应当场调换。当不符合率超过 5％不超过 7％时，允许复验一次，如复验后仍超过 5％，则该批成品应重新整理，经复验合格方可出厂。如不符合率超过 7％，作退货处理。

8 包装、标识和贮运

8.1 包装

产品按不同色泽、品种、规格、批号、等级分别装箱，严禁混装。

8.2 标识

8.2.1 包装上的标识应明确、清晰、项目齐全，便于识别，按 GB 5296.4 的要求执行。

8.2.2 标识上应标明产品符合 GB 18401 的类别。

8.3 运输

产品在运输过程中，应有严密遮盖，不能受雨、受潮、暴晒和高温，以防变质。

8.4 贮存

产品应堆放在干燥、清洁、通风的场所，并保存在离地基 5 cm 以上、四周空隙 10 cm 以上处。做好通风散湿工作，以防受潮。

附　录　A
（资料性附录）
涤纶长丝绣花线的捻度、丝截面参考值

涤纶长丝绣花线的捻度、丝截面参考值见表A.1。

表A.1　涤纶长丝绣花线的捻度、丝截面参考值

线密度/dtex(den)×单纱根数	捻度/(捻/10 cm)		丝截面
	大机专用线（初捻数/复捻数）	小机专用线（初捻数/复捻数）	
56(50)×2			圆形或三叶形
78(70)×2			圆形或三叶形
78(70)×3			圆形或三叶形
89(80)×2			圆形或三叶形
110(100)×2			圆形或三叶形
133(120)×2		(62～58)/(52～48)	圆形或三叶形
167(150)×2	(28～24)/(28～24)	(48～44)/(43～39)	三叶形
222(200)×2	(30～26)/(30～26)		三叶形
333(300)×2	(28～24)/(28～24)	(48～44)/(43～39)	三叶形

ICS 59.080.20
W 58

中华人民共和国国家标准

GB/T 28467—2012

涤纶绣花线色卡

Color card of polyester embroidery threads

2012-06-29 发布　　2012-12-01 实施

中华人民共和国国家质量监督检验检疫总局
中国国家标准化管理委员会　发布

前　言

本标准按照GB/T 1.1—2009给出的规则起草。

本标准由中国纺织工业联合会提出。

本标准由全国纺织品标准化技术委员会(SAC/TC 209)归口。

本标准起草单位:浙江华欣新材料股份有限公司、北京服装学院。

本标准主要起草人:曹欣羊、陈英、钱樟宝、贾荣林、赵江峰、俞海祥、汪国民、潘波、关颖、熊玥、姜青云。

涤纶绣花线色卡

1 范围

本标准规定了原液着色涤纶绣花线色卡的颜色组成和标号、尺寸和规格、质量要求、使用和保存方法。

本标准适用于对涤纶绣花线颜色的量化表示。

2 规范性引用文件

下列文件对于本文件的应用是必不可少的。凡是注日期的引用文件,仅注日期的版本适用于本文件。凡是不注日期的引用文件,其最新版本(包括所有的修改单)适用于本文件。

GB/T 250 纺织品 色牢度试验 评定变色用灰色样卡

GB/T 3920 纺织品 色牢度试验 耐摩擦色牢度

GB/T 3978 标准照明体和几何条件

GB/T 3979 物体色的测量方法

GB/T 5698 颜色术语

GB/T 8424.3 纺织品 色牢度试验 色差的计算

GB/T 8427—2008 纺织品 色牢度试验 耐人造光色牢度:氙弧

GB/T 17749—2008 白度的表示方法

3 术语和定义

GB/T 5698 界定的以及下列术语和定义适用于本文件。

3.1

原液着色 dope dyeing

聚酯在熔融状态下加入着色剂(色粉、色浆、色砂、色母粒等)进行着色。

3.2

色相(色调) hue

表示红、黄、绿、蓝等颜色的特性,颜色的三属性之一,用符号 H 表示。

3.3

明度 value;lightness

表示物体表面颜色明暗程度的视知觉特性,以绝对白色和绝对黑色为基准给予分度,颜色的三属性之一,用符号 V 表示。

3.4

彩度 chroma

用距离等明度无彩色点的视知觉特性表示物体表面颜色的浓淡,并给予分度,颜色的三属性之一,用符号 C 表示。

3.5

色立体 color solid

在特定的表色系统的色空间里,表面色所占有的空间部分。

3.6

色卡　color card

表示一定颜色的标准样品卡。

3.7

无彩色系　achromatic color system

由绝对白色和白色、绝对黑色和黑色以及由白色和黑色两者按不同比例混合成的灰色所组成的颜色系统,可统称为中性色。

3.8

彩色系　chromatic color system

由色立体中除无彩色系以外的颜色组成的颜色系统,彩色系的颜色具有颜色三属性——色相(色调)、明度及彩度。

4　涤纶绣花线颜色的组成和标号

4.1　颜色的组成

涤纶绣花线颜色由无彩色系和彩色系组成,以色立体(见图1)表示。

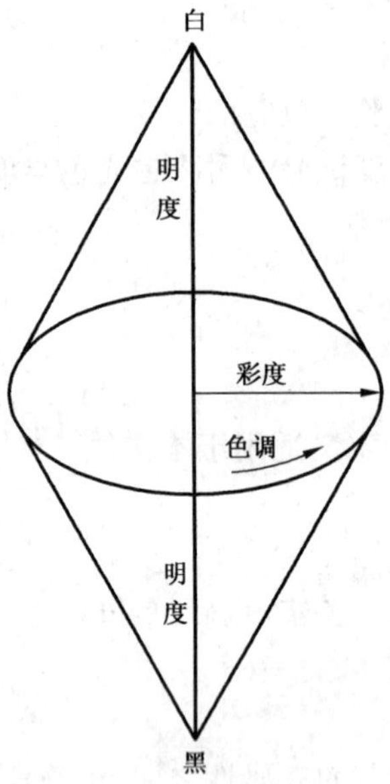

图1　色立体

4.2　颜色的标号

4.2.1　标号方法

对于彩色系的涤纶绣花线,颜色的标号由7位数字组成,前3位数字表示对应的色相,第4、5位数字表示对应的明度,后2位数字表示对应的彩度。

对于无彩色系的涤纶绣花线,第4、5位数字表示对应的明度,其他位数规定为0。绝对白和绝对黑为虚拟颜色,不予标号。涤纶绣花线颜色标号的示例如下:

彩色系

063 25 40
色相 明度 彩度

无彩色系

000 25 00
明度

4.2.2 色相

4.2.2.1 色相表示方法

色相分成360个，标号范围为001～360。色相由10个颜色组成，见图2。

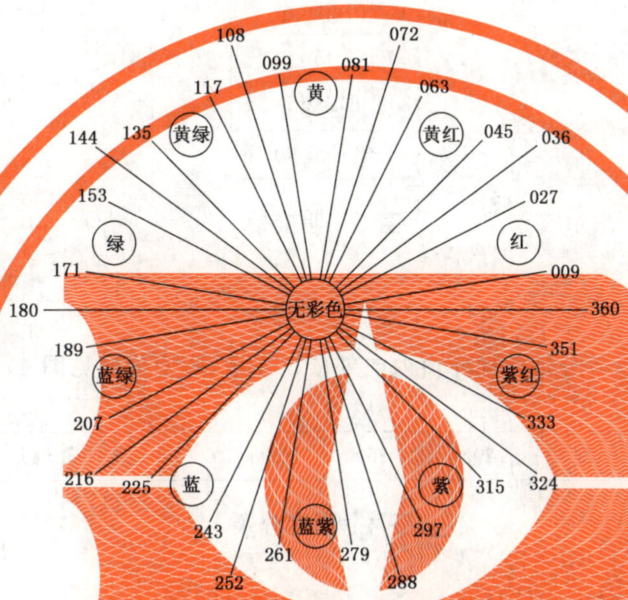

图2 色相环

4.2.2.2 色相标号区间与颜色的对应关系

色相标号区间与颜色的对应关系见表1。

表1 色相标号区间与颜色的对应关系

色相标号	001～036	037～072	073～108	109～144	145～180
颜色	红	红黄	黄	黄绿	绿
色相标号	181～216	217～252	253～288	289～324	325～360
颜色	蓝绿	蓝	蓝紫	紫	紫红

4.2.3 明度

绝对黑色为00，绝对白色为100，在绝对黑色和绝对白色之间共分成10个明度等级，明度标号从05～95由下向上排列，形成的明度轴见图3。

绝对白 100
95
85
75
65
55
45
35
25
15
05
绝对黑 00

图 3 明度轴

4.2.4 彩度

彩度标号从 05～50 十等分延色相环由内向外依次递增，彩度分级见图 4。彩度小于 05 的极低彩度用 00 表示。

05	10	15	20	25	30	35	40	45	50

图 4 彩度分级

4.3 颜色标号对应的色度值

涤纶绣花线色卡颜色标号对应的 *Lab* 标准色度值见附录 A。

注：*Lab* 色度值定义见 GB/T 5698。

5 涤纶绣花线色卡颜色的测试方法和色差要求

5.1 色卡颜色的测试方法

1） 使用 GB/T 3978 规定的 D65 标准照明体及 d/8 照明/观察条件；

2） 使用 GB/T 3979 规定的 CIE 1964 补充标准色度观察者和双光路光谱光度测色法(10°视场)。

5.2 色卡颜色的色差要求

根据本标准制作的涤纶绣花线色卡，其颜色与对应标号的颜色之间存在色差时，按 GB/T 8424.3 中规定的 CMC(2：1) 色差公式计算色差值 ΔE_{CMC}，ΔE_{CMC}应小于或等于 1.2。

注：ΔE_{CMC}小于或者等于 1.2 相当于按照 GB/T 250 评定变色用灰色样卡，等级达到 4 级以上。

6 涤纶绣花线色卡的尺寸和规格

6.1 尺寸

涤纶绣花线色卡的尺寸为 1.0 cm×2.5 cm，由一根绣花线均匀缠绕在白色卡纸上，粘贴在色卡的底纸上，标注颜色标号。

6.2 规格

涤纶绣花线色卡采用涤纶牵伸长丝，截面为三叶形，2 股涤纶绣花线制作，规格为 133 dtex×2 和 167 dtex×2 。

7 涤纶绣花线色卡的质量要求

7.1 涤纶绣花线色卡的耐光色牢度按照 GB/T 8427—2008 中的方法 3 试验，要求达到 5 级；耐摩擦色牢度按照 GB/T 3920 试验，要求达到 4-5 级。

7.2 涤纶绣花线色卡应不露白色卡纸，表面颜色应均匀、无污点、无疵点。

注：推荐色卡缠绕 3 层涤纶绣花线，密度为 35 根/cm，以保证不露白底。

7.3 白色卡纸的白度按照 GB/T 17749—2008 试验，蓝光白度应达到 85±2。

8 涤纶绣花线色卡的使用

涤纶绣花线色卡用于生产、使用和贸易等环节中对涤纶绣花线颜色的比对和确定，使用时避免手直接接触色卡中的绣花线，以免沾污而影响颜色比对的准确性。

9 保存

涤纶绣花线色卡的保存应注意避热、避光、防潮和防污，应存放在通风良好、干燥、清洁、无腐蚀性气体的室内。

附 录 A
（规范性附录）
颜色标号与标准色度值列表

表 A.1～表 A.24 为不同颜色标号与 *Lab* 标准色度值的对应关系表。

表 A.1 无彩系列颜色标号

标准值		*L*								
a	*b*	14.46	25.77	36.57	47.16	57.59	67.81	77.70	87.40	91.62
0.00	0.00	0001500	0002500	0003500	0004500	0005500	0006500	0007500	0008500	0009000

表 A.2 颜色标号(色相 009)

标准值		*L*								
a	*b*	14.46	25.77	36.57	47.16	57.59	67.81	77.70	87.40	91.62
4.94	0.78	0091505	0092505	0093505	0094505	0095505	0096505	0097505	0098505	0099005
8.67	1.35	0091510	0092510	0093510	0094510	0095510	0096510	0097510	0098510	0099010
12.84	2.03	0091515	0092515	0093515	0094515	0095515	0096515	0097515	0098515	0099015
17.91	2.84	0091520	0092520	0093520	0094520	0095520	0096520	0097520	0098520	0099020
23.82	3.77	0091525	0092525	0093525	0094525	0095525	0096525	0097525	0098525	0099025
30.62	4.85	0091530	0092530	0093530	0094530	0095530	0096530	0097530	0098530	0099030
38.52	6.10	0091535	0092535	0093535	0094535	0095535	0096535	0097535	0098535	0099035
47.41	7.51	0091540	0092540	0093540	0094540	0095540	0096540	0097540	0098540	0099040
57.29	9.07	0091545	0092545	0093545	0094545	0095545	0096545	0097545	0098545	0099045
68.08	10.78	0091550	0092550	0093550	0094550	0095550	0096550	0097550	0098550	0099050

表 A.3 颜色标号(色相 027)

标准值		*L*								
a	*b*	14.46	25.77	36.57	47.16	57.59	67.81	77.70	87.40	91.62
4.46	2.27	0271505	0272505	0273505	0274505	0275505	0276505	0277505	0278505	0279005
7.71	3.93	0271510	0272510	0273510	0274510	0275510	0276510	0277510	0278510	0279010
11.58	5.90	0271515	0272515	0273515	0274515	0275515	0276515	0277515	0278515	0279015
16.16	8.23	0271520	0272520	0273520	0274520	0275520	0276520	0277520	0278520	0279020
21.38	10.92	0271525	0272525	0273525	0274525	0275525	0276525	0277525	0278525	0279025
27.62	14.07	0271530	0272530	0273530	0274530	0275530	0276530	0277530	0278530	0279030
34.75	17.71	0271535	0272535	0273535	0274535	0275535	0276535	0277535	0278535	0279035
42.77	21.79	0271540	0272540	0273540	0274540	0275540	0276540	0277540	0278540	0279040
51.68	26.33	0271545	0272545	0273545	0274545	0275545	0276545	0277545	0278545	0279045
61.45	31.29	0271550	0272550	0273550	0274550	0275550	0276550	0277550	0278550	0279050

表 A.4　颜色标号(色相 045)

标准值		*L*								
a	*b*	14.46	25.77	36.57	47.16	57.59	67.81	77.70	87.40	91.62
3.54	3.54	0451505	0452505	0453505	0454505	0455505	0456505	0457505	0458505	0459005
6.90	6.90	0451510	0452510	0453510	0454510	0455510	0456510	0457510	0458510	0459010
11.12	11.12	0451515	0452515	0453515	0454515	0455515	0456515	0457515	0458515	0459015
16.39	16.39	0451520	0452520	0453520	0454520	0455520	0456520	0457520	0458520	0459020
22.74	22.74	0451525	0452525	0453525	0454525	0455525	0456525	0457525	0458525	0459025
30.14	30.14	0451530	0452530	0453530	0454530	0455530	0456530	0457530	0458530	0459030
38.57	38.57	0451535	0452535	0453535	0454535	0455535	0456535	0457535	0458535	0459035
48.08	48.08	0451540	0452540	0453540	0454540	0455540	0456540	0457540	0458540	0459040
58.60	58.60	0451545	0452545	0453545	0454545	0455545	0456545	0457545	0458545	0459045
69.85	69.85	0451550	0452550	0453550	0454550	0455550	0456550	0457550	0458550	0459050

表 A.5　颜色标号(色相 063)

标准值		*L*								
a	*b*	14.46	25.77	36.57	47.16	57.59	67.81	77.70	87.40	91.62
2.27	4.46	0631505	0632505	0633505	0634505	0635505	0636505	0637505	0638505	0639005
4.43	8.69	0631510	0632510	0633510	0634510	0635510	0636510	0637510	0638510	0639010
7.14	14.01	0631515	0632515	0633515	0634515	0635515	0636515	0637515	0638515	0639015
10.52	20.65	0631520	0632520	0633520	0634520	0635520	0636520	0637520	0638520	0639020
14.60	28.65	0631525	0632525	0633525	0634525	0635525	0636525	0637525	0638525	0639025
19.35	37.98	0631530	0632530	0633530	0634530	0635530	0636530	0637530	0638530	0639030
24.76	48.60	0631535	0632535	0633535	0634535	0635535	0636535	0637535	0638535	0639035
30.87	60.59	0631540	0632540	0633540	0634540	0635540	0636540	0637540	0638540	0639040
37.62	73.84	0631545	0632545	0633545	0634545	0635545	0636545	0637545	0638545	0639045
44.85	88.02	0631550	0632550	0633550	0634550	0635550	0636550	0637550	0638550	0639050

表 A.6　颜色标号(色相 081)

标准值		*L*								
a	*b*	14.46	25.77	36.57	47.16	57.59	67.81	77.70	87.40	91.62
0.45	4.94	0811505	0812505	0813505	0814505	0815505	0816505	0817505	0818505	0819005
1.49	9.38	0811510	0812510	0813510	0814510	0815510	0816510	0817510	0818510	0819010
2.38	15.01	0811515	0812515	0813515	0814515	0815515	0816515	0817515	0818515	0819015
3.47	21.93	0811520	0812520	0813520	0814520	0815520	0816520	0817520	0818520	0819020

表 A.6（续）

标准值		L								
a	b	14.46	25.77	36.57	47.16	57.59	67.81	77.70	87.40	91.62
4.80	30.32	0811525	0812525	0813525	0814525	0815525	0816525	0817525	0818525	0819025
6.35	40.10	0811530	0812530	0813530	0814530	0815530	0816530	0817530	0818530	0819030
8.13	51.36	0811535	0812535	0813535	0814535	0815535	0816535	0817535	0818535	0819035
10.14	64.00	0811540	0812540	0813540	0814540	0815540	0816540	0817540	0818540	0819040
12.33	77.83	0811545	0812545	0813545	0814545	0815545	0816545	0817545	0818545	0819045
14.70	92.84	0811550	0812550	0813550	0814550	0815550	0816550	0817550	0818550	0819050

表 A.7 颜色标号(色相 099)

标准值		L								
a	b	14.46	25.77	36.57	47.16	57.59	67.81	77.70	87.40	91.62
−0.45	4.94	0991505	0992505	0993505	0994505	0995505	0996505	0997505	0998505	0999005
−1.49	9.38	0991510	0992510	0993510	0994510	0995510	0996510	0997510	0998510	0999010
−2.38	15.01	0991515	0992515	0993515	0994515	0995515	0996515	0997515	0998515	0999015
−3.47	21.93	0991520	0992520	0993520	0994520	0995520	0996520	0997520	0998520	0999020
−4.80	30.32	0991525	0992525	0993525	0994525	0995525	0996525	0997525	0998525	0999025
−6.35	40.10	0991530	0992530	0993530	0994530	0995530	0996530	0997530	0998530	0999030
−8.13	51.36	0991535	0992535	0993535	0994535	0995535	0996535	0997535	0998535	0999035
−10.14	64.00	0991540	0992540	0993540	0994540	0995540	0996540	0997540	0998540	0999040
−12.33	77.83	0991545	0992545	0993545	0994545	0995545	0996545	0997545	0998545	0999045
−14.70	92.84	0991550	0992550	0993550	0994550	0995550	0996550	0997550	0998550	0999050

表 A.8 颜色标号(色相 117)

标准值		L								
a	b	14.46	25.77	36.57	47.16	57.59	67.81	77.70	87.40	91.62
−2.27	4.46	1171505	1172505	1173505	1174505	1175505	1176505	1177505	1178505	1179005
−4.18	8.20	1171510	1172510	1173510	1174510	1175510	1176510	1177510	1178510	1179010
−6.54	12.83	1171515	1172515	1173515	1174515	1175515	1176515	1177515	1178515	1179015
−9.40	18.44	1171520	1172520	1173520	1174520	1175520	1176520	1177520	1178520	1179020
−12.80	25.13	1171525	1172525	1173525	1174525	1175525	1176525	1177525	1178525	1179025
−16.75	32.88	1171530	1172530	1173530	1174530	1175530	1176530	1177530	1178530	1179030
−21.25	41.70	1171535	1172535	1173535	1174535	1175535	1176535	1177535	1178535	1179035
−26.29	51.59	1171540	1172540	1173540	1174540	1175540	1176540	1177540	1178540	1179040
−31.82	62.46	1171545	1172545	1173545	1174545	1175545	1176545	1177545	1178545	1179045
−37.86	74.31	1171550	1172550	1173550	1174550	1175550	1176550	1177550	1178550	1179050

表 A.9 颜色标号(色相 126)

标准值		L								
a	b	14.46	25.77	36.57	47.16	57.59	67.81	77.70	87.40	91.62
−2.94	4.05	1261505	1262505	1263505	1264505	1265505	1266505	1267505	1268505	1269005
−5.41	7.44	1261510	1262510	1263510	1264510	1265510	1266510	1267510	1268510	1269010
−8.46	11.65	1261515	1262515	1263515	1264515	1265515	1266515	1267515	1268515	1269015
−12.17	16.75	1261520	1262520	1263520	1264520	1265520	1266520	1267520	1268520	1269020
−16.58	22.81	1261525	1262525	1263525	1264525	1265525	1266525	1267525	1268525	1269025
−21.69	29.85	1261530	1262530	1263530	1264530	1265530	1266530	1267530	1268530	1269030
−27.51	37.86	1261535	1262535	1263535	1264535	1265535	1266535	1267535	1268535	1269035
−34.03	46.84	1261540	1262540	1263540	1264540	1265540	1266540	1267540	1268540	1269040
−41.20	56.71	1261545	1262545	1263545	1264545	1265545	1266545	1267545	1268545	1269045
−49.02	67.47	1261550	1262550	1263550	1264550	1265550	1266550	1267550	1268550	1269050

表 A.10 颜色标号(色相 135)

标准值		L								
a	b	14.46	25.77	36.57	47.16	57.59	67.81	77.70	87.40	91.62
−3.54	3.54	1351505	1352505	1353505	1354505	1355505	1356505	1357505	1358505	1359005
−6.51	6.51	1351510	1352510	1353510	1354510	1355510	1356510	1357510	1358510	1359010
−10.18	10.18	1351515	1352515	1353515	1354515	1355515	1356515	1357515	1358515	1359015
−14.64	14.64	1351520	1352520	1353520	1354520	1355520	1356520	1357520	1358520	1359020
−19.94	19.94	1351525	1352525	1353525	1354525	1355525	1356525	1357525	1358525	1359025
−26.09	26.09	1351530	1352530	1353530	1354530	1355530	1356530	1357530	1358530	1359030
−33.09	33.09	1351535	1352535	1353535	1354535	1355535	1356535	1357535	1358535	1359035
−40.94	40.94	1351540	1352540	1353540	1354540	1355540	1356540	1357540	1358540	1359040
−49.57	49.57	1351545	1352545	1353545	1354545	1355545	1356545	1357545	1358545	1359045
−58.97	58.97	1351550	1352550	1353550	1354550	1355550	1356550	1357550	1358550	1359050

表 A.11 颜色标号(色相 153)

标准值		L								
a	b	14.46	25.77	36.57	47.16	57.59	67.81	77.70	87.40	91.62
−4.46	2.27	1531505	1532505	1533505	1534505	1535505	1536505	1537505	1538505	1539005
−7.48	3.81	1531510	1532510	1533510	1534510	1535510	1536510	1537510	1538510	1539010
−11.14	5.67	1531515	1532515	1533515	1534515	1535515	1536515	1537515	1538515	1539015
−15.41	7.85	1531520	1532520	1533520	1534520	1535520	1536520	1537520	1538520	1539020

表 A.11（续）

标准值		L								
a	b	14.46	25.77	36.57	47.16	57.59	67.81	77.70	87.40	91.62
−20.40	10.40	1531525	1532525	1533525	1534525	1535525	1536525	1537525	1538525	1539025
−26.20	13.35	1531530	1532530	1533530	1534530	1535530	1536530	1537530	1538530	1539030
−32.70	16.66	1531535	1532535	1533535	1534535	1535535	1536535	1537535	1538535	1539035
−40.01	20.38	1531540	1532540	1533540	1534540	1535540	1536540	1537540	1538540	1539040
−48.03	24.47	1531545	1532545	1533545	1534545	1535545	1536545	1537545	1538545	1539045
−56.76	28.92	1531550	1532550	1533550	1534550	1535550	1536550	1537550	1538550	1539050

表 A.12 颜色标号(色相 171)

标准值		L								
a	b	14.46	25.77	36.57	47.16	57.59	67.81	77.70	87.40	91.62
−4.94	0.78	1711505	1712505	1713505	1714505	1715505	1716505	1717505	1718505	1719005
−8.30	1.31	1711510	1712510	1713510	1714510	1715510	1716510	1717510	1718510	1719010
−12.35	1.96	1711515	1712515	1713515	1714515	1715515	1716515	1717515	1718515	1719015
−17.09	2.71	1711520	1712520	1713520	1714520	1715520	1716520	1717520	1718520	1719020
−22.62	3.58	1711525	1712525	1713525	1714525	1715525	1716525	1717525	1718525	1719025
−29.04	4.60	1711530	1712530	1713530	1714530	1715530	1716530	1717530	1718530	1719030
−36.25	5.74	1711535	1712535	1713535	1714535	1715535	1716535	1717535	1718535	1719035
−44.35	7.02	1711540	1712540	1713540	1714540	1715540	1716540	1717540	1718540	1719040
−53.24	8.43	1711545	1712545	1713545	1714545	1715545	1716545	1717545	1718545	1719045
−62.92	9.96	1711550	1712550	1713550	1714550	1715550	1716550	1717550	1718550	1719050

表 A.13 颜色标号(色相 189)

标准值		L								
a	b	14.46	25.77	36.57	47.16	57.59	67.81	77.70	87.40	91.62
−4.94	−0.78	1891505	1892505	1893505	1894505	1895505	1896505	1897505	1898505	1899005
−7.61	−1.20	1891510	1892510	1893510	1894510	1895510	1896510	1897510	1898510	1899010
−10.67	−1.69	1891515	1892515	1893515	1894515	1895515	1896515	1897515	1898515	1899015
−14.12	−2.24	1891520	1892520	1893520	1894520	1895520	1896520	1897520	1898520	1899020
−18.07	−2.86	1891525	1892525	1893525	1894525	1895525	1896525	1897525	1898525	1899025
−22.52	−3.57	1891530	1892530	1893530	1894530	1895530	1896530	1897530	1898530	1899030
−27.46	−4.35	1891535	1892535	1893535	1894535	1895535	1896535	1897535	1898535	1899035
−32.89	−5.21	1891540	1892540	1893540	1894540	1895540	1896540	1897540	1898540	1899040
−38.82	−6.15	1891545	1892545	1893545	1894545	1895545	1896545	1897545	1898545	1899045
−45.24	−7.16	1891550	1892550	1893550	1894550	1895550	1896550	1897550	1898550	1899050

表 A.14　颜色标号(色相 207)

标准值		L								
a	*b*	14.46	25.77	36.57	47.16	57.59	67.81	77.70	87.40	91.62
−4.46	−2.27	2071505	2072505	2073505	2074505	2075505	2076505	2077505	2078505	2079005
−6.86	−3.50	2071510	2072510	2073510	2074510	2075510	2076510	2077510	2078510	2079010
−9.62	−4.90	2071515	2072515	2073515	2074515	2075515	2076515	2077515	2078515	2079015
−12.74	−6.49	2071520	2072520	2073520	2074520	2075520	2076520	2077520	2078520	2079020
−16.31	−8.31	2071525	2072525	2073525	2074525	2075525	2076525	2077525	2078525	2079025
−20.31	−10.35	2071530	2072530	2073530	2074530	2075530	2076530	2077530	2078530	2079030
−24.77	−12.62	2071535	2072535	2073535	2074535	2075535	2076535	2077535	2078535	2079035
−29.67	−15.12	2071540	2072540	2073540	2074540	2075540	2076540	2077540	2078540	2079040
−35.02	−17.84	2071545	2072545	2073545	2074545	2075545	2076545	2077545	2078545	2079045
−40.81	−20.79	2071550	2072550	2073550	2074550	2075550	2076550	2077550	2078550	2079050

表 A.15　颜色标号(色相 225)

标准值		L								
a	*b*	14.46	25.77	36.57	47.16	57.59	67.81	77.70	87.40	91.62
−3.54	−3.54	2251505	2252505	2253505	2254505	2255505	2256505	2257505	2258505	2259005
−5.18	−5.18	2251510	2252510	2253510	2254510	2255510	2256510	2257510	2258510	2259010
−7.04	−7.04	2251515	2252515	2253515	2254515	2255515	2256515	2257515	2258515	2259015
−9.13	−9.13	2251520	2252520	2253520	2254520	2255520	2256520	2257520	2258520	2259020
−11.45	−11.45	2251525	2252525	2253525	2254525	2255525	2256525	2257525	2258525	2259025
−14.05	−14.05	2251530	2252530	2253530	2254530	2255530	2256530	2257530	2258530	2259030
−16.89	−16.89	2251535	2252535	2253535	2254535	2255535	2256535	2257535	2258535	2259035
−20.02	−20.02	2251540	2252540	2253540	2254540	2255540	2256540	2257540	2258540	2259040
−23.43	−23.43	2251545	2252545	2253545	2254545	2255545	2256545	2257545	2258545	2259045
−27.13	−27.13	2251550	2252550	2253550	2254550	2255550	2256550	2257550	2258550	2259050

表 A.16　颜色标号(色相 243)

标准值		L								
a	*b*	14.46	25.77	36.57	47.16	57.59	67.81	77.70	87.40	91.62
−2.27	−4.46	2431505	2432505	2433505	2434505	2435505	2436505	2437505	2438505	2439005
−3.33	−6.53	2431510	2432510	2433510	2434510	2435510	2436510	2437510	2438510	2439010
−4.52	−9.47	2431515	2432515	2433515	2434515	2435515	2436515	2437515	2438515	2439015
−5.86	−11.50	2431520	2432520	2433520	2434520	2435520	2436520	2437520	2438520	2439020

表 A.16（续）

标准值		L								
a	b	14.46	25.77	36.57	47.16	57.59	67.81	77.70	87.40	91.62
−7.35	−14.43	2431525	2432525	2433525	2434525	2435525	2436525	2437525	2438525	2439025
−9.02	−17.70	2431530	2432530	2433530	2434530	2435530	2436530	2437530	2438530	2439030
−10.84	−21.28	2431535	2432535	2433535	2434535	2435535	2436535	2437535	2438535	2439035
−12.85	−25.23	2431540	2432540	2433540	2434540	2435540	2436540	2437540	2438540	2439040
−15.04	−29.52	2431545	2432545	2433545	2434545	2435545	2436545	2437545	2438545	2439045
−17.42	−34.19	2431550	2432550	2433550	2434550	2435550	2436550	2437550	2438550	2439050

表 A.17　颜色标号(色相 261)

标准值		L								
a	b	14.46	25.77	36.57	47.16	57.59	67.81	77.70	87.40	91.62
−0.78	−4.94	2611505	2612505	2613505	2614505	2615505	2616505	2617505	2618505	2619005
−1.21	−7.61	2611510	2612510	2613510	2614510	2615510	2616510	2617510	2618510	2619010
−1.69	−10.67	2611515	2612515	2613515	2614515	2615515	2616515	2617515	2618515	2619015
−2.24	−14.12	2611520	2612520	2613520	2614520	2615520	2616520	2617520	2618520	2619020
−2.86	−18.07	2611525	2612525	2613525	2614525	2615525	2616525	2617525	2618525	2619025
−3.57	−22.52	2611530	2612530	2613530	2614530	2615530	2616530	2617530	2618530	2619030
−4.35	−27.46	2611535	2612535	2613535	2614535	2615535	2616535	2617535	2618535	2619035
−5.21	−32.89	2611540	2612540	2613540	2614540	2615540	2616540	2617540	2618540	2619040
−6.15	−38.82	2611545	2612545	2613545	2614545	2615545	2616545	2617545	2618545	2619045
−7.16	−45.24	2611550	2612550	2613550	2614550	2615550	2616550	2617550	2618550	2619050

表 A.18　颜色标号(色相 270)

标准值		L								
a	b	14.46	25.77	36.57	47.16	57.59	67.81	77.70	87.40	91.62
0	−5.00	2701505	2702505	2703505	2704505	2705505	2706505	2707505	2708505	2709005
0	−7.70	2701510	2702510	2703510	2704510	2705510	2706510	2707510	2708510	2709010
0	−10.80	2701515	2702515	2703515	2704515	2705515	2706515	2707515	2708515	2709015
0	−14.30	2701520	2702520	2703520	2704520	2705520	2706520	2707520	2708520	2709020
0	−18.30	2701525	2702525	2703525	2704525	2705525	2706525	2707525	2708525	2709025
0	−22.80	2701530	2702530	2703530	2704530	2705530	2706530	2707530	2708530	2709030
0	−27.80	2701535	2702535	2703535	2704535	2705535	2706535	2707535	2708535	2709035
0	−33.30	2701540	2702540	2703540	2704540	2705540	2706540	2707540	2708540	2709040
0	−39.30	2701545	2702545	2703545	2704545	2705545	2706545	2707545	2708545	2709045
0	−45.80	2701550	2702550	2703550	2704550	2705550	2706550	2707550	2708550	2709050

表 A.19 颜色标号(色相 279)

标准值		L								
a	b	14.46	25.77	36.57	47.16	57.59	67.81	77.70	87.40	91.62
0.78	−4.94	2791505	2792505	2793505	2794505	2795505	2796505	2797505	2798505	2799005
1.20	−7.61	2791510	2792510	2793510	2794510	2795510	2796510	2797510	2798510	2799010
1.69	−10.67	2791515	2792515	2793515	2794515	2795515	2796515	2797515	2798515	2799015
2.24	−14.12	2791520	2792520	2793520	2794520	2795520	2796520	2797520	2798520	2799020
2.86	−18.07	2791525	2792525	2793525	2794525	2795525	2796525	2797525	2798525	2799025
3.57	−22.52	2791530	2792530	2793530	2794530	2795530	2796530	2797530	2798530	2799030
4.35	−27.46	2791535	2792535	2793535	2794535	2795535	2796535	2797535	2798535	2799035
5.21	−32.89	2791540	2792540	2793540	2794540	2795540	2796540	2797540	2798540	2799040
6.15	−38.82	2791545	2792545	2793545	2794545	2795545	2796545	2797545	2798545	2799045
7.16	−45.24	2791550	2792550	2793550	2794550	2795550	2796550	2797550	2798550	2799050

表 A.20 颜色标号(色相 297)

标准值		L								
a	b	14.46	25.77	36.57	47.16	57.59	67.81	77.70	87.40	91.62
2.27	−4.46	2971505	2972505	2973505	2974505	2975505	2976505	2977505	2978505	2979005
3.57	−7.01	2971510	2972510	2973510	2974510	2975510	2976510	2977510	2978510	2979010
5.09	−9.99	2971515	2972515	2973515	2974515	2975515	2976515	2977515	2978515	2979015
6.86	−13.46	2971520	2972520	2973520	2974520	2975520	2976520	2977520	2978520	2979020
8.87	−17.41	2971525	2972525	2973525	2974525	2975525	2976525	2977525	2978525	2979025
11.15	−21.87	2971530	2972530	2973530	2974530	2975530	2976530	2977530	2978530	2979030
13.69	−26.86	2971535	2972535	2973535	2974535	2975535	2976535	2977535	2978535	2979035
16.50	−32.38	2971540	2972540	2973540	2974540	2975540	2976540	2977540	2978540	2979040
19.58	−38.43	2971545	2972545	2973545	2974545	2975545	2976545	2977545	2978545	2979045
22.93	−45.00	2971550	2972550	2973550	2974550	2975550	2976550	2977550	2978550	2979050

表 A.21 颜色标号(色相 306)

标准值		L								
a	b	14.46	25.77	36.57	47.16	57.59	67.81	77.70	87.40	91.62
2.94	−4.05	3061505	3062505	3063505	3064505	3065505	3066505	3067505	3068505	3069005
4.62	−6.36	3061510	3062510	3063510	3064510	3065510	3066510	3067510	3068510	3069010
6.59	−9.07	3061515	3062515	3063515	3064515	3065515	3066515	3067515	3068515	3069015
8.88	−12.22	3061520	3062520	3063520	3064520	3065520	3066520	3067520	3068520	3069020

表 A.21（续）

标准值		L								
a	b	14.46	25.77	36.57	47.16	57.59	67.81	77.70	87.40	91.62
11.49	−15.81	3061525	3062525	3063525	3064525	3065525	3066525	3067525	3068525	3069025
14.43	−19.86	3061530	3062530	3063530	3064530	3065530	3066530	3067530	3068530	3069030
17.72	−24.39	3061535	3062535	3063535	3064535	3065535	3066535	3067535	3068535	3069035
21.36	−29.40	3061540	3062540	3063540	3064540	3065540	3066540	3067540	3068540	3069040
25.35	−34.90	3061545	3062545	3063545	3064545	3065545	3066545	3067545	3068545	3069045
29.68	−40.86	3061550	3062550	3063550	3064550	3065550	3066550	3067550	3068550	3069050

表 A.22　颜色标号(色相 315)

标准值		L								
a	b	14.46	25.77	36.57	47.16	57.59	67.81	77.70	87.40	91.62
3.54	−3.54	3151505	3152505	3153505	3154505	3155505	3156505	3157505	3158505	3159005
5.56	−5.56	3151510	3152510	3153510	3154510	3155510	3156510	3157510	3158510	3159010
7.93	−7.93	3151515	3152515	3153515	3154515	3155515	3156515	3157515	3158515	3159015
10.68	−10.68	3151520	3152520	3153520	3154520	3155520	3156520	3157520	3158520	3159020
13.82	−13.82	3151525	3152525	3153525	3154525	3155525	3156525	3157525	3158525	3159025
17.36	−17.36	3151530	3152530	3153530	3154530	3155530	3156530	3157530	3158530	3159030
21.32	−21.32	3151535	3152535	3153535	3154535	3155535	3156535	3157535	3158535	3159035
25.70	−25.70	3151540	3152540	3153540	3154540	3155540	3156540	3157540	3158540	3159040
30.50	−30.50	3151545	3152545	3153545	3154545	3155545	3156545	3157545	3158545	3159045
35.71	−35.71	3151550	3152550	3153550	3154550	3155550	3156550	3157550	3158550	3159050

表 A.23　颜色标号(色相 333)

标准值		L								
a	b	14.46	25.77	36.57	47.16	57.59	67.81	77.70	87.40	91.62
4.46	−2.27	3331505	3332505	3333505	3334505	3335505	3336505	3337505	3338505	3339005
7.45	−3.79	3331510	3332510	3333510	3334510	3335510	3336510	3337510	3338510	3339010
11.02	−5.61	3331515	3332515	3333515	3334515	3335515	3336515	3337515	3338515	3339015
15.21	−7.75	3331520	3332520	3333520	3334520	3335520	3336520	3337520	3338520	3339020
20.05	−10.21	3331525	3332525	3333525	3334525	3335525	3336525	3337525	3338525	3339025
25.56	−13.02	3331530	3332530	3333530	3334530	3335530	3336530	3337530	3338530	3339030
31.79	−16.20	3331535	3332535	3333535	3334535	3335535	3336535	3337535	3338535	3339035
38.76	−19.75	3331540	3332540	3333540	3334540	3335540	3336540	3337540	3338540	3339040
46.33	−23.61	3331545	3332545	3333545	3334545	3335545	3336545	3337545	3338545	3339045
54.67	−27.85	3331550	3332550	3333550	3334550	3335550	3336550	3337550	3338550	3339050

表 A.24 颜色标号(色相 351)

标准值		*L*								
a	*b*	14.46	25.77	36.57	47.16	57.59	67.81	77.70	87.40	91.62
4.94	−0.78	3511505	3512505	3513505	3514505	3515505	3516505	3517505	3518505	3519005
8.26	−1.31	3511510	3512510	3513510	3514510	3515510	3516510	3517510	3518510	3519010
12.21	−1.93	3511515	3512515	3513515	3514515	3515515	3516515	3517515	3518515	3519015
16.86	−2.67	3511520	3512520	3513520	3514520	3515520	3516520	3517520	3518520	3519020
22.22	−3.52	3511525	3512525	3513525	3514525	3515525	3516525	3517525	3518525	3519025
28.33	−4.49	3511530	3512530	3513530	3514530	3515530	3516530	3517530	3518530	3519030
35.24	−5.58	3511535	3512535	3513535	3514535	3515535	3516535	3517535	3518535	3519035
42.96	−6.80	3511540	3512540	3513540	3514540	3515540	3516540	3517540	3518540	3519040
51.36	−8.13	3511545	3512545	3513545	3514545	3515545	3516545	3517545	3518545	3519045
60.60	−9.60	3511550	3512550	3513550	3514550	3515550	3516550	3517550	3518550	3519050

ICS 61.020
Y 75

中华人民共和国国家标准

GB/T 28468—2012

中小学生交通安全反光校服

Traffic safety uniforms with reflective fabrics for primary and secondary students in schools

2012-06-29 发布　　2012-12-01 实施

中华人民共和国国家质量监督检验检疫总局
中国国家标准化管理委员会　发布

前　言

本标准按照 GB/T 1.1—2009 给出的规则起草。

本标准由中华人民共和国公安部提出。

本标准由公安部道路交通管理标准化技术委员会归口。

本标准负责起草单位：内蒙古自治区公安厅交通管理总队。

本标准参加起草单位：浙江道明光学股份有限公司。

本标准主要起草人：王葆元、韩永明、司洁、焦晋岩、胡智彪、包丽茹、陈誉、闫荣、张建伟、陈万达。

中小学生交通安全反光校服

1 范围

本标准规定了中小学生交通安全反光校服的术语和定义、技术要求、试验方法以及包装和标志。

本标准适用于中小学生交通安全反光校服的设计、制作和检测。

2 规范性引用文件

下列文件对于本文件的应用是必不可少的。凡是注日期的引用文件，仅注日期的版本适用于本文件。凡是不注日期的引用文件，其最新版本(包括所有的修改单)适用于本文件。

GB/T 8629—2001 纺织品 试验用家庭洗涤和干燥程序

GB 18401 国家纺织产品基本安全技术规范

GB 20653—2006 职业用高可视性警示服

GB/T 22854 针织学生服

FZ/T 81003—2003 儿童服装、学生服

3 术语和定义

下列术语和定义适用于本文件。

3.1

交通安全反光校服 traffic safety uniforms with reflective fabrics for students

在光源照射下，具有强逆反射性能、能够显著提高穿着者存在辨识力的中小学生校服。

3.2

反光布 reflective fabrics

反光材料与纺织底料结合在一起，在光源照射下具有强逆反射性能的纺织品。

4 技术要求

4.1 基本安全技术要求

基本安全技术要求应符合 GB 18401 的规定。

4.2 质量要求

质量要求应符合 FZ/T 81003 或 GB/T 22854 的规定。

4.3 反光布逆反射系数要求

4.3.1 反光布逆反射系数应不小于 GB 20653—2006 中表 4 的要求。

4.3.2 反光布经 50 次水洗试验后，在 12′观测角、5°入射角条件下，逆反射系数应大于 100 cd/lx · m^2。

4.3.3 反光布经耐磨、屈挠、低温弯曲、温度变化试验后，在 12′观测角、5°入射角条件下，逆反射系数应大于 100 cd/lx · m^2。

4.4 反光布的设计要求

4.4.1 部位要求

上衣的正面和背面、双袖的侧面和后面、裤子的两侧，应缝（贴）制反光布，保证在360°范围内从任意角度均可观察到交通安全反光校服上反光布的反光。双袖反光布缝（贴）制的位置与袖口的距离应不小于50 mm。上衣背面缝（贴）制的反光布，不应被学生书包完全遮挡。

4.4.2 宽度、长度或面积要求

反光布的宽度、长度或面积要求如下：

a) 有效宽度应不小于20 mm；

b) 使用条形反光布的，上衣和裤子上缝（贴）制的反光布各段长度之和应不小于裤长的2.3倍。其中，裤子上缝（贴）制的反光布长度之和应不小于500 mm。使用非条形反光布的，其面积应不小于条形反光布的面积。

4.5 反光布缝（贴）制要求

反光布的缝（贴）制要求如下：

a) 应采用适合反光布缝制的缝线；

b) 各部位反光布缝制的线路要顺直、宽窄均匀、牢固，不允许有跳针、开线和断线；

c) 反光布缝制的针距密度应符合FZ/T 81003—2003中3.9.1的规定；

d) 各部位反光布的贴制不允许有开胶、渗胶、起趋和脱落。

5 试验方法

5.1 基本安全技术要求的试验方法见GB 18401。

5.2 校服质量的试验方法见FZ/T 81003或GB/T 22854。

5.3 反光布逆反射系数的试验方法见附录A。

5.4 水洗试验的试验方法按GB/T 8629—2001规定，使用顶部加料、搅拌型洗衣机2B的洗涤程序洗涤、悬挂凉干50次后，测试逆反光系数。

5.5 反光布耐磨、屈挠、低温弯曲、温度变化试验，按GB 20653—2006中7.4.1、7.4.2、7.4.3、7.4.4规定的方法进行。

5.6 反光布缝（贴）制要求的检测采用目测和钢卷尺测量。

6 包装和标志

按FZ/T 81003或GB/T 22854执行。

附 录 A
（规范性附录）
逆反射系数试验方法

A.1 设备要求

逆反射系数测量仪器的光源为 CIE A 光源，观测角应能在 12′～2.0°范围内连续可调，最小分度值不应大于 6′；入射角应能在 0°～40°范围内可调，最小分度值为 1°。

A.2 试验环境

调湿和试验用标准大气，温度 20 ℃±2 ℃，湿度 65%±5%。

A.3 试样要求

从校服上不同部位反光布截取 20 mm×20 mm 的试样五块。

A.4 逆反射系数测试步骤

A.4.1 样品需放置在规定的试验环境中 2 h 后方可开始测试。
A.4.2 调整逆反射系数测量仪的入射角和观测角至规定条件，用已计量的标准逆反射系数板（或桶）进行标定。
A.4.3 将被测五块试样顺序放在仪器的测量孔下（试样应全部覆盖测量孔），待数据稳定后即可记录数值。
A.4.4 测量时，仪器与转动台平面垂直紧密结合，以防数据不准。
A.4.5 当变换不同的观察角时，要重新校准。
A.4.6 记录五块试样的逆反射系数值，精确到 0.1 $cd/lx \cdot m^2$。

A.5 结果计算

检测结果以所测五块试样的算术平均值修约到整数报出。

ICS 25.040.40
N 10

中华人民共和国国家标准

GB/T 28469.1—2012

电磁感应式数字化仪 第1部分:通用技术条件

Electromagnetic and inductive digital instrument—Part 1: General specification

2012-06-29 发布　　2012-11-01 实施

中华人民共和国国家质量监督检验检疫总局
中国国家标准化管理委员会　发布

前 言

本部分按照 GB/T 1.1—2009 给出的规则起草。

GB/T 28469《电磁感应式数字化仪》分为 2 个部分：

——第 1 部分：通用技术条件；

——第 2 部分：性能评定方法。

本部分是 GB/T 28469 的第 1 部分。

本部分由中国机械工业联合会提出。

本部分由全国工业过程测量和控制标准化技术委员会(SAC/TC 124)归口。

本部分负责起草单位：西南大学、深圳市标利科技开发有限公司。

本部分参加起草单位：重庆川仪自动化股份有限公司、上海自动化仪表股份有限公司、机械工业仪器仪表综合技术经济研究所。

本部分主要起草人：黄伟、张建成、祝培军、潘东波、陈汝、任军民。

本部分参加起草人：刘进、包伟华、欧阳劲松、张新国。

电磁感应式数字化仪 第1部分:通用技术条件

1 范围

GB/T 28469的本部分规定了电磁感应式数字化仪(以下简称数字化仪)的技术要求及其包装、运输等要求。

本部分适用于电磁感应式数字化仪。

2 规范性引用文件

下列文件对于本文件的应用是必不可少的。凡是注日期的引用文件,仅注日期的版本适用于本文件。凡是不注日期的引用文件,其最新版本(包括所有的修改单)适用于本文件。

GB/T 191 包装储运图示标志(GB/T 191—2008,ISO 780:1997,MOD)

GB/T 2887—2011 电子计算机场地通用规范

GB 4943—2001 信息技术设备的安全(idt IEC 60950:1999)

GB 9254 信息技术设备的无线电骚扰限值和测量方法(GB 9254—2008,IEC/CISPR 22:2006,IDT)

GB 9969—2008 工业产品使用说明书 总则

GB/T 13384 机电产品包装通用技术条件

GB/T 14689 技术制图 图纸幅面和格式(GB/T 14689—2008,ISO 5457:1999,MOD)

GB/T 17626.2 电磁兼容 试验和测量技术 静电放电抗扰度试验(GB/T 17626.2—2006,IEC 61000-4-2:2001,IDT)

GB/T 17626.3 电磁兼容 试验和测量技术 射频电磁场辐射抗扰度试验(GB/T 17626.3—2006,IEC 61000-4-3:2002,IDT)

GB/T 17626.4 电磁兼容 试验和测量技术 电快速瞬变脉冲群抗扰度试验(GB/T 17626.4—2008,IEC 61000-4-4:2004,IDT)

GB/T 17626.5 电磁兼容 试验和测量技术 浪涌(冲击)抗扰度试验(GB/T 17626.5—2008,IEC 61000-4-5:2005,IDT)

GB/T 17626.6 电磁兼容 试验和测量技术 射频场感应的传导骚扰抗扰度(GB/T 17626.6—2008,IEC 61000-4-6:2006,IDT)

GB/T 17626.8 电磁兼容 试验和测量技术 工频磁场抗扰度试验(GB/T 17626.8—2006,IEC 61000-4-8:2001,IDT)

GB/T 17626.11 电磁兼容 试验和测量技术 电压暂降、短时中断和电压变化的抗扰度试验(GB/T 17626.11—2008,IEC 61000-4-11:2004,IDT)

GB/T 17626.14 电磁兼容 试验和测量技术 电压波动抗扰度试验(GB/T 17626.14—2005,IEC 61000-4-14:2002,IDT)

JB/T 6214—1992 仪器仪表可靠性验证试验及测定试验(指数分布)导则

JB/T 9279.1 计算机外部设备接口统一规定 第1部分:JC-1串行接口

JB/T 9279.2 计算机外部设备接口统一规定 第2部分:JB-1并行接口

3 术语和定义

下列术语和定义适用于本文件。

3.1

数字化仪 digitizer

一种向计算机输入图形数据、程序语言或符号,并能对数据进行修改和处理的计算机外部设备。

3.2

点方式 point mode

游标(或触笔)开关接通一次采一点的工作方式。

3.3

连续方式 stream mode

无论游标(或触笔)的开关处于何种状态均能连续采点的工作方式。

3.4

跟踪方式 switch stream mode

游标(或触笔)开关接通即连续采点,断开即停止采点的工作方式。

3.5

增量方式 increment mode

无论游标(或触笔)的开关处于何种状态,当游标(或触笔)移动时,数字化仪均能按预置增量参数输出坐标点的工作方式。

3.6

菜单方式 menu mode

通过菜单选择功能的工作方式。

3.7

绝对坐标方式 absolute coordinate mode

a) 固定原点坐标方式:以工作面的原点(0,0)作为测量坐标原点的数据采集方式(括号内为坐标显示的数值);

b) 浮动原点坐标方式:在工作面上任选一点作为测量坐标原点的数据采集方式。

3.8

相对坐标方式 relative coordinate mode

被测点的坐标相对于前一点坐标的数据采集方式。

3.9

分辨率 resolution

有效幅面内可辨别的最小距离或位移,单位为毫米(mm)。

3.10

精确度 accuracy

实际测量值与被测值之差,也称最大允许误差,单位为毫米(mm)。

3.11

坐标显示 coordinate display

在直角坐标系中,被测点 x、y 坐标值的数码显示。

4 要求

4.1 气候环境条件

4.1.1 使用环境条件

数字化仪应在机房内工作，其温、湿度要求应按 GB/T 2887—2011 中第 5 章的规定选取(见表 1)。

4.1.2 运输、贮存环境条件

数字化仪的运输、贮存环境条件应选择表 1 中贮存条件的第Ⅰ组或第Ⅱ组的数值(见表 1)。

表 1 数字化仪的运输、贮存环境条件及机械环境条件

条件		Ⅰ组	Ⅱ组
温度	贮运环境	5 ℃～40 ℃	
	使用环境	23 ℃±2 ℃	15 ℃～30 ℃
湿度	贮运环境	40 ℃ 90% RH 12 h	50 ℃ 90% RH 24 h
	使用环境	45%～65%	40%～70%
振动	频率范围	5 Hz～35 Hz～5 Hz	5 Hz～55 Hz～5 Hz
	驱动振幅	0.075 mm	0.19 mm
	扫频速率	小于或等于 1 oct/min	
	共振点上保持时间	5 min	10 min
	共振点上驱动振幅	0.19 mm	1.59 mm(5 Hz≤f≤10 Hz)
			0.76 mm(10 Hz≤f≤25 Hz)
			0.19 mm(25 Hz≤f≤55 Hz)
	工作状态	非工作状态	
	振动方向	x,y,z	
冲击	加速度	147 m/s^2	294 m/s^2
	脉冲持续时间	6 ms±1 ms	11 ms±1 ms
	冲击次数	3 个轴向(任选一面)各做 1 次(共 3 次)	6 个面，每面 3 次(共 18 次)
	工作状态	非工作状态	
	波形	半个正弦波	
倾斜跌落	跌落高度或角度	50 mm 或 30°	100 mm 或 45°
	跌落次数	以底面 4 个边为轴各跌落 1 次(共 4 次)	
	工作状态	工作状态	

4.2 机械环境条件

数字化仪的机械环境条件(振动、冲击、倾斜低落)应选择表 1 中的第Ⅰ组或第Ⅱ组的有关数值(见表 1)。

4.3 电磁兼容性

4.3.1 无线电干扰极限值

数字化仪的无线电干扰极限值应符合 GB 9254 中 B 级 ITE 的规定。

4.3.2 静电放电抗扰度

数字化仪的静电放电抗扰度应符合 GB/T 17626.2 的规定。

4.3.3 射频电磁场辐射

数字化仪的射频电磁场辐射抗扰度应符合 GB/T 17626.3 的规定。

4.3.4 电快速瞬变脉冲群

数字化仪的电快速瞬变脉冲群抗扰度应符合 GB/T 17626.4 的规定。

4.3.5 浪涌(冲击)

数字化仪的浪涌(冲击)抗扰度应符合 GB/T 17626.5 的规定。

4.3.6 射频场感应的传导骚扰

数字化仪的传射频场感应的传导骚扰抗扰度应符合 GB/T 17626.6 的规定。

4.3.7 工频磁场

数字化仪的工频磁场抗扰度应符合 GB/T 17626.8 的规定。

4.3.8 电压暂降、短时中断和电压变化的抗扰度

数字化仪的电压暂降、短时中断和电压变化的抗扰度应符合 GB/T 17626.11 的规定。

4.3.9 电压波动

数字化仪的电压波动抗扰度应符合 GB/T 17626.14 的规定。

4.4 安全

数字化仪有关安全的一般要求应符合 GB 4943—2001 的规定。

4.4.1 对地泄漏电流

数字化仪的对地泄漏电流允许值应符合 GB 4943—2001 中 5.2 的要求，具体数值由产品标准规定。

4.4.2 耐电强度

数字化仪的耐电强度施加电压值应符合 GB 4943—2001 中 5.3 的要求，具体数值由产品标准规定。

4.5 产品性能

4.5.1 有效幅面

数字化仪的有效幅面应优于采用 GB/T 14689 所规定的 A0～A4 的尺寸。

4.5.2 分辨率

数字化仪的分辨率(通常为 0.25 mm～0.025 mm)应在产品标准中规定,并按产品的不同等级提出具体的检验方法。

4.5.3 精确度

产品的精确度等级应从表 2 中选取,在数字化仪的有效幅面内,其最大允许偏差应不超过表 2 中规定的相应数值。

表 2 精确度等级及其允许偏差

精确度等级	0.05	0.1	0.15	0.25	(0.38)	0.5	1.0
最大允许偏差/mm	±0.05	±0.1	±0.25	±0.25	±0.38	±0.5	±1.0
注:括号中的数值为非优选等级。							

4.5.4 工作方式

数字化仪的工作方式有点方式、连续方式、跟踪方式、增量方式、菜单方式等,产品至少应具备上述一种工作方式。

4.5.5 坐标方式

数字化仪应具备绝对坐标方式和相对坐标方式。

4.5.6 输出编码

数字化仪应具备 ASCⅡ码、BCD 码和二进制码。

4.5.7 接口

数字化仪应优先采用:

a) 串行接口:JC-1(JB/T 9279.1,参照 RS-232C);

b) 并行接口:JB-1(JB/T 9279.2 即 CENTRONICS)。

4.5.8 传输速率

数字化仪应具备 300 bit/s、600 bit/s、1 200 bit/s、2 400 bit/s、4 800 bit/s、9 600 bit/s 等速率,并可选择。

4.6 电源适应能力

交流 220 V±22 V,50 Hz±1 Hz。

4.7 可靠性

数字化仪的可靠性要求用 MTBF 衡量,指标应在产品标准中明确规定,不可接收的 MTBF 值应不低于 3 000 h。

4.8 外观和结构

数字化仪的表面应无明显的凹痕、划伤、裂缝、变形等现象,表面涂层镀层不应起泡、龟裂和脱落,金属件不应有锈蚀及其他机械损伤。

开关、操作件应灵活可靠，零、部件应无松动。

面板上，铭牌上的文字、数字、符号应端正、清晰。

5 标志、使用说明书、包装及贮存

5.1 标志

在数字化仪外壳的适当位置上应有固定铭牌，铭牌上应标明：

a) 制造厂名称或厂标；

b) 产品型号、名称；

c) 产品编号；

d) 主要技术参数(测量范围、额定工作压力等)；

e) 制造时间。

5.2 使用说明书

数字化仪使用说明书的编写应符合 GB 9969 的规定。

5.3 包装

装箱运输的数字化仪，应连同装箱单规定的成套附件，按 GB/T 13384 规定进行包装。

5.4 贮存

产品应贮存在环境温度 5 ℃～40 ℃，相对湿度为 30%～85%的通风室内，室内不允许有各种有害气体、易燃、易爆的产品及有腐蚀性的化学物品，并且应无强烈的机械振动、冲击和磁场作用。若无其他规定时，贮存期一般不应超过 6 个月。若在生产厂存放超过 6 个月时，则应重新进行交收检验。

ICS 25.040.40
N 10

中华人民共和国国家标准

GB/T 28469.2—2012

电磁感应式数字化仪 第2部分：性能评定方法

Electromagnetic and inductive digital instrument—
Part 2: Methods of evaluating the performance

2012-06-29 发布　　　　2012-11-01 实施

中华人民共和国国家质量监督检验检疫总局
中国国家标准化管理委员会　发布

前　言

本部分按照 GB/T 1.1—2009 给出的规则起草。

GB/T 28469《电磁感应式数字化仪》分为 2 个部分：

——第 1 部分：通用技术条件；

——第 2 部分：性能评定方法。

本部分是 GB/T 28469 的第 2 部分。

本部分由中国机械工业联合会提出。

本部分由全国工业过程测量和控制标准化技术委员会(SAC/TC 124)归口。

本部分负责起草单位：西南大学。

本部分参加起草单位：上海自动化仪表股份有限公司、重庆川仪自动化股份有限公司、机械工业仪器仪表综合技术经济研究所。

本部分主要起草人：黄伟、祝培军、张建成、周雪莲、钟秀蓉。

本部分参加起草人：包伟华、刘进、欧阳劲松、张新国。

电磁感应式数字化仪 第2部分:性能评定方法

1 范围

GB/T 28469 的本部分规定了电磁感应式数字化仪(以下简称:数字化仪)的性能评定方法、检验规则等要求。

本部分适用于电磁感应式数字化仪。

2 规范性引用文件

下列文件对于本文件的应用是必不可少的。凡是注日期的引用文件,仅注日期的版本适用于本文件。凡是不注日期的引用文件,其最新版本(包括所有的修改单)适用于本文件。

GB 4793.1—2007 测量、控制和实验室用电气设备的安全要求 第1部分:通用要求(IEC 61010-1:2001,IDT)

GB 4943—2001 信息技术设备的安全(idt IEC 60950:1999)

GB/T 6587.2 电子测量仪器 第2部分:温度试验

GB/T 6587.3 电子测量仪器 第3部分:湿度试验

GB/T 6587.4 电子测量仪器 第4部分:振动试验

GB/T 6587.5 电子测量仪器 第5部分:冲击试验

GB/T 6587.6 电子测量仪器 第6部分:运输试验

GB 9254 信息技术设备的无线电骚扰限值和测量方法(GB 9254—2008,IEC/CISPR 22:2006,IDT)

GB/T 16511—1996 电气和电子测量设备随机文件

GB/T 17626.2 电磁兼容 试验和测量技术 静电放电抗扰度试验(GB/T 17626.2—2006,IEC 61000-4-2:2001,IDT)

GB/T 17626.3 电磁兼容 试验和测量技术 射频电磁场辐射抗扰度试验(GB/T 17626.3—2006,IEC 61000-4-3:2002,IDT)

GB/T 17626.4 电磁兼容 试验和测量技术 电快速瞬变脉冲群抗扰度试验(GB/T 17626.4—2008,IEC 61000-4-4:2004,IDT)

GB/T 17626.5 电磁兼容 试验和测量技术 浪涌(冲击)抗扰度试验(GB/T 17626.5—2008,IEC 61000-4-5:2005,IDT)

GB/T 17626.6 电磁兼容 试验和测量技术 射频场感应的传导骚扰抗扰度(GB/T 17626.6—2008,IEC 61000-4-6:2006,IDT)

GB/T 17626.8 电磁兼容 试验和测量技术 工频磁场抗扰度试验(GB/T 17626.8—2006,IEC 61000-4-8:2001,IDT)

GB/T 17626.11 电磁兼容 试验和测量技术 电压暂降、短时中断和电压变化的抗扰度试验(GB/T 17626.11—2008,IEC 61000-4-11:2004,IDT)

GB/T 17626.14 电磁兼容 试验和测量技术 电压波动抗扰度试验(GB/T 17626.14—2005,IEC 61000-4-14:2002,IDT)

GB/T 18271.4 过程测量和控制装置 通用性能评定方法和程序 第4部分:评定报告的内容(GB/T 18271.4—2000,idt IEC 61298-4:1995)

GB/T 28469.1—2012 电磁感应式数字化仪 第1部分:通用技术条件

JB/T 6214—1992 仪器仪表可靠性验证试验及测定试验(指数分布)导则

3 性能评定方法

3.1 总则

a) 除环境条件试验和可靠性试验以外,其他试验均在下述正常试验大气环境下进行:

   1) 环境温度:15 ℃~25 ℃;

   2) 相对湿度:45%~75%;

   3) 大气压力:86 kPa~106 kPa。

b) 除电源适应能力试验以外,其他试验均在下述电源条件下进行:

   交流220 V,50 Hz。

3.2 环境条件试验

3.2.1 温度试验

本试验应按照GB/T 6587.2规定的试验方法进行,上、下限温度应在GB/T 28469.1—2012的表1中选取,具体做法应在产品标准中规定。

做运输、贮存温度下限试验时,为避免结冰、凝露,允许用塑料袋密封试品,并可在密封套内放吸潮剂。其他试验受试产品不应加任何防护包装。

3.2.2 湿度试验

本试验应按照GB/T 6587.3规定的试验方法进行,温度、湿度范围应在GB/T 28469.1—2012的表1中选取,具体做法应在产品标准中规定。

3.2.3 振动试验

本试验应按照GB/T 6587.4规定的试验方法进行,试验条件应在GB/T 28469.1—2012的表1中选取,具体做法应在产品标准中规定。

3.2.4 冲击试验

本试验应按照GB/T 6587.5规定的试验方法进行,试验条件应在GB/T 28469.1—2012的表1中选取,具体做法应在产品标准中规定。

3.2.5 运输试验

本试验应按照GB/T 6587.6规定的试验方法进行,流动条件应等级优选第1级。

3.3 电磁兼容试验

3.3.1 无线电干扰极限值

无线电干扰极限值的测量方法按照GB 9254规定的方法进行。

3.3.2 射频电磁场辐射

射频电磁场辐射抗扰度试验按 GB/T 17626.3 中规定的试验设备和试验方法进行。

3.3.3 电快速瞬变脉冲群

电快速瞬变脉冲群抗扰度试验按 GB/T 17626.4 中规定的试验设备和试验方法进行。

3.3.4 浪涌(冲击)

浪涌(冲击)抗扰度试验按 GB/T 17626.5 中规定的试验设备和试验方法进行。

3.3.5 射频场感应的传导骚扰

射频场感应的传导骚扰抗扰度试验按 GB/T 17626.6 中规定的试验设备和试验方法进行。

3.3.6 工频磁场

工频磁场抗扰度试验按 GB/T 17626.8 中规定的试验设备和试验方法进行。

3.3.7 电压暂降、短时中断和电压变化

电压暂降、短时中断和电压变化的抗扰度试验按 GB/T 17626.11 中规定的试验设备和试验方法进行。

3.3.8 电压波动

电压波动抗扰度试验按 GB/T 17626.14 中规定的试验设备和试验方法进行。

3.4 安全试验

3.4.1 对地泄漏电流试验

按 GB 4943—2001 中 5.2 的规定进行。

3.4.2 耐电强度试验

按 GB 4943—2001 中 5.3 的规定进行。出厂检验时不进行预处理。

3.5 产品性能试验

3.5.1 试验设备

a) 微型计算机及打印设备一套;

b) 带夹具的游标卡尺或其他测量器具,其测量精确度应高于数字化仪的精确度。

3.5.2 有效幅面测量

将数字化仪的工作方式置于点方式,采用浮动原点绝对坐标方式,用游标输入,坐标显示器读数。

将游标置于数字化仪的左下角,按复位开关后,再按游标开关,此时,坐标显示器上 X 和 Y 的读数均为 0;再将游标置于数字化仪的右上角,按动游标开关后,坐标显示器上 X 和 Y 的读数均应大于 4.5.1 中规定的数值。

3.5.3 精确度测量

先将带夹具的游标卡尺平放在数字化仪上,再将游标置于夹具中规定的位置。移动游标,测量数字

化仪上 m 个设定点($m \geqslant 5$),每点需测量 n 次($n=4 \sim 10$)。

用坐标显示器读取设定点的 x 和 y 坐标数值,第 m 点的 x 和 y 坐标数值分别为 x_m 和 y_m,调节游标卡尺上 x 向和 y 向的调节机构,使坐标显示器的读数渐渐接近 x'_m 和 y'_m,若把此时游标卡尺上的读数称做 x_m 和 y_m,则 m 点在 x 向和 y 向的误差分别为:

$$\delta_{x_m} = | x_m - x'_m | \qquad \cdots\cdots (1)$$

$$\delta_{y_m} = | y_m - y'_m | \qquad \cdots\cdots (2)$$

按以上方法对 m 点从不同方面逼近,测 n 次,则 m 点的 x 向和 y 向的平均误差为:

$$\delta_{x_m} = \frac{1}{n}\sum_{i=1}^{n}\delta_{x_{mi}} \qquad \cdots\cdots (3)$$

$$\delta_{y_m} = \frac{1}{n}\sum_{i=1}^{n}\delta_{y_{mi}} \qquad \cdots\cdots (4)$$

设 m 个定点的 x 向和 y 向的平均误差为:

$$v_x = \frac{1}{m}\sum_{i=1}^{m}\delta_{x_m} \qquad \cdots\cdots (5)$$

$$v_y = \frac{1}{m}\sum_{i=1}^{m}\delta_{y_m} \qquad \cdots\cdots (6)$$

v_x 和 v_y 均应不大于 GB/T 28469.1—2012 中 4.5.3 规定的数值。

3.5.4 工作方式检查

启动有关按键或程序,数字化仪应能进入 GB/T 28469.1—2012 中 4.5.4 所规定的各种工作方式。坐标显示器或显示屏幕可显示出游标的采点坐标。

3.5.5 坐标方式检查

气动有关按键,数字化仪应能进入 GB/T 28469.1—2012 中 4.5.5 规定的坐标方式,并能正常工作。

3.5.6 输出编码检测

启动输出编码检测程序,分别用二进制码,ASCII 码 BCD 码读取数字化仪上游标所指的任意一点的坐标读数,三种编码在坐标显示器和显示屏幕上的读数应一致(可忽略浮点运算产生的误差)。

3.5.7 接口检测

启动接口检测程序,有计算机读取数字化仪上游标所指点的坐标读数,坐标显示器和显示屏幕上的读数一致为正常。

并行接口通过联接打印机进行检测。

3.5.8 传输速率检测

启动输出速率检测程序,按 GB/T 28469.1—2012 中 4.5.8 逐一改变数字化仪和计算机的传输速率,被测点在坐标显示器和显示屏幕上的读数应一致。

3.6 电源适应能力试验

电源适应能力按下列几种组合进行试验:

a) 220 V,50 Hz;

b) 198 V,49 Hz;

c) 198 V,51 Hz;

d) 242 V,49 Hz;

e) 242 V,51 Hz。

每种组合试验时间不应少于 10 min。试验过程中,数字化仪应能准确读数。

3.7 可靠性试验

可靠性试验可按 JB/T 6214 的规定进行。试验方案由产品标准根据 JB/T 6214 进行选择,并规定产品可靠性试验的失效依判据。

3.8 外观结构检查

采用目测方法检查。

4 检验规则

产品出厂前应通过规定的检验,检验分为出厂检验和型式检验。

4.1 出厂检验

a) 出厂检验由生产厂质量检验部门负责进行;

b) 出厂检验应逐台进行;

c) 出厂检验的项目包括 GB/T 28469.1—2012 中 4.4,4.5,4.6,4.8。

4.2 型式检验

a) 产品在设计定型和生产定型时应通过型式检验;

b) 正式生产后,若更改设计或工艺,更换材料或零、部件时,应进行型式检验;

c) 正式生产后,定期或积累一定产量后,应周期性进行一次型式检验;

d) 型式检验由生产厂质量检验部门或国家认可的质量检验部门负责进行;

e) 型式检验的试品应在合格产品中随机抽取,且不得少于 2 台;

f) 型式检验的项目为 GB/T 28469.1—2012 中第 4 章中全部内容;

g) 型式检验后,应提交定型检验报告。

ICS 25.040
N 18

中华人民共和国国家标准

GB/T 28470—2012

工业过程测量和控制系统用电动和气动模拟计算器性能评定方法

Methods of evaluating the performance of electrical and pneumatic analogue computing unit for use in industrial process measurement and control systems

2012-06-29 发布　　2012-11-01 实施

中华人民共和国国家质量监督检验检疫总局
中国国家标准化管理委员会　发布

前　言

本标准按照 GB/T 1.1—2009 给出的规则起草。

本标准附录 A 为规范性附录。

本标准由中国机械工业联合会提出。

本标准由全国工业过程测量和控制标准化技术委员会(SAC/TC 124)归口。

本部分负责起草单位:西南大学。

本部分参加起草单位:中国四联仪器仪表集团、机械工业仪器仪表综合技术经济研究所。

本部分主要起草人:周雪莲、祝培军、钟秀蓉、黄巧莉。

本部分参加起草人:刘进、冯晓升、张新国。

工业过程测量和控制系统用
电动和气动模拟计算器性能评定方法

1 范围

本标准规定了模拟计算器性能评定的统一的试验方法。

本标准适用于符合下列规定的计算器：

a) 工业过程测量和控制系统用；

b) 输入输出信号符合 GB/T 777 或 GB/T 3369.1 或 GB/T 3369.2 的规定；

c) 运算方式为加减、乘除或开方；

d) 一般工作条件下使用。

对输入输出为其他模拟信号的计算器或其他运算方式(如比值运算)的计算器，也可参照采用。

对特殊工作条件下使用以及其他型式的计算器，可根据计算器的具体情况，选用标准中适用的试验以及补充所需要的附加试验。

2 规范性引用文件

下列文件对于本文件的应用是必不可少的。凡是注日期的引用文件，仅注日期的版本适用于本文件。凡是不注日期的引用文件，其最新版本(包括所有的修改单)适用于本文件。

GB/T 2828.1 计数抽样检验程序 第1部分：按接收质量限(AQL)检索的逐批检验抽样计划(GB/T 2828.1—2003，ISO 2859-1：1999，IDT)

GB 4208 外壳防护等级(IP 代码)(GB 4208—2008，IEC 60529：2001，IDT)

GB 4793.1 测量、控制和实验室用电气设备的安全要求 第1部分：通用要求(GB 4793.1—2007，IEC 61010-1：2001，IDT)

GB/T 16511 电气和电子测量设备随机文件(GB/T 16511—1996，idt IEC 61187：1993)

GB/T 16842 外壳对人和设备的防护 检验用试具(GB/T 16842—2008，IEC 61032：1997，IDT)

GB/T 17626.2 电磁兼容 试验和测量技术 静电放电抗扰度试验(GB/T 17626.2—2006，IEC 61000-4-2：2001，IDT)

GB/T 17626.3 电磁兼容 试验和测量技术 射频电磁场辐射抗扰度试验(GB/T 17626.3—2006，IEC 61000-4-3：2002，IDT)

GB/T 17626.4 电磁兼容 试验和测量技术 电快速瞬变脉冲群抗扰度试验(GB/T 17626.4—2008，IEC 61000-4-4：2004，IDT)

GB/T 17626.5 电磁兼容 试验和测量技术 浪涌(冲击)抗扰度试验(GB/T 17626.5—2008，IEC 61000-4-5：2005，IDT)

GB/T 17626.8 电磁兼容 试验和测量技术 工频磁场抗扰度试验(GB/T 17626.8—2006，IEC 61000-4-8：2001，IDT)

GB/T 18271.1 过程测量和控制装置 通用性能评定方法和程序 第1部分：总则(GB/T 18271.1—2000，idt IEC 61298-1：1995)

GB/T 18271.2—2000 过程测量和控制装置 通用性能评定方法和程序 第2部分：参比条件下的试验(idt IEC 61298-2：1995)

GB/T 18271.3—2000 过程测量和控制装置 通用性能评定方法和程序 第3部分:影响量影响的试验(idt IEC 61298-3:1998)

GB/T 18271.4 过程测量和控制装置 通用性能评定方法和程序 第4部分:评定报告的内容(GB/T 18271.4—2000,idt IEC 61298-4:1995)

GB/T 20819.1 工业过程控制系统用模拟信号控制器 第1部分:性能评定方法(GB/T 20819.1—2007,IEC 60546-1:1987,MOD)

JB/T 9329 仪器仪表运输存贮基本环境条件及试验方法

JB/T 50187—1999 过程控制仪表的可靠性要求与考核方法

3 术语和定义

GB/T 18271 和 GB/T 20819.1 确立的以及下列术语和定义适用于本标准。

3.1

加减系数 modified factor

K_a

加减器中,用来确定输入信号参与运算有效程序的预置系数。

注:"K_{ai}"表示第 i 通道的加减系数,"K_{ai} 为 100%"表示第 i 通道的输入信号不被衰减。

3.2

乘除系数 multiplication factor

K_m

乘除器中,用来确定运算结果与输出之间比例关系的预置系数。

3.3

开方系数 evolution factor

K_e

开方器中,用来确定运算结果与输出之间比例关系的预置系数。

3.4

偏置值 bias value

C

用来对计算器输出进行偏置的常数。

4 基本关系式

a) 加减运算式:

$$Y=\left[\sum_{i=1}^{n}\pm K_{ai}X_1\right]\pm C \quad\cdots\cdots(1)$$

b) 乘除运算式:

$$Y=K_m\frac{X_1X_2}{X_3}\pm C \quad\cdots\cdots(2)$$

c) 开方运算式:

$$Y=K_e\sqrt{X}\pm C \quad\cdots\cdots(3)$$

式中:

Y ——输出信号;

X,X_1,X_2,X_3 ——输入信号;

K_{ai} ——加减系数($i=1,2,3,\cdots n$)；

C ——偏置值；

n ——通道数；

K_m ——乘除系数；

K_e ——开方系数。

注：基本关系式均为典型示例，其中参数均以各参数量程的百分数表示。

5 试验的抽样

如果用户和生产厂商达成了协议，只进行抽样试验，推荐选择 GB/T 2828.1 提出的抽样方法。抽样时，可由用户选定被测试的变送器。

6 试验方法及检验规则

6.1 试验条件

除按 GB/T 18271.1 中有关规定外，补充下述条件和规定：

a) 为便于检查，通常以输出电流在负载电阻 250 Ω 两端的电压降作为计算器输出信号；对采用数字信号传输的计算器，可采用能忽略本身示值误差的计算机监控软件采集的读数作为计算器的输出信号；

b) 每项试验可以调整零点和量程，零点误差不得超过基本误差限之半；

c) 计算器在接通电源后，应按制造厂规定的时间进行预热，制造厂未规定时，预热不低于 30 min；

d) 影响量试验除非另有说明，一般测定一个影响量变化对输出的影响时，其他影响量应保持在参比工作条件范围内；

e) 例行试验(验收试验或修理后的试验)应对用户与生产厂商协商确定的范围下限值、上限值作调整后进行；

f) 除非另有规定，计算器的偏置值均置于 0%；

g) 当规定有性能指标时，应将指标与试验结果列入同一表格内。

6.2 与准确度有关的试验

6.2.1 总则

为便于本标准的应用，将使用 GB/T 18271.1 和 GB/T 18271.2—2000 中规定的通用试验程序和有关事项，并补充和强调下列事项：

a) 计算器不精确度、回差及不重复性的测试均从计算器输入输出特性试验中进行，输入输出特性试验的选择应从最能反映计算器基本性能为原则。各种计算器输入输出特性试验的规定见附录 A；

b) 测试时，应使测试设备充分稳定，所有影响测试的条件应随时观察并记录；

c) 试验点应包括上、下限值在内的至少五个点(不包括能使输出信号超过量程范围以及不计准确度的输入信号值)，各试验点所对应的输出信号值应尽量均匀分布于整个量程范围内；

d) 试验时，输入信号应按初始输入信号变化的同一个方向缓慢地逼近试验点，不允许有过冲现象；

e) 在各试验点上，输入信号应保持稳定，直到被试计算器输出稳定为止；

f) 试验时不允许有敲打或振动计算器的现象。

6.2.2 不精确度

本试验按 GB/T 18271.2—2000 的要求进行，并根据 GB/T 18271.2—2000 的 4.1.7.1 确定数据并列入试验报告。

6.2.3 回差

本试验按 GB/T 18271.2—2000 的要求进行，并根据 GB/T 18271.2—2000 的 4.1.7.5 确定数据并列入试验报告。

6.2.4 不重复性

本试验按 GB/T 18271.2—2000 的要求进行，并根据 GB/T 18271.2—2000 的 4.1.7.6 确定数据并列入试验报告。

6.2.5 死区

计算器的死区应在输出量程的上限值附近(如 90%)和中点上进行。

测量步骤如下：

a) 缓慢增大(或减小)输入信号，记下当输出有可以测出的微小变化时所对应的输入信号值；

b) 缓慢减小(或增大)输入信号，记下当输出又有可以测出的微小变化时所对应输入信号值。

两次记下的输入信号值之差，即为死区。

上述试验重复进行 3 次，以最大死区列入报告。

对有数个输入通道的计算器，通常仅选择主通道(即第一通道)进行试验。

对死区小于 0.1%的计算器，可免去本条试验。

6.2.6 小信号切除性能(仅对电动开方器)

本试验仅对电动计算器进行。

将输入信号从 0%缓慢增大。当输出从 0%突变到某值时，记录对应的输入信号值。

再将输入信号缓慢减小。当输出突变到 0%时，记录对应的输入信号值。

两次记录的输入信号值均称为小信号切除点，其值应在制造厂规定的范围内。

6.2.7 加减系数标度误差

本试验仅对电动计算器进行。

先取任一输入通道，将其系数置于最大标度值。运算方式为“加”，加入输入信号，使输出稳定在量程的 100%。

缓慢改变该通道的系数标度示值，以上、下行程为一循环，至少作三个循环试验，每行程中选择包括极限值在内的不少于五个固定试验点。试验点应均匀分布于全量程，测量每个试验点对应的输出值。

系数标度误差以输出量程的百分数表示，并以理想输出值大于实际输出定义为正误差，反之为负误差。

对各输入通道的系数标度，重复上述试验。

计算各试验点的平均误差，以最大平均误差列入报告。

6.2.8 偏置值范围

本试验仅对偏置值可调的计算器进行。

调整输入信号,将计算器输出信号稳定在量程的0%,调整正向偏置值,测量输出最大变化值。

再调整输入信号将计算器输出稳定在量程的100%,调整反向偏置值,再次测量输出最大变化值。

输出信号的变化范围均应满足偏置可调范围的要求。

6.3 影响量试验

6.3.1 总则

除非另有规定,影响量对计算器的影响均以变化量来确定,并且对各输入通道均输入适当的输入信号,使输出值稳定在量程的50%,然后进行各项影响量试验。

如果希望评定开方器小信号切除性能受影响量的影响,经制造厂同意也可进行。

6.3.2 环境温度影响

本试验按GB/T 18271.3—2000的要求进行连续两个温度循环的试验,两个循环中对计算器不作任何调整。

在每次保温临近结束时,测出计算器的输出值。计算相邻两档温度之间平均每变化10 ℃时输出的变化量。

以两次循环中,对应变温区间测出平均变化量来表示温度影响。

6.3.3 相对湿度影响

本试验按GB/T 18271.3—2000的要求,仅对电动计算器进行试验。

6.3.4 安装位置影响

本试验按GB/T 18271.3—2000的要求进行。

6.3.5 倾跌影响

本试验按GB/T 18271.3—2000的要求进行。

6.3.6 机械振动影响

本试验按GB/T 18271.3—2000的要求进行。

6.3.7 动力源变化影响

本试验按GB/T 18271.3—2000的要求进行。

6.3.8 电源短时中断影响

本试验按GB/T 18271.3—2000的要求,仅对电动计算器进行试验。

6.3.9 电源低降影响

本试验按GB/T 18271.3—2000的要求,仅对电动计算器进行试验。

6.3.10 电源瞬时过压影响

本试验按GB/T 18271.3—2000的要求,仅对电动计算器进行试验。

6.3.11 电源方向保护

本试验按GB/T 18271.3—2000的要求,仅对电动计算器进行试验。

6.3.12 共模干扰影响

本试验按 GB/T 18271.3—2000 的要求进行。本试验仅适用于输入输出端对地绝缘的电动计算器。

6.3.13 串模干扰影响

本试验按 GB/T 18271.3—2000 的要求进行。本试验仅适用于输入输出端对地绝缘的电动计算器。

6.3.14 电快速瞬变脉冲群抗扰度

本试验按 GB/T 17626.4 和 GB/T 18271.3—2000 的要求进行，严酷度等级采用试验等级 3，即试验电压峰值为 2 kV。

6.3.15 浪涌抗扰度

本试验按 GB/T 17626.5 和 GB/T 18271.3—2000 的要求进行，使用电压最大值为 2 kV 峰值（线对地）和 1 kV 峰值（线对线）。

6.3.16 静电放电抗扰度

本试验按 GB/T 17626.2 和 GB/T 18271.3—2000 的要求进行，严酷度等级采用试验等级 3。

6.3.17 工频磁场抗扰度

本试验按 GB/T 17626.8 和 GB/T 18271.3—2000 的要求进行，严酷度等级采用试验等级 4。

6.3.18 射频电磁场抗扰度

本试验按 GB/T 17626.3 和 GB/T 18271.3—2000 的要求进行，严酷度等级采用试验等级 3。

6.3.19 接地影响

本试验按 GB/T 18271.3—2000 的要求进行。本试验仅适用于输入、输出端对地绝缘的电动计算器。

6.3.20 负载阻抗变化影响

本试验按 GB/T 18271.3—2000 的要求，仅对电动计算器进行试验。

6.3.21 加速工作寿命试验

对计算器施加交变信号，使输入值以量程的 50% 为中点，峰峰值约为量程的 50%，频率为 0.5 Hz 作正弦交变变化。

试验连续运行 7 d，每 8 h～12 h 中断一次交变信号，以便测量输出变化量。

6.3.22 输入过范围影响

将计算器的可调系数均置于 100%，调整各通道输入信号，使输出稳定在量程的 50%。

再将计算器一个输入通道信号调整到量程的 150%，维持 1 min，然后恢复到原来值，稳定 5 min 后，测量输出变化量。

输入信号范围下限值不为零(系指实际值为零,而不是指 0%)的计算器,则还应将输入信号调整到零,维持 1 min,然后恢复到原来值,稳定 5 min 后,测量输出变化量。

每个输入通道均应进行上述试验。

6.4 始动漂移

本试验按 GB/T 18271.2—2000 的要求进行。

6.5 长期漂移

本试验按 GB/T 18271.2—2000 的要求进行。

6.6 输、排气量

本试验仅对气动计算器进行。试验按图 1 所示方法接线。

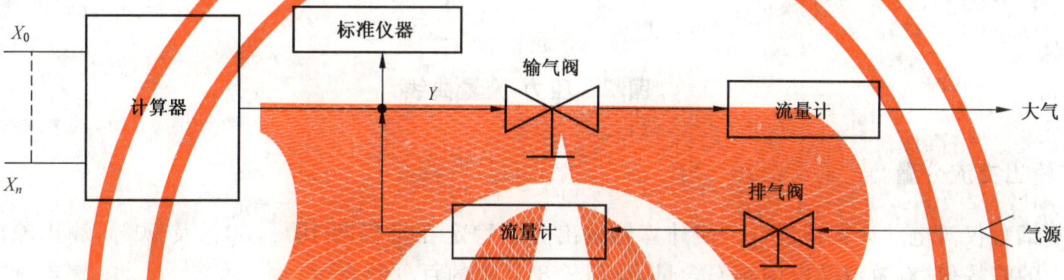

图 1 输排气量试验接线示意图

对计算器在规定负载条件下,分别加入使输出稳定在量程的 10%,50% 及 90% 的输入信号(对开方器可免做其中输出稳压量程的 10% 的输入信号的试验)。

首先缓慢打开输气阀,测量每个输气量下对应的输出压力;然后关闭输气阀,缓慢打开排气阀,测量每个排气量对应的输出压力。

根据测试数据,画出如图 2 所示的压力-流量曲线,根据曲线确定:

a) 最大输气量(输出压力为 20 kPa);

b) 最大排气量(输出压力为 100 kPa);

c) 输气量从 0.2 m^3/h 变为 0.4 m^3/h(标准大气条件)时输出压力的变化;

d) 排气量从 0.2 m^3/h 变为 0.4 m^3/h(标准大气条件)时输出压力的变化;

e) 突变(即输出继动死区)阶跃高度(以输出量程的百分数表示)和相应的输排气量。

对不带放大器的气动计算器,不做本条试验。

注:试验时,气源压力应保持为公称值。

6.7 稳态耗气量

本试验仅对气动计算器进行。计算器输出与密封气容相连,并确保输出接头与气容无泄漏,将输出分别稳定在量程的 10%,50% 及 90%,测出最大稳态耗气量。

6.8 耗电量

本试验仅对电动计算器进行。将计算器输出稳定在 100%,测量计算器耗电量。

再在电源电压为上限值及电源频率为下限值条件下重复上述试验,最后取最大值列入报告。

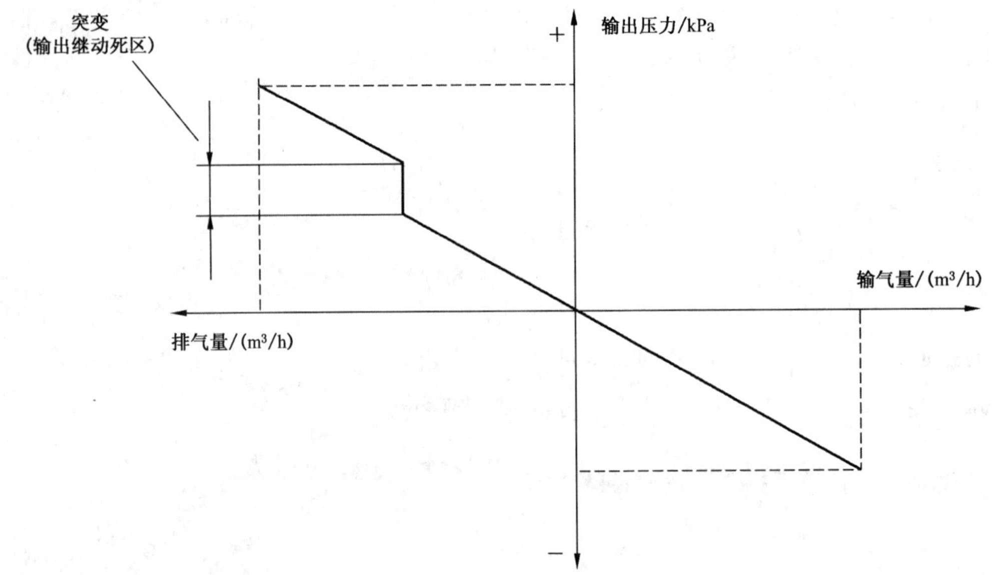

图 2　压力-流量曲线

6.9　输出交流分量

本试验仅对电动计算器进行。使计算器输出分别稳定在量程的 10%，50%及 90%，测出输出交流分量中的峰峰值、有效值及电网频率含量，均以输出量程的百分数表示。

当有脉冲信号叠加在输出端时，可在输出端并联 500 pF 电容，并规定测试仪器的通频带。

6.10　绝缘电阻

本试验按 GB/T 18271.2—2000 的要求进行。本试验适用于电源对地绝缘的电动计算器。

试验应用试验电压为直流 500 V 的兆欧表进行测量。

应该测试的接线端子不少于如下规定：

a）　供源端子短接——接地端；

b）　其余端子短接——接地端；

c）　输入端子短接——输出端子短接(此项适用于输入或输出绝缘的计算器)。

6.11　绝缘强度

本试验按 GB/T 18271.2—2000 的要求进行。本试验适用于电源对地绝缘的电动计算器。试验电压应加到下列端子之间：

a）　供源端子短接——接地端；

b）　其余端子短接——接地端；

c）　输入端子短接——输出端子短接(此项适用于输入或输出绝缘的计算器)。

6.12　阶跃响应

本试验按 GB/T 18271.2—2000 的要求进行。

6.13　频率响应

本试验按 GB/T 18271.2—2000 的要求进行。

注：对有数个输入通道的计算器，则交变信号通常加入主通道(即第一通道)。

6.14 抗运输环境性能试验

计算器在运输包装条件下，应能符合 JB/T 9329 的要求，其中高温选＋55 ℃，低温选－40 ℃，相对湿度为 95%(25 ℃)，包装件重量小于 100 kg 时，自由跌落高度取 250 mm。试验后在参比工作条件下自然回温不少于 24 h，然后拆除包装，允许调整零点和量程，检查 6.2.2、6.2.3、6.2.4、6.2.5、6.10、6.11 及 6.15 要求。

6.15 外观

目测进行检查。

6.16 可靠性试验

按 JB/T 50187—1999 规定方法进行考核。

7 检验规则

7.1 出厂试验及验收试验

每台计算器须经技术检验部门检验合格后方能出厂。计算器出厂试验应按表 1 规定进行。

若用户同意按 GB/T 2828.1 进行抽样验收时，验收检验可按出厂试验规定进行，否则由制造厂与用户协商确定。

7.2 型式试验

计算器型式试验应根据本标准进行全部试验。

注：当制造厂认为某些质量指标能够得到保证时，制造厂内部型式试验的内容允许适当简化。

表 1 出厂试验项目

序号	项目名称	试验方法条文号
1	不精确度	GB/T 18271.2—2000 中第 4 章
2	回差	GB/T 18271.2—2000 中第 4 章
3	小信号切除性能	6.2.3
4	动力源变化影响(免做变频试验)	GB/T 18271.3—2000 中第 12 章
5	输出交流分量(仅测试输出稳定在量程的 50% 的交流分量有效值)	6.9
6	绝缘电阻	6.10 GB/T 18271.2—2000 中 6.3.2
7	绝缘强度	6.11 GB/T 18271.2—2000 中 6.3.3
8	外观	6.14
注：出厂试验项目中，不精确度试验可简化为一个循环的测试。		

8 其他考虑事项

8.1 总则

为了检验计算器的一些其他特性，应进行附加试验，例如由密封提供的安全和防护等级。

为了准备试验报告、试验程序所需的通用信息，包含下述几个方面：

- 安装；
- 例行维护和调试；
- 维修和大修。

应根据实际运行要求和制造厂的说明书来进行性能检查，以便能同时对说明书作出评价。

8.2 安全

应检查电动计算器，以确定它的设计对意外电击的防护程度。

详细检查方法见 GB 4793.1。

8.3 外壳防护

如果需要的话，应根据 GB 4208 和 GB/T 16842 进行试验。

8.4 文献资料

制造厂主动提供的以及实验室要求提供的全部有关文件应列出清单。

如果这些文件没有附带用来清楚描述计算器操作的完善图表，或没有完整的元件清单和规范，则应指出其不足。

详细规定见 GB/T 16511。

8.5 安装

计算器应根据制造厂的说明书安装和投入使用，同时要考虑在实际中可能遇到的和要求不同程序的各种应用。

制造厂规定的安装方法应列入报告。任何由于此种安装方法所造成的对计算器的使用限制都应予以指出并加以说明。

8.6 例行维护和调试

应根据制造厂的说明书进行必要的例行维护和调试操作。

任何有关执行这些操作的难易程度都应予以指出，并说明原因。

8.7 设计特征

应列出所有可能造成使用困难的有关设计或结构方面的情况，并说明原因。同时还要列出可能具有特殊意义的任何特征，例如工作部件的密封等级、备件的互换性和气候防护等。

8.8 可调整参数

报告中应指出厂商列出的重要的变型和选件。

8.9 工具和设备

应列出安装、维护和修理所必须的工具和设备。

9 试验报告和文档

试验完成以后，应根据 GB/T 18271.4 准备完整的评定试验报告。

报告发表之后，所有试验期间与测试有关的原始文档应在试验室至少储存 2 年。

附 录 A
（规范性附录）
各种计算器输入输出特性试验的规定

A.1 加减器

对于各通道加减系数可调的计算器，应任选其中一个输入通道为“减”（对五通道加减器可选 2 个），其余的均为“加”，先将各输入通道预置于 30%左右，并同时加入 100%信号，再调整各通道加减系数（均不得小于 10%），使计算器输出为 100%，然后进行试验。

对于加减系数不可调的计算器，应使各输入通道的运算方式为“二加一减”（对三通道计算器）或“三加二减”（对五通道计算器），然后进行试验。

试验时，在各输入通道加入相同信号（有可能时可加同一信号），按 6.1.2～6.6 规定进行。

A.2 乘除器

A.2.1 对计算式为“$Y=\frac{X_1X_2}{X_3}$”的计算器，至少应进行下述三项试验：

a) $X_1=X_3=100\%$，改变输入信号 X_2，按 6.2.2～6.2.4 规定进行试验；

b) $X_2=X_3=100\%$，改变输入信号 X_1，按 6.2.2～6.2.4 规定进行试验；

c) $X_1=X_0$；$X_2=100\%$。

X_0 为计算器进行除法运算时制造厂规定有准确度要求的“除数”输入信号范围中的最小值，并规定应大于 0%；

改变输入信号 X_3，按 6.2.2～6.2.4 规定进行试验。

A.2.2 对计算式为“$Y=\frac{X_1X_2}{100\%}$”的计算器应进行下列试验：

a) $X_2=12.5\%$，改变输入信号 X_1，按 6.2.2～6.2.4 规定进行试验；

b) $X_2=100\%$，改变输入信号 X_1，按 6.2.2～6.2.4 规定进行试验。

A.2.3 对计算式“$Y=100\%\frac{X_1}{X_2}$”的计算器应进行下列试验：

a) $X_2=100\%$，改变输入信号 X_1，按 6.2.2～6.2.4 规定进行试验；

b) $X_1=X_0$，改变输入信号 X_2，按 6.2.2～6.2.4 规定进行试验；

X_0 同 A.2.1 有关规定。

A.2.4 对计算式为“$Y=\sqrt{X_1X_2}$”的计算器，应进行下列试验：

a) $X_2=100\%$，改变输入信号 X_1，按 6.2.2～6.2.4 规定进行试验；

b) $X_1=100\%$，改变输入信号 X_2，按 6.2.2～6.2.4 规定进行试验。

A.3 开方器

按 6.2.2～6.2.4 规定进行试验。

参 考 文 献

［1］ GB/T 777 工业自动化仪表用模拟气动信号(GB/T 777—2008,IEC 60382:1991,IDT)

［2］ GB/T 3369.1 过程控制系统用模拟信号 第1部分:直流电流信号(GB/T 3369.1—2008,IEC 60381-1:1982,IDT)

［3］ GB/T 3369.2 过程控制系统用模拟信号 第2部分:直流电压信号(GB/T 3369.2—2008,IEC 60381-2:1978,IDT)

ICS 25.040.40
N 15

GB

中华人民共和国国家标准

GB/T 28471.1—2012

工业过程测量和控制系统用隔离式安全栅 第1部分:通用技术条件

Safety barrier for use in industrial-process measure and control systems—Part 1:General technical specification

2012-06-29 发布　　2012-11-01 实施

中华人民共和国国家质量监督检验检疫总局
中国国家标准化管理委员会　发布

前　言

GB/T 28471《工业过程测量和控制系统用隔离式安全栅》分为两部分：

——第 1 部分：通用技术条件；

——第 2 部分：性能评定方法。

本部分是 GB/T 28471 的第 1 部分。

本部分按照 GB/T 1.1—2009 给出的规则起草。

本部分防爆性能按 GB 3836.1《爆炸性环境　第 1 部分：设备　通用要求》、GB 3836.4《爆炸性环境　第4 部分：由本质安全型"i"保护的设备》的规定编写。

本部分中防爆性能和安全要求为强制性要求，其他技术要求为推荐性要求。

本部分的附录 A 为规范性附录，附录 B 为资料性附录。

本部分由中国机械工业联合会提出。

本部分由全国工业过程测量和控制标准化技术委员会(SAC/TC 124)归口。

本部分负责起草单位：南京优倍电气有限公司。

本部分参加起草单位：上海辰竹仪表有限公司、重庆川仪自动化股份有限公司、重庆宇通系统软件有限公司、北京远东仪表有限公司、上海模数仪表有限公司、福建上润精密仪器有限公司、福建顺昌虹润精密仪器有限公司、厦门安东电子有限公司、西南大学。

本部分主要起草人：董健、韩绍盈。

本部分参加起草人：王竹平、陈出新、张新国、吴辉华、岳周、冯伟、王悦、赵力行、金建民、戈剑、魏小东、洪小平、张刚、赵亦欣、黄伟、张建成、何强。

引　　言

本部分适应工业过程测量和控制系统中隔离式安全栅技术发展的需要，进一步与 IEC 导则和指南接轨，给出了隔离式安全栅的通用技术条件。

本部分提供的内容，旨在为隔离式安全栅的设计、开发、研究提供指导，为企业编制安全栅产品标准提供依据。

工业过程测量和控制系统用隔离式安全栅 第1部分:通用技术条件

1 范围

GB/T 28471 的本部分规定了工业过程测量和控制系统用隔离式安全栅的术语与定义、分类、要求、标志、包装、贮存和运输。

本部分适用于工业过程测量和控制系统中隔离式安全栅(以下简称为安全栅)。

本部分不适用于Ⅰ类(煤矿用)和Ⅲ类(粉尘或纤维环境用)防爆电气设备。

安全栅是本质安全防爆系统的一种关联设备。

2 规范性引用文件

下列文件对于本文件的应用是必不可少的。凡是注日期的引用文件,仅注日期的版本适用于本文件。凡是不注日期的引用文件,其最新版本(包括所有的修改单)适用于本文件。

GB/T 2423.4—2008 电工电子产品环境试验 第2部分:试验方法 试验Db 交变湿热(12 h+12 h循环)(IEC 60068-2-30:2005,IDT)

GB 3836.1 爆炸性环境 第1部分:设备 通用要求(GB 3836.1—2010,IEC 60079-0:2007,MOD)

GB 3836.4 爆炸性环境 第4部分:由本质安全型"i"保护的设备(GB 3836.4—2010,IEC 60079-11:2006,MOD)

GB 3836.13 爆炸性气体环境用电气设备 第13部分:爆炸性气体环境用电设备的检修(GB 3836.13—1997,neq IEC 60079-19:1993)

GB 3836.15 爆炸性气体环境用电气设备 第15部分:危险场所电气安装(煤矿除外)(GB 3836.15—2000,eqv IEC 60079-14:1996)

GB 3836.16 爆炸性气体环境用电气设备 第16部分:电气装置的检查和维护(GB 3836.16—2006,IEC 60079-17:2002,IDT)

GB 3836.18 爆炸性环境 第18部分:本质安全系统

GB 4208—2008 外壳防护等级(IP代码)(IEC 60529:2001,IDT)

GB/T 9969—2008 工业产品使用说明书 总则

GB/T 13384—2008 机电产品包装通用技术条件

GB/T 17212—1998 工业过程测量和控制 术语和定义(idt IEC 60902:1987)

GB/T 17614.1—2008 工业过程控制系统用变送器 第1部分:性能评定方法(IEC 60770-1:1999,IDT)

GB/T 18271.1—2000 过程测量和控制装置 通用性能评定方法和程序 第1部分:总则(idt IEC 61298:1995)

GB/T 18271.2—2000 过程测量和控制装置 通用性能评定方法和程序 第2部分:参比条件下的试验(idt IEC 61298-2:1995)

GB/T 18271.3—2000 过程测量和控制装置 通用性能评定方法和程序 第3部分:影响量影响的试验(idt IEC 61298-3:1998)

3 术语和定义

GB 3836.1、GB 3836.4、GB/T 17212—1998、GB/T 17614.1—2008、GB/T 18271.1—2000、GB/T 18271.2—2000、GB/T 18271.3—2000 界定的以及下列术语和定义适用于 GB/T 28471 的本文件。

3.1

安全栅 safety barrier

用限制回路电能量的方法(如限流、限压或隔离等方式),实现本质安全防爆功能的一种关联设备组件,应制成独立装置,而不作为较大设备的部件。

3.2

隔离式安全栅 isolation safety barrier

具有电气隔离、信号传输和转换功能的安全栅。

3.3

检测端安全栅 detection terminal safety barrier

输入信号来自于危险区的安全栅。

3.4

操作端安全栅 operation terminal safety barrier

信号输出至危险区的安全栅。

3.5

配电电压 distribution voltage

安全栅为现场本质安全设备(二线制变送器等)提供电源的电压值。

4 分类与基本参数

4.1 分类

4.1.1 按信号流向分类

安全栅分为检测端安全栅和操作端安全栅。

4.1.2 按基本误差分类

安全栅等级划分为 0.1%、0.2%、0.5%三个等级。

4.2 基本参数

4.2.1 本质安全等级和设备类别

安全栅应放置在安全区或相应安全等级的场所,见表 1 和表 2。

表 1 本质安全等级

本质安全等级	相应安全等级的场所
[Exia]	在正常工作、一个计数故障和两个计数故障情况下均不能点燃爆炸性气体混合物。该等级的安全栅本质安全端可连接到 0 区、1 区、2 区危险场所的本质安全设备

表 1（续）

本质安全等级	相应安全等级的场所
［Exib］	在正常工作和一个计数故障情况下不能点燃爆炸性气体混合物。该等级的安全栅本质安全端可连接到 1 区、2 区危险场所的本质安全设备
［Exic］	在正常工作情况下不能点燃爆炸性气体混合物。该等级的安全栅本质安全端可连接到 2 区危险场所的本质安全设备

表 2　设备类别

设备类别	对应的代表性气体	备　注
ⅡC	对应的代表性气体为乙炔或氢气与空气的混合物	适用于ⅡC、ⅡB、ⅡA
ⅡB	对应的代表性气体为乙烯与空气的混合物	适用于ⅡB、ⅡA
ⅡA	对应的代表性气体为丙烷与空气的混合物	适用于ⅡA

4.2.2　防爆基本参数

安全栅防爆基本参数：最高电压 U_m、最高输出电压 U_0、最大输出电流 I_0、最大输出功率 P_0、最大外部电容 C_0、最大外部电感 L_0、最大外部电感与电阻比 L_0/R_0。

4.2.3　最高电压

安全栅最高电压 U_m（交流有效值或直流）为 250 V。

4.2.4　信号类型

包括但不仅限于下列信号类型：直流电压、直流电流、交流电压、交流电流等。

4.2.5　配电电压

配电电压满足现场本安设备要求，并应具有如图 1 的特征曲线。

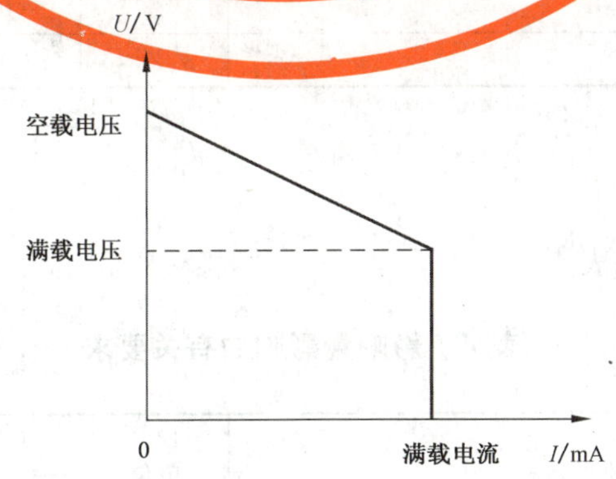

图 1　配电电压特征曲线

4.2.6 供电电源(如果有)

安全栅供电电源电压范围不大于U_m。

安全栅供电电源电压波动范围不大于标称电压的±10%。

4.3 基本安装型式

基本安装型式有架装式、导轨式。

4.4 正常工作环境条件

a) 环境温度为 5 ℃～40 ℃;

b) 相对湿度为 10%～85%;

c) 大气压力为 86 kPa～106 kPa;

d) 振动频率范围 10 Hz～150 Hz,位移峰幅值不大于 0.075 mm,加速度幅值不大于 9.8 m/s^2;

e) 周围空气中应不含有对铬、镍镀层、有色金属及其合金起腐蚀作用的介质,应不含有易燃、易爆的物质。

注:特殊要求可按制造商的产品标准执行。

5 要求

5.1 与准确度有关的要求

与准确度有关的要求见表 3。

表 3 与准确度有关的要求

序号	项目名称	单位	技术指标		
			0.1%	0.2%	0.5%
1	不精确度	%	±0.1	±0.2	±0.5
2	重复性误差	%	0.1	0.2	0.5
3	回差	%	±0.1	±0.2	±0.5
4	死区	%	0.1	0.2	0.5
5	始动漂移	%	0.1	0.2	0.5
6	长期漂移	%	0.1	0.2	0.5

5.2 影响量影响的有关要求

影响量影响的有关要求见表 4。

表 4 影响量影响的有关要求

序号	项目名称	单位	技术性能指标		
			0.1%	0.2%	0.5%
1	环境温度	%/10 ℃	0.1	0.2	0.5
2	湿热	%	0.1	0.2	0.5

表 4（续）

序号	项目名称		单位	技术性能指标		
				0.1%	0.2%	0.5%
3	安装位置		%	0.1	0.1	0.2
4	振动(正弦)	对输出影响	%	0.1	0.2	0.5
		对结构影响	—	试验后:紧固件不得松动,无机械损伤		
5	共模干扰		%	0.1	0.2	0.5
6	串模干扰(干扰量为输入量程的1%)		%	0.1	0.2	0.5
7	接地		%	0.1	0.2	0.5
8	静电放电		—	B[a]		
9	射频电磁场辐射		—	B[a]		
10	电快速瞬变脉冲群		—	B[a]		
11	浪涌抗扰度		—	B[a]		
12	工频磁场抗扰度		—	B[a]		
13	直流电源输入端口电压暂降、短时中断和电压变化	电压暂降	%	0.1[a]	0.2[a]	0.5[a]
		短时中断	%	0.1[a]	0.2[a]	0.5[a]
		电压变化	%	0.1[a]	0.2[a]	0.5[a]

[a] 电磁兼容试验要求见附录A。

5.3 其他要求

安全栅其他要求见表5。

表5 安全栅其他要求

序号	项目名称		单位	技术指标		
				0.1%	0.2%	0.5%
1	阶跃响应		ms	≤500		
2	频率响应[a]		Hz	—		
3	输入过范围		%	0.1	0.1	0.1
4	负载变化对输出影响(对电流输出类型)		%	0.1	0.1	0.2
5	输出纹波(峰-峰值)		mV	50	100	200
6	电功耗	单通道	W	≤2		
		双通道		≤4		
7	直流电源反接		—	具有机械保护或电气性能保护		
8	输入开路、短路		%	0.1		
9	输出开路、短路		%	0.1		

[a] 由用户与制造商协商。

5.4 与安全性能有关的要求

5.4.1 绝缘电阻

在试验电压为 500 V DC 的条件下：

a) 本质安全电路端子与机壳间不小于 50 MΩ；

b) 非本质安全电路端子与机壳间不小于 50 MΩ；

c) 本质安全电路端子与非本质安全电路端子间不小于 50 MΩ。

5.4.2 介电强度

在漏电流设置为 2 mA 的条件下：

a) 本质安全电路端子与机壳间不小于 1 500 V AC；

b) 非本质安全电路端子与机壳间不小于 500 V AC；

c) 本质安全电路端子与非本质安全电路端子间不小于 1 500 V AC。

应经受上述试验电压历时 1 min，漏电流不大于 2 mA 的介电强度试验，试验中不应出现击穿与飞弧。

5.5 本质安全电路要求

5.5.1 开路电压

开路电压不大于 U_O。

5.5.2 短路电流

短路电流不大于 I_O。

5.6 防爆性能要求

安全栅的防爆性能要求应符合 GB 3836.1 和 GB 3836.4 中的要求。

5.7 外壳防护要求

外壳按 GB 4208—2008 中的要求，其防护等级不低于 IP20。

5.8 外观与结构

安全栅外壳和零件表面覆盖层、面板及铭牌等均应光洁完好，不得有剥落及伤痕等缺陷，表面色泽均匀，不得有明显擦伤、露底、裂纹和起泡，紧固件不得有松动。

5.9 接线端子

端子尺寸和位置符合 GB 3836.4 的规定，接线端子号和顺序不作规定，本质安全电路端子如用颜色区别则用浅蓝色。

5.10 运输要求

装箱运输的安全栅可用一般交通工具运输。运输过程中应防止剧烈碰撞和日晒雨淋。

运输试验包括高温试验、低温试验、湿热试验、碰撞试验、跌落试验。

高温试验温度为 55 ℃±3 ℃；

低温试验温度为−25 ℃±3 ℃；

湿热试验按 GB/T 2423.4—2008 的规定；

碰撞试验加速度为 100 m/s^2 ±10 m/s^2，相应脉冲时间为 11 ms±2 ms，脉冲重复频率为 60 次/min～100 次/min，连续冲击次数为 1 000 次±10 次，脉冲波形是近似半正弦波；

跌落试验高度为 50 mm。

运输试验之后，产品性能指标应符合 5.1、5.2、5.3、5.4、5.7、5.8 的要求。

6 标志、使用说明书

6.1 标志

在产品明显处应有铭牌，铭牌上按 GB 3836.4 的要求进行标明，同时需要标明以下内容：

a) 产品名称和型号；

b) 主要技术参数。

6.2 使用说明书

使用说明书按 GB/T 9969—2008 的要求进行编制。

其中与安装、维护和检修有关的内容要符合 GB 3836.13、GB 3836.15 和 GB 3836.16 的要求。

7 包装、贮存

7.1 包装

装箱运输的产品应连同装箱单规定的成套附件，按 GB/T 13384—2008 中的规定进行包装。

7.2 贮存

存放在环境温度在 5 ℃～40 ℃范围内，相对湿度不大于 85%通风的室内，且周围空气中应不含有对产品有腐蚀作用的介质。

附 录 A
（规范性附录）
电磁兼容试验结果的评价

试验结果应根据受试设备在试验中的功能丧失或性能降低现象进行分类，相关的性能水平由设备的制造商或需要方确定，或由产品的制造商和购买方双方协商同意。推荐按如下要求分类：

a) 在制造商、委托方或购买方规定的限值内性能正常，判为A，A类判定应写影响量的指标；

b) 功能或性能暂时丧失或降低，但在骚扰停止后能自行恢复，不需要操作者干预，判为B；

c) 功能或性能暂时丧失或降低，但需要操作者干预，判为C；

d) 因设备硬件或软件损坏，或数据丢失而造成不能恢复的功能丧失或性能降低，判为D。

由制造商提出的技术规范可以规定对受试设备产生的某些影响是不重要的，因而是可接受的试验影响。

附　录　B
（资料性附录）
安全栅使用原则

B.1　安全栅的选择原则

安全栅的选择原则如下：

a)　根据危险场所的类型及现场的防爆要求，确定所需要安全栅的防爆等级；
b)　根据现场的设备类型配备相应类型的安全栅；
c)　根据控制室仪表可能存在或产生的最高电压，确定安全栅最高电压；
d)　根据现场设备的信号、电源对地的极性，确定安全栅的极性；
e)　考虑安全栅端电阻压降的影响，确定安全栅的最大短路电流及系统能否正常工作；
f)　安全栅允许的分布参数是否合乎要求。

B.2　防爆参数的匹配原则

为保证设备的安全正常使用，本质安全回路系统各配置间必须满足表B.1的条件。

注：更详细内容见GB 3836.18《爆炸性环境　第18部分：本质安全系统》。

表B.1　防爆参数的匹配原则

安全栅参数	安全参数匹配关系	本安仪表参数及电缆参数
U_O	⩽	U_i
I_O	⩽	I_i
P_O	⩽	P_i
C_O	⩾	C_i+C_c
L_O	⩾	L_i+L_c

B.3　用电阻来限制电源能量时最大外部电感与电阻比（L_O/R_O）的确定

可以连接到电阻性限制电源的最大外部电感与电阻比（L_O/R_O）应用公式（B.1）计算。该公式已考虑到了1.5倍的电流安全系数。当设备输出端电容C_S超过$1\%C_O$时，该公式不适用。

$$L_O/R_O=\frac{8eR_S+(64e^2R_S^2-72{U_O}^2eL_S)^{\frac{1}{2}}}{4.5{U_O}^2}(\mathrm{H}/\Omega) \qquad \text{(B.1)}$$

式中：

e ——火花试验装置最小点燃能量，单位为焦耳（J），其值如下：

——Ⅰ类设备：525 μJ；

——ⅡA类设备：320 μJ；

——ⅡB类设备：160 μJ；

——ⅡC类设备：40 μJ；

R_S——电源的最小输出电阻，单位为欧姆(Ω)；

U_O——最高输出电压，单位为伏特(V)；

L_S——呈现在电源端的最大电感，单位为亨利(H)；

C_S——呈现在电源端的最大电容，单位为法拉(F)。

$$L_O/R_O=\frac{32eR_S}{9U_O^{\ 2}}(\mathrm{H}/\Omega) \quad \cdots\cdots\cdots\cdots(\mathrm{B.2})$$

在使用公式(B.2)的时候应满足条件：$L_S=0$，$C_S<1\%C_O$

在要求的安全系数为1.0时，L_O/R_O 值应乘以2.25。

注1：通常 L_O/R_O 是用于分布参数的，例如，电缆。对于集中电感和电阻，在使用该公式时，需要特殊考虑。

注2：对于非线性电源，可用几个不同的 L_O 和 R_O 值按照GB 3836.4—2010中10.1～10.4对电路进行火花试验确定 L_O/R_O。R_O 宜从短路(I_O 最大)到开路(I_O 接近0)范围内取值，以保证 L_O/R_O 值不会导致火花试验失效。

B.4 连接电缆

连接电缆存在分布电容和分布电感，使连接电缆成为储能元件。它的本质安全性能的基本参数如式(B.3)、式(B.4)：

电缆最大允许分布电容：

$$C_c=C_P\times L \quad \cdots\cdots\cdots\cdots(\mathrm{B.3})$$

电缆最大允许分布电感：

$$L_c=L_P\times L \quad \cdots\cdots\cdots\cdots(\mathrm{B.4})$$

式中：

C_P——电缆单位长度的分布电容，单位为微法每千米(μF/km)；

L_P——电缆单位长度的分布电感，单位为毫亨每千米(mH/km)；

L——实际配线长度，单位为千米(km)。

ICS 25.040.40
N 15

中华人民共和国国家标准

GB/T 28471.2—2012

工业过程测量和控制系统用隔离式安全栅
第2部分:性能评定方法

Safety barrier for use in industrial-process measure and control systems—
Part 2:Methods of evaluating the performance

2012-06-29 发布　　　　2012-11-01 实施

中华人民共和国国家质量监督检验检疫总局
中国国家标准化管理委员会　发布

前　言

GB/T 28471《工业过程测量和控制系统用隔离式安全栅》分为两部分：

——第 1 部分:通用技术条件；

——第 2 部分:性能评定方法。

本部分是 GB/T 28471 的第 2 部分。

本部分按 GB/T 1.1—2009 给出的规则起草。

本部分防爆性能按 GB 3836.1《爆炸性环境　第 1 部分:设备 通用要求》、GB 3836.4《爆炸性环境　第 4 部分:由本质安全型"i"保护的设备》的规定。

本部分的性能评定方法参照了 GB/T 18271.1—2000《过程测量和控制装置通用性能评定方法和程序　第 1 部分:总则》、GB/T 18271.2—2000《过程测量和控制装置通用性能评定方法和程序　第 2 部分:参比条件下的试验》、GB/T 18271.3—2000《过程测量和控制装置通用性能评定方法和程序　第 3 部分:影响量影响的试验》和 GB/T 18271.4—2000《过程测量和控制装置通用性能评定方法和程序　第 4 部分:评定报告的内容》的相关规定。

本部分由中国机械工业联合会提出。

本部分由全国工业过程测量和控制标准化技术委员会(SAC/TC 124)归口。

本部分负责起草单位:南京优倍电气有限公司。

本部分参加起草单位:上海辰竹仪表有限公司、重庆川仪自动化股份有限公司、重庆宇通系统软件有限公司、北京远东仪表有限公司、福建上润精密仪器有限公司、福建顺昌虹润精密仪器有限公司、厦门安东电子有限公司、西南大学。

本部分主要起草人:董健、韩绍盈。

本部分参加起草人:王竹平、陈出新、张新国、吴辉华、岳周、冯伟、王悦、赵力行、戈剑、魏小东、洪小平、张刚、刘枫、赵亦欣、杨颂华、吕静。

引　　言

本部分适应工业过程测量和控制系统中隔离式安全栅技术发展的需要，进一步与IEC导则和指南接轨，给出了隔离式安全栅的性能评定方法。

本部分提供的内容，旨在为隔离式安全栅的设计、开发、研究提供指导，为企业编制隔离式安全栅产品标准提供依据。

工业过程测量和控制系统用隔离式安全栅 第2部分:性能评定方法

1 范围

GB/T 28471 的本部分规定了工业过程测量和控制系统用隔离式安全栅的性能评定方法和检验规则。

本部分适用于工业过程测量和控制系统中隔离式安全栅。

本部分不适用于Ⅰ类(煤矿用)和Ⅲ类(粉尘或纤维环境用)防爆电气设备。

安全栅是本质安全防爆系统的一种关联设备。

2 规范性引用文件

下列文件对于本文件的应用是必不可少的。凡是注日期的引用文件,仅注日期的版本适用于本文件。凡是不注日期的引用文件,其最新版本(包括所有的修改单)适用于本文件。

GB/T 28471.1—2012 工业过程测量和控制系统用隔离式安全栅 第1部分:通用技术条件

GB/T 2423.1—2008 电工电子产品环境试验 第2部分:试验方法 试验A:低温(IEC 60068-2-1:2007,IDT)

GB/T 2423.2—2008 电工电子产品环境试验 第2部分:试验方法 试验B:高温(IEC 60068-2-2:2007,IDT)

GB/T 2423.3—2006 电工电子产品环境试验 第2部分:试验方法 试验Cab:恒定湿热试验(IEC 60068-2-78:2001,IDT)

GB/T 2423.4—2008 电工电子产品环境试验 第2部分:试验方法 试验Db 交变湿热(12h+12h循环)(IEC 60068-2-30:2005,IDT)

GB/T 2423.10—2008 电工电子产品环境试验 第2部分:试验方法 试验Fc:振动(正弦)(IEC 60068-2-6:1995,IDT)

GB 3836.1 爆炸性环境 第1部分:设备 通用要求(GB 3836.1—2010,IEC 60079-0:2007,MOD)

GB 3836.4 爆炸性环境 第4部分:由本质安全型 "i"保护的设备(GB 3836.4—2010,IEC 60079-11:2006,MOD)

GB 3836.13 爆炸性气体环境用电气设备 第13部分:爆炸性气体环境用电设备的检修(GB 3836.13—1997,neq IEC 60079-19:1993)

GB 3836.15 爆炸性气体环境用电气设备 第15部分:危险场所电气安装(煤矿除外)(GB 3836.15—2000,eqv IEC 60079-14:1996)

GB 3836.16 爆炸性气体环境用电气设备 第16部分:电气装置的检查和维护(GB 3836.16—2006,IEC 60079-17:2002,IDT)

GB 4208—2008 外壳防护等级(IP代码)(IEC 60529:2001,IDT)

GB 4793.1 测量、控制和实验室用电气设备的安全要求 第1部分:通用要求(GB 4793.1—2007,IEC 61010-1:2001,IDT)

GB/T 16842 外壳对人和设备的防护 检验用试具(GB/T 16842—2008,IEC 61032:1997,IDT)

GB/T 17212—1998 工业过程测量和控制 术语和定义(idt IEC 60902:1987)

GB/T 17614.1—2008 工业过程控制系统用变送器 第1部分:性能评定方法(IEC 60770-1:1999,IDT)

GB/T 17626.2—2006 电磁兼容 试验和测量技术 静电放电抗扰度试验(IEC 61000-4-2:2001,IDT)

GB/T 17626.3—2006 电磁兼容试验和测量技术 射频电磁场辐射抗扰度试验(IEC 61000-4-3:2002,IDT)

GB/T 17626.4—2008 电磁兼容 试验和测量技术 电快速瞬变脉冲群抗扰度试验(IEC 61000-4-4:2004,IDT)

GB/T 17626.5—2008 电磁兼容 试验和测量技术 浪涌(冲击)抗扰度试验(IEC 61000-4-5:2004,IDT)

GB/T 17626.8—2006 电磁兼容 试验和测量技术 工频磁场抗扰度试验(IEC 61000-4-8:2001,IDT)

GB/T 17626.29—2006 电磁兼容 试验和测量技术 直流电源输入端口电压暂降、短时中断和电压变化抗扰度试验(IEC 61000-4-29:2000,IDT)

GB/T 18271.1—2000 过程测量和控制装置 通用性能评定方法和程序 第1部分:总则(idt IEC 61298:1995)

GB/T 18271.2—2000 过程测量和控制装置 通用性能评定方法和程序 第2部分:参比条件下的试验(idt IEC 61298-2:1995)

GB/T 18271.3—2000 过程测量和控制装置 通用性能评定方法和程序 第3部分:影响量影响的试验(idt IEC 61298-3:1998)

GB/T 18271.4—2000 过程测量和控制装置 通用性能评定方法和程序 第4部分:评定报告的内容(idt IEC 61298-4:1995)

3 术语和定义

GB/T 28471.1—2012、GB 3836.1、GB 3836.4、GB/T 17212—1998、GB/T 17614.1—2008、GB/T 18271.1—2000、GB/T 18271.2—2000 和 GB/T 18271.3—2000 界定的术语和定义适用于 GB/T 28471 的本文件。

4 试验方法

4.1 试验条件

4.1.1 一般环境条件

a) 环境温度:15 ℃~35 ℃;

b) 相对湿度:10%~75%;

c) 大气压力:86 kPa~106 kPa;

d) 无渗水、淋雨和日照等。

4.1.2 参比环境条件

a) 环境温度:20 ℃±2 ℃;

b) 相对湿度:60%~70%;

c) 大气压力:86 kPa～106 kPa;

d) 周围空气中应不含有对铬、镍镀层、有色金属及其合金起腐蚀作用的介质,应不含有易燃、易爆的物质。

4.1.3 供电电源

除了用户与制造商商定采用更小的允差,应采用下列允差。

额定电压:±1%;

额定功率:±1%;

谐波失真(交流电流):小于5%;

纹波(直流电源):小于0.1%。

4.1.4 试验设备

4.1.4.1 准则

试验用的标准仪器应选择市场上销售的性能价格比合理、能够正确测量(按精确度和可靠性)被试装备性能。

4.1.4.2 测量系统的不确定度

参比测量系统的额定精确度应高于被试装置的额定精度。

试验用测量系统的不确定度应不超过被试装置规定误差的1/4。

测量系统的不确定度应根据有关标准进行计算,并应列入每一份最终试验报告(见GB/T 18271.4—2000)。

在已知测量系统不确定度的数值和符号的情况下,应修正试验测量结果中有测量系统造成的不确定度。

注:在使用以量程百分数表示规定不确定度的测量仪表时应特别注意。例如,若使用规定不精确度为量程的±0.1%的仪表测量被试装置的输出,而此输出信号仅为参比测量仪表标度的1/3,则所用仪表有效范围内的实际不精确度可达到±0.3%,因而在许多场合下可能是不适用的。

4.1.5 预处理

4.1.5.1 准则

被试装置应经过预调,使其运行足够长的时间后温度达到稳定状态。

注:该段时间为被试装置与散失能量的函数。

4.1.5.2 程序

对被试装置接通电源,给与足够时间使其工作温度达到稳定。试验大纲若对比此时间的长短未提出任何建议,则应根据上述准则加以确定,但不能短于30 min。

还应让被试装置的相关测试设备的温度稳定。

4.2 与准确度有关的试验

4.2.1 不精确度

参比条件下的输入输出特性应在每一个方向上全范围的移动并进行一个循环测量。为此,在全范围内至少应分布五个测量点,其中应包括量程的0%和100%的值或接近量程的0%和100%的值(量程的10%以内)。

注:对非线性输入和输出关系(例如平方规律)的仪表,选择的试验点应使输出值均匀分布在输出量程上。

根据表1,可得最大测量误差是0.26%,最大回差是0.21%。将表1中的数据绘制于图1中。

表1 典型测量误差

输出(量程的%)	0	20	40	60	80	100
上行程测量误差		0.09	−0.04	−0.23	−0.22	0.10
下行程量误差	−0.06	0.26	0.17	−0.08	−0.13	
最大测量误差	−0.06	0.26	0.17	−0.23	−0.22	0.10
回差		0.17	0.21	0.15	0.09	

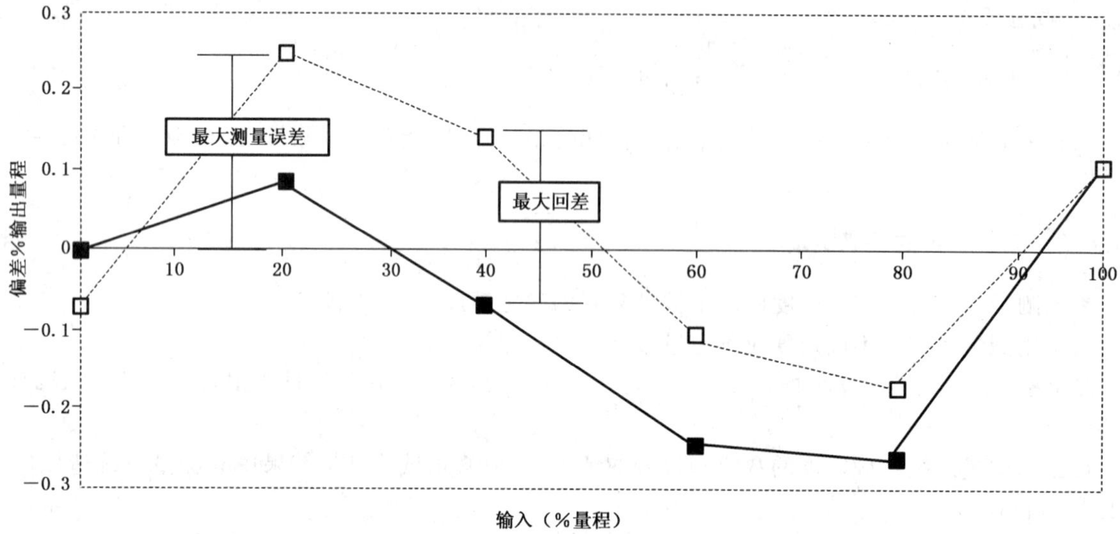

图1 典型测量误差

测量程序:

首先,施加一个其值等于范围下限值的输入信号,记录相应的输入和输出信号值。然后缓慢无过冲增大输入信号到第一个测量点。经过足够长时间稳定后,记录相应的输入和输出信号值。

在所有预先确定的测量点上重复以上操作直到输入信号值高于输入量程100%的点。该点测量后,缓慢无过冲减小输入信号,直到低于输入量程的100%,然后依次对所有其他测量点重复以上操作直到低于输入量程0%的点,从而结束测量循环。

各测量点在每个上行程和下行程获得的输出信号值与相应的理想值之差,记录为测量误差。通常此误差以理想输出量程的百分数表示。由此获得的所有误差值应列表表示(见表1)和图示(见图1)。

4.2.2 重复性误差

在相同的工作条件下,从同一个方向作全范围移动时,对同一个输入值在短时间内多次连续测量输出所获得的极限值之间的代数差。

注: 重复性误差不包括回差和漂移。

4.2.3 回差

同一个信号输入所对应的上行程平均误差与下行程平均误差之间的差值,取各试验点测得回差中的最大值列入报告。

4.2.4 死区

在10%、50%、90%的额定量程上缓慢改变(增大或减小)输入信号,直到输出有一个觉察的变化。将输入的最大变化量以输入量程的百分数列入报告。

4.2.5 始动漂移

试验前,在参比环境条件下放置24 h,然后接通电源并加入量程的25%输入信号,过5 min、1 h和4 h,分别测量输出值。

切断电源和信号源,再在参比环境条件下放置24 h,然后,再接通电源并加入量程的90%输入信号,重复上述试验。

将5 min、1 h测得的输出值与4 h后测得值比较,其最大差值既为始动漂移。

4.2.6 长期漂移

4.3 与影响量影响有关的试验

在参比环境条件下,对安全栅加入输入信号,使输出信号稳定在量程的90%,运行7 d~30 d,每天的同一时间测量输出值并记录,最大值与最小值的差值定为长期漂移。

4.3.1 环境温度

环境温度试验时,温度应按下列顺序变化:

20 ℃、40 ℃、20 ℃、5 ℃、20 ℃。

在上述每档温度值处,应保温2 h,每档温度允差±2 ℃,按GB/T 2423.1—2008和GB/T 2423.2—2008中规定的方法进行。按上述温度变化顺序,连续进行两个循环的试验。试验中,将安全栅输出调整在量程的50%处,于保温临近结束时,测出安全栅的输出值。计算相邻两档温度之间,平均每变化10 ℃的输出变化量。两个循环中,将对应变温区间测出平均变化量的最大值列入报告。

4.3.2 湿热

首先在参比环境条件下,将安全栅输出调整在量程的50%处,然后将环境的温度升到40 ℃,相对湿度升到85%,保持24 h,按GB/T 2423.3—2006中规定的方法进行,临近结束时测出安全栅的输出值。

将安全栅的输出变化量列入报告。

4.3.3 安装位置

按照GB/T 18271.3—2000中的规定进行试验,将安全栅输出调整在量程的50%处,使安全栅从正常工作位置向前、后、左、右各作一次10°倾斜,分别测出输出的最大变化量。

4.3.4 振动(正弦)

试验时,将安全栅按安装说明书规定,安装在振动台上。要求振动台、安装板、安装托架均应有足够的钢度,使传到安全栅上的振动变化最小。

将安全栅输出调整在量程的50%处,按GB/T 2423.10—2008中规定的方法进行,安全栅应在三个互相垂直的轴线(其中一个铅垂方向)上承受正弦振动,试验先在一个方向上试验,再在另一个方向上试验。振动试验等级应符合表2的条件。

表 2 振动试验等级

序号	典型应用场合	试验频率范围 Hz	位移峰幅值 mm	加速度幅值 m/s^2
1	控制室或低振级场所	10～150	0.075	9.8
2	一般应用场合或低振动管道	10～500	0.15	19.6
3	高振级场合或高振动管道	10～2 000	0.21[a] 或 0.35	29.4[a] 或 49
注：恒定振幅与恒定加速度之间的交越频率通常为 60 Hz。低于交越频率为位移，高于交越频率为加速度。				
[a] 非来源于 GB/T 2423.10—2008。				

振动试验后，应检查安全机械情况是否良好，并再次测量输出值。

最后将输出值最大变化量列入报告。

4.3.5 共模干扰

按照 GB/T 18271.3—2000 中的规定进行试验，本试验目的是确定在输入和输出端子依次与地之间施加外来电压对输出的影响。

本试验只适用于端子与地隔离的装置。

先将一个工频电源有效值为 250 V 交流电压正弦干扰信号，依次加到每个输入端子、输出端子的负端与接地端子之间，同时改变干扰信号的相位(0°～360°)，见图 2a)。

再用直流电压代替交流干扰信号，直流电压的幅值取 50 V，并且分别以正向及反向形式施加于安全栅上述端子之间，见图 2b)。

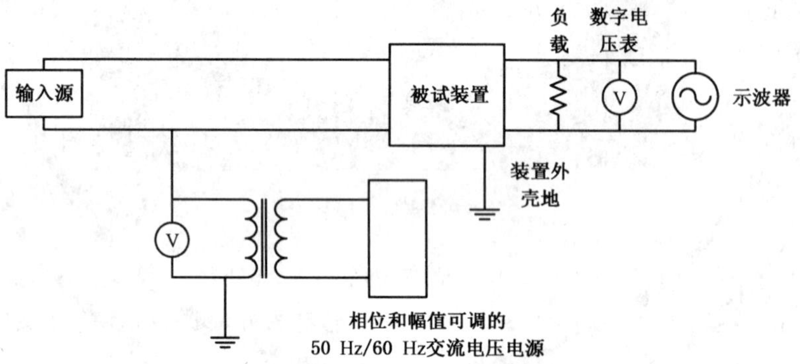

a) 共模交流发生器

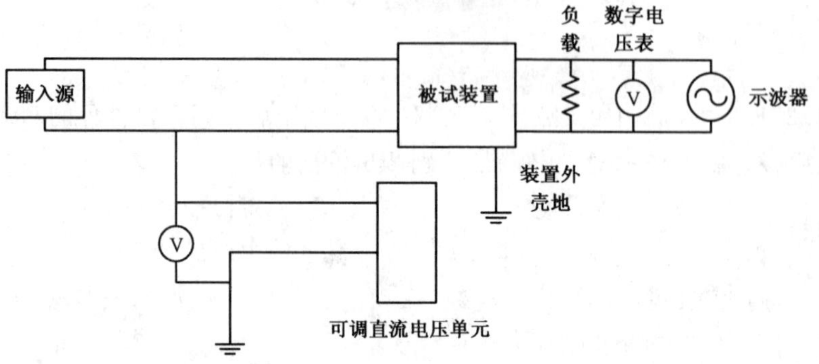

b) 共模直流发生器

图 2 共模干扰试验配置

共模干扰试验期间内，被试装置由一个不受共模干扰信号影响的信号源提供信号。

输入信号源为电流源时，其输出两端应并联不小于 10 μF 的电容。

输入信号源为电压源时，在主电源频率下输出阻抗不大于 100 Ω。

测量安全栅在共模干扰作用下的输出，记录 10%和 90%输入时输出的最大变化量。

4.3.6 串模干扰

按照 GB/T 18271.3—2000 中的规定进行试验，使安全栅输出信号分别稳定在量程的 10%及 90%。

对于采用直流(电流或电压)信号工作的装置，串模电压从变压器的次级上获得，用最大为 10 Ω 的并联电阻分路，并与输入串联。

并联连接的变压器次级和负载电阻与装置不直接连接的一侧应接地。

对于输入与输出隔离的装置，当向输入施加干扰信号时，输出应接地。如果被试装置的电流是交流电，干扰的相位应相对被试装置电源的相位在 360°内变化。测量应在输出量程的 10%及 90%上进行。

断开与被试装置的连接，调整初级电压，应使负载电阻两端的串模电压设定为量程 1%的极限值。然后将被试装置接入电路，测量输出信号平均值的变化。设定变压器电压的相位，使输出的变化达到最大值。直流输出信号平均值的变化如果小于其误差范围，应记下变化。如果被测得变化大于其误差范围，可通过降低初级电压使串模电压降低，直至输出信号的变化量等于其误差范围。

测量安全栅在串模干扰作用下的输出，记录输出最大变化量，并应说明串模电压的对应值。

对于采用交流信号(电流或电压)工作的装置，除制造厂另有规定外，串模干扰为量程 1%。按每一个极性依次对被试装置进行试验。

适用的试验配置如图 3 所示。

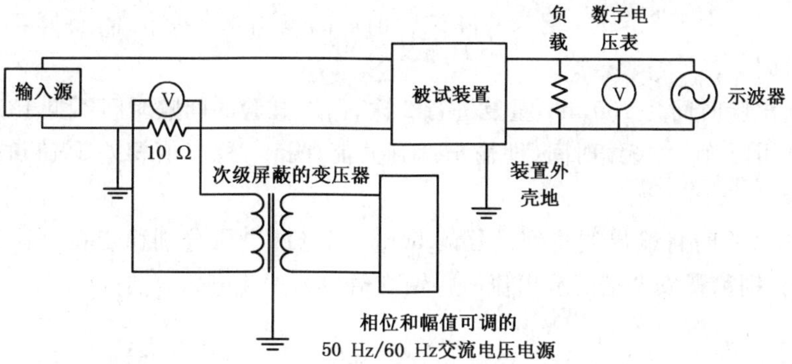

图 3 串模干扰试验配置

4.3.7 接地

按照 GB/T 18271.2—2000 中的规定进行试验，本试验的目的是确定将通常与地隔离的信号端子接地对输出的影响。将安全栅输出调整在量程的 0%和 100%处进行，再将安全栅输入与输出端子的信号负端依次接地，测量并记录安全栅输出的最大变化量。

4.3.8 静电放电

按照 GB/T 17626.2—2006 中的规定进行试验，将输出调整到量程的 50%。

试验等级 2：接触 4 kV，空气 8 kV，两次放电时间间隔≥1 s，脉冲数量为每个极性 10 个。

4.3.9 射频电磁场辐射

按照 GB/T 17626.3—2006 的规定进行试验，将输出调整到量程的 50%。

试验等级 2：磁场值为 3 V/m，频率为 80 MHz～1 GHz。

4.3.10 电快速瞬变脉冲群

按照 GB/T 17626.4—2008 的规定进行试验，将输出调整到量程的 50%。

试验等级 2：实验电压为 0.5 kV 峰值信号对地，1 kV 峰值电源对地，重复频率 5 kHz，单脉宽 50 ns，脉冲群持续时间 15 ms，脉冲群周期 300 ms。

4.3.11 浪涌抗扰度

按照 GB/T 17626.5—2008 的规定进行试验，将输出调整到量程的 50%。

试验等级 2：0.5 kV 峰值线对线（对称），1 kV 峰值线对地（不对称），脉冲宽度 50 μs，脉冲重复频率为 1 次/min。

4.3.12 工频磁场抗扰度

按照 GB/T 17626.8—2006 的规定进行试验，将输出调整到量程的 50%。

试验等级 3：稳定持续磁场强度为 10 A/m（短时试验不做）。

4.3.13 直流电源输入端口电压暂降、短时中断和电压变化

按照 GB/T 17626.29—2006 的规定进行下述试验。

电源电压暂降试验时，应将输出稳定在量程的上限值。将电源电压突降到公称值的 40%，保持 0.1 s，然后恢复到原来值。稳定后再将电源电压突降到公称值的 70%，保持 0.1 s，然后恢复到原来值。两次试验的间隔时间不少于 5 min。记录暂降试验前后的输出永久变化量、低降与恢复瞬间的输出瞬时变化量及持续时间。

电源短时中断试验时间为 100 ms，重复进行 2 次，两次试验的间隔时间不少于 5 s。测量由于电源中断而引起的输出瞬时变化、持续时间（即输出达到并能保持与稳态值相差 1%以内的为止所需时间）及输出永久变化量。

电源电压变化试验时将输出调整到量程的 50%，将电源电压分别稳定在公称值、80%处及 120%处，持续时间 1 s，分别测量安全栅的输出值。将输出值最大变化列入报告。

4.4 其他要求试验

4.4.1 阶跃响应

按 GB/T 18271.2—2000 中的规定进行试验，输入相当于 80%输出量程的阶跃信号，输出从 10%变化至 90%，然后从 90%变化至 10%。记录输入阶跃和输出响应在一起的时间。

试验重复三次，取其平均值作为阶跃响应时间。

4.4.2 频率响应

按 GB/T 18271.2—2000 中的规定进行试验，将安全栅输出稳定在量程的 50%。

由一个函数发生器在安全栅的输入端施加一个正弦信号。

正弦信号的峰—峰值应不超过量程的 20%，但必须能满足有效测量的需要，并不引起输出的失真或饱和。

输入信号的频率应从低到足以确定静态增益的初始值起以增量方式递增到一个较高的频率，使输出衰减到小于其初始幅值的 10%。

在每一个频率阶跃上，至少应同时记录一个完整的输入输出循环。相对增益为 0.7 时的频率见

图 4,并记录对应该点的频率值 f_0。

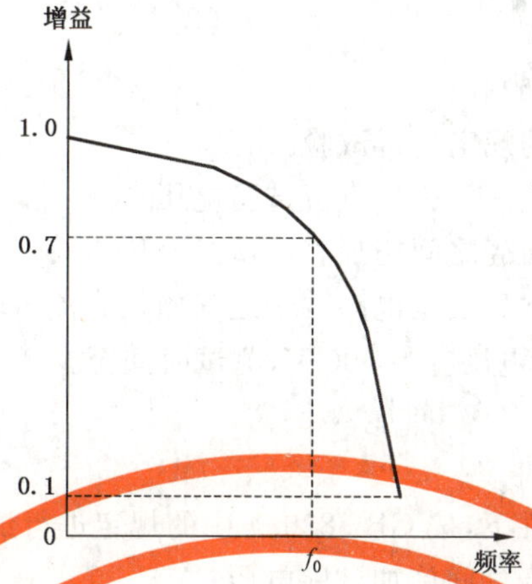

图 4 频响带宽曲线示例图

4.4.3 输入过范围

按 GB/T 18271.3—2000 中的规定进行试验,将安全栅输入信号调整到量程的 150%,为时 1 min,然后恢复到原来值,稳定 5 min 后,测量输出变化量。

4.4.4 负载变化对输出影响

按 GB/T 18271.3—2000 中的规定进行试验,将安全栅信号输出端负载电阻置于允许范围的最大值及最小值,分别测量安全栅电压输出值。再将电压输出端短路 1 min,再次测量电压输出值。以输出值的最大变化量列入报告。

4.4.5 输出纹波

按 GB/T 18271.2—2000 中的规定进行试验,将安全栅输出调整在量程的 50%处,用示波器观察、记录安全栅输出信号的峰—峰值。

4.4.6 电功耗

按 GB/T 18271.2—2000 中的规定进行试验,将安全栅输出稳定在量程的 100%处,在电源电压范围内,变化电源电压,根据测量值计算安全栅耗电量,取最大耗电量列入报告。

4.4.7 电源反接

安全栅的直流电源端反接,观察安全栅是否具有机械结构或电气性能保护功能,具有电气性能保护的安全栅在恢复正确接线方式 10 s 后,应不影响其性能指标。

4.4.8 输入开路、短路

按 GB/T 18271.3—2000 中的规定进行试验。

4.4.9 输出开路、短路

按 GB/T 18271.3—2000 中的规定进行试验。

4.5 与安全性能有关的试验

4.5.1 绝缘电阻试验

按 GB/T 18271.2—2000 中的规定进行试验。

a） 本质安全电路端子与机壳之间施加直流试验电压；

b） 非本质安全电路端子与机壳之间施加直流试验电压；

c） 本质安全电路端子与非本质安全电路端子之间施加直流试验电压。

除另有约定外，公称直流试验电压应为 500 V，测试时间至少 30 s。

4.5.2 介电强度试验

在漏电流设置为 2 mA 的条件下，按 GB 3836.4 中的规定进行试验。

a） 本质安全电路端子与机壳之间施加试验电压；

b） 非本质安全电路端子与机壳之间施加试验电压；

c） 本质安全电路端子与非本质安全电路端子之间施加试验电压。

逐步升高试验电压至规定值并保持 1 min，电压上升时间应不出现明显的瞬变。

4.6 本质安全电路试验

将安全栅本安电路的跨接线在 B1、B2 处断开，单独对本安电路进行试验。A1、A2 为安全栅与现场本安仪表连接的本安端子。

4.6.1 开路电压

本安电路安全参数试验按图 5 接线，图中开关 K 置于开断状态。

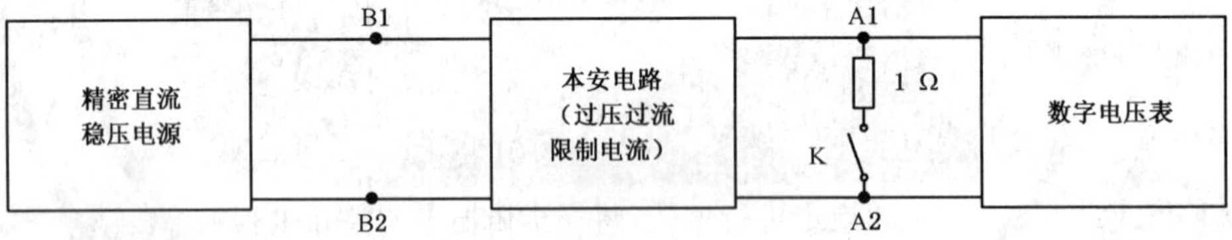

图 5 本安电路额定值试验接线图

将 A1、A2 不接负载，电源电压从 0 V 缓慢升高，调整电路相关部分以获得最高开路电压值。

4.6.2 短路电流

在最高输出电压时闭合开关 K，调整电路相关部分以获得最高短路电流值。

4.7 防爆性能试验

按 GB 3836.1 和 GB 3836.4 中规定的方法进行，并经国家认证授权的防爆检验机构认可，颁发防爆合格证。

4.8 外壳防护试验

外壳按 GB 4208—2008 中的方法判定其防护等级。

4.9 外观与结构检查

用目视和手感方法进行，观察安全栅外壳和零件表面覆盖层、面板及铭牌等是否光洁完好、有剥落及伤痕等缺陷，表面色泽是否均匀、有明显擦伤、露底、裂纹和起泡、紧固件松动等现象。

4.10 接线端子

接线端子的检查方法按 GB 3836.4 的规定进行。

4.11 运输试验

运输试验的高温试验温度为 55 ℃±3 ℃，保持 8 h 后将包装件温度降至室温取出，并在正常工作条件下放置 4 h 以上，将输出值最大变化量列入报告；

低温试验温度为－25 ℃±3 ℃，降温速度不大于 1 ℃，保持 8 h 后将包装件温度升至室温取出，并在正常工作条件下放置 4 h 以上，将输出值最大变化量列入报告；

湿热试验按 GB/T 2423.4—2008 的规定，每周期 24 h，实验 2 周期，试验后将包装件温度升至室温取出，并在正常工作条件下放置 4 h 以上，将输出值最大变化量列入报告；

碰撞试验加速度为 100 m/s^2±10 m/s^2，相应脉冲时间为 11 ms±2 ms，脉冲重复频率为 60 次/min～100 次/min，连续冲击次数为 1 000 次±10 次，脉冲波形是近似半正弦波，试验后将输出值最大变化量列入报告；

跌落试验台面应为平整坚硬的水泥地面或钢板台面，高度为 50 mm，包装件底面呈水平状以自由落体方式跌落四次，试验后将输出值最大变化量列入报告。

5 检验规则

5.1 安全栅检验项目规则

安全栅检验项目规则见表 3。

表 3 检验项目规则

项目名称	出厂检验	型式检验	要求章节号	试验方法章节号
不精确度	△	△	GB/T 28471.1—2012 表 3.1	4.2.1
重复性误差	△	△	GB/T 28471.1—2012 表 3.2	4.2.2
回差	△	△	GB/T 28471.1—2012 表 3.3	4.2.3
死区	△	△	GB/T 28471.1—2012 表 3.4	4.2.4
始动漂移	—	△	GB/T 28471.1—2012 表 3.5	4.2.5
长期漂移	—	△	GB/T 28471.1—2012 表 3.6	4.2.6
环境温度	—	△	GB/T 28471.1—2012 表 4.1	4.3.1
湿热	—	△	GB/T 28471.1—2012 表 4.2	4.3.2
安装位置	—	△	GB/T 28471.1—2012 表 4.3	4.3.3
振动(正弦)	—	△	GB/T 28471.1—2012 表 4.4	4.3.4
共模干扰	—	△	GB/T 28471.1—2012 表 4.5	4.3.5
串模干扰	—	△	GB/T 28471.1—2012 表 4.6	4.3.6
接地	—	△	GB/T 28471.1—2012 表 4.7	4.3.7
静电放电	—	△	GB/T 28471.1—2012 表 4.8	4.3.8
射频电磁场辐射	—	△	GB/T 28471.1—2012 表 4.9	4.3.9

表 3（续）

项目名称	出厂检验	型式检验	要求章节号	试验方法章节号
电快速瞬变脉冲群	—	△	GB/T 28471.1—2012 表 4.10	4.3.10
浪涌抗扰度	—	△	GB/T 28471.1—2012 表 4.11	4.3.11
工频磁场抗扰度	—	△	GB/T 28471.1—2012 表 4.12	4.3.12
直流电源输入端口电压暂降、短时中断和电压变化	—	△	GB/T 28471.1—2012 表 4.13	4.3.13
阶跃响应	—	△	GB/T 28471.1—2012 表 5.1	4.4.1
频率响应	—	△	GB/T 28471.1—2012 表 5.2	4.4.2
输入过范围	—	△	GB/T 28471.1—2012 表 5.3	4.4.3
负载变化对输出影响(对电流输出类型)	○	△	GB/T 28471.1—2012 表 5.4	4.4.4
输出纹波(峰—峰值)	○	△	GB/T 28471.1—2012 表 5.5	4.4.5
电功耗	○	△	GB/T 28471.1—2012 表 5.6	4.4.6
直流电源反接	○	△	GB/T 28471.1—2012 表 5.7	4.4.7
输入开路、短路	—	△	GB/T 28471.1—2012 表 5.8	4.4.8
输出开路、短路	—	△	GB/T 28471.1—2012 表 5.9	4.4.9
绝缘电阻	△	△	GB/T 28471.1—2012 5.4.1	4.5.1
介电强度	△	△	GB/T 28471.1—2012 5.4.2	4.5.2
开路电压	△	△	GB/T 28471.1—2012 5.5.1	4.6.1
短路电流	△	△	GB/T 28471.1—2012 5.5.2	4.6.2
防爆性能试验	—	△	GB/T 28471.1—2012 5.6	4.7
外壳防护试验	—	△	GB/T 28471.1—2012 5.7	4.8
外观与结构	△	△	GB/T 28471.1—2012 5.8	4.9
接线端子	—	△	GB/T 28471.1—2012 5.9	4.10
运输	—	△	GB/T 28471.1—2012 5.10	4.11
注：△表示必须进行的检验项目；○表示需要时进行的检验项目；—表示不需要进行的检验项目。				

5.2 出厂检验

每台安全栅均须经制造商质量检验部门检验合格后并附有产品检验合格证方能出厂。

出厂检验项目和要求见表 3。

5.3 型式试验

5.3.1 型式试验条件

有下列情况之一，应进行型式试验：

a) 新开发产品鉴定；

b) 产品结构、材料、工艺有较大改变，可能影响产品性能；

c) 连续正常生产满二年；

d) 停产一年及以上，重新开始生产前；

e) 国家有关部门提出型式试验要求。

5.3.2 型式试验项目与要求

型式试验项目与要求见表3。

5.3.3 型式试验的样本抽取

型式试验的样本在出厂检验合格品中随机抽取3台。

5.3.4 型式试验的判定

型式试验中除安全和防爆性能项目不合格，不得复检外，其他项目出现任一项不合格，加倍抽样(6台)，对不合格项进行复验，复验结果仍有不合格，则判型式试验不合格。

6 其他考虑事项

6.1 总则

为了准备试验报告、试验程序所需的通用信息，包含下述几个方面：

- 安装；
- 例行维护和调试；
- 维修和大修。

应根据实际运行要求和制造厂的说明书来进行性能检查，以便能同时对说明书做出评价。

6.2 安全

按GB 4793.1检查安全栅。

6.3 外壳防护

如果需要的话，应根据GB 4208—2008和GB/T 16842进行试验。

6.4 文献资料

制造厂主动提供的以及试验室要求提供的全部有关文件应列出清单。

如果这些文件没有附带用来清楚描述安全栅操作的完善图表，或没有完整的元件清单和规范，则应指出其不足。

6.5 检修

安全栅按GB 3836.13中的规定进行检修。

6.6 安装

安全栅按GB 3836.15中的规定进行安装。

6.7 检查和维护

安全栅按GB 3836.16中的规定进行检查和维护。

6.8 表面防护处理

应列出制造厂规定的外部零件的表面防护处理完成情况，并附有关评价意见。

6.9 设计特征

应列出所有可能造成使用困难的有关设计或结构方面的情况，并说明原因。同时还要列出可能具有特殊意义的任何特征，例如工作部件的密封等级、备件的互换性和气候防护等。

6.10 可调整参数

报告中应指出厂商列出的重要的变型和选件。

6.11 工具和设备

应列出安装、维护和修理所必须的工具和设备。

7 试验报告和文档

试验完成以后，应根据 GB/T 18271.4—2000 准备完整的评定试验报告。

报告发表之后，所有试验期间与测试有关的原始文档应在试验室至少储存 2 年。

ICS 25.040.40
N 15

中华人民共和国国家标准

GB/T 28472.1—2012

工业过程测量和控制系统用配电器 第1部分:通用技术条件

Distributor for use in industrial-process measure and control systems—Part 1: General technical specification

2012-06-29 发布　　　　2012-11-01 实施

中华人民共和国国家质量监督检验检疫总局
中国国家标准化管理委员会　发布

前　言

GB/T 28472《工业过程测量和控制系统用配电器》分为两部分：

——第1部分：通用技术条件；

——第2部分：性能评定方法。

本部分是GB/T 28472的第1部分。

本部分按GB/T 1.1—2009《标准化工作导则　第1部分：标准的结构和编写》规定编写。

本部分的附录A是规范性附录。

本部分由中国机械工业联合会提出。

本部分由全国工业过程测量和控制标准化技术委员会(SAC/TC 124)归口。

本部分由负责起草单位：重庆宇通系统软件有限公司。

本部分参加起草单位：南京优倍电气有限公司、北京远东仪表有限公司、福建上润精密仪器有限公司、重庆川仪自动化股份有限公司、上海模数仪表有限公司、福建顺昌虹润精密仪器有限公司、厦门安东电子有限公司、西南大学。

本部分主要起草人：岳周、冯伟。

本部分参加起草人：董健、韩绍盈、张新国、王悦、赵力行、戈剑、吴辉华、金建民、张刚、魏小东、洪小平、赵亦欣、何强、潘东波、黄巧莉。

引　　言

《工业过程测量和控制系统用配电器》主要针对工业过程控制测量和控制系统中的二线制仪表的通用技术条件、以及工作信号等。

本标准通过提供的内容，旨在为工业过程测量和控制系统的设计、开发、研究提供指导。

工业过程测量和控制系统用配电器
第1部分:通用技术条件

1 范围

GB/T 28472的本部分规定了工业过程测量和控制系统用配电器的术语与定义、分类、要求、标志、包装、贮存和运输等。

本部分适用于工业过程测量和控制系统用配电器。

2 规范性引用文件

下列文件对于本文件的应用是必不可少的。凡是注日期的引用文件,仅注日期的版本适用于本文件。凡是不注日期的引用文件,其最新版本(包括所有的修改单)适用于本文件。

GB/T 2423.4 电工电子产品环境试验 第2部分:试验方法 试验Db 交变湿热(12 h+12 h循环)(GB/T 2423.4—2008,IEC 60068-2-30:2005,IDT)

GB 4208—2008 外壳防护等级(IEC 60529:2001,IDT)

GB/T 9969—2008 工业产品使用说明书 总则

GB/T 11020—2005 固体非金属材料暴露在火焰源时的燃烧性 实验方法清单(IEC 60707:1999,IDT)

GB/T 13384—2008 机电产品包装通用技术条件

GB/T 17212—1998 工业过程测量和控制 术语和定义(idt IEC 60902:1987)

GB/T 18271.1—2000 过程测量和控制装置 通用性能评定方法和程序 第1部分 总则(idt IEC 61298-1:1995)

GB/T 18271.2—2000 过程测量和控制装置 通用性能评定方法和程序 第2部分 参比条件下的试验(idt IEC 61298-2:1995)

GB/T 18271.3—2000 过程测量和控制装置 通用性能评定方法和程序 第3部分 影响量影响的试验(idt IEC 61298-3:1998)

3 术语与定义

GB/T 17212—1998、GB/T 18271.1—2000、GB/T 18271.2—2000、GB/T 18271.3—2000确立的以及下列术语和定义适用于GB/T 28472的本部分。

3.1

配电器 distributor

为二线制变送器提供电源并为其传输信号的一种仪表。

3.2

配电电压 distribution voltage

为二线制变送器提供的电源电压值。

4 分类和基本参数

4.1 配电器输入输出参数

配电器输入输出参数规定如下：

a) 输入信号：4 mA～20 mA DC；

b) 配电电压范围：

  1) 普通型配电器：18.5 V DC～28.5 V DC；

  2) HART通过型配电器：12 V DC～28.5 V DC。

c) 输出信号：4 mA～20 mA DC；

d) 负载电阻：不小于300 Ω。

4.2 准确度等级

配电器的准确度等级分为0.1、0.2、0.5。

4.3 电源

配电器的工作电压应在24(1±10%)V DC之间。

4.4 正常工作条件

a) 环境温度：15 ℃～35 ℃；

b) 相对湿度：10%～85%；

c) 大气压力：86 kPa～108 kPa；

d) 周围空气中应不含有对铬、镍镀层、有色金属及其合金起腐蚀作用的介质，应不含有易燃、易爆的物质。

5 要求

5.1 与准确度有关的要求

与准确度有关的要求见表1。

表1 与准确度有关的要求

序号	项目名称	单位	技术指标		
			0.1级	0.2级	0.5级
1	准确度	%	±0.1	±0.2	±0.5
2	重复性误差	%	0.1	0.2	0.5
3	回差	%	±0.1	±0.2	±0.5
4	始动漂移	%	0.2	0.4	1
5	长期漂移	%	0.1	0.2	0.5

5.2 影响量影响的有关要求

影响量影响的有关要求见表2。

表 2 影响量影响的有关要求

序号	项 目 名 称		单位	技术性能指标		
				0.1 级	0.2 级	0.5 级
1	环境温度		%/10 ℃	0.1	0.2	0.5
2	温湿度		%	0.1	0.2	0.5
3	机械震动	对输出影响	%	0.1	0.2	0.5
		对结构影响	—	无松动,无损坏		
4	电源短时中断 500 ms	稳态输出变化量	%	0.1	0.2	0.5
5	电源电压低降	稳态输出变化量	%	0.1	0.2	0.5
6	倾跌影响		%	0.1	0.2	0.5
7	共模干扰		%	0.2	0.5	1
8	串模干扰	允许的干扰量	mV	40	40	40
9	静电放电		—	B[a]		
10	射频电磁场辐射	判定结果	—	A[a]		
		输出变化量	%	0.2	0.5	1
11	电快速瞬变脉冲群		—	B[a]		
12	浪涌抗扰度		—	B[a]		
13	工频磁场抗扰度	判定结果	—	A[a]		
		输出变化量	%	0.2	0.5	1
14	电源电压变化影响		%	0.1	0.2	0.5
15	负载变化对输出影响		%	0.1	0.2	0.5
16	工作寿命加速试验对输出影响		%	0.1	0.2	0.5
17	输出纹波(峰-峰值)		mV	50	100	200
18	接地		%	0.1	0.2	0.5

[a] 电磁兼容试验要求见附录 A。

5.3 与安全性能有关的要求

5.3.1 绝缘强度

在漏电流设置为 2 mA 的条件下,绝缘强度要求如下:

a) 配电器输入端子与机壳间不小于 500 V AC;

b) 配电器输出端子与机壳间不小于 500 V AC;

c) 配电器输入端子与输出端子间不小于 500 V AC;

d) 配电器电源端子与机壳间不小于 500 V AC;

应经受上述试验电压历时 1 min,漏电流不大于 2 mA 的绝缘强度试验,试验中不应出现击穿与飞弧。

5.3.2 绝缘电阻

绝缘电阻要求如下：

a) 配电器输入端子与机壳间不小于 50 MΩ；

b) 配电器输出端子与机壳间不小于 50 MΩ；

c) 配电器输入端子与输出端子间不小于 50 MΩ；

d) 配电器电源端子与机壳间不小于 50 MΩ。

5.3.3 防火、阻燃要求

外壳材料按照 GB/T 11020—2005 选择 V1 级，建议使用 V0 级

5.4 其他要求

5.4.1 阶跃响应

阶跃响应时间应不大于 500 ms。

5.4.2 频率响应

由用户与制造厂商协商。

5.4.3 电源功耗

每通道电源功耗不大于 2 W。

5.4.4 防护

外壳按 GB 4208—2008 中的要求，其防护等级不低于 IP20。

5.4.5 外观

配电器外壳和零件表面覆盖层、面板及铭牌等均应光洁完好，不得有剥落及伤痕等缺陷，紧固件不得有松动、损伤等现象。

5.4.6 抗运输环境性能

装箱运输的配电器可用一般交通工具运输。运输过程中应防止剧烈碰撞和日晒雨淋。

运输试验包括高温试验、低温试验、湿热试验、碰撞试验、跌落试验。

高温试验温度为 55 ℃±3 ℃；

低温试验温度为－25 ℃±3 ℃；

湿热试验按 GB/T 2423.4 的规定；

碰撞试验加速度为 100 m/s^2 ±10 m/s^2，相应脉冲时间为 11 ms±2 ms，脉冲重复频率为 60 次/min～100 次/min，连续冲击次数为 1 000 次±10 次，脉冲波形是近似半正弦波；

跌落试验高度为 50 mm。

6 标志、使用说明书、包装、运输及贮存

6.1 标志

在配电器外壳的适当位置上应有固定铭牌，铭牌上应标明：

a） 制造厂名称或厂标；

b） 产品型号、名称；

c） 产品编号；

d） 主要技术参数；

e） 制造年月。

配电器的接线端子板上应有标志，表明端子作用。

6.2 使用说明书

配电器使用说明书的编写应符合 GB/T 9969—2008 的规定。

6.3 包装

装箱运输的配电器，应连同装箱单规定的成套附件，按 GB/T 13384—2008 规定进行包装。

6.4 运输

配电器的运输应符合 5.4.6 的规定。

6.5 贮存

配电器应贮放在环境温度为－10 ℃～ 55 ℃，相对湿度不大于 85％的通风室内，且空气中不含有能对配电器起腐蚀作用的介质。

附 录 A
（规范性附录）
电磁兼容试验结果的评价

试验结果应根据受试设备在试验中的功能丧失或性能降低现象进行分类，相关的性能水平由设备的制造商或需要方确定，或由产品的制造商和购买方双方协商同意。推荐按如下要求分类：

a) 在制造商、委托方或购买方规定的限值内性能正常，判为A，A类判定应写影响量的指标；

b) 功能或性能暂时丧失或降低，但在骚扰停止后能自行恢复，不需要操作者干预，判为B；

c) 功能或性能暂时丧失或降低，但需要操作者干预，判为C；

d) 因设备硬件或软件损坏，或数据丢失而造成不能恢复的功能丧失或性能降低，判为D。

由制造商提出的技术规范可以规定对受试设备产生的某些影响是不重要的，因而是可接受的试验影响。

参考文献

JB/T 9329—1999 仪器仪表运输、运输贮存基本环境条件及试验方法

ICS 25.040.40
N 15

中华人民共和国国家标准

GB/T 28472.2—2012

工业过程测量和控制系统用配电器 第2部分:性能评定方法

Distributor for use in industrial-process measure and control systems—Part 2:Methods of evaluating the performance

2012-06-29 发布 2012-11-01 实施

中华人民共和国国家质量监督检验检疫总局
中国国家标准化管理委员会 发布

前　言

GB/T 28472《工业过程测量和控制系统用配电器》分为两部分：

——第1部分：通用技术条件；

——第2部分：性能评定方法。

本部分是GB/T 28472的第2部分。

本部分按GB/T 1.1—2009《标准化工作导则　第1部分：标准的结构和编写》的规定编写。

本部分的性能评定方法参照了GB/T 18271.1—2000《过程测量和控制装置　通用性能评定方法和程序　第1部分：总则》、GB/T 18271.2—2000《过程测量和控制装置　通用性能评定方法和程序　第2部分：参比条件下的试验》、GB/T 18271.3—2000《过程测量和控制装置　通用性能评定方法和程序　第3部分：影响量影响的试验》和GB/T 18271.4—2000《过程测量和控制装置　通用性能评定方法和程序　第4部分：评定报告的内容》的相关规定。

本部分由中国机械工业联合会提出。

本部分由全国工业过程测量和控制标准化技术委员会(SAC/TC 124)归口。

本部分由负责起草单位：重庆宇通系统软件有限公司。

本部分参加起草单位：南京优倍电气有限公司、北京远东仪表有限公司、福建上润精密仪器有限公司、重庆川仪自动化股份有限公司、福建顺昌虹润精密仪器有限公司、西南大学。

本部分主要起草人：岳周、冯伟。

本部分参加起草人：董健、韩绍盈、张新国、王悦、赵力行、戈剑、吴辉华、张刚、魏小东、赵亦欣、周雪莲、黄仁杰、钟秀蓉。

引　言

《工业过程测量和控制系统用配电器》主要针对工业过程控制测量和控制系统中的二线制仪表的通用技术条件、以及工作信号等。

本部分通过提供的内容，旨在为工业过程测量和控制系统的设计、开发、研究提供指导。

工业过程测量和控制系统用配电器 第2部分:性能评定方法

1 范围

GB/T 28472 的本部分规定了工业过程测量和控制系统用配电器的性能评定方法和检验规则等。

本部分适用于工业过程测量和控制系统用配电器。

2 规范性引用文件

下列文件对于本文件的应用是必不可少的。凡是注日期的引用文件,仅注日期的版本适用于本文件。凡是不注日期的引用文件,其最新版本(包括所有的修改单)适用于本文件。

GB/T 2423.1—2008 电工电子产品环境试验 第2部分:试验方法 试验A:低温(IEC 60068-2-1:2007,IDT)

GB/T 2423.2—2008 电工电子产品环境试验 第2部分:试验方法 试验B:高温(IEC 60068-2-2:2007,IDT)

GB/T 2423.3—2006 电工电子产品环境试验 第2部分:试验方法 试验Cab:恒定湿热试验(IEC 60068-2-78:2001,IDT)

GB/T 2423.4—2008 电工电子产品环境试验 第2部分:试验方法 试验Db 交变湿热(12 h+12 h 循环)(IEC 60068-2-30:2005,IDT)

GB/T 2423.10—2008 电工电子产品环境试验 第2部分:试验方法 试验Fc:振动(正弦)(IEC 60068-2-6:1995,IDT)

GB 4208—2008 外壳防护等级(IP 等级)(IEC 60529:2001,IDT)

GB 4793.1—2007 测量、控制和实验室用电气设备的安全要求(IEC 61010-1:2001,IDT)

GB/T 11020—2005 固体非金属材料暴露在火源时的燃烧性实验方法清单(IEC 60707:1999,IDT)

GB/T 16842—2008 外壳对人和设备的防护 检验用试具(IEC 61032:1997,IDT)

GB/T 17212—1998 工业过程测量和控制 术语和定义(idt IEC 60902:1987)

GB/T 17626.2—2006 电磁兼容 试验和测量技术 静电放电抗扰度试验(IEC 61000-4-2:2001,IDT)

GB/T 17626.3—2006 电磁兼容试验和测量技术 射频电磁场辐射抗扰度试验(IEC 61000-4-3:2002,IDT)

GB/T 17626.4—2008 电磁兼容 试验和测量技术 电快速瞬变脉冲群抗扰度试验(IEC 61000-4-4:2004,IDT)

GB/T 17626.5—2008 电磁兼容 试验和测量技术 浪涌(冲击)抗扰度试验(IEC 61000-4-5:2004,IDT)

GB/T 17626.8—2006 电磁兼容 试验和测量技术 工频磁场抗扰度试验(IEC 61000-4-8:2001,IDT)

GB/T 18271.1—2000 过程测量和控制装置通用性能评定方法和程序 第1部分:总则(idt IEC 61298:1995)

GB/T 18271.2—2000　过程测量和控制装置通用性能评定方法和程序　第2部分:参比条件下的试验(idt IEC 61298-2:1995)

GB/T 18271.3—2000　过程测量和控制装置通用性能评定方法和程序　第3部分:影响量影响的试验(idt IEC 61298-3:1998)

GB/T 18271.4—2000　过程测量和控制装置通用性能评定方法和程序　第4部分:评定报告的内容(idt IEC 61298-4:1995)

GB 28472.1—2012　工业过程测量和控制系统用配电器　第1部分:通用技术条件

3　术语

GB/T 17212—1998、GB/T 18271.1—2000、GB/T 18271.2—2000 和 GB/T 18271.3—2000 确立的以及下列术语和定义适用于 GB/T 28472 的本部分。

3.1

配电器　distributor

为二线制变送器提供电源并为其传输信号的一种仪表。

3.2

配电电压　distribution voltage

为二线制变送器提供的电源电压值。

4　试验方法

4.1　试验条件

4.1.1　一般环境条件

a)　环境温度:15 ℃～35 ℃;

b)　相对湿度:10%～75%;

c)　大气压力:86 kPa～108 kPa;

d)　无渗水、淋雨和日照等。

4.1.2　参比环境条件

a)　环境温度:23 ℃±2 ℃;

b)　相对湿度:45%～55%;

c)　大气压力:86 kPa～106 kPa;

d)　周围空气中应不含有对铬、镍镀层、有色金属及其合金起腐蚀作用的介质,应不含有易燃、易爆的物质。

4.1.3　供电电源

除了用户与制造商商定采用更小的允差,应采用下列允差。

额定电压:±1%;

纹波(直流电源)小于1%。

4.2　配电电压范围检查

将电源电压调到 26.4 V,输入信号为 4 mA,测量输入端电压值。再将电源电压降至 21.6 V,输入信号为 20 mA，再次测量输入端电压值。

4.3 与基本误差有关的试验

4.3.1 概述

试验按接线图 1 进行，非测试的多回路配电回路输入端并接 2 kΩ(1/2 W)电阻；非测试的多回路电流输出端并接 250 Ω(1/4 W)电阻。

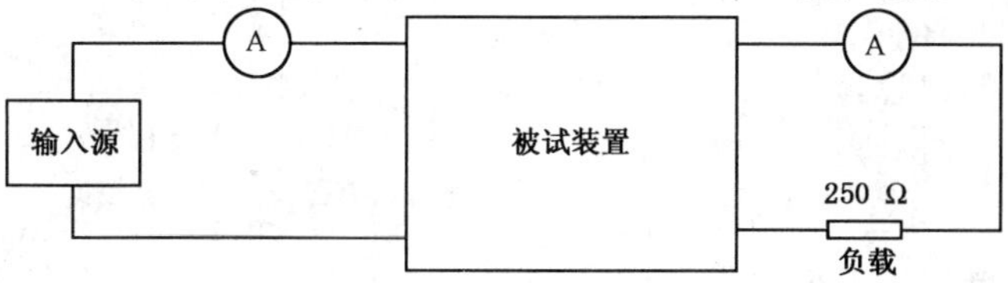

图 1 配电器基本误差试验接线图

试验前，应在规定条件下使测量设备充分稳定，所有影响测试的条件均应随时观察并记录。

改变输入信号，以输入量程的 0%，25%，50%，75%，100%，75%，50%，25%，0%为一个变化循环，共进行三个循环，记录每一个试验点对应的输出信号值。

试验时，输入信号应按初始变化的同一方向缓慢地逼近试验点，不允许有过冲现象。测试时，输入信号应保持稳定，直到被测参数稳定为止。

试验中，不允许敲打或振动配电器。

根据测试结果，按式(1)计算误差：

$$\delta_i = \frac{Y_{出} - Y_{入}}{S} \times 100\% \qquad \cdots\cdots(1)$$

式中：

δ_i ——某试验点测得的误差值，%；

$Y_{出}$ ——输出的信号标准值，单位为毫安(mA)；

$Y_{入}$ ——输入的信号标准值，单位为毫安(mA)；

S ——输出信号量程，即 16 mA。

4.3.2 不精确度

以三个循环试验中各试验点测得的最大的正、负误差表示。

4.3.3 重复性误差

在相同的工作条件下，从同一个方向作全范围移动时，对同一个输入值在短时间内多次连续测量输出所获得的极限值之间的代数差。

注：重复性误差不包括回差和漂移。

4.3.4 回差

同一试验点上任何一个试验循环中相邻的上行程输出与下行程输出之差，从全部试验循环中观察到的最大值以理想输出量程的百分数表示，并列入试验报告。

4.3.5 始动漂移

试验前，在参比环境条件下放置 24 h，然后接通电源并加入量程的 25%输入信号，过 5 min、1 h 和

4 h,分别测量输出值。

切断电源和信号源,再在参比环境条件下放置 24 h,然后,再接通电源并加入量程的 90%输入信号,重复上述试验。

将 5 min、1 h 测得的输出值与 4 h 后测得值比较,其最大差值既为始动漂移。

4.3.6 长期漂移

在参比环境条件下,对配电器加入输入信号,使输出信号稳定在量程的 90%,运行 7 d～30 d,每天测量输出值并记录,最大值与最小值的差值定为长期漂移。

4.4 与影响量影响有关的试验

4.4.1 环境温度

环境温度试验时,温度应按下列顺序变化:

20 ℃、40 ℃、20 ℃、5 ℃、20 ℃。

在上述每档温度值处,应保温 2 h,每档温度允差±2 ℃,按 GB/T 2423.1—2008 和 GB/T 2423.2—2008 中规定的方法进行。按上述温度变化顺序,连续进行两个循环的试验。试验中,将配电器输出调整在量程的 50%处,于保温临近结束时,测出配电器的输出值。计算相邻两档温度之间,平均每变化 10 ℃ 的输出变化量。两个循环中,将对应变温区间测出平均变化量的最大值列入报告。

4.4.2 湿热

首先在参比环境条件下,将配电器输出调整在量程的 50%处,然后将环境的温度升到 40 ℃,相对湿度升到 85%,保持 24 h,按 GB/T 2423.3—2006 中规定的方法进行,临近结束时测出配电器的输出值。

将配电器的输出变化量列入报告。

4.4.3 振动(正弦)

试验时,将配电器按安装说明书规定,安装在振动台上。要求振动台、安装板、安装托架均应有足够的钢度,使传到配电器上的振动变化最小。

将配电器输出调整在量程的 50%处,按 GB/T 2423.10—2008 中规定的方法进行,配电器应在三个互相垂直的轴线(其中一个铅垂方向)上承受正弦振动,试验先在一个方向上试验,再在另一个方向上试验。振动试验频率范围取 10 Hz～150 Hz,位移振幅取 0.075 mm,加速度幅值 9.8 m/s^2。

振动试验后,应检查安全机械情况是否良好,并再次测量输出值。

最后将输出值最大变化量列入报告。

4.4.4 电源短时中断试验

电源短时中断时间为 500 ms,重复进行两次,两次间隔时间 5 s 以上,测量由于电源中断而引起的输出顺序变化持续时间(即输出达到并能保持与稳态值相差 1%以内为止所需时间)及稳态输出变化量。

4.4.5 电源电压低降试验

试验时,应将输出稳定在量程的上限值。

将电源电压突降至公称值 75%,保持 5 s,记录低降前后的稳态输出变化量,降低与恢复瞬间的输出瞬时变化量及持续时间。

4.4.6 倾跌试验

先将配电器按正常位置安放在平滑、坚硬又牢固的混凝土或钢台面上。再将一底边提起，使其与台面距离为 100 mm 或者使底面与台面有 30°的夹角，选择两者中倾斜度小的一种，然后让配电器自由倾跌到台面上。

四条底边均上述方法试验一次。

试验后，测量输出变化量，检查机械损坏情况。

4.4.7 共模干扰

按照 GB/T 18271.3—2000 中的规定进行试验，本试验目的是确定在输入和输出端子依次与地之间施加外来电压对输出的影响。

先将一个工频电源有效值为 250 V 交流电压正弦干扰信号，依次加到每个输入端子、输出端子的负端与接地端子之间，同时改变干扰信号的相位(0°～360°)，见图 2a)。

再用直流电压代替交流干扰信号，直流电压的幅值取 50 V，并且分别以正向及反向形式施加于配电器上述端子之间，见图 2b)。

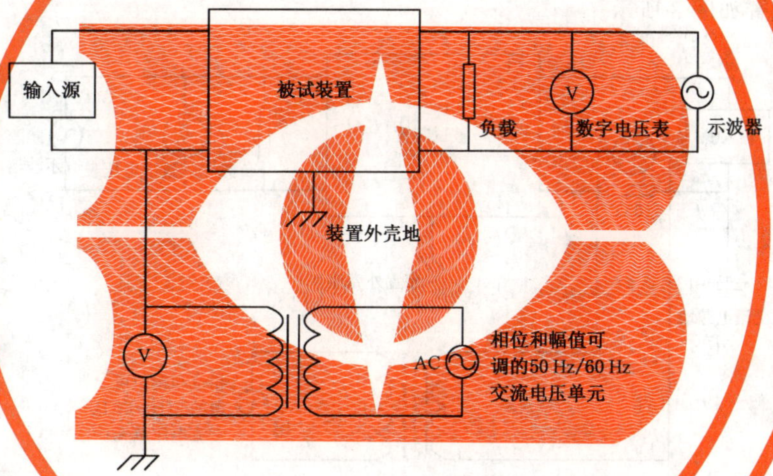

a) 共模交流发生器

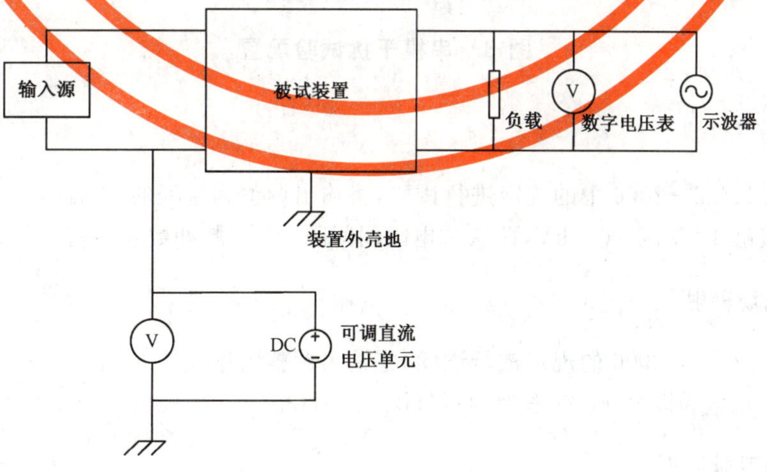

b) 共模直流发生器

图 2 共模干扰试验配置

共模干扰试验期间内，被试装置由一个不受共模干扰信号影响的信号源提供信号，被试装置输入两端应并联不小于 10 μF 的电容。

测量配电器在共模干扰作用下的输出，记录 10%和 90%输入时输出的最大变化量。

4.4.8 串模干扰

按照 GB/T 18271.3—2000 中的规定进行试验，使配电器输出信号分别稳定在量程的 10%及 90%。

对于采用直流（电流或电压）信号工作的装置，串模电压从变压器的次级上获得，用最大为 10 Ω 的并联电阻分路，并与输入串联。

并联连接的变压器次级和负载电阻与装置不直接连接的一侧应接地。

对于输入与输出隔离的装置，当向输入施加干扰信号时，输出应接地。如果被试装置的电流是交流电，干扰的相位应相对被试装置电源的相位在 360°内变化。测量应在输出量程的 10%及 90%上进行。

记录当输出变化量为基本误差时，对应的干扰电压幅值。

试验中，当干扰信号幅值已达到制造厂规定值，而配电器输出还未达到基本误差的变化量时，即可停止试验。

适用的试验配置如图 3 所示。

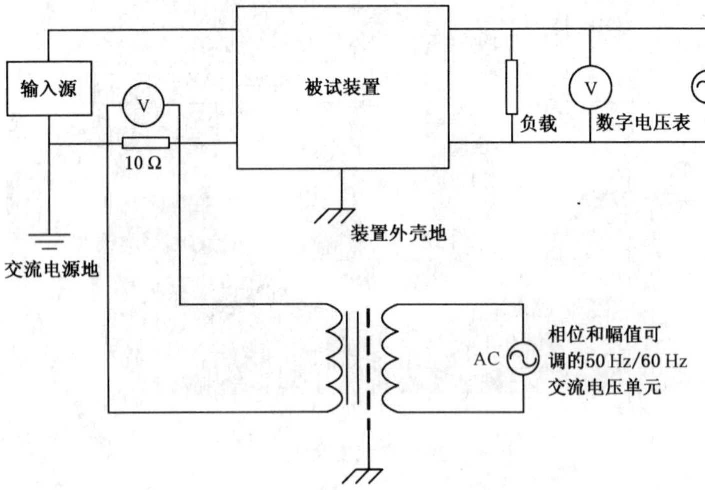

图 3 串模干扰试验配置

4.4.9 静电放电

按照 GB/T 17626.2—2006 中的规定进行试验，将输出调整到量程的 50%。

试验等级 2：接触 4 kV，空气 4 kV，两次放电时间间隔≥1 s，脉冲数量为每个极性 10 个。

4.4.10 射频电磁场辐射

按照 GB/T 17626.3—2006 的规定进行试验，将输出调整到量程的 50%。

试验等级 2：磁场值为 3 V/m，频率为 80 MHz～1 GHz。

4.4.11 电快速瞬变脉冲群

按照 GB/T 17626.4—2008 的规定进行试验，将输出调整到量程的 50%。

试验等级 2：实验电压为 0.5 kV 峰值信号对地，1 kV 峰值电源对地，重复频率 5 kHz，单脉宽 50 ns，脉冲群持续时间 15 ms，脉冲群周期 300 ms。

4.4.12 浪涌抗扰度

按照 GB/T 17626.5—2008 的规定进行试验,将输出调整到量程的 50%。

试验等级 2:0.5 kV 峰值线对线(对称),1 kV 峰值线对地(不对称),脉冲宽度 50 μs,脉冲重复频率为 1 次/min。

4.4.13 工频磁场抗扰度

按照 GB/T 17626.8—2006 的规定进行试验,将输出调整到量程的 50%。

试验等级 3:稳定持续磁场强度为 10 A/m(短时试验不做)。

4.4.14 电源电压变化试验

将电源电压分别稳定在公称值、上限值及下限值,测量各种情况下的输出值;

在将输出值调整到量程的 100%,电源电压稳定在下限值,再次测量输出值。

以输出值最大变化量列入报告。

4.4.15 负载变化试验

将配电器输出端负载电阻置于 0 Ω 与额定最大负载电阻值,分别测量配电器电流输出值。

再将电流输出端短路 1 min,再次测量电流输出值;

以输出值的最大变化量列入报告。

4.4.16 工作寿命加速试验

使配电器输入信号以量程的 50%为中点,峰-峰值约为量程的 50%,频率为 0.5 Hz,作正弦交变变化。

试验前,配电器预热 24 h,然后连续运行 7 天,每天 8 h~12 h 中断一次交变信号,以便测量输出变化量。将输出最大变化量列入报告。

4.4.17 输出纹波

按 GB/T 18271.2—2000 中的规定进行试验,将配电器输出调整在量程的 50%处,用示波器观察、记录配电器输出信号的峰-峰值。

4.4.18 接地

按照 GB/T 18271.2—2000 中的规定进行试验,本试验的目的是确定将通常与地隔离的信号端子接地对输出的影响。将配电器输出调整在量程的 0%和 100%处进行,再将配电器输入与输出端子的信号负端依次接地,测量并记录配电器输出的最大变化量。

4.5 与安全性能有关的试验

4.5.1 绝缘强度试验

按 GB/T 18271.2—2000 中的规定进行试验,除另有约定外,电压有效值为 500 V。

试验电压应加到下列端子之间:

a) 配电器的输入端子与机壳之间施加试验电压;

b) 配电器的输出端子与机壳之间施加试验电压;

c) 配电器输入端子与输出端子之间施加试验电压;

d) 配电器的电源端子与机壳之间施加试验电压。

试验时，应将试验电压从零开始，平稳地、无过冲地升到规定值，保持 1 min，然后平稳地降至零值，检查是否有击穿和飞弧现象。

4.5.2 绝缘电阻试验

按 GB/T 18271.2—2000 中的规定进行试验。

a) 配电器的输入端子与机壳之间施加直流试验电压；

b) 配电器的输出端子与机壳之间施加直流试验电压；

c) 配电器输入端子与输出端之间施加直流试验电压；

d) 配电器的电源端子与机壳之间施加直流试验电压。

除另有约定外，公称直流试验电压应为 500 V，时间至少 30 s。

4.5.3 防火、阻燃实验

按照 GB/T 11020—2005 中的规定进行实验。

4.6 其他试验

4.6.1 阶跃响应试验

加入正向阶跃输入信号，使配电器输出有 10%变化到 90%，再加入反向阶跃输入信号，使输出再由 90%变化到 10%，分别记录从加阶跃信号开始，到输出达到并保持与稳态值相差 1%以内为止所需的时间（即稳定时间），同时还应记录时滞和过冲。

4.6.2 频率响应

将输出稳定在量程的 50%。

从输入端加入正弦交变信号，其峰-峰值不超过量程的 20%，并保持不变。交变信号的频率从足够低（不大于 0.005 Hz）开始，以增量形式提高频率，测出每个频率值对应的输出幅值，直到输出幅值衰减到初始值的一半为止。

根据试验结果，作出如图 4 所示的频率（对数坐标）相对增益（对数坐标）的幅频特性曲线。

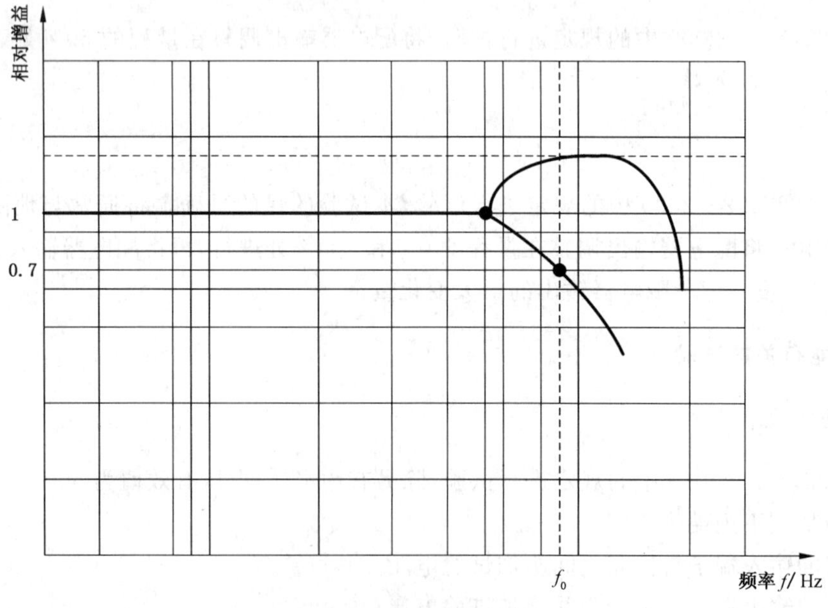

图 4 配电器幅频特性曲线示例图

从试验曲线上，确定相对增益为 0.7 时的频率，即高频截止频率(f_0)。

注：相对增益是指不同信号频率测出的输出幅值，与信号频率为 0 Hz 时输出幅值之比。

4.6.3 外壳防护试验

外壳按 GB 4208—2008 中的方法判定其防护等级。

4.6.4 耗电量检查

将配电器输出稳定在量程的 100%处，测量配电器耗电量。

再将电源电压为上限处，重复上述试验，取最大耗电量列入报告。

4.6.5 外观检查

用肉眼观察方法进行。

4.6.6 运输环境性能测试

运输试验的高温试验温度为 55 ℃±3 ℃，保持时间 8 h 后将包装件温度降至室温取出，并在正常工作条件下放置 4 h 以上，将输出值最大变化量列入报告；

低温试验温度为−25 ℃±3 ℃，降温速度不大于 1 ℃，保持时间 8 h 后将包装件温度升至室温取出，并在正常工作条件下放置 4 h 以上，将输出值最大变化量列入报告；

湿热试验按 GB/T 2423.4—2008 的规定，每周期 24 h，实验 2 周期，试验后将包装件温度升至室温取出，并在正常工作条件下放置 4 h 以上，将输出值最大变化量列入报告；

碰撞试验加速度为 100 m/s^2±10 m/s^2，相应脉冲时间为 11 ms±2 ms，脉冲重复频率为 60 次/min～100 次/min，连续冲击次数为 1 000 次±10 次，脉冲波形是近似半正弦波，试验后将输出值最大变化量列入报告；

跌落试验台面应为平整坚硬的水泥地面或钢板台面，高度为 50 mm，包装件底面呈水平状以自由落体方式跌落四次，试验后将输出值最大变化量列入报告。

4.7 检验规则

4.7.1 出厂检验

每台配电器须经技术检验部门检验合格后方能出厂。

配电器出厂检验应按表 1 规定进行，其中三个循环的试验均可简化为一个循环试验。

表 1 配电器出厂检验表

项目名称	试验方法	技术要求
重复性误差	4.3.3	GB 28472.1—2012 表 1 中 2
回差	4.3.4	GB 28472.1—2012 表 1 中 3
电源电压变化	4.4.14	GB 28472.1—2012 表 2 中 14
负载变化	4.5.15	GB 28472.1—2012 表 2 中 15
绝缘强度	4.5.1	GB 28472.1—2012 中第 5.3.1 项
绝缘电阻	4.5.2	GB 28472.1—2012 中第 5.3.2 项
外观	4.6.5	GB 28472.1—2012 中第 5.4.5 项

4.8 型式试验

4.8.1 型式试验条件

有下列情况之一，应进行型式试验：

a) 新开发产品鉴定；

b) 产品结构、材料、工艺有较大改变，可能影响产品性能；

c) 连续正常生产满二年；

d) 停产一年及以上，重新开始生产前；

e) 国家有关部门提出型式试验要求。

4.8.2 型式试验项目与要求

型式试验项目为本标准全部要求。

4.8.3 型式试验的样本抽取

型式试验的样本在出厂检验合格品中随机抽取 3 台。

4.8.4 型式试验的判定

型式试验中项目出现任一项不合格，加倍抽样(6 台)，对不合格项进行复验，复验结果仍有不合格，则判型式试验不合格。

5 其他考虑事项

5.1 总则

为了准备试验报告、试验程序所需的通用信息，包含下述几个方面：

- 安装；
- 例行维护和调试；
- 维修和大修

应根据实际运行要求和制造厂的说明书来进行性能检查，以便能同时对说明书做出评价。

5.2 安全

按 GB 4793.1—2007 检查配电器。

5.3 外壳防护

如果需要的话，应根据 GB 4208—2008 和 GB/T 16842—2008 进行试验。

5.4 文献资料

制造厂主动提供的以及试验室要求提供的全部有关文件应列出清单。

如果这些文件没有附带用来清楚描述配电器操作的完善图表，或没有完整的元件清单和规范，则应指出其不足。

5.5 安装

配电器应根据制造厂的说明书安装和投入使用，同时要考虑在实际中可能遇到的和要求不同程序的各种应用。

制造厂规定的安装方法应列入报告。任何由于此种安装方法所造成的对配电器的使用限制都应予以指出并加以说明。

另外,有关安装的难易程度也应指出并加以说明。

5.6 例行维护和调试

应根据制造厂的说明书进行必要的例行维护和调试操作(作为指南,每年应该至少进行 4 次这种操作)。

任何有关执行这些操作的难易程度都应予以指出,并说明原因。

5.7 修理

任何有关这些修理的难易程度都应予以指出,并说明原因。

5.8 表面防护处理

应列出制造厂规定的外部零件的表面防护处理完成情况,并附有关评价意见。

5.9 设计特征

应列出所有可能造成使用困难的有关设计或结构方面的情况,并说明原因。同时还要列出可能具有特殊意义的任何特征,例如工作部件的密封等级、备件的互换性和气候防护等。

5.10 可调整参数

报告中应指出厂商列出的重要的变型和选件。

5.11 工具和设备

应列出安装、维护和修理所必须的工具和设备。

6 试验报告和文档

试验完成以后,应根据 GB/T 18271.4—2000 准备完整的评定试验报告。

报告发表之后,所有试验期间与测试有关的原始文档应在试验室至少储存两年。

参考文献

[1] GB/T 16511—1996 电气和电子测量设备随机文件(idt IEC 61187:1993)
[2] JB/T 9329—1999 仪器仪表运输、运输贮存基本环境条件及试验方法

ICS 25.040.40
N 11

中华人民共和国国家标准

GB/T 28473.1—2012

工业过程测量和控制系统用温度变送器 第1部分:通用技术条件

Temperature transmitters for use in industrial-process measure and control systems—Part 1: General specification

2012-06-29 发布 2012-11-01 实施

中华人民共和国国家质量监督检验检疫总局
中国国家标准化管理委员会 发布

前　言

GB/T 28473《工业过程测量和控制系统用温度变送器》分为两部分：

——第1部分：通用技术条件；

——第2部分：性能评定方法。

本部分是GB/T 28473的第1部分。

本部分按照GB/T 1.1—2009给出的规则起草。

本部分的附录A是规范性附录。

本部分由中国机械工业联合会提出。

本部分由全国工业过程测量和控制标准化技术委员会(SAC/TC 124)归口。

本部分负责起草单位：北京远东仪表有限公司。

本部分参加起草单位：南京优倍电气有限公司、重庆川仪自动化股份有限公司、重庆宇通系统软件有限公司、福建上润精密仪器有限公司、上海模数仪表有限公司、福建顺昌虹润精密仪器有限公司、西南大学。

本部分主要起草人：王悦、赵力行。

本部分参加起草人：董健、韩绍盈、张新国、吴辉华、岳周、冯伟、戈剑、金建民、张刚、魏小东、赵亦欣、周雪莲、张建成、李涛、祁虔。

工业过程测量和控制系统用温度变送器
第1部分:通用技术条件

1 范围

GB/T 28473的本部分规定了工业过程测量和控制系统用温度变送器的通用的术语与定义、分类、要求、标志、包装、贮存和运输。

本部分适用于将工业过程测量和控制系统用的热电偶或热电阻信号转换为标准电流和/或电压的变送器(以下简称变送器)。

特殊工作条件下使用的变送器还应满足有关标准要求。

2 规范性引用文件

下列文件对于本文件的应用是必不可少的。凡是注日期的引用文件,仅注日期的版本适用于本文件。凡是不注日期的引用文件,其最新版本(包括所有的修改单)适用于本文件。

GB 3836.1　爆炸性环境　第1部分:设备　通用要求(GB 3836.1—2010,IEC 60079-0:2007,MOD)

GB 3836.2　爆炸性环境　第2部分:由隔爆外壳"d"保护的设备(GB 3836.2—2010,IEC 60079-1:2007,MOD)

GB 3836.4　爆炸性环境　第4部分:由本质安全型"i"保护的设备(GB 3836.4—2010,IEC 60079-11:2006,MOD)

GB 4208—2008　外壳防护等级(IP等级)(IEC 60529:2001,IDT)

GB/T 9969—2008　工业产品使用说明书　总则

GB/T 13384—2008　机电产品包装通用技术条件

GB/T 17212—1998　工业过程测量和控制　术语和定义(idt IEC 902:1987)

GB/T 17614.1—2008　工业过程控制系统用变送器　第1部分:性能评定方法(IEC 60770-1:1999,IDT)

GB/T 28473.2—2012　工业过程测量和控制用温度变送器　第2部分:性能评定方法

3 术语和定义

GB/T 17212—1998和GB/T 17614.1—2008确立的以及下列术语和定义适用于GB/T 28473的本部分。

3.1

热电偶温度变送器　thermocouple temperature transmitters

输出与热电偶检测的温度成线性关系(即具有线性化功能)的变送器称热电偶温度变送器。

3.2

热电阻温度变送器　resistance temperature transmitters

输出与热电阻检测的温度成线性关系(即具有线性化功能)的变送器称热电阻温度变送器。

4 分类和基本参数

4.1 分类

4.1.1 按使用场所分

按使用场所分为：

a) 现场温度变送器；

b) 控制室温度变送器。

4.1.2 按防爆性能分

按防爆性能分为：

a) 普通型；

b) 防爆型。

4.2 输入信号类型

输入信号类型有：

a) 热电偶：E、K、R、S、B、T、J、N 等；

b) 热电阻：Cu50、Cu100、Pt10、Pt100 等。

4.3 准确度等级

变送器的准确度等级可分为 0.1,0.2,0.5,1.0。

4.4 输出参数

变送器的输出信号为 4 mA～20 mA DC，负载电阻不小于 300 Ω。

4.5 电源

变送器供电电压为 24 V DC，允许±10％的偏差，纹波含量不大于 1.0％。

4.6 正常工作条件

变送器工作条件要求如下：

a) 环境温度及相对湿度极限值

现场温度变送器应在下列场所正常工作：

环境温度：－20 ℃～70 ℃；

相对湿度：5％～95％；

控制室温度变送器应在下列场所正常工作：

环境温度：5 ℃～40 ℃；

相对湿度：45％～75％；

b) 大气压力：86 kPa～106 kPa（选用更严酷的工作大气条件，由制造厂与用户协商确定）；

c) 环境振动

现场温度变送器：振动频率＜60 Hz，振动幅度＜0.14 mm，加速度为 19.6 m/s^2；

控制室温度变送器：振动频率＜60 Hz，振动幅度＜0.07 mm，加速度为 9.8 m/s^2；

d) 周围空气中不含有对铬、镍镀层、有色金属及其合金起腐蚀作用的介质，不含有易燃、易爆的物质；

e) 环境振动的振动参数极限值具体由制造厂确定，允许制造厂给出在规定频率范围内不能正常工作的频带，在使用说明书中说明；

f) 其他工作条件由制造厂确定，在使用说明书中说明。

5 要求

5.1 准确度等级的规定

5.1.1 一般规定

除非另有规定，对于量程可调和零点可迁移的变送器，在变送器设定的某一档量程上，均应满足本标准有关精度及各项技术指标等要求。

5.1.2 变送器准确度等级

变送器准确度等级按量程大小来划分，规定见表1及表2。

表1 热电偶温度变送器准确度等级

量 程 ΔV/mV	变送器准确度等级
$\Delta V \geqslant 28$	0.1
$28 > \Delta V \geqslant 5$	0.2
$5 > \Delta V \geqslant 3$	0.5
$3 > \Delta V \geqslant 2$	1.0
注：表中量程 ΔV 是指变送器对应温度测量范围的电输入毫伏数。	

表2 热电阻温度变送器准确度等级

Cu50 热电阻量程 $\Delta R/\Omega$	Cu100 与 Pt100 热电阻量程 $\Delta R/\Omega$	变送器准确度等级
$\Delta R \geqslant 20$	$\Delta R \geqslant 40$	0.1
$20 > \Delta R \geqslant 10$	$40 > \Delta R \geqslant 20$	0.2
$10 > \Delta R \geqslant 2$	$20 > \Delta R \geqslant 4$	0.5
$2 > \Delta R \geqslant 1$	$4 > \Delta R \geqslant 2$	1.0
注：表中量程 ΔR 是指变送器对应温度测量范围的电输入电阻变化量。		

5.2 与准确度等级有关的指标

变送器与准确度等级有关的指标不得超过表3的规定。

表 3　与准确度等级有关的指标

序　号	项　目		准确度等级			
			0.1 级	0.2 级	0.5 级	1.0 级
			指标(输出量程的%)			
1	不精确度		±0.10	±0.20	±0.50	±1.0
2	端基一致性误差		±0.10	±0.20	±0.50	±1.0
3	回差		0.050	0.10	0.25	0.50
4	重复性误差		0.050	0.10	0.20	0.35
5	死区		0.050	0.10	0.20	0.35
6	阶跃响应		稳定时间不大于 6 s			
7	始动漂移	最大差值	0.25	0.50	1.0	2.0
8	长期漂移		0.25	0.50	1.0	2.0

注 1：本表对于热电偶温度变送器不包括热电偶冷端补偿所引起的误差。

注 2：基本误差是指三次测量循环中的最大误差值。

5.3　有关影响量的影响

除非本标准另有规定，影响量按 GB/T 17614.1—2008 规定变化，变送器输出变化不得超过表 4 的规定。

表 4　有关影响量的影响

序　号	项　目		准确度等级			
			0.1 级	0.2 级	0.5 级	1.0 级
			指标(输出量程的%)			
1	环境温度		0.025/10 ℃	0.050/10 ℃	0.125/10 ℃	0.25/10 ℃
2	热电偶冷端温度补偿元件附加误差		在 0 ℃至环境温度范围上限值内不超过 4%			
3	湿度		0.10	0.20	0.50	1.0
4	机械振动	对输出影响	0.10	0.20	0.50	1.0
		对机械结构影响	试验后：紧固件不得松动，无机械损伤			
5	倾跌影响	对输出影响	0.10	0.20	0.50	1.0
		对机械结构影响	无损坏			
6	安装位置影响		0.050	0.10	0.25	0.50
7	过范围影响		0.10	0.20	0.50	1.0
8	输出负载变化影响		0.10	0.20	0.50	1.0
9	源阻抗线电阻		0.10	0.20	0.50	1.0
10	电源变化		0.10	0.20	0.50	1.0
11	电源短时中断(稳态变化量)		0.10	0.20	0.50	1.0

表 4（续）

序 号	项 目	准确度等级			
		0.1 级	0.2 级	0.5 级	1.0 级
		指标(输出量程的%)			
12	电源低降(稳态变化量)	0.10	0.20	0.50	1.0
13	电源反向保护	试验后无损坏			
14	共模干扰(最大直流共模干扰量不大于 5 V)	0.10	0.20	0.50	1.0
15	串模干扰(干扰量为输入量程的 1%)	0.10	0.20	0.50	1.0
16	接地影响	0.10	0.20	0.50	1.0
17	电快速瞬变脉冲群	B			
18	浪涌抗扰度	B			
19	静电放电	B			
20	工频磁场	B			
21	射频电磁场	B			
22	电功耗	每通道消耗功率不大于 2 W			
23	输入开路和短路	0.10	0.20	0.50	1.0
24	输出开路和短路	0.10	0.20	0.50	1.0

注 1：对于热电偶温度变送器除 5.3.2 外不含冷端补偿所引起的误差。

注 2：源阻抗线电阻试验仅适用于热电偶温度变送器；电阻变化量为(0 Ω～50 Ω)×21。

注 3：电磁兼容试验结果的评价参照附录 A。

5.4 其他要求

5.4.1 防爆要求

变送器按使用现场要求不同分为普通型和防爆型。防爆型变送器应符合 GB 3836.1、GB 3836.2 和 GB 3836.4 有关标准的要求。

5.4.2 绝缘电阻

绝缘电阻要求如下：

a) 输入端子与输出端子短接对接地不低于 20 MΩ；

b) 电源端子短接对地不低于 50 MΩ；

c) 输入端子与输出端子短接对电源不低于 50 MΩ(适用于电源与输入、输出隔离的变送器)；

d) 输入端子与输出端子之间不低于 20 MΩ(适用于输入、输出隔离的变送器)。

5.4.3 绝缘强度

在漏电流设置为 2 mA 的条件下：

a) 电源端子与机壳间不小于 1 500 V AC；

b) 输入输出端子与机壳间不小于 500 V AC；

应经受上述试验电压历时 1 min，漏电流不大于 2 mA 的绝缘强度试验，试验中不应出现击穿与飞弧。

5.4.4 外壳防护要求

现场温度变送器:外壳按 GB 4208—2008 中的要求,其防护等级不低于 IP65。

控制室温度变送器:外壳按 GB 4208—2008 中的要求,其防护等级不低于 IP20。

5.4.5 抗运输环境性能

按 GB/T 28473.2—2012 5.2.12 进行试验,试验后应满足表 3 中 1、2、3、4 和 5.4.2 的要求。

5.4.6 外观

变送器显示读数应清晰,无叠字,亮度均匀,不应有缺笔画现象;小数点和状态应显示正确。变送器外壳和零件表面覆盖层、面板及铭牌等均应光洁完好,不得有剥落及伤痕等缺陷,紧固件不得有松动、损伤等现象,可动部分应灵活可靠。

6 标志、包装、使用说明书及贮存

6.1 标志

在变送器外壳的适当位置上应有固定铭牌,铭牌上应标明:

a) 制造厂名称或厂标;

b) 产品型号、名称;

c) 产品编号;

d) 主要技术参数(精度、测量范围、输出等);

e) 制造年月。

6.2 包装

装箱运输的变送器,应连同装箱单规定的成套附件,按 GB/T 13384—2008 规定进行包装。

6.3 使用说明书

变送器使用说明书的编写应符合 GB/T 9969—2008 的规定。

6.4 贮存

变送器应贮放在环境温度为 −10 ℃～+55 ℃,相对湿度不大于 85%的通风室内,且空气中不含有能对变送器起腐蚀作用的介质。

附　录　A
（规范性附录）
电磁兼容试验结果的评价

试验结果应根据受试设备在试验中的功能丧失或性能降低现象进行分类，相关的性能水平由设备的制造商或需要方确定，或由产品的制造商和购买方双方协商同意。推荐按如下要求分类：

a）在制造商、委托方或购买方规定的限值内性能正常，判为A，A类判定应写影响量的指标；

b）功能或性能暂时丧失或降低，但在骚扰停止后能自行恢复，不需要操作者干预，判为B；

c）功能或性能暂时丧失或降低，但需要操作者干预，判为C；

d）因设备硬件或软件损坏，或数据丢失而造成不能恢复的功能丧失或性能降低，判为D。

由制造商提出的技术规范可以规定对受试设备产生的某些影响是不重要的，因而是可接受的试验影响。

ICS 25.040.40
N 11

中华人民共和国国家标准

GB/T 28473.2—2012

工业过程测量和控制系统用温度变送器 第2部分:性能评定方法

Temperature transmitters for use in industrial-process measure and control systems—Part 2: Methods of evaluating the performance

2012-06-29 发布　　2012-11-01 实施

中华人民共和国国家质量监督检验检疫总局
中国国家标准化管理委员会　发布

前　言

GB/T 28473《工业过程测量和控制系统用温度变送器》分为两部分：

——第1部分：通用技术条件；

——第2部分：性能评定方法。

本部分是GB/T 28473的第2部分。

本部分按GB/T 1.1—2009《标准化工作导则　第1部分：标准的结构和编写》的规定编写。

本部分的性能评定方法参照了GB/T 18271.1—2000《过程测量和控制装置　通用性能评定方法和程序　第1部分：总则》、GB/T 18271.2—2000《过程测量和控制装置　通用性能评定方法和程序　第2部分：参比条件下的试验》、GB/T 18271.3—2000《过程测量和控制装置　通用性能评定方法和程序　第3部分：影响量影响的试验》和GB/T 18271.4—2000《过程测量和控制装置　通用性能评定方法和程序　第4部分：评定报告的内容》的相关规定。

本部分的附录A为规范性附录。

本部分由中国机械工业联合会提出。

本部分由全国工业过程测量和控制标准化技术委员会(SAC/TC 124)归口。

本部分由负责起草单位：北京远东仪表有限公司。

本部分参加起草单位：南京优倍电气有限公司、重庆川仪自动化股份有限公司、重庆宇通系统软件有限公司、福建上润精密仪器有限公司、福建顺昌虹润精密仪器有限公司、西南大学。

本部分主要起草人：王悦、赵力行。

本部分参加起草人：董健、韩绍盈、张新国、吴辉华、岳周、冯伟、戈剑、张刚、魏小东、赵亦欣、李涛、周雪莲、祝培军、何强。

工业过程测量和控制系统用温度变送器 第2部分:性能评定方法

1 范围

GB/T 28473 的本部分规定了满足本标准第1部分规定的工业过程测量和控制系统用温度变送器(以下简称变送器)的性能评定方法和检验规则。

2 规范性引用文件

下列文件对于本文件的应用是必不可少的。凡是注日期的引用文件,仅注日期的版本适用于本文件。凡是不注日期的引用文件,其最新版本(包括所有的修改单)适用于本文件。

GB/T 2423.10—2008 电工电子产品环境试验 第2部分:试验方法 试验 Fc:振动(正弦)(IEC 60068-2-6:1995,IDT)

GB/T 2828.1—2003 计数抽样检验程序 第1部分:按接收质量限(AQL)检索的逐批检验抽样计划(ISO 2859-1:1999,IDT)

GB 4793.1—2007 测量、控制和实验室用电气设备的安全要求(IEC 61010-1:2001,IDT)

GB/T 4798.2—2008 电工电子产品应用环境条件 第2部分:运输(IEC 60721-3-2:1997,MOD)

GB/T 16511—1996 电气和电子测量设备随机文件

GB/T 17614.1—2008 工业过程控制系统用变送器 第1部分:性能评定方法(IEC 60770-1:1999,IDT)

GB/T 17626.2—2006 电磁兼容 试验和测量技术 静电放电抗扰度试验(IEC 61000-4-2:2001,IDT)

GB/T 17626.3—2006 电磁兼容 试验和测量技术 射频电磁场辐射抗扰度试验(IEC 61000-4-3:2002,IDT)

GB/T 17626.4—2008 电磁兼容 试验和测量技术 电快速瞬变脉冲群抗扰度试验(IEC 61000-4-4:2004,IDT)

GB/T 17626.5—2008 电磁兼容 试验和测量技术 浪涌(冲击)抗扰度试验(IEC 61000-4-5:2005,IDT)

GB/T 17626.8—2006 电磁兼容 试验和测量技术 工频磁场抗扰度试验(IEC 61000-4-8:2001,IDT)

GB/T 18271.1—2000 过程测量和控制装置 通用性能评定方法和程序 第1部分:总则(idt IEC 61298-1:1995)

GB/T 18271.2—2000 过程测量和控制装置 通用性能评定方法和程序 第2部分:参比条件下的试验(idt IEC 61298-2:1995)

GB/T 18271.3—2000 过程测量和控制装置 通用性能评定方法和程序 第3部分:影响量影响的试验(idt IEC 61298-3:1998)

GB/T 18271.4—2000 过程测量和控制装置 通用性能评定方法和程序 第4部分:评定报告的内容(idt IEC 61298-4:1995)

GB/T 28473.1—2012 工业过程测量和控制系统用温度变送器 第1部分:通用技术条件

3 术语和定义

GB/T 17614.1—2008、GB/T 18271.1—2000、GB/T 18271.2—2000、GB/T 18271.3—2000、GB/T 18271.4—2000 和 GB/T 28473.1—2012 确立的术语和定义适用于 GB/T 28473 的本部分。

4 试验的抽样

如果用户和生产厂商达成了协议，只进行抽样试验，推荐选择 GB/T 2828.1—2003 提出的抽样方法。抽样时，可由用户选定被测试的变送器。

5 试验方法及检验规则

5.1 试验条件

5.1.1 一般环境条件

一般环境条件要求如下：

a) 现场温度变送器
   环境温度：−20 ℃～70 ℃；
   相对湿度：5%～95%；
   大气压力：86 kPa～106 kPa；
b) 控制室温度变送器
   环境温度：15 ℃～35 ℃；
   相对湿度：10%～75%；
   大气压力：86 kPa～106 kPa；
   无渗水、淋雨和日照等。

5.1.2 参比环境条件

a) 环境温度：20 ℃±2 ℃；
b) 相对湿度：60%～70%；
c) 大气压力：86 kPa～106 kPa；
d) 周围空气中应不含有对铬、镍镀层、有色金属及其合金起腐蚀作用的介质，应不含有易燃、易爆的物质。

5.1.3 供电电源

电源电压：取 24(1±10%)V DC，纹波≤±0.1%。

5.1.4 测量系统的不确定度

参比测量系统的额定精确度应高于被试装置的额定精度。

试验用测量系统的不确定度应不超过被试装置规定基本误差的 1/4。

测量系统的不确定度应根据有关标准进行计算，并应列入每一份最终试验报告(见 GB/T 18271.4—2000)。

在已知测量系统不确定度的数值和符号的情况下，应修正试验测量结果中由测量系统造成的不确定度。

注：在使用以量程百分数表示规定不确定度的测量仪表时应特别注意。例如，若使用规定不确定度为量程的±0.1%的仪表测量被试装置的输出，而此输出信号仅为参比测量仪表标度的1/3，则所用仪表有效范围内的实际不确定度可达到±0.3%，因而在许多场合下可能是不适用的。

5.1.5 预处理

对被试装置接通电源，给与足够时间使其工作温度达到稳定。试验大纲若对比此时间的长短未提出任何建议，则应根据上述准则加以确定，但不能短于30 min。

还应让被试装置的相关测试设备的温度稳定。

5.1.6 其他条件

除按GB/T 17626.2—2006、GB/T 17626.3—2006、GB/T 17626.4—2008、GB/T 17626.5—2008、GB/T 17626.8—2006、GB/T 17614.1—2008标准和条文中有关规定外，补充下述条件和规定：

a) 为便于检查，通常以输出电流在负载电阻250 Ω两端的电压降作为变送器输出信号；有关负载电阻要求：250 Ω±0.01%；

b) 影响量试验除非另有说明，一般测定一个影响量变化对输出的影响时，其他影响量应保持在参比工作条件范围内。

5.2 试验方法

5.2.1 概述

除按GB/T 17614.1—2008、GB/T 17614.2—2008、GB/T 17626.2—2006、GB/T 17626.3—2006、GB/T 17626.4—2008、GB/T 17626.5—2008和GB/T 17626.8—2006标准和条文中有关试验方法规定外，对本标准第1部分5.3、5.4等要求规定了下列试验方法。

5.2.2 热电偶冷端温度补偿元件附加误差试验

按制造厂规定的桥路工作电流加入$R_{\alpha1}$，将$R_{\alpha1}$置于恒温槽内，将恒温槽温度调整到0 ℃，t_1℃及t_2℃，分别测量对应的$R_{\alpha1}$两端电压值，计算t_1及t_2时补偿误差。

$$\pm\delta=\frac{(U_i-U_0)-E_i}{E_{t2}}\times100\%$$

式中：

δ ——冷端补偿误差；

U_i——温度为t_1℃、t_2℃时，$R_{\alpha1}$两端电压值；

U_0——温度为0 ℃时，$R_{\alpha1}$两端电压值；

E_i——从分度表中查出温度为t_1、t_2时对应的热电势mV值；

t_1 ——在环境温度从0 ℃到上限值范围内从分度表中查出的最大非线性对应的温度值；

t_2 ——环境温度上限值。

5.2.3 机械振动

试验时，将变送器按安装说明书规定，安装在振动台上。要求振动台、安装板、安装托架均应有足够的钢度，使传到变送器上的振动变化最小。

将变送器输出调整在量程的50%处，按GB/T 2423.10—2008中规定的方法进行，变送器应在三个互相垂直的轴线(其中一个铅垂方向)上承受正弦振动，试验先在一个方向上试验，再在另一个方向上试验。

振动试验频率 10 Hz～150 Hz，振动幅值 0.075 mm，加速度幅值 9.8 m/s^2，定频振动时间 30 min。试验方法见 GB/T 18271.3—2000 的第 7 章。

5.2.4 绝缘电阻

除制造厂另有规定外，采用公称试验电压为 500 V DC 兆欧表、历时 30 s 进行测试，见 GB/T 18271.2—2000 的 6.3.2。

5.2.5 绝缘强度

除制造厂另有规定外，逐步升高试验电压至规定值并保持 1 min，电压上升时间应不出现明显的瞬变。见 GB/T 18271.2—2000 的 6.3.3。

5.2.6 电快速瞬变脉冲群

根据 GB/T 17626.4—2008，对于现场温度变送器严酷度等级采用试验等级 3，实验电压为 1 kV 峰值信号对地，2 kV 峰值电源对地。

对于控制室温度变送器严酷度等级采用试验等级 2，实验电压为 0.5 kV 峰值信号对地，1 kV 峰值电源对地。

重复频率 5 kHz，单脉宽 50 ns，脉冲群持续时间 15 ms，脉冲群周期 300 ms。

5.2.7 浪涌抗扰度

根据 GB/T 17626.5—2008，对于现场温度变送器严酷度等级采用试验等级 3，使用电压最大值为 2 kV 峰值(线对地)和 1 kV 峰值(线对线)。

对于控制室温度变送器严酷度等级采用试验等级 2，使用电压最大值为 1 kV 峰值(线对地)和 0.5 kV 峰值(线对线)。

脉冲宽度 50 μs，脉冲重复频率为 1 次/min。

5.2.8 静电放电

根据 GB/T 17626.2—2006，对于现场温度变送器严酷度等级采用试验等级 3，接触 6 kV，空气 8 kV。

对于控制室温度变送器严酷度等级采用试验等级 2，接触 4 kV，空气 4 kV。

两次放电时间间隔≥1 s，脉冲数量为每个极性 10 个。

5.2.9 工频磁场

根据 GB/T 17626.8—2006，对于现场温度变送器严酷度等级采用试验等级 4，磁场强度为 30 A/m。

对于控制室温度变送器严酷度等级采用试验等级 3，磁场强度为 10 A/m。

5.2.10 射频电磁场

根据 GB/T 17626.3—2006，对于现场温度变送器严酷度等级采用试验等级 3，磁场值为 3 V/m。

对于控制室温度变送器严酷度等级采用试验等级 2，磁场值为 3 V/m。

频率为 80 MHz～1 GHz。

5.2.11 输入过范围

将变送器输入信号调整到量程的 125%，历时 1 min，然后恢复到原来值，稳定 5 min 后，测量输出变化量。

5.2.12 抗运输环境性能试验

变送器在运输包装条件下，应能符合 GB/T 4798.2—2008 标准要求，其中高温选 +55 ℃，低温选 −40 ℃，相对湿度为 95%(25 ℃)，包装件重量小于 100 kg 时，自由跌落高度取 250 mm。试验后在参比工作条件下自然回温不少于 24 h，然后拆除包装，允许调整零点和量程。

5.2.13 外观

用目视观察的方法进行检验。

5.3 检验规则

5.3.1 出厂试验及验收试验

每台变送器须经技术检验部门检验合格后方能出厂。变送器出厂试验应按表 1 规定进行。

表 1 出厂试验项目及要求

试验方法		项目名称	技术要求
标准号	条文号		
GB/T 17614.1—2008	表 2	不精确度	GB/T 28473.1—2012 表 3 中 1
	表 2	回差	GB/T 28473.1—2012 表 3 中 3
	表 2	电源变化	GB/T 28473.1—2012 表 4 中 10
	表 2	输出负载变化	GB/T 28473.1—2012 表 4 中 8
	表 2	绝缘电阻	GB/T 28473.1—2012 中第 5.4.2 项
	表 2	绝缘强度	GB/T 28473.1—2012 中第 5.4.3 项
本部分	5.2.13	外观	GB/T 28473.1—2012 中第 5.4.6 项

若用户同意按 GB/T 2828.1—2003 进行抽样验收时，验收检验可按出厂试验规定进行，否则由制造厂与用户协商确定。

5.3.2 型式试验

变送器型式试验应根据 GB/T 17614.1—2008 对 GB/T 28473.1—2012 规定技术要求进行全部试验。

有下列情况之一时，应该进行型式试验。

a) 新产品设计定型、生产定型鉴定前。

b) 正式投产后，重大设计更改或工艺更改将影响产品性能时。

c) 连续生产后，一年进行一次型式试验。

d) 国家质量监督机构提出进行型式试验要求时。

除防尘、防水、防爆要求外按本标准全部试验项目进行试验。

注：当制造厂认为某些质量指标能够得到保证时，制造厂内部型式试验的内容允许适当简化。

5.3.3 判定方法

当一台变送器出现一个 A 类缺陷或 3 个 B 类缺陷时，应判定该产品为不通过产品，产品质量和技术性能分级指标见附录 A。

6 其他考虑事项

6.1 总则

为了检验变送器的一些其他特性,应进行附加试验,例如由密封提供的安全和防护等级。

为了准备试验报告、试验程序所需的通用信息,包含下述几个方面:

- 安装;
- 例行维护和调试;
- 维修和大修。

应根据实际运行要求和制造厂的说明书来进行性能检查,以便能同时对说明书做出评价。

6.2 安全

应根据 GB 4793.1—2007 检查变送器,以确定它的设计对意外电击的防护程度。

6.3 文献资料

根据 GB/T 16511—1996 的规定:

制造厂主动提供的以及实验室要求提供的全部有关文件应列出清单。

如果这些文件没有附带用来清楚描述变送器操作的完善图表,或没有完整的元件清单和规范,则应指出其不足。

此外,还应列出表明电动变送器本质安全和隔爆等级的证书。

应给出具体的证书号码和防护等级等信息。

6.4 安装

变送器应根据制造厂的说明书安装和投入使用,同时要考虑在实际中可能遇到的和要求不同程序的各种应用。

制造厂规定的安装方法应列入报告。任何由于此种安装方法所造成的对变送器的使用限制都应予以指出并加以说明。

另外,有关安装的难易程度也应指出并加以说明。

6.5 例行维护和调试

应根据制造厂的说明书进行必要的例行维护和调试操作(作为指南,每年应该至少进行 4 次这种操作)。

任何有关执行这些操作的难易程度都应予以指出,并说明原因。

6.6 修理

通常变送器都能分解成若干组件,制造厂也应详细说明有关这些组件的拆换修理程序,这些组件有的可由用户进一步拆卸,有的则不能进一步拆卸。为了评估修理的方便程度,每次应拆卸一个组件,每一组件都应拆卸到不能再拆开为止,并将任何损坏的或其他需要更换的零件换成新的。

任何有关这些修理的难易程度都应予以指出,并说明原因。

6.7 表面防护处理

应列出制造厂规定的外部零件的表面防护处理完成情况,并附有关评价意见。

6.8 设计特征

应列出所有可能造成使用困难的有关设计或结构方面的情况，并说明原因。同时还要列出可能具有特殊意义的任何特征，例如工作部件的密封等级、备件的互换性和气候防护等。

6.9 可调整参数

报告中应指出厂商列出的重要的变型和选件。

6.10 工具和设备

应列出安装、维护和修理所必须的工具和设备。

7 试验报告和文档

试验完成以后，应根据GB/T 18271.4—2000准备完整的评定试验报告。

报告发表之后，所有试验期间与测试有关的原始文档应在试验室至少储存两年。

附 录 A
（规范性附录）
产品质量和技术性能分级指标表

条款号	考核项目	缺陷分类
GB/T 28473.1—2012 表 3 中 1	不精确度	A
GB/T 28473.1—2012 表 3 中 2	端基一致性误差	B
GB/T 28473.1—2012 表 3 中 3	回差	A
GB/T 28473.1—2012 表 3 中 4	重复性误差	A
GB/T 28473.1—2012 表 3 中 5	死区	B
GB/T 28473.1—2012 表 3 中 6	阶跃响应	B
GB/T 28473.1—2012 表 3 中 7	始动漂移	B
GB/T 28473.1—2012 表 3 中 8	长期漂移	B
GB/T 28473.1—2012 表 4 中 1	环境温度	B
GB/T 28473.1—2012 表 4 中 2	热电偶冷端温度补偿元件附加误差	B
GB/T 28473.1—2012 表 4 中 3	湿度	B
GB/T 28473.1—2012 表 4 中 4	机械振动	B
GB/T 28473.1—2012 表 4 中 5	倾跌影响	B
GB/T 28473.1—2012 表 4 中 6	安装位置影响	B
GB/T 28473.1—2012 表 4 中 7	过范围影响	B
GB/T 28473.1—2012 表 4 中 8	输出负载变化影响	B
GB/T 28473.1—2012 表 4 中 9	源阻抗线电阻	B
GB/T 28473.1—2012 表 4 中 10	电源变化	B
GB/T 28473.1—2012 表 4 中 11	电源短时中断	B
GB/T 28473.1—2012 表 4 中 12	电源低降	B
GB/T 28473.1—2012 表 4 中 13	电源反向保护	B
GB/T 28473.1—2012 表 4 中 14	共模干扰	B
GB/T 28473.1—2012 表 4 中 15	串模干扰	B
GB/T 28473.1—2012 表 4 中 16	接地影响	B
GB/T 28473.1—2012 表 4 中 17	电快速瞬变脉冲群	B
GB/T 28473.1—2012 表 4 中 18	浪涌抗扰度	B
GB/T 28473.1—2012 表 4 中 19	静电放电	B
GB/T 28473.1—2012 表 4 中 20	工频磁场	B
GB/T 28473.1—2012 表 4 中 21	射频电磁场	B
GB/T 28473.1—2012 表 4 中 22	电功耗	B
GB/T 28473.1—2012 表 4 中 23	输入开路和短路	B

表（续）

条款号	考核项目	缺陷分类
GB/T 28473.1—2012 表 4 中 24	输出开路和短路	B
GB/T 28473.1—2012 中第 5.4.2 项	绝缘电阻	A
GB/T 28473.1—2012 中第 5.4.3 项	绝缘强度	A
GB/T 28473.1—2012 中第 5.4.4 项	外壳防护要求	B
GB/T 28473.1—2012 中第 5.4.5 项	抗运输环境性能	B
GB/T 28473.1—2012 中第 5.4.6 项	外观	B

ICS 25.040.40
N 10

中华人民共和国国家标准

GB/T 28474.1—2012

工业过程测量和控制系统用压力/差压变送器 第1部分：通用技术条件

Pressure/Differential-pressure transmitter for use in industrial-process measure and control systems—Part 1: General specification

2012-06-29 发布

2012-11-01 实施

中华人民共和国国家质量监督检验检疫总局
中国国家标准化管理委员会 发布

前　言

本部分按照 GB/T 1.1—2009 给出的规则起草。

GB/T 28474《工业过程测量和控制系统用压力/差压变送器》分为两部分：

——第 1 部分：通用技术条件；

——第 2 部分：性能评定方法。

本部分是 GB/T 28474 的第 1 部分。

本部分的附录 A 是规范性附录。

本部分由中国机械工业联合会提出。

本部分由全国工业过程测量和控制标准化技术委员会(SAC/TC 124)归口。

本部分负责起草单位：北京远东仪表有限公司。

本部分参加起草单位：重庆横河川仪有限公司、上海威尔泰工业自动化股份有限公司、上海自动化仪表股份有限公司、重庆市伟岸测器制造有限公司、天津肯泰仪表有限公司、上海 ABB 工程有限公司、西门子(中国)有限公司、西仪集团有限责任公司、福州福光百特自动化设备有限公司、福建上润精密仪器有限公司、福建顺昌虹润精密仪器有限公司、北京金立石仪表科技有限公司、厦门安东电子有限公司、西南大学。

本部分主要起草人：赵力行、孙宏泉。

本部分参加起草人：黄理光、陆孝孟、蔡冰珣、田泉林、唐田、王洪明、周佩霞、沈伟愿、赵建梅、汪宝兵、顾建华、张玲玲、柏承显、郑剑秋、戈剑、卞坚斌、孙磊、洪小平、张新国、周雪莲、刘枫、潘东波、黄仁杰。

工业过程测量和控制系统用压力/差压变送器 第1部分:通用技术条件

1 范围

GB/T 28474 的本部分规定了工业过程测量和控制系统用压力/差压变送器的通用技术条件,包括术语与定义、分类、要求、标志、使用说明书、包装及贮存。

本部分适用于工业过程测量和控制系统用压力/差压变送器(以下简称变送器)。

本部分不适用于气动变送器。

特殊工作条件使用的变送器还应满足有关标准的要求。

2 规范性引用文件

下列文件中的条款通过 GB/T 28474 的本部分的引用而成为本部分的条款。凡是注日期的引用文件,其随后所有的修改单(不包括勘误的内容)或修订版均不适用于本部分,然而,鼓励根据本部分达成协议的各方研究是否可使用这些文件的最新版本。凡是不注日期的引用文件,其最新版本适用于本部分。

GB/T 1048 管道元件——PN(公称压力)的定义和选用(GB/T 1048—2005,ISO/CD 7268:1996,MOD)

GB/T 3369.1 过程控制系统用模拟信号 第1部分:直流电流信号(GB/T 3369.1—2008,IEC 60381-1:1982,IDT)

GB/T 3369.2 过程控制系统用模拟信号 第2部分:直流电压信号(GB/T 3369.2—2008,IEC 60381-2:1978,IDT)

GB 3836.1 爆炸性环境 第1部分:设备 通用要求(GB 3836.1—2010,IEC 60079-0:2007,MOD)

GB 3836.2 爆炸性环境 第2部分:由隔爆型“d”保护的设备(GB 3836.2—2010,IEC 60079-1:2007,MOD)

GB 3836.4 爆炸性环境 第4部分:由本质安全型“i”保护的设备(GB 3836.4—2010,IEC 60079-11:2006,MOD)

GB 4208 外壳防护等级(IP 代码)(GB 4208—2008,IEC 60529:2001,IDT)

GB 4793.1 测量、控制和实验室用电气设备的安全要求 第1部分:通用要求(GB 4793.1—2007,IEC 61010-1:2001,IDT)

GB/T 9969.1—2008 工业产品使用说明书 总则

GB/T 13384 机电产品包装通用技术条件

GB/T 15479—1995 工业自动化仪表绝缘电阻 绝缘强度技术要求和试验方法

GB/T 17212 工业过程测量和控制 术语和定义(GB/T 17212—1998,idt IEC 60902:1987)

GB/T 17614.1 工业过程控制系统用变送器 第1部分:性能评定方法(GB/T 17614.1—2008,IEC 60770-1:1999,IDT)

GB/T 18271.1 过程测量和控制装置 通用性能评定方法和程序 第1部分:总则(GB/T 18271.1—2000,idt IEC 61298-1:1995)

GB/T 18271.3 过程测量和控制装置 通用性能评定方法和程序 第3部分:影响量影响的试验(GB/T 18271.3—2000,idt IEC 61298-3:1998)

GB/T 18271.4 过程测量和控制装置 通用性能评定方法和程序 第4部分:评定报告的内容(GB/T 18271.4—2000,idt IEC 61298-4:1995)

3 术语和定义

GB/T 17212、GB/T 17614.1 和 GB/T 18271.1 确立的术语和定义适用于 GB/T 28474 的本部分。

4 分类

4.1 分类

变送器按应用场合的不同分为一般型和防爆型。

4.2 测量范围

变送器测量范围系列应优先从下列系列中选取:

1×10^n,1.6×10^n,2×10^n,2.5×10^n,3×10^n,4×10^n,5×10^n,6×10^n,8×10^n。

其中 $n=1,2,3,4,\cdots\cdots$。

测量范围的单位为 Pa。

4.3 工作压力(静压)

变送器额定工作压力应按 GB/T 1048 规定,优先从下列系列中选取:

10 kPa,50 kPa,250 kPa,400 kPa,600 kPa 及 1 MPa,1.6 MPa,2.5 MPa,4 MPa,6.4 MPa,10 MPa,16 MPa,25 MPa,32 MPa,40 MPa,50 MPa。

4.4 准确度等级

变送器的准确度等级可分为:0.025,0.05,0.075,0.1,0.25,0.5,1.0,1.5。

注:采用国外引进技术生产的变送器应向所列的数值靠拢。

4.5 量程比

变送器的量程比可为 1∶1,5∶1,10∶1 及以上。

4.6 零点迁移

变送器可附加零点迁移功能,详见表1。

表1 零点迁移

变送器类型	迁移量
压力变送器(表压)	最大正迁移量为测量范围上限值与测量量程之差;最大负迁移量不大于大气压
差压变送器	最大正迁移量为测量范围上限值与测量量程之差;最大负迁移量为测量范围上限值
绝对压力变送器	最大正迁移量为测量范围上限值与测量量程之差;无负迁移

4.7 输出传输方式

变送器的输出传输方式可采用有线或无线传输。

4.8 输出参数

变送器的输出信号可为数字信号、满足 GB/T 3369.1、GB/T 3369.2 的模拟信号。

4.9 电源

12 V DC～45 V DC 电源或电池供电等，推荐使用 24 V DC 电源。

4.10 正常工作条件

a) 环境温度：－20 ℃～＋70 ℃；
b) 相对湿度：5％～95％；
c) 大气压力：86 kPa～106 kPa（选用更严酷的工作大气条件，由用户与制造厂协商确定）；
d) 周围空气中不含有对铬、镍镀层、有色金属及其合金起腐蚀作用的介质，不含有易燃、易爆的物质；
e) 环境振动的振动参数极限值具体由制造厂确定，允许制造厂给出在规定频率范围内不能正常工作的频带，在使用说明书中说明；
f) 其他工作条件由制造厂确定，在使用说明书中说明。

4.11 结构

4.11.1 一般规定

变送器采用现场安装式结构[1)]，防护性能根据应用要求由 GB 4208 中选择防护等级，并按其规定进行设计。

4.11.2 电气连接

除接地端子外，所有端子具有充分的保护，以防止偶然的接地，接线端子应有明显标志，以便识别其功能。

4.11.3 管接头连接

变送器测量管接头的连接优选以下几种类型：
M20×1.5，G1/2，NPT 1/2，NPT 1/4。

4.11.4 安装

变送器可直接安装或采用 Φ50～Φ60 管道安装。

5 要求

5.1 变送器准确度等级的规定

除非另有规定，在变送器的测量范围内，各档量程上均应满足本部分有关准确度等级及各项技术指

---

1) 当用于节流式流量计测量差压时，其前后直管段应满足 GB/T 2624《流量测量节流装置 用孔板 喷嘴和文丘里管测量充满圆管的流体流量》规定要求。

标等要求。当测量范围内不同量程具有不同的准确度等级时，在包括变送器标准和使用说明书在内的有关产品技术文件中，应明确说明。

变送器附加迁移功能后，其准确度等级不低于表2规定。

表2 附加迁移后准确度等级

未加迁移	0.025级	0.05级	0.075级	0.1级	0.25级	0.5级	1.0级	1.5级
加迁移后	0.05级	0.075级	0.1级	0.25级	0.5级	1.0级	1.5级	1.5级

5.2 差压变送器额定工作压力对量程范围要求

差压变送器额定工作压力量程范围不低于表3规定。

表3 差压变送器额定工作压力对量程范围要求

序号	测量上限(URL)	额定工作压力
1	URL≤0.04 kPa	≥10 kPa
2	0.04 kPa<URL≤2.5 kPa	≥50 kPa
3	2.5 kPa<URL≤10 kPa	≥2.5 MPa
4	10 kPa<URL≤250 kPa	≥6.4 MPa
5	URL>250 kPa	≥10 MPa

5.3 与准确度等级有关的要求

变送器与准确度等级有关的要求不得超过表4的规定。

表4 与准确度等级有关的要求

序号	项目		准确度等级							
			0.025	0.05	0.075	0.1	0.25	0.5	1.0	1.5
			指标(输出量程的%)							
1	不精确度		±0.025	±0.050	±0.075	±0.10	±0.25	±0.50	±1.0	±1.5
2	端基一致性误差		±0.025	±0.050	±0.075	±0.10	±0.25	±0.50	±1.0	±1.5
3	回差		0.020	0.040	0.060	0.080	0.20	0.40	0.80	1.2
4	不重复性		0.012	0.025	0.037	0.050	0.12	0.25	0.50	0.75
5	死区		0.012	0.025	0.037	0.050	0.10	0.10	0.10	0.15
6	阶跃响应		稳定时间≤5 s							
7	始动漂移	最大差值	0.025	0.050	0.075	0.10	0.25	0.50	1.0	1.5
8	长期漂移[a]	下限值变化量	0.050	0.10	0.15	0.20	0.50	1.0	2.0	3.0
		量程变化量	0.050	0.10	0.15	0.20	0.50	1.0	2.0	3.0

[a] 通电24 h后，开始计算。

5.4 有关影响量的影响

除非本部分另有规定，当影响量按 GB/T 17614.1 规定变化时，变送器输出变化不得超过表 5 的规定（压力变送器无单向静压及静压两项目的要求）。

表 5 有关影响量的影响

序号	项目			0.025	0.05	0.075	0.1	0.25	0.5	1.0	1.5	备注
				准确度等级								
				指标（输出量程的%）								
1	环境温度	下限值温度系数及量程温度系数		0.025/10 ℃	0.05/10 ℃	0.075/10 ℃	0.10/10 ℃	0.25/10 ℃	0.50/10 ℃	1.0/10 ℃	1.5/10 ℃	
		残余下限值变化量及残余量程变化量		0.025	0.05	0.075	0.10	0.25	0.50	1.0	1.5	
2	湿度	相对湿度 91%～95%时下限值变化量及量程变化量		0.025	0.05	0.075	0.10	0.25	0.50	1.0	1.5	
		残余下限值变化量及残余量程变化量		0.025	0.05	0.075	0.10	0.25	0.50	1.0	1.5	
		外观		无损坏								
3	机械振动	振中（1、3 阶段）输出变化量		0.025	0.05	0.075	0.10	0.25	0.50	1.0	1.5	
		残余下限值变化量及残余量程变化量		0.025	0.05	0.075	0.10	0.25	0.50	1.0	1.5	
		外观		无损坏								
4	倾跌	下限值变化量		允许调整								
		量程变化量		0.025	0.05	0.075	0.10	0.25	0.50	1.0	1.5	
		外观		无损坏								
5	安装位置	下限值变化量		允许调整								
		量程变化量		0.01	0.02	0.04	0.05	0.10	0.25	0.50	0.75	
6	过范围[a]	下限值变化量及量程变化量		0.025	0.05	0.075	0.10	0.25	0.50	1.0	1.5	
7	单向静压[b]	下限值变化量	URL—测量上限范围									
			URL≤0.04 kPa	0.050	0.10	0.15	0.20	0.50	1.0	2.0	3.0	
			0.04 kPa＜URL≤2.5 kPa	0.050	0.10	0.15	0.20	0.50	1.0	2.0	3.0	
			2.5 kPa＜URL≤10 kPa	0.025	0.05	0.075	0.10	0.25	0.50	1.0	1.5	
			10 kPa＜URL≤250 kPa	0.025	0.05	0.075	0.10	0.25	0.50	1.0	1.5	
			URL＞250 kPa	0.025	0.05	0.075	0.10	0.25	0.50	1.0	1.5	
8	静压	下限值变化量	W_p—静压值/MPa									
			量程≤1 kPa（单位：%F.S/2.5 MPa）	—	0.15	0.50	0.75	1.0	1.5	2.0	3.0	
			1 kPa＜量程≤10 kPa（W_p≤10，单位：%F.S/6.4 MPa）	0.075	0.15	0.40	0.40	0.50	1.0	2.0	3.0	

表 5（续）

序号	项目			准确度等级 0.025	0.05	0.075	0.1	0.25	0.5	1.0	1.5	备注
				指标(输出量程的%)								
8	静压	下限值变化量	1 kPa＜量程≤10 kPa (W_p＞10，单位：%F. S/6.4 MPa)	0.10	0.20	0.50	0.50	1.0	1.0	2.0	3.0	
			量程＞10 kPa (W_p≤10，单位：%F. S/6.4 MPa)	0.05	0.10	0.15	0.2	0.50	1.0	2.0	3.0	
			量程＞10 kPa (W_p＞10，单位：%F. S/6.4 MPa)	0.075	0.15	0.40	0.40	0.50	1.0	2.0	3.0	
		残余下限值变化量[c]	W_p≤6.4	0.025	0.05	0.075	0.10	0.25	0.50	1.0	1.5	
			6.4＜W_p≤10	0.038	0.075	0.11	0.15	0.38	0.75	1.5	2.2	
			W_p＞10	0.05	0.10	0.15	0.20	0.50	1.0	2.0	3.0	
9	加速工作寿命试验		下限值和量程变化量	0.025	0.05	0.075	0.1	0.25	0.5	1.0	1.5	
10	绝缘电阻[d]			a) 输出端子对接地端子(表盖或表架)不低于 10 MΩ； b) 电源端子对接地端子(表盖或表架)不低于 10 MΩ； c) 电源端子对输出端子不低于 10 MΩ								
11	绝缘强度			无击穿和飞弧现象								
12	输出纹波[e]			小于额定电源电压的 1%								
13	输出负载影响[e]		下限值变化量及量程变化量	0.025	0.05	0.075	0.10	0.25	0.50	1.0	1.5	
14	电源变化		下限值变化量及量程变化量	0.02	0.04	0.05	0.06	0.2	0.4	0.6	1.0	
15	电源短时中断		稳态变化量	0.025	0.05	0.075	0.1	0.25	0.5	1.0	1.5	
16	电源低降		稳态变化量	0.025	0.05	0.075	0.1	0.25	0.5	1.0	1.5	
17	电源反向保护[f]			试验后无损坏								
18	共模干扰[g]		下限值最大变化量及量程最大变化量	0.025	0.05	0.075	0.1	0.25	0.5	1.0	1.5	
19	接　地		下限值变化量及量程变化量	0.025	0.05	0.075	0.1	0.25	0.5	1.0	1.5	
20	电快速瞬变脉冲群抗扰度[h]			B								
21	浪涌抗扰度[h]			B								
22	静电放电抗扰度[h]			B								
23	工频磁场抗扰度[h]			B								

表 5（续）

序号	项目	准确度等级								备注
		0.025	0.05	0.075	0.1	0.25	0.5	1.0	1.5	
		指标(输出量程的%)								
24	射频电磁场抗扰度[h]	A								
25	输出开路和短路	无影响								

[a] ①变送器承受量程 125%的试验;②恢复后,稳定 30 min 后测试变化量。

[b] 当额定工作压力≥16 MPa 时,额定工作压力下单向过载影响为 2 倍准确度等级。

[c] 残余变化量系指静压试验起始时和结束后测量结果的差值。

[d] 绝缘电阻值根据 GB/T 15479—1995 确定。

[e] 仅对纯模拟输出。

[f] 电源反向保持 5 s。

[g] 仅对输出端子做试验。

[h] 详见附录 A。

5.5 其他技术指标

5.5.1 密封性

变送器的测量部分在承受额定工作压力时不得有泄漏和损坏现象。

5.5.2 抗运输环境性能

按 GB/T 28474.2—2012 的 5.2.12 进行试验,试验后应满足表 4 中的 1、2、3、4 和表 5 中的 10、11 的要求。

5.5.3 外观

有关标牌应完整,明显清晰;变送器内清洁不得有残渣等杂质;紧固件不得有松动、损坏现象;可动部分应灵活可靠;变送器外壳、零件表面涂覆层应光洁完好,不得有剥落及损伤等缺陷。

5.5.4 防爆

防爆型变送器应符合 GB 3836.1、GB 3836.2 和 GB 3836.4 等标准的要求。

5.5.5 安全

变送器应符合 GB 4793.1 的要求。

5.5.6 外壳防护等级

变送器外壳防护等级不低于 IP65。

5.5.7 可靠性要求

变送器平均无故障工作间 MTBF 最小值为 8 000 h。

6 标志、使用说明书、包装及贮存

6.1 标志

在变送器外壳的适当位置上应有固定铭牌，铭牌上应标明：

a) 制造厂名称或厂标；

b) 产品型号、名称；

c) 产品编号；

d) 主要技术参数(测量范围、额定工作压力、供电、输出等)；

e) 制造时间。

6.2 使用说明书

变送器使用说明书的编写应符合 GB/T 9969.1 的规定。

6.3 包装

装箱运输的变送器，应连同装箱单规定的成套附件，按 GB/T 13384 规定进行包装。

6.4 贮存

变送器应贮放在环境温度为－10 ℃～＋55 ℃，相对湿度不大于 85％的通风室内，且空气中不含有对变送器起腐蚀作用的介质。

附 录 A
（规范性附录）
电磁兼容试验结果的评价

试验结果应根据受试设备在试验中的功能丧失或性能降低现象进行分类，相关的性能水平由设备的制造商或需要方确定，或由产品的制造商和购买方双方协商同意。推荐按如下要求分类：

a） 在制造商、委托方或购买方规定的限值内性能正常，判为A，A类判定应写影响量的指标；

b） 功能或性能暂时丧失或降低，但在骚扰停止后能自行恢复，不需要操作者干预，判为B；

c） 功能或性能暂时丧失或降低，但需要操作者干预，判为C；

d） 因设备硬件或软件损坏，或数据丢失而造成不能恢复的功能丧失或性能降低，判为D。

由制造商提出的技术规范可以规定对受试设备产生的某些影响是不重要的，因而是可接受的试验影响。

ICS 25.040.40
N 10

中华人民共和国国家标准

GB/T 28474.2—2012

工业过程测量和控制系统用压力/差压变送器 第2部分:性能评定方法

Pressure/Differential-pressure transmitter for use in industrial-process measure and control systems—Part 2:Methods of evaluating the performance

2012-06-29 发布 2012-11-01 实施

中华人民共和国国家质量监督检验检疫总局
中国国家标准化管理委员会 发布

前　言

本部分按照 GB/T 1.1—2009 给出的规则起草。

GB/T 28474《工业过程测量和控制系统用压力/差压变送器》分为两部分：

——第 1 部分：通用技术条件；

——第 2 部分：性能评定方法。

本部分是 GB/T 28474 的第 2 部分。

本部分由中国机械工业联合会提出。

本部分由全国工业过程测量和控制标准化技术委员会(SAC/TC 124)归口。

本部分参加起草单位：重庆横河川仪有限公司、上海威尔泰工业自动化股份有限公司、上海自动化仪表股份有限公司、重庆市伟岸测器制造有限公司、天津肯泰仪表有限公司、西门子(中国)有限公司、西仪集团有限责任公司、福州福光百特自动化设备有限公司、福建上润精密仪器有限公司、福建顺昌虹润精密仪器有限公司、西南大学。

本部分主要起草人：赵力行、孙宏泉。

本部分参加起草人：黄理光、陆孝孟、蔡冰珣、田泉林、唐田、王洪明、周佩霞、沈伟愿、赵建梅、汪宝兵、顾建华、张玲玲、柏承显、郑剑秋、戈剑、卞坚斌、张新国、周雪莲、刘枫、黄巧莉、祝培军、张建成。

工业过程测量和控制系统用压力/差压变送器 第2部分：性能评定方法

1 范围

GB/T 28474的本部分规定了工业过程测量和控制系统用压力/差压变送器的性能评定方法和检验规则。

本部分适用于工业过程测量和控制系统用压力/差压变送器(以下简称变送器)。

本部分不适用于气动变送器。

2 规范性引用文件

下列文件对于本文件的应用是必不可少的。凡是注日期的引用文件，仅注日期的版本适用于本文件。凡是不注日期的引用文件，其最新版本(包括所有的修改单)适用于本文件。

GB/T 2828.1 计数抽样检验程序 第1部分：按接收质量限(AQL)检索的逐批检验抽样计划(GB/T 2828.1—2003，ISO 2859-1：1999，IDT)

GB/T 2900.56 电工术语 自动控制(GB/T 2900.56—2002，idt IEC 60050-351：1998，International Electrotechnical Vocabulary—Automatic control)

GB 3836.1 爆炸性环境 第1部分：设备 通用要求(GB 3836.1—2010，IEC 60079-0：2007，MOD)

GB 3836.2 爆炸性环境 第2部分：由隔爆型"d"保护的设备(GB 3836.2—2010，IEC 60079-1：2007，MOD)

GB 3836.4 爆炸性环境 第4部分：由本质安全型"i"保护的设备(GB 3836.4—2010，IEC 60079-11：2006，MOD)

GB 4208 外壳防护等级(IP代码)(GB 4208—2008，IEC 60529：2001，IDT)

GB 4793.1 测量、控制和实验室用电气设备的安全要求 第1部分：通用要求(GB 4793.1—2007，IEC 61010-1：2001，IDT)

GB/T 16511 电气和电子测量设备随机文件(GB/T 16511—1996，idt IEC 61187：1993)

GB/T 16842 外壳对人和设备的防护 检验用试具(GB/T 16842—2008，IEC 61032：1997，IDT)

GB/T 17614.1 工业过程控制系统用变送器 第1部分：性能评定方法(GB/T 17614.1—2008，IEC 60770-1：1999，IDT)

GB/T 17614.2 工业过程控制系统用变送器 第2部分：检查和例行试验导则(GB/T 17614.2—2008，IEC 60770-2：2003，IDT)

GB/T 17626.2 电磁兼容 试验和测量技术 静电放电抗扰度试验(GB/T 17626.2—2006，IEC 61000-4-2：2001，IDT)

GB/T 17626.3 电磁兼容 试验和测量技术 射频电磁场辐射抗扰度试验(GB/T 17626.3—2006，IEC 61000-4-3：2002，IDT)

GB/T 17626.4 电磁兼容 试验和测量技术 电快速瞬变脉冲群抗扰度试验(GB/T 17626.4—2008，IEC 61000-4-4：2004，IDT)

GB/T 17626.5 电磁兼容 试验和测量技术 浪涌(冲击)抗扰度试验 (GB/T 17626.5—2008，

IEC 61000-4-5:2005,IDT)

GB/T 18271.1 过程测量和控制装置 通用性能评定方法和程序 第1部分:总则(GB/T 18271.1—2000,idt IEC 61298-1:1995)

GB/T 18271.2 过程测量和控制装置 通用性能评定方法和程序 第2部分:参比条件下的试验(GB/T 18271.2—2000,idt IEC 61298-2:1995)

GB/T 18271.3 过程测量和控制装置 通用性能评定方法和程序 第3部分:影响量影响的试验(GB/T 18271.3—2000,idt IEC 61298-3:1998)

GB/T 18271.4 过程测量和控制装置 通用性能评定方法和程序 第4部分:评定报告的内容(GB/T 18271.4—2000,idt IEC 61298-4:1995)

GB/T 28474.1—2012 工业过程测量和控制系统用压力/差压变送器 第1部分:通用技术条件

JB/T 9329 仪器仪表运输存贮基本环境条件及试验方法

JB/T 50187 过程控制仪表的可靠性要求及考核方法

3 术语和定义

GB/T 2900.56、GB/T 17614.1、GB/T 17614.2 和 GB/T 18271.1 确立的术语和定义适用于 GB/T 28474 的本部分。

4 试验的抽样

如果用户和生产厂商达成了协议,只进行抽样试验,推荐选择 GB/T 2828.1 提出的抽样方法。抽样时,可由用户选定被测试的变送器。

5 试验方法及检验规则

5.1 试验条件

除按 GB/T 17614.1 中有关规定外,补充下列条件和规定:

a) 为便于检查,通常以输出电流在负载电阻 250 Ω 两端的电压降作为变送器输出信号;对采用数字信号传输的变送器,可采用能忽略本身示值误差的计算机监控软件采集的读数作为变送器的输出信号;

b) 每项试验可以调整零点和量程,零点误差不得超过基本误差限之半;

c) 变送器在接通电源后,应按制造厂规定的时间进行预热,制造厂未规定时,预热不低于 30 min;

d) 影响量试验除非另有说明,一般测定一个影响量变化对输出的影响时,其他影响量应保持在参比工作条件范围内;

e) 例行试验(验收试验或修理后的试验)应对用户与生产厂商协商确定的范围下限值、上限值和阻尼作调整后进行。

5.2 试验方法

5.2.1 概述

为便于本部分的应用,将使用 GB/T 17614.1 和 GB/T 18271.1 中规定的通用试验程序和有关事项。

除按 GB/T 17614.1、GB/T 17614.2、GB/T 18271.2 和 GB/T 18271.3 标准和条文中有关试验方法规定外，补充下列试验方法。

5.2.2 单向静压

试验时，对正、负腔分别施加或消除额定工作压力的变化速度应尽量均匀变化，历时约 30 s～90 s，恢复后，稳定 30 min 测试变化量。

5.2.3 机械振动

本试验按 GB/T 18271.3 的要求进行，振动试验频率 10 Hz～150 Hz，振动幅值 0.075 mm，加速度幅值 9.8 m/s^2，定频振动时间 30 min。

5.2.4 绝缘电阻

本试验按 GB/T 18271.2 的要求进行，除制造厂另有规定外，采用公称试验电压为 500 V DC 兆欧表、历时 30 s 进行试验。

5.2.5 绝缘强度

本试验按 GB/T 18271.2 的要求进行，除制造厂另有规定外，试验电压有效值为 500 V AC、历时 1 min。

5.2.6 电快速瞬变脉冲群抗扰度

本试验按 GB/T 17626.4 和 GB/T 18271.3 的要求进行，严酷度等级采用试验等级 3。

注：对 2 线制变送器的电源线试验电压峰值选 1 kV。

5.2.7 浪涌抗扰度

本试验按 GB/T 17626.5 和 GB/T 18271.3 的要求进行，对 4 线制变送器的电源线使用电压最大值为 2 kV 峰值(线对地)和 1 kV 峰值(线对线)。其他使用电压最大值为 1 kV 峰值(线对地)和 0.5 kV 峰值(线对线)。

5.2.8 静电放电抗扰度

本试验按 GB/T 17626.2 和 GB/T 18271.3 的要求进行，严酷度等级采用试验等级 3。

5.2.9 工频磁场抗扰度

本试验按 GB/T 18271.3 的要求进行，严酷度等级采用试验等级 4。

5.2.10 射频电磁场抗扰度

本试验按 GB/T 17626.3 和 GB/T 18271.3 的要求进行，严酷度等级采用试验等级 3。

5.2.11 密封性试验

将额定工作压力引入变送器测量部分，切断压力源密封 15 min，用压力表观察密封性，前 10 min 允许压力表指针稍有变动，后 5 min 内压力下降不得超过额定工作压力的 2%。

5.2.12 抗运输环境性能试验

变送器在运输包装条件下，应能符合 JB/T 9329 的要求，其中高温选 +55 ℃，低温选 −40 ℃，相对湿度为95%(25 ℃),包装件重量小于100 kg时,自由跌落高度取250 mm。试验后在参比工作条件下自然回温不少于24 h,然后拆除包装,允许调整零点和量程,检查GB/T 28474.1—2012的表4中1、2、3、4和表5中10、11及5.5.3要求。

5.2.13 外观

目测进行检查。

5.2.14 可靠性试验

按JB/T 50187规定方法进行考核。

5.3 检验规则

5.3.1 出厂试验及验收试验

每台变送器须经技术检验部门检验合格后方能出厂。变送器出厂试验应按表1规定进行。

若用户同意按GB/T 2828.1进行抽样验收时,验收检验可按出厂试验规定进行,否则由制造厂与用户协商确定。

表1 出厂试验项目

序号	项 目 名 称	技术要求条文号
1	不精确度	GB/T 28474.1—2012 表4中1
2	回差	GB/T 28474.1—2012 表4中3
3	静压	GB/T 28474.1—2012 表5中8
4	绝缘电阻	GB/T 28474.1—2012 表5中10
5	绝缘强度	GB/T 28474.1—2012 表5中11
6	密封性	GB/T 28474.1—2012 5.5.1
7	外观	GB/T 28474.1—2012 5.5.3
注:出厂试验项目中,不精确度试验可简化为一个循环的测试,静压试验在生产过程中测试合格,在出厂试验时该项目可以免做。		

5.3.2 型式试验

变送器型式试验应根据GB/T 17614.1、GB 3836.1、GB 3836.2(或GB 3836.4)、GB/T 17626.2、GB/T 17626.3、GB/T 17626.4、GB/T 17626.5对GB/T 28474.1—2012规定技术要求进行全部试验。

注:当制造厂认为某些质量指标能够得到保证时,制造厂内部型式试验的内容允许适当简化。一般型产品不进行GB 3836.2(或GB 3836.4)所要求的试验。

6 其他考虑事项

6.1 总则

为了检验变送器的一些其他特性,应进行附加试验,例如由密封提供的安全和防护等级。

为了准备试验报告、试验程序所需的通用信息,包含下述几个方面:

- 安装;

- 例行维护和调试；
- 维修和大修。

应根据实际运行要求和制造厂的说明书来进行性能检查，以便能同时对说明书做出评价。

6.2 安全

按 GB 4793.1 检查变送器。

6.3 外壳防护

如果需要的话，应根据 GB 4208 和 GB/T 16842 进行试验。

6.4 文献资料

制造厂主动提供的以及试验室要求提供的全部有关文件应列出清单。

如果这些文件没有附带用来清楚描述变送器操作的完善图表，或没有完整的元件清单和规范，则应指出其不足。

此外，还应列出表明变送器本质安全和隔爆等级的证书。

应给出具体的证书号码和防护等级等信息。

具体评定方法见 GB/T 16511。

6.5 安装

变送器应根据制造厂的说明书安装和投入使用，同时要考虑在实际中可能遇到的和要求不同程序的各种应用。

制造厂规定的安装方法应列入报告。任何由于此种安装方法所造成的对变送器的使用限制都应予以指出并加以说明。

另外，有关安装的难易程度也应指出并加以说明。

6.6 例行维护和调试

应根据制造厂的说明书进行必要的例行维护和调试操作（作为指南，每年应该至少进行 4 次这种操作）。

任何有关执行这些操作的难易程度都应予以指出，并说明原因。

6.7 修理

通常变送器都能分解成若干组件，制造厂也应详细说明有关这些组件的拆换修理程序，这些组件有的可由用户进一步拆卸，有的则不能进一步拆卸。为了评估修理的方便程度，每次应拆卸一个组件，每一组件都应拆卸到不能再拆开为止，并将任何损坏的或其他需要更换的零件换成新的。

任何有关这些修理的难易程度都应予以指出，并说明原因。

6.8 表面防护处理

应列出制造厂规定的外部零件的表面防护处理完成情况，并附有关评价意见。

6.9 设计特征

应列出所有可能造成使用困难的有关设计或结构方面的情况，并说明原因。同时还要列出可能具有特殊意义的任何特征，例如工作部件的密封等级、备件的互换性和气候防护等。

6.10 可调整参数

报告中应指出厂商列出的重要的变型和选件。

6.11 工具和设备

应列出安装、维护和修理所必须的工具和设备。

7 试验报告和文档

试验完成以后，应根据 GB/T 18271.4 准备完整的评定试验报告。

报告发表之后，所有试验期间与测试有关的原始文档应在试验室至少储存 2 年。

ICS 25.040.40
N 10

中华人民共和国国家标准

GB/T 28475.1—2012

工业炉窑控制装置 第1部分:通用技术条件

Microprocessor control equipment in industrial stove—Part 1:General specification

2012-06-29 发布

2012-11-01 实施

中华人民共和国国家质量监督检验检疫总局
中国国家标准化管理委员会 发布

前言

本部分按照 GB/T 1.1—2009 给出的规则起草。

GB/T 28475《工业炉窑控制装置》分为两部分：

——第 1 部分：通用技术条件；

——第 2 部分：性能评定方法。

本部分是 GB/T 28475 的第 1 部分。

本部分由中国机械工业联合会提出。

本部分由全国工业过程测量和控制标准化技术委员会(SAC/TC 124)归口。

本部分由负责起草单位：福建上润精密仪器有限公司。

本部分参加起草单位：上海亚泰仪表有限公司、福州福光百特自动化设备有限公司、西南大学。

本部分主要起草人：戈剑。

本部分参加起草人：王子江、蔡铁强、张新国、张建成、黄伟、刘枫、祝培军、祁虔。

工业炉窑控制装置
第1部分:通用技术条件

1 范围

GB/T 28475的本部分规定了各种工业炉窑控制装置(以下简称微控装置)的通用技术条件,包括术语和定义、分类和标记、要求和标志、使用说明书、包装和贮存。

本部分适用于各种工业炉窑的过程控制用微控装置。

2 规范性引用文件

下列文件对于本文件的应用是必不可少的。凡是注日期的引用文件,仅注日期的版本适用于本文件。凡是不注日期的引用文件,其最新版本(包括所有的修改单)适用于本文件。

GB/T 3047.1 高度进制为20 mm的面板、架和柜的基本尺寸系列

GB/T 9813 微型计算机通用规范

GB/T 9969 工业产品使用说明书 总则

GB/T 13384 机电产品包装通用技术条件

GB/T 17626.2 电磁兼容 试验和测量技术 静电放电抗扰度试验(GB/T 17626.2—2006,IEC 61000-4-2:2001,IDT)

GB/T 17626.3 电磁兼容 试验和测量技术 射频电磁场辐射抗扰度试验(GB/T 17626.3—2006,IEC 61000-4-3:2002,IDT)

GB/T 17626.4 电磁兼容 试验和测量技术 电快速瞬变脉冲群抗扰度试验(GB/T 17626.4—2008,IEC 61000-4-4:2004,IDT)

GB/T 22162 盘装和架装工业过程测量和控制仪表的盘面和开孔尺寸(GB/T 22162—2008,IEC 60668:1980,IDT)

3 术语和定义

下列术语和定义适用于GB/T 28475的本部分。

3.1

工业炉窑控制装置 microprocessor control equipment in industrial stove

以微处理器为核心,用于对工业炉窑[例如加热炉、热处理炉、熔化炉(窑、池)、烧成炉(窑)、干燥炉(窑)、电阻炉和工业锅炉等]生产过程实现数据采集、数据处理、以及对生产过程进行监视和自动控制的专用装置,简称微控装置。

3.2

显示响应时间 display response time

从操作人员输入显示命令起到显示规定内容所经历的全部时间。显示内容包括一个或一组数据,一幅图形。

3.3

传输时间　transmission time

从操作人员输入命令到处理器接受信息所需时间。

3.4

输出响应时间　output response time

在过程输出通道中,从微处理器输出到过程输出通道的模拟量达到执行机构前端所需时间,或开关状态值达到规定状态所需时间。

3.5

自保持功能　self holding function

在微控装置主电源发生故障造成停机的情况下,过程输入通道采样值或过程输出通道的输出值在一定期间内保持停机前数值或保持某一值的功能,这一期间至少能使操作者能够按照控制工艺进行安全处理。

4 分类和标记

4.1 规模

微控装置的规模以组成闭环控制系统回路数或开环控制系统路数被划分为:

单回路;

双回路;

多回路:八回路以下,以 2 为模;八回路以上,以 4 为模,即 8、12、16、……最多 32 回路。

4.2 结构模式

4.2.1 概述

微控装置结构形式分为仪表型和装置型两种。

4.2.2 仪表型

具有与调节仪表相同的外型结构、操作方式和显示方式的结构形式。比较适用于 8 回路以内的微控装置。

仪表型结构的外型尺寸应符合 GB/T 22162 的规定。

4.2.3 装置型

采用柜式、台式、嵌入式结构的微控装置。一般采用模块式组成方式,配备有一种或几种外部设备(例如,显示器、打印机等)。

装置型结构的外形尺寸应符合 GB/T 3047.1 的规定。

5 要求

5.1 功能要求

5.1.1 概述

微控装置的硬件总体及适应配置的软件总体组成的系统应具有 5.1.2～5.1.11 所规定的功能要求。

5.1.2 接受信息功能

微控装置应具有下列信息的接受能力，接受信息的内容、类别、规模和信息接受方式由用户与制造商的协议确定。

a) 接受被控工业炉窑生产过程的参数和运行状态等信息，可接受信息如下：
——模拟量信号：4 mA～20 mA DC 信号或 1 V～5 V DC 信号；直流毫伏（例如热电偶）、电阻（例如热电阻）信号；0 mA～10 mA DC 信号或 0 V～10 V、0 V～5 V DC 信号；
——数字量信号：可接受接点的通断状态或电平高低状态的开关量信号和脉冲信号。

b) 接受操作人员通过操作台或操作面板操作所发出的各种指令，修改各种调节参数、转换系数、设定值和运算系数等，执行启停命令、联机/脱机命令和执行显示、打印命令。接受操作人员操作动作的传输时间不大于 0.2 s。

c) 接受操作人员通过编程器进行的程序修改或生成新程序的操作命令。

5.1.3 存储功能

微控装置除应具有足够的存储程序和数据的存储容量外，还应具有存储可修改常数、系数和动态参数的存储容量，这些存储信息可以修改或调出（或按时序调出）。

5.1.4 连接功能

微控装置应具有根据用户与制造商的协议将信息输出到数字显示器或图形显示器、记录仪、打印机和其他外部设备的连接功能。

5.1.5 过程监视功能

5.1.5.1 概述

微控装置对下列功能应根据用户与制造商的协议选择全部或部分，并确定报警的规模、范围、内容和形式，选择相应的显示方式。

5.1.5.2 报警功能

微控装置应具有下列报警功能：

根据用户与制造商的协议，可对指定的任一路模拟量、数字量和中断输入处理后实现检测参数的上、下限越限报警，变化量越限报警、控制输出越限报警等。从出现报警信息到发出报警信号的响应时间不大于采样周期的二倍。

5.1.5.3 显示功能

微控装置应具有下列显示功能，所需具体显示内容、方式和配置显示设备等由用户与制造商的协议确定。

a) 模拟式或数字式指示或记录（打印）。可实现选点显示、分组或分批显示、自动巡回显示等方式。显示内容应包括所接受的全部参数、积算值、设定值、调节参数值、控制输出值、被控设备启停状态、本装置的状态和在运行中所需修改的各种常数、系数值、上限值、下限值、实时时间值（至少时、分）等。单点显示的响应时间不大于 5 s，批量式图象显示的响应时间不大于 30 s，字符、图象保留时间不小于 2 s；

b) 图形显示应包括流程图（或模拟图）显示、趋势显示等内容。

显示的参数值采用法定单位制，除非另有规定，显示精确度不低于用户与制造商的协议要求，同一参数有多个显示装置时，至少有一个显示装置要满足用户与制造商规定的精确度要求。

5.1.5.4 事故记录和指示功能

根据用户与制造商的协议，微控装置可具有对生产过程的事故进行实时、追忆或预报记录、指示功能。

5.1.6 过程控制功能

5.1.6.1 控制方式

微控装置应能实现直接数字控制(DDC)和设定值监督控制(SPC)等控制方法。

5.1.6.2 基本控制算法

根据用户与制造商的协议选择适应于被控制设备所需的具体功能应组成所需的控制系统，例如炉膛压力，燃料压力，炉膛温度等控制，可实现下列基本算法：

a) 比例，积分和微分(PID)三作用控制算法及其变形(例如微分先行，积分分离，带死区等)算法；
b) 串级控制；
c) 单交叉或双交叉燃烧控制，尾气氧量校正控制；
d) 比值控制；
e) 前馈控制；
f) 选择性控制和超驰控制；
g) 约束控制；
h) 纯滞后补偿；
i) 程序控制等。

对于单回路控制系统，要求比例带范围不小于1%到1 000%，比例带标度误差小于±10%；再调时间范围不小于1 s～3 600 s，再调时间标度误差小于±10%；预调时间范围不小于0 s～3 600 s，预调时间标度误差小于±20%；控制静差不大于相应模拟量输入通道基本误差限的二倍，比例作用高频截止频率不低于0.5 Hz。

5.1.6.3 控制输出功能

微控装置应具有将控制算法的结果输出作用到各执行器的功能。控制输出精确度不低于用户与制造商的协议规定的指标，在微控装置主机发生故障或控制输出在脱机状态下，可对执行器进行遥控，即在控制输出系统中应具有后备操作。联机，脱机双向切换无扰动。

控制输出可以是模拟量或数字量，也可以是位置型或增量型。

5.1.6.4 联锁

在生产过程中发生危及安全的异常情况下，具有安全联锁功能(例如，切断燃料等)。

5.1.7 数据处理功能

微控装置可以具有下列基本数据处理功能，根据用户与制造商的协议也可具有其他数据处理能力。

a) 输入信号预处理功能，例如纠错、数字滤波等；
b) 输入信号的线性化处理，例如节流阀里的开方计算，热电偶、热电阻的非线性校正，氧化镐的非线性校正等；

c) 转换运算和补偿校正运算，例如输入信号的工程化处理、热电偶冷端补偿、低流量校正、高低流量分程计算等。

根据工业炉窑控制要求，可实现有关处理，包括加热材料传热计算、热分布、热应力计算、加热料炉内停留时间、加热件跟踪、热效率计算。

5.1.8 自诊断功能

微控装置应具有对硬件和软件故障进行自诊断功能，自诊断功能的范围及深度由用户与制造商的协议确定，但下列诊断内容必须具备：

a) 电源系统的故障；

b) 生产过程信息采集系统(可不区别是采样装置或是变送器)的故障；

c) 运行程序死循环。

诊断后能发出诊断信息，死循环后能自动恢复。

5.1.9 掉电保护功能

微控装置应具有在电源系统发生停电时能保护必要数据的功能，重新供电时应能自动恢复正常工作且各控制输出保持在正常值或安全值(若有这种要求)。

5.1.10 实时时钟

微控装置应具有内部定时功能，定时精度不低于0.1%，也可具有实时时钟信息的设置、运行和显示功能。

5.1.11 二次开发功能

装置型微控装置可以具有为用户提供二次开发功能，选择下列开发能力的全部或部分：

a) 模拟流程图的编辑生成；

b) 报表编辑生成；

c) 程序编辑生成或应用程序组态。

5.2 技术性能要求

5.2.1 概述

本条款所规定的技术性能仅限于微控装置与生产过程连接的部分(如输入输出通道等)，有关主机、存储器、外部设备等的技术性能以满足本标准其他有关条款要求为准，除非另有用户与制造商的协议要求，制造厂可按GB/T 9813制定具体产品技术条件。

5.2.2 过程输入/输出通道通用技术性能

过程输入/输出通道应具有下列通用技术性能：

a) 对地隔离的过程输入/输出通道的对地绝缘电阻不小于20 MΩ；

b) 对地隔离的过程输入/输出通道的对地绝缘强度应能承受不小于频率为50 Hz、电压有效值为500 V的正弦交流电压，历时1 min的绝缘强度试验，要求无击穿，无飞弧；

c) 任何一路的过程输入/输出通道都能正确的寻址；

d) 对地非隔离过程输入/输出通道，在额定输入电压下能正常工作并具有承受额定输入电压二倍的过压能力或承担不超过通道电源电压值的过压能力。

5.2.3 模拟量输入通道

5.2.3.1 输入阻抗

a) 电压输入的模拟量输入通道输入阻抗不小于 250 kΩ；

b) 电流输入的模拟量输入通道的输入阻抗，对于 0 mA～10 mA 信号制，输入阻抗不大于 500 Ω，对于 4 mA～20 mA 信号制，输入阻抗不大于 250 Ω；

c) 毫伏输入信号的模拟量输入阻抗可另定规定。

5.2.3.2 准确度等级

准确度等级为 0.1 级、0.2 级、0.5 级、1.0 级。

5.2.3.3 温度稳定性

在工作温度范围内，环境温度变化影响，每 10 ℃下限值变化和量程变化都不大于基本误差限绝对值。

5.2.3.4 采样周期

最小采样周期一般可设定在 0.2 s～1.0 s。

5.2.3.5 抗干扰能力

对地绝缘的模拟量输入通道，交流共模抑制比不小于 60 dB(干扰量有效值 250 V AC，频率为 50 Hz，相位为 0°～360°)。直流共模抑制比不小于 120 dB，(干扰量为 50 V DC 或输入信号量的 1 000 倍，两者中取较小值)。

串模抑制比不小于 60 dB(干扰量的有效值是使对应输出值或显示值变化为输出量程的 0.5%，频率 50 Hz，干扰电压相位 0°～360°)。

5.2.4 模拟量输出通道

5.2.4.1 输出量负载能力

a) 电流输出的模拟量通道的负载阻抗：对于 4 mA～20 mA 信号制为 0 Ω～350 Ω；对于 0 mA～10 mA 信号制为 0 kΩ～1.5 kΩ；

b) 电压输出的模拟量输出通道的负载阻抗：对于对于 0 V～5 V、0 V～10 V、1 V～5 V 信号制，负载阻抗不大于 250 kΩ。在允许负载阻抗范围内，输出变化量不大于基本误差限绝对值的 20%。

5.2.4.2 准确度等级

准确度等级为 0.1 级、0.5 级、1.0 级、1.5 级，2.0 级。

5.2.4.3 输出响应时间

输出响应时间不大于 2 s。

5.2.4.4 模拟量输出的抗共模干扰能力

模拟量输出的抗共模干扰能力由双方协商。

5.2.4.5 自保持功能

应具有自保持功能。

5.2.4.6 增量型或位置型

可选用增量型或位置型。

5.2.5 数字量输入通道

a) 接点型输入的数字量通道“断”状态的接点电阻大于5 MΩ,“通”状态的接点电阻小于1 Ω,耐压不低于250 V;
b) 电平型数字量输入通道的高低电平值,须明确规定;
c) 最小采样时间不大于0.2 s;
d) 具有自保持功能。

5.2.6 数字量输出通道

a) 接点型输出的数字量输出通道“断”状态的接点电阻大于1 MΩ,“通”状态的接点电阻小于1 Ω,接点容量不小于0.5 A,接点耐压不低于500 V;
b) 电平型数字量输出通道的高低电平值,须明确规定;
c) 具有自保持功能。

5.2.7 中断输入通道

应具有规定的中断功能,包括响应中断、禁止中断、多重中断、中断恢复等功能。具体要求及中断级别由用户与制造商的协议确定。

5.2.8 其他设备

微控装置采用的通用设备的技术性能按其技术条件确定。

5.3 外观

a) 微控装置表面不应有明显的伤痕,脱落,变形,污染,锈蚀和涂复不匀;
b) 固定零部件不应松动,可动部件(包括开关,按钮,键,机柜门,抽屉等)应能操作灵活,可靠,动作结束,应能保证定位或复位。

5.4 绝缘电阻和绝缘强度

微控装置应符合下列要求:
a) 逻辑地,交流地,保护地隔离情况下,任何两地间的电阻值应不低于10 Ω;
b) 交流电源端子与机壳之间绝缘电阻不小于60 MΩ;
c) 交流电源端子与机壳之间承受50 Hz,1 500 V(极效值)的交流电压,历时1 min,应无击穿和飞弧现象。

5.5 电源基本要求

a) 对于交流供电的微控装置,应能在交流电压公称变化+10%、-15%,50±1 Hz条件下应能正常工作;
b) 对于直流供电的微控装置,在直流电压公称变化±5%条件下应能正常工作。施加反相供电电压时，装置不受损坏；

c) 在上述两种供电电压范围内，微控装置的输出值变化，测量下限值变化，量程的变化，切换值的变化，设定值变化，静差变化小于相应基本误差限绝对值；

d) 微控装置应能承受下列电源畸变影响：

——能承受能量为 0.1 J，幅度为电源的 100%，200%，500%的电源瞬时过压；

——能承受电源中断 50 ms 的影响；

——能承受电源额定值 75%维持 5 s 的电源低降影响。

在上述电源畸变影响下，应符合 5.1 要求，且输出值、显示值和静差变化都不超过基本误差限的绝对值。

5.6 环境适应性要求

5.6.1 气候环境

a) 工作气候条件：环境温度 5 ℃～40 ℃，相对湿度 5%～95%，温度变化率不大于±5 ℃/h。在工作温度条件下，微控装置应能正常工作，保持应有功能，环境温度变化±10 ℃，微控装置的有关下限值变化、量程变化、切换值变化、静差变化和输出值变化都小于相应基本误差限绝对值的±20%；

b) 储存运输气候条件：环境温度－25 ℃～55 ℃，相对湿度 5%～95%，温度变化率不大于±10 ℃/h。在储存运输气候条件试验后，装置符合 5.1 和 5.2 的要求。

5.6.2 大气压力

微控装置能在 86 kPa～106 kPa 大气压力条件下正常工作。

5.6.3 振动环境

微控装置应能承受下列规定的试验：

振动试验频率取 10 Hz～55 Hz，位移幅值取 0.075 mm，试验按互相垂直三个方向(其中一个为铅垂方向)，分三个阶段进行试验：

a) 寻找初始谐振阶段：在规定频率范围内，按 0.5 倍频率/min 进行扫描，记录机械谐振点；

b) 耐振性试验阶段：按机械谐振频率(当无谐振点时，取频率范围上限值)承受 60 min 的耐振动试验；

c) 寻找最终谐振阶段：按寻找初始谐振阶段相同方法进行试验。

试验中及试验后，微控装置应无机械损坏和松动现象。试验前后输出值、显示和静差的变化量不得超过基本误差限绝对值。

对于装置型微控装置，可根据用户与制造商的协议对主要部件进行试验。

5.6.4 冲击适应性

微控装置能承受下列规定的试验：

冲击速度 300 m/s，脉冲(半正弦波)持续时间 11 ms±2 ms，轴向垂直于水平面，总冲击次数 3 次，冲击后应达到机械件无破裂、无明显变形、电气部件无明显位移和松脱现象。试验后，装置符合 5.1 和 5.2 的要求。

5.6.5 碰撞适应性

微控装置在包装条件下能承受下列规定的试验：

峰值加速度 100 m/s²,脉冲持续时间 16 ms,每个轴向碰撞次数 1 000 次±10 次,碰撞试验后包装无损坏,且符合 5.1 和 5.2 的要求。

5.6.6 跌落适应性

微控装置在包装条件下,装置能承受表 1 所到跌落高度试验,跌落次数二次。跌落后,应能达到包装无损坏、装置无机械损伤,符合 5.1 和 5.2 要求。

表 1 跌落适应性检验

包装件重量/kg	跌落高度/mm
≤15	500
15～30	250
30～50	100
>50	50

5.6.7 腐蚀性气体适应性

除非另有用户与制造商的协议,微控装置不宜在腐蚀性气体环境中工作,对环境中的硫化氢,氨,二氧化硫等含量均应限定在 0.1×10^{-6} 以下。

5.6.8 尘埃环境适应性

微控装置能适应尘埃不高于 5 mg/m³(重量法)的环境。

5.6.9 防爆环境适应性

除非另有用户与制造商的协议,微控装置不宜在有爆炸危险的环境下使用。

5.6.10 磁场干扰适应性

微控装置于 400 A/m,50 Hz,磁场强度和最不利的磁场方向和相位情况下工作。装置符合 5.1 和 5.2 的要求。

5.6.11 电磁兼容性

5.6.11.1 静电放电

微控装置静电放电的性能等级的判定和限值应符合 GB/T 17626.2 的规定。

5.6.11.2 射频电磁场辐射

微控装置射频电磁场辐射的性能等级的判定和限值应符合 GB/T 17626.3 的规定。

5.6.11.3 电快速瞬变脉冲群

微控装置电快速瞬变脉冲群的性能等级的判定和限值应符合 GB/T 17626.4 的规定。

5.6.11.4 浪涌

微控装置电压浪涌性能等级的判定和限值应符合 GB/T 17626.4 的规定。

5.7 可靠性

微控装置的可靠性验证采用平均无故障时间(MTBF)作为衡量指标。可接受的MTBF值对于仪表型不得低于8 000 h,对于装置型不得低于4 000 h。

6 标志、使用说明书、包装和贮存

6.1 标志

6.1.1 概述

包装箱外应标有商品标志和贮运指示标志。

6.1.2 商品标志

商品标志一般包括:

a) 产品型号、名称、规格及数量;

b) 箱号;

c) 箱件最大外形尺寸(长×宽×高)mm;

d) 净重和毛重(kg);

e) 制造厂名称。

6.1.3 贮运标志

贮运标志包括"小心轻放","向上"等。

6.2 使用说明书

微控装置使用说明书的编写应符合GB/T 9969的规定。

6.3 包装

装箱运输的控制装置,应连同装箱单规定的成套附件,按GB/T 13384规定进行包装。

6.4 贮存

贮运条件:温度0 ℃~40 ℃,湿度不大于85%,无易燃、易爆及腐蚀性气体,无强烈振动、冲击、强磁场、鼠害。储存期不超过半年,超期需重新进行出厂检验。

贮存过程中不允许经受风、雨和其他流体物质的淋袭,不允许在包装箱上重压和造成机械损伤。

ICS 25.040.40
N 10

中华人民共和国国家标准

GB/T 28475.2—2012

工业炉窑控制装置 第2部分:性能评定方法

Microprocessor control equipment in industrial stove—
Part 2: Methods of evaluating the performance

2012-06-29 发布　　2012-11-01 实施

中华人民共和国国家质量监督检验检疫总局
中国国家标准化管理委员会　发布

前　言

本部分按照 GB/T 1.1—2009 给出的规则起草。

GB/T 28475《工业炉窑控制装置》分为两部分：

——第 1 部分：通用技术条件；

——第 2 部分：性能评定方法。

本部分是 GB/T 28475 的第 2 部分。

本部分的附录 A 为规范性附录。

本部分由中国机械工业联合会提出。

本部分由全国工业过程测量和控制标准化技术委员会(SAC/TC 124)归口。

本部分由负责起草单位：福建上润精密仪器有限公司。

本部分参加起草单位：上海亚泰仪表有限公司、福州福光百特自动化设备有限公司、西南大学。

本部分主要起草人：戈剑。

本部分参加起草人：王子江、蔡铁强、张新国、张建成、黄伟、黄巧莉、钟秀蓉。

工业炉窑控制装置 第2部分:性能评定方法

1 范围

GB/T 28475的本部分规定了各种工业炉窑控制装置(以下简称微控装置)的性能评定方法和检验规则等。

本部分适用于各种工业炉窑的过程控制用微控装置。

2 规范性引用文件

下列文件对于本文件的应用是必不可少的。凡是注日期的引用文件,仅注日期的版本适用于本文件。凡是不注日期的引用文件,其最新版本(包括所有的修改单)适用于本文件。

GB/T 2423.1 电工电子产品环境试验 第2部分:试验方法 试验A:低温(GB/T 2423.1—2008,IEC 60068-2-1:2007,IDT)

GB/T 2423.2 电工电子产品环境试验 第2部分:试验方法 试验B:高温(GB/T 2423.2—2008,IEC 60068-2-2:2007,IDT)

GB/T 2423.3 电工电子产品环境试验 第2部分:试验方法 试验Cab:恒定湿热试验(GB/T 2423.3—2006,IEC 60068-2-78:2001,IDT)

GB/T 2423.5 电工电子产品环境试验 第2部分:试验方法 试验Ea和导则:冲击(GB/T 2423.5—1995,idt IEC 60068-2-27:1987)

GB/T 2423.6 电工电子产品环境试验 第2部分:试验方法 试验Eb和导则:碰撞(GB/T 2423.6—1995,idt IEC 60068-2-29:1987)

GB/T 2423.8 电工电子产品环境试验 第2部分:试验方法 试验Ed:自由跌落(GB/T 2423.8—1995,idt IEC 60068-2-32:1990)

GB/T 2423.10 电工电子产品环境试验 第2部分:试验方法 试验Fc:振动(正弦)(GB/T 2423.10—2008,IEC 60068-2-6:1995,IDT)

GB/T 2828.1 计数抽样检验程序 第1部分:按接收质量限(AQL)检索的逐批检验抽样计划(GB/T 2828.1—2003,ISO 2859-1:1999,IDT)

GB/T 2829 周期检验计数抽样程序及表(适用于对过程稳定性的检查)

GB 4208 外壳防护等级(IP代码)(GB 4208—2008,IEC 60529:2001,IDT)

GB 4793.1 测量、控制和实验室用电气设备的安全要求 第1部分:通用要求(GB 4793.1—2007,IEC 61010-1:2001,IDT)

GB/T 5080.7 设备可靠性试验 恒定失效率假设下的失效率与平均无故障时间的验证试验方案(GB/T 5080.7—1986,idt IEC 60605-7:1978)

GB/T 9813 微型计算机通用规范

GB/T 16511 电气和电子测量设备随机文件(GB/T 16511—1996,idt IEC 61187:1993)

GB/T 16842 外壳对人和设备的防护 检验用试具(GB/T 16842—2008,IEC 61032:1997,IDT)

GB/T 17626.1 电磁兼容 试验和测量技术 抗扰度试验总论(GB/T 17626.1—2006,IEC 61000-4-1:2000,IDT)

GB/T 17626.2 电磁兼容 试验和测量技术 静电放电抗扰度试验(GB/T 17626.2—2006,IEC 61000-4-2:2001,IDT)

GB/T 17626.3 电磁兼容 试验和测量技术 射频电磁场辐射抗扰度试验(GB/T 17626.3—2006,IEC 61000-4-3:2002,IDT)

GB/T 17626.4 电磁兼容 试验和测量技术 电快速瞬变脉冲群抗扰度试验(GB/T 17626.4—2008,IEC 61000-4-4:2004,IDT)

GB/T 18271.1 过程测量和控制装置 通用性能评定方法和程序 第1部分:总则(GB/T 18271.1—2000,idt IEC 61298-1:1995)

GB/T 18271.4 过程测量和控制装置 通用性能评定方法和程序 第4部分:评定报告的内容(GB/T 18271.4—2000,idt IEC 61298-4:1995)

GB/T 28475.1—2012 工业炉窑控制装置 第1部分:通用技术条件

3 术语和定义

GB/T 28475.1—2012 确立的术语和定义适用于 GB/T 28475 的本部分。

4 试验方法

4.1 试验条件

4.1.1 大气条件

除可靠性试验和气候环境试验外,试验均在参比条件下进行,参比大气条件为:

温度 (20±2)℃;

相对湿度 60%~70%;

大气压力 86 kPa~106 kPa。

当试验在不可能或无必要在参比条件下进行时,推荐采用下列一般试验大气条件:

温度 10 ℃~35 ℃;

相对湿度 45%~75%;

大气压力 86 kPa~106 kPa。

4.1.2 动力条件

交流电源:电压允差±1.0%,频率允差±1.0%,谐波含量小于5%;

直流电源:电压允差±1.0%,纹波小于0.2%。

4.1.3 其他条件

a) 除相关试验外,外界磁场(地磁场外)小到可以忽略不计,机械振动小到可以忽略不计;

b) 测试系统误差不超过被测装置允差的三分之一到四分之一;

c) 根据承制方装置要求可以安装地线,一般接地电阻小于4 Ω。

4.2 一般试验方法

4.2.1 总则

在项目试验中,可直接使用装置原系统软件,应用软件和显示设备。有关性能,功能,适应性试验是以微控装置的硬件和软件总体为背景。

4.2.2 测试程序

在无法利用微控装置应用软件的情况下,可以约定编制专用测试程序,其原则必须符合GB/T 9813的规定。

4.2.3 试验前准备

除非另有规定,试验前允许有 30 min 预热阶段,在试验前允许对下限值、量程进行调整。

4.3 功能检查

4.3.1 概述

微控装置功能试验按用户与制造商的协议进行,除非另有规定,实验方法如下。

4.3.2 接受功能试验

a) 生产过程参数和状态接受功能试验:首先检查模拟量输入,数字量输入点数,类型,信号范围是否符合用户与制造商的协议要求,然后在各输入点逐点或分批接上用户与制造商的协议规定的信号。检查各点序号是否正确,结合 4.3.4,4.3.5,4.3.7 各条。各点信号是否正确传送到有关显示,数据处理和控制各环节;
b) 按 GB/T 28475.1—2012 中 5.1.2b)检查接受操作人员指令相应能力;
c) 按用户与制造商的协议要求进行程序修改和生成;
d) 接受信息的响应速度可编制检查程序测试。

4.3.3 存储功能试验

按用户与制造商的协议要求,存入有关常数、系数、人为设定动态参数并调出对照正确性。

4.3.4 连接功能试验

人为设定数据输出到连接的有关设备。检查正确性,范围至少为量程的 10%,50%,90%三点。

4.3.5 过程监视功能试验

按用户与制造商的协议要求检查下列功能:

a) 报警功能:人为设置报警系统,检查是否正确,包括精度,序号等,检查灯光,声音等是否有效,清楚;
b) 显示功能:在给定输入信号(一般为量程的 0%,25%,50%,75%,100%五点)下检查显示精确度,在输入点较多情况下(大于 32 点)可按 N 开方的整数值(N 为某类信号总点数)抽样。同时检查序号,工程单位是否正确。按 GB/T 28475.1—2012 中 5.1.5.2 检查其他显示值是否正确,文字,符号,图形是否正确,清晰。检查指示灯,状态指示灯是否正确;
c) 事故记录,指示:按用户与制造商的协议要求,人为设定事故信号,检查记录,指示的正确性,事故时间,性质及量值是否正确。对有事故预报要求的,人为设置预报信号,检查预报的正确性;

d） 对于图形显示，按用户与制造商的协议要求进行检查。

4.3.6 过程控制功能试验

按用户与制造商的协议要求，对全部控制回路进行试验，具体方法如下：

a） 对于单回路控制方式，根据 GB/T 18271.1 检查正确性，其整定参数范围、标度误差和截止频率是否符合 GB/T 28475.1—2012 中 5.1 和 5.2 的要求；
b） 对 GB/T 28475.1—2012 中 5.1.6 其他控制算式进行模拟试验，检查其正确性；
c） 优化控制及数学模型按用户与制造商的协议确定方式检查；
d） 通过键盘操作，设置控制输出量，检查相应模拟量输出值是否符合要求，对于开关量控制检查状态是否正确；
e） 检查微控装置故障或停电时可否对执行器实行遥控；
f） 微机控制与后备操作(既联机到联机切换)之间切换的过程中，切换扰动值是否达到要求；
g） 连锁功能检查，按照工艺要求逐步检查连锁功能。

4.3.7 数据处理功能试验

按用户与制造商的协议要求，人为设定输入值，检验数据处理的正确性。每一计算公式验证数据组合方式进行。验证数据组合数不得少于 $3n$ 次(n 为输入次数)。

4.3.8 自诊断功能试验

根据用户与制造商的协议要求，人为设置被诊断设备故障，检查自诊断功能及响应时间，软件自诊断由用户与制造商双方确定。

4.3.9 掉电保护功能试验

按用户与制造商的协议要求，人为设置电源故障(降压或停电)，供电恢复正常后检查数据及状态的保持能力，检查再启动后的工作状态正确性。

4.3.10 实时时钟功能试验

测定内部时钟脉冲的设定，显示功能及时钟精度。

4.3.11 二次开发功能检查

根据用户与制造商的协议要求，检查二次开发功能由用户和制造商双方确定。

4.4 技术性能试验

4.4.1 过程输入/输出通道技术性能试验

根据 GB/T 18271.1，按 GB/T 28475.1—2012 中 5.2.2～5.2.7 的要求，进行下列项目试验：

a） 输入阻抗；
b） 准确度；
c） 温度稳定性；
d） 采样周期；
e） 抗干扰能力(串模和共模)；
f） 负载能力；
g） 响应速度；

h) 自保持能力；

i) 寻址功能；

j) 接点"通"和"断"状态的电阻值，接点耐压值，接点容量，电平型数字量输出的高低电平值；

k) 中断响应。

其中 d)、g)、i)由用户与制造商的协议确定编程试验。

4.4.2 其他设备试验

微控装置采用通用的设备按各自技术条件进行试验。

4.5 外观检查

用目测法进行外观检查，应符合 GB/T 28475.1—2012 中 5.3a)的要求，选择若干可动部件操作 2～3 次，应符合 GB/T 28475.1—2012 中 5.3b)的要求。

4.6 绝缘电阻和绝缘强度试验

根据 GB/T 18271.1，对微控装置内各部分所有与电网相联的电源按 GB/T 28475.1—2012 中 5.4 的要求进行试验。

4.7 电源适应能力试验

对于交流电源，按下列 5 种组合情况进行试验，每次试验时间不少于 15 min，试验中应能正常工作。

a) 220 V AC　50 Hz；

b) 220×(1－10％)V AC　49 Hz；

c) 220×(1－10％)V AC　51 Hz；

d) 220×(1＋10％)V AC　49 Hz；

e) 220×(1＋10％)V AC　51 Hz。

对于直流电源按 GB/T 28475.1—2012 中 5.5b)规定的条件进行试验。

上述两种情况试验中，应符合 GB/T 28475.1—2012 中 5.5c)的要求。对 GB/T 28475.1—2012 中 5.5d)的试验，根据 GB/T 18271.1，电压瞬时过压试验中，电源可用适当滤波器保护。

4.8 环境适应性试验

4.8.1 概述

微控装置在环境适应性试验前和试验后都需进行检测，是否符合 GB/T 28475.1—2012 中 5.6 的要求。

4.8.2 工作气候条件试验

按 GB/T 2423.1，GB/T 2423.2，GB/T 2423.3 规定进行下列项目试验：

a) 工作温度下限试验：将微控装置置于下限温度值 5 ℃±2 ℃通电试验 4 h 条件下；

b) 工作温度上限试验：将微控装置置于上限温度值 40 ℃±2 ℃通电试验 4 h 条件下；

c) 工作条件下湿热试验：将微控装置置于温度值 40 ℃±2 ℃，相对湿度 95％±2％条件下，持续通电试验 48 h。

试验时检测是否符合 GB/T 28475.1—2012 中 5.6.1a)的要求。

4.8.3 储存运输气候条件试验

在运输包装条件下参照 GB/T 2423.1,GB/T 2423.2,GB/T 2423.3 规定进行下列条件试验：

a） 储存运输气候温度下限试验:将微控装置置于－25 ℃±2 ℃不通电情况下存放 16 h,恢复时间 2 h；

b） 储存运输气候温度上限试验:将微控装置置于 55 ℃±2 ℃不通电情况下存放 16 h,恢复时间 2 h；

c） 储存运输气候条件下湿热试验:将微控装置置于 55 ℃,相对湿度 95%±2%,不通电情况下存放 48 h,恢复时间 2 h。

在恢复后进行检测,是否符合 GB/T 28475.1—2012 中 5.6.1b)的要求。

4.8.4 振动环境试验

按 GB/T 2423.10 的试验程序,根据 GB/T 28475.1—2012 中 5.6.3 规定参数进行试验。

4.8.5 冲击试验

按 GB/T 2423.5,根据 GB/T 28475.1—2012 中 5.6.4 规定进行冲击试验。

4.8.6 碰撞试验

按 GB/T 2423.6,根据 GB/T 28475.1—2012 中 5.6.5 规定进行碰撞试验。

4.8.7 跌落试验

按 GB/T 2423.8,根据 GB/T 28475.1—2012 中 5.6.6 和表 1 规定进行跌落试验。

4.8.8 特殊环境试验

关于微控装置的腐蚀性气体、尘埃、防爆等环境试验,由用户与制造商双方确定。

4.8.9 电磁场干扰试验

参照 GB/T 18271.1,根据 GB/T 28475.1—2012 中 5.6.10 规定试验。

4.8.10 电磁兼容性试验

本试验按 GB/T 17626.1、GB/T 17626.2、GB/T 17626.3、GB/T 17626.4 的要求进行,具体由用户与制造商的协议确定。

4.9 可靠性试验

4.9.1 概述

微控装置的实验室验证试验按下列规定进行。

4.9.2 试验条件

微控装置工作环境条件和动力条件。

4.9.3 试验方案

按 GB/T 5080.7 进行,其中可接受的 MTBF 由 GB/T 28475.1—2012 中 5.7 规定。

4.9.4 可靠性试验故障判别

可靠性试验故障判别见附录A。

5 检验规则

5.1 检验分类

a) 出厂检验:微控装置出厂或交货时进行的检验;
b) 型式试验:对装置质量进行全面考核的检验。

5.2 型式试验

a) 型式试验项目和顺序按表1规定进行;
b) 型式试验可按GB/T 2829进行抽样检验。

5.3 出厂检验

a) 出厂检验项目和顺序按表1规定,由制造厂检验部门逐台检验;
b) 交货时的检验可按GB/T 2828.1、GB/T 2829规定进行抽样检查,其合格质量水平、判别数组等由用户与制造商协商确定。

表1 型式试验项目和顺序

检验项目	技术要求条文	试验方法条文	型式检验	出厂检验
外观	GB/T 28475.1—2012 中 5.3	4.5	○	○
绝缘	GB/T 28475.1—2012 中 5.4	4.6	○	○
功能	GB/T 28475.1—2012 中 5.1	4.3	○	○
技术性能	GB/T 28475.1—2012 中 5.2	4.4	○	○
电源适应能力	GB/T 28475.1—2012 中 5.5	4.7	○	—
工作气候	GB/T 28475.1—2012 中 5.6.1a)	4.8.2	○	—
储运气候	GB/T 28475.1—2012 中 5.6.1b)	4.8.3	○	—
振动	GB/T 28475.1—2012 中 5.6.3	4.8.4	○	—
冲击	GB/T 28475.1—2012 中 5.6.4	4.8.5	○	—
碰撞	GB/T 28475.1—2012 中 5.6.5	4.8.6	○	—
跌落	GB/T 28475.1—2012 中 5.6.6	4.8.7	○	—
特殊环境	GB/T 28475.1—2012 中 5.6.7～5.6.9	4.8.8	○	—
电磁场干扰	GB/T 28475.1—2012 中 5.6.10	4.8.9	○	—
电磁兼容性	GB/T 28475.1—2012 中 5.6.11	4.8.10	○	—
可靠性	GB/T 28475.1—2012 中 5.7	4.9	按国家规定	—

注1:表中"○"表示进行的试验的项目,"—"表示可不进行的项目。
注2:表中振动,冲击,碰撞,跌落试验仅适用于"仪表型"微控装置,对"装置型"微控装置,可由用户与制造商协商确定。

6 其他考虑事项

6.1 总则

为了准备试验报告、试验程序所需的通用信息，包含下述几个方面：

- 安装；
- 例行维护和调试；
- 维修和大修。

应根据实际运行要求和制造厂的说明书来进行性能检查，以便能同时对说明书做出评价。

6.2 安全

按 GB 4793.1 检查微控装置。

6.3 外壳防护

如果需要的话，应根据 GB 4208 和 GB/T 16842 进行试验。

6.4 文献资料

制造厂主动提供的以及试验室要求提供的全部有关文件应列出清单。

如果这些文件没有附带用来清楚描述微控装置操作的完善图表，或没有完整的元件清单和规范，则应指出其不足。

具体规定详见 GB/T 16511。

6.5 安装

微控装置应根据制造厂的说明书安装和投入使用，同时要考虑在实际中可能遇到的和要求不同程序的各种应用。

制造厂规定的安装方法应列入报告。任何由于此种安装方法所造成的对微控装置的使用限制都应予以指出并加以说明。

另外，有关安装的难易程度也应指出并加以说明。

6.6 例行维护和调试

应根据制造厂的说明书进行必要的例行维护和调试操作（作为指南，每年应该至少进行 4 次这种操作）。

任何有关执行这些操作的难易程度都应予以指出，并说明原因。

6.7 表面防护处理

应列出制造厂规定的外部零件的表面防护处理完成情况，并附有关评价意见。

6.8 设计特征

应列出所有可能造成使用困难的有关设计或结构方面的情况，并说明原因。同时还要列出可能具有特殊意义的任何特征，例如工作部件的密封等级、备件的互换性和气候防护等。

6.9 可调整参数

报告中应指出厂商列出的重要的变型和选件。

6.10 工具和设备

应列出安装、维护和修理所必须的工具和设备。

7 试验报告和文档

试验完成以后，应根据 GB/T 18271.4 准备完整的评定试验报告。

报告发表之后，所有试验期间与测试有关的原始文档应在试验室至少储存两年。

附　录　A
（规范性附录）
可靠性试验故障判别

A.1　相关失效

微控装置出现下列情况应判为失效：

a）　在规定的条件下，出现了一项或几项功能不满足本标准的功能要求；每出现一项计一次相关失效；

b）　在规定的条件下，一项或几项技术性能不能保持本标准所规定的技术性能要求，每出现一项计一次相关失效；

c）　由于同一原因造成的失效，只计一次失效。

A.2　非相关失效

微控装置在下列情况下，不是装置本身造成的失效，不应判为失效：

a）　在规定的损耗件使用期后所达不到的功能（例如，记录纸使用完后不能记录）；

b）　误测试或误操作造成的失效；

c）　超越规定条件引起的失效。

ICS 59.080.60
W 56

中华人民共和国国家标准

GB 28476—2012

地毯使用说明及标志

Carpets direction for use and labels

2012-06-29 发布 2013-07-01 实施

中华人民共和国国家质量监督检验检疫总局
中国国家标准化管理委员会 发布

前言

本标准第5章为强制性，其余为推荐性。

本标准按照GB/T 1.1—2009给出的规则起草。

本标准参考了ISO/IEC 37号指南《消费品使用说明》规定和ISO 6347:2004《纺织铺地物　消费者信息》，本标准的《绒头地毯使用分级及评定》参考了欧洲标准EN 1307:2005《纺织铺地物　绒头地毯分级》和EN 14215:2003《纺织铺地物　机制绒头块毯与走廊地毯分级》，并参考CEN TC 134《纺织铺地物　与分类有关的标志的使用应用实例》，本标准是对地毯产品的使用说明及标志的首次制定。

请注意本文件的某些内容可能涉及专利，本文件的发布机构不承担识别这些专利的责任。

本标准由中国轻工业联合会提出。

本标准由全国地毯标准化技术委员会(SAC/TC 150)归口。

本标准负责起草单位：中国工艺美术协会地毯专业委员会。

本标准参加起草单位：天津市东方蓝宝地毯研究中心。

本标准主要起草人：张玉芬、李孝文、陈贵生、刘畅、赵曜。

地毯使用说明及标志

1 范围

本标准规定了地毯使用说明及标志的基本原则和要求。

本标准适用于在中华人民共和国境内销售和生产的地毯产品。

本标准不适用于地毯垫类产品。

2 规范性引用文件

下列文件对于本文件的应用是必不可少的。凡是注日期的引用文件，仅注日期的版本适用于本文件。凡是不注日期的引用文件，其最新版本(包括所有的修改单)适用于本文件。

GB/T 15964 地毯 单位长度和单位面积绒簇或绒圈数目的测定方法

GB/T 15965 手工地毯 绒头长度的测定方法

QB/T 1089 机制地毯厚度的试验方法

QB/T 1188 地毯质量的试验方法

QB/T 1555 地毯毯基上绒头厚度的试验方法

QB/T 2998 地毯质量损失 利森四脚踏轮测试方法

FZ/T 01053 纺织品 纤维含量的标识

ISO 9405 纺织铺地物 外观变化的评定

ISO 10361 纺织铺地物 利用威特曼鼓轮或六足滚筒试验产生外观变化

3 术语和定义

下列术语和定义适用于本文件。

3.1

使用说明 instruction for use

向消费者传达如何正确、安全使用产品的信息工具。它通常以使用说明书、标签、标志等形式表达。

3.2

地毯类型 carpet type

根据绒头地毯的不同绒头厚度和单位面积绒头质量所划分的类型，对每种类型可以采用相应的评价方法。

3.3

使用等级 use classification

地毯能够经受的不同使用强度(耐磨损性、外观保持性)划分的适应性等级。分为家用、商用各三个等级。

3.4

豪华等级 luxury rating

根据地毯绒头质量、密度或附录C的方法测定出的由豪华因数(C_F)确定的等级。

4 基本原则

4.1 使用说明是交付产品的组成部分。

4.2 使用说明的所有内容应符合国家有关法律和法规的规定。

4.3 使用说明应如实介绍产品，不应有夸大虚假的内容。

5 使用说明的内容

5.1 制造者的名称和地址

应注明地毯产品制造者依法登记注册的名称和地址。

进口地毯应用中文标明原产地（国家或地区）以及代理商或进口商或销售商在中国依法登记注册的名称和地址。

5.2 产品名称

产品名称应表明产品的真实属性，并符合下列要求：

a) 国家标准、行业标准对产品名称有规定的，应采用国家标准、行业标准规定的名称。

b) 国家标准、行业标准对产品名称尚没有规定的，应使用不会引起消费者误解和混淆的常用名称或俗名。

5.3 尺寸规格

块状地毯应标明长度、宽度尺寸，满铺地毯应标明幅宽尺寸。

5.4 毯面绒头纤维名称和含量

应标明毯面绒头纤维的成分名称及其含量，纤维含量的标注应符合 FZ/T 01053 的规定。

5.5 地毯总厚度（mm）和毯基上绒头厚度（mm）或高度（mm）

地毯总厚度应按 QB/T 1089 确定，毯基上绒头厚度应按 QB/T 1555 确定。手工地毯绒头长度按 GB/T 15965 确定。

5.6 单位面积总质量（g/m^2）

机制地毯单位面积总质量应按 QB/T 1188 确定。

5.7 毯基上单位面积绒头质量（g/m^2）

机制地毯毯基上单位面积绒头质量应按 QB/T 1188 确定。手工地毯可标明栽绒道数或针步。

5.8 产品标准编号

应注明产品所执行的国家标准、行业标准或企业标准的编号。

5.9 产品质量等级

产品标准中明确规定质量等级的产品，应按产品标准的规定标明产品质量等级。

5.10 产品质量检验合格证

国内生产的合格产品，每单件产品（销售单元）应有出厂检验合格证，并注明生产日期、批号。

6 地毯使用说明及标志

6.1 产品适用的铺用场所分级说明及标志

机制绒头地毯应提供使用分级说明或标志，指明该产品最适于使用的铺用区域(场所)。使用分级方法及计算参见附录A和附录B。磨损指数计算和豪华等级评定参见附录C，使用分级、豪华等级标志参见附录D。

6.2 附加(任选)信息说明和标志

若产品经特殊工艺加工处理，具备其他物理性能时，可加以标明或选用相对应的标志，并标出试验方法及达到的技术水平。相应标志示例可参见附录E。

7 使用说明的形式及要求

7.1 采用形式

地毯生产商或销售商可采用以下任何一种形式提供使用说明：

a) 地毯使用说明或标签应缝合、粘贴或附在地毯产品上；

b) 直接印刷在产品包装上；

c) 随同产品提供资料。

7.2 基本要求

7.2.1 使用说明或标签上的文字应清晰、醒目。文字、图形符号的颜色与背景色或底色应为对比色。

7.2.2 使用说明或标签所用文字应为国家规定的规范汉字。可同时使用汉语拼音、外文或少数民族文字，但字体大小应不大于相应汉字。

7.2.3 使用说明或标签应由适当材料和方式制作，在产品销售期内保持清晰易读。

7.2.4 评定使用等级与豪华等级的绒头地毯产品应符合各自产品标准的其他技术要求。

7.2.5 使用等级标志与豪华等级标志应一同使用。

附　录　A
（资料性附录）
绒头地毯使用分级评定

A.1　总则

使用分级的评定是为应用本标准保护消费者权益，旨在给消费者提供指导，使他们可以选购铺设在特定使用区域内等级适当的绒头地毯产品。

A.2　绒头地毯使用分级评定

绒头地毯按其使用类型可分为：

a）　满铺绒头地毯（含拼块地毯）；

b）　绒头块毯、走廊地毯。

A.2.1　满铺绒头地毯使用分级及豪华等级评定

满铺绒头地毯使用分级是以使用中的适应性为基础进行的，分为家用、商用各三个等级。依据地毯产品的耐磨损性（质量损失）、毯面外观保持性（外观变化）的试验，以确定地毯使用强度的适应性（耐轻度踩踏频率，耐中度踩踏频率，耐一般重度踩踏频率，耐重度踩踏频率，耐超重度踩踏频率）。

总体的使用等级以两个单项的试验等级，即磨损等级和外观保持性等级中较低的一级判定。

豪华等级（步行舒适度）则根据试验结果，计算出豪华等级的级别。

A.2.1.1　满铺绒头地毯分类（见表 A.1）

满铺绒头地毯依据其绒头厚度、毯基上单位面积绒头质量可划分为两类，以便依据不同分类进行使用分级试验和评定。

表 A.1　满铺绒头地毯分类

<table>
<tr><th rowspan="2">毯基上绒头厚度
mm</th><th colspan="3">毯基上单位面积绒头质量（spw）
g/m²</th></tr>
<tr><th>spw<600</th><th>600≤spw<900</th><th>spw≥900</th></tr>
<tr><td><6</td><td colspan="2">一类</td><td>二类</td></tr>
<tr><td>≥6</td><td>一类</td><td colspan="2">二类</td></tr>
</table>

A.2.1.2　满铺绒头地毯使用分级技术要求（见表 A.2）

根据使用强度的两个技术指标——耐磨损性和毯面外观保持性确定绒头地毯的适应性等级。

a）　耐磨损分级

——一类地毯磨损分级按 QB/T 2998 方法进行试验，利森踏轮试验结果的磨损系数（I_{TR}）按式（B.1）进行计算。

——二类地毯耐磨损分级按附录 C 计算磨损指数（W_1）。

b) 毯面外观保持性分级

毯面外观保持性按 ISO 10361,使用六足滚筒进行试验并依据 ISO 9405 进行评价。

表 A.2 满铺绒头地毯使用分级技术要求

用途	使用强度	使用等级	磨损分级		外观保持性分级	
			一类地毯 I_{TR}	二类地毯磨损指数 (W_1)	一类地毯和<80%羊毛地毯	二类地毯和≥80%羊毛地毯
					六足滚筒试验 12 000r(级)	六足滚筒试验 12 000r(级)
家用	轻度步行频率	1	≥0.9	≥0.8	1.5	1.5
	中等步行频率	2	≥1.7	≥1.7	2	2
	重度步行频率	3	≥2.3	≥2.5	2.5	2.5
商用	一般重度步行频率	Ⅰ	≥2.3	≥2.5	2.5	2.5
	重度步行频率	Ⅱ	≥3.0	≥2.5	3	2.5
	超重度步行频率	Ⅲ	≥3.0	≥3.3	3.5	3

A.2.1.3 满铺绒头地毯豪华等级技术要求(见表 A.3)

豪华等级评定按附录 C 计算豪华等级因数 C_F,按表 A.3 选项 1 评定等级,或选用表 A.3 列出的绒头质量选项 2 评定等级。

表 A.3 满铺绒头地毯豪华等级技术要求

豪华等级	选项 1	选项 2
	豪华因数 C_F	毯基上单位面积绒头质量(*spw*) g/m²
LC1	C_F<12.0	<400
LC2	12.0≤C_F<24.0	≥400
LC3	24.0≤C_F<36.0	≥600
LC4	36.0≤C_F<72.0	≥800
LC5	C_F≥72.0	≥1 000

A.2.2 绒头块毯和走廊地毯使用等级及豪华等级评定

绒头块毯和走廊地毯根据使用场合、使用频繁程度及豪华程度进行分级。

A.2.2.1 绒头块毯和走廊地毯使用等级技术要求(见表 A.4)

绒头块毯和走廊地毯应根据表 A.4 对应的毯面外观保持性对使用频繁程度进行分级。毯面外观保持性按 ISO 10361 方法使用六足滚筒进行试验,依据 ISO 9405 评价。

表 A.4 绒头块毯和走廊地毯使用分级技术要求

使用强度	使用等级	六足滚筒试验 12000r 外观变化/级
轻度步行频率	1	1.5
中等步行频率	2	2
一般重度步行频率	3	3
重度步行频率	4	3.5
超重度步行频率	5	4

A.2.2.2 绒头块毯和走廊地毯豪华等级技术要求(见表 A.5)

豪华等级的评定按附录 C 计算豪华等级因数 C_F,按表 A.5 选项 1 评定等级或选用表 A.5 列出的绒头质量选项 2 评定等级。

表 A.5 绒头块毯和走廊地毯豪华等级技术要求

豪华等级	选项 1	选项 2
	豪华因数 C_F	毯基上单位面积绒头质量(*spw*) g/m^2
LC1	$C_F<20.0$	<600
LC2	$20.0\leqslant C_F<36.0$	≥600
LC3	$36.0\leqslant C_F<72.0$	≥800
LC4	$72.0\leqslant C_F<100.0$	≥1 000
LC5	$C_F\geqslant 100.0$	≥1 500

附 录 B
（资料性附录）
I_{TR}（利森踏轮试验）的计算

B.1 利森踏轮试验结果的磨损系数（I_{TR}）按式（B.1）计算

$$I_{TR}=0.19\sqrt{spw}\times\frac{100-m_{rv}}{100} \qquad \text{(B.1)}$$

式中：

I_{TR} ——利森踏轮试验结果的磨损系数；

spw ——按 QB/T 1188 测得的毯基上单位面积绒头质量，单位为克每平方米（g/m^2）；

m_{rv} ——按 QB/T 2998 测得的相对质量损失，%。

B.2 相对质量损失（m_{rv}）的计算

$$m_{rv}=\frac{m_v}{spw}\times 100 \qquad \text{(B.2)}$$

式中：

m_v ——按 QB/T 2998 测得的单位面积上的质量损失，单位为克每平方米（g/m^2）；

spw ——按 QB/T 1188 测得的毯基上单位面积的绒头质量，单位为克每平方米（g/m^2）。

B.3 单位面积质量损失（m_v）的计算

$$m_v=\frac{m_1-m_2}{A} \qquad \text{(B.3)}$$

式中：

m_1——利森踏轮试验前地毯试样的质量，单位为克（g）；

m_2——利森踏轮试验后地毯试样质量，单位为克（g）；

A ——利森踏轮试验的测试面积。以利森检测踏轮的宽度×踏轮的运行轨迹长度，单位为平方米（m^2）。

附 录 C
（资料性附录）
磨损指数(W_1)和豪华等级因数(C_F)的计算

C.1 磨损指数(W_1)按式(C.1)进行计算

$$W_1 = \frac{spw \times spd}{f_f \times 18} \qquad \cdots\cdots(C.1)$$

式中：

spw——按 QB/T 1188 测得的毯基上单位面积的绒头质量，单位为克每平方米(g/m^2)；

spd——按 QB/T 1188 测得的地毯表面绒头密度，单位为克每立方厘米(g/cm^3)；

f_f ——纤维因数，见表 C.1。

表 C.1 纤维因数

纤维	纤维因数
聚酰胺长丝	1.0
聚酰胺短纤维	1.2
聚丙烯长丝	1.2
聚丙烯短纤维	1.4
聚酯短纤维	1.6
丙烯腈短纤维	1.8
羊毛	1.9
棉	2.0
改良型粘胶短纤维	2.2
改良型丙烯腈系短纤维	2.4
混纺	按比例

C.2 豪华等级因数(C_F)的计算见式(C.2)和式(C.3)

a) 割绒地毯或含有 2/3 以上割绒绒头的割圈组合绒头地毯：

$$C_F = \frac{spt}{5} \times \frac{spw}{100} \times \sqrt{\frac{N_Z + 200}{100}} \qquad \cdots\cdots(C.2)$$

b) 圈绒地毯

$$C_F = \frac{spt}{6} \times \frac{spw}{100} \times \sqrt{\frac{N_Z + 200}{100}} \qquad \cdots\cdots(C.3)$$

式中：

C_F ——豪华因数；

spt ——按 QB/T 1555 测得的毯基上绒头的厚度，单位为毫米(mm)；

spw ——按 QB/T 1188 测得的毯基上单位面积的绒头质量，单位为克每平方米(g/m^2)；

N_Z ——按 GB/T 15964 测得的每平方分米内的绒簇数。

附　录　D
（资料性附录）
使用分级、豪华等级标志示例

D.1　使用分级标志示例，见表D.1

表D.1　使用分级标志示例

标志图例	等级	使用程度	适用场所
	1	Light domestic 轻度踩踏频率（家用）	利用率较低的书房、寝室等
	2	Moderate domestic 适度踩踏频率（家用）	人员出入较多的起居室、厅等
	3	Heavy domestic 重度踩踏频率（家用）	门廊、走道等利用率较高的场所
	Ⅰ	Light commercial 轻度踩踏频率（商用）	旅店客房、会客室、办公室等
	Ⅱ	General commercial 中度踩踏频率（商用）	人员出入较多的店铺、办公室、会议室等
	Ⅲ	Heavy commercial 重度踩踏频率（商用）	利用率频繁、人员较多的场所或门廊、走廊、休息室等

D.2 豪华等级标志示例，见表 D.2

表 D.2 豪华等级标志示例

	Luxury class (LC1) 豪华等级 1 级		Luxury class (LC4) 豪华等级 4 级
	Luxury class (LC2) 豪华等级 2 级		Luxury class (LC5) 豪华等级 5 级
	Luxury class (LC3) 豪华等级 3 级		

附 录 E
（资料性附录）
附加（任选）信息标志示例

E.1 对火焰耐燃性标志示例

地毯耐燃性能应按 GB 20286 执行，试验所达到级别按表 E.1 标志表示。

表 E.1 耐燃性标志示例

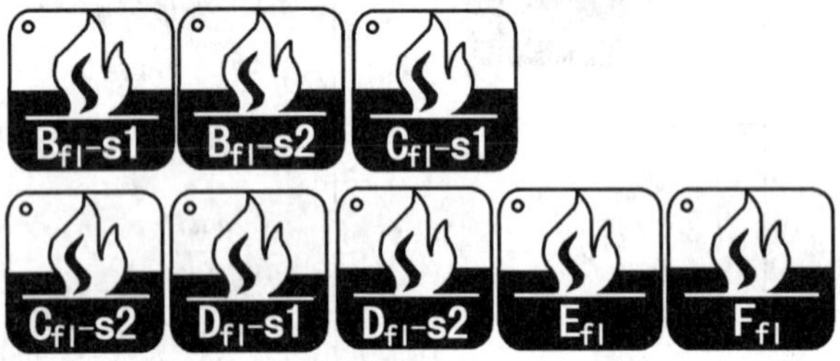	对火焰的耐燃性 GB 20286 ISO 9239-1 ISO 11925-2

E.2 地毯抗静电性能标志示例

地毯抗静电性能步行法试验按 ISO 6356 执行，电阻法测定按 ISO 10965 执行，见表 E.2。

表 E.2 抗静电性能标志示例

	electrical behavior body voltage 静电习性人体电压（步行法） ≤2 kW 或≤3.5 kW	 	antistatic property of carpets (electrical resistance) 地毯抗静电性（电阻法）

E.3 其他任选信息试验方法及标志示例

见表 E.3。

表 E.3 其他任选信息标志示例

	QB/T 2998 Resistance to fraying 耐磨损 质量损失≤25%		QB/T 1088 Dimensional stability 尺寸稳定性 +0.4%～−0.8%

表 E.3（续）

	ISO 4918 Castor chair occasional use 偶尔使用脚轮椅的场所		ISO 4918 Castor chair continuous use 经常使用脚轮椅的场所
	ISO 13746 Stairs occasional use 适用于偶尔使用的楼梯上		ISO 13746 Stairs continuous use 适用于经常使用的楼梯上
	ASTM F 609-05 BS EN 14041 Slip resistance（2 classes） 防滑性(2 个级别)		

参 考 文 献

[1] GB 20286—2006 公共场所阻燃制品及组件燃烧性能要求和标识.
[2] QB/T 2998—2008 地毯质量损失 利森四脚踏轮测试方法.
[3] QB/T 1088—1991 机制地毯在浸水和热干燥作用下尺寸变化.
[4] ISO 6356:2000 地毯 静电习性评价法 行走试验.
[5] ISO 10965:1998 地毯 电阻的测定.
[6] ISO 4918:1990 纺织铺地物 磨损的测定 脚轮椅试验.
[7] ISO 13746:2000 纺织铺地物 楼梯地毯的铺设与使用指南.
[8] EN 1307:2005 纺织铺地物 绒头地毯分级.
[9] EN 14215:2003 纺织铺地物 机制绒头块毯与走廊地毯分级.
[10] CEN/TC 134 N 1209:2006 纺织铺地物 与分类有关的标志的使用 应用实例.
[11] EN 14041:2004 弹性、纺织铺地物和浸渍纸层压木地板 必备特性.
[12] ASTM 609:2005 使用水平牵引滑动试验仪的标准试验方法.

ICS 97.180
Y 89

中华人民共和国国家标准

GB 28477—2012

儿童伞安全技术要求

Safety technical requirements for children umbrella

2012-06-29 发布　　　　2013-05-01 实施

中华人民共和国国家质量监督检验检疫总局
中国国家标准化管理委员会　发布

前　言

本标准的第 5 章内容为强制性条款，其余为推荐性条款。

本标准按照 GB/T 1.1—2009《标准化工作导则　第 1 部分：标准的结构和编写》给出的规则起草。

本标准由中国轻工业联合会提出。

本标准由全国日用杂品标准化中心归口。

本标准起草单位：杭州天堂伞业集团有限公司、太阳城（厦门）雨具有限公司、富隆（福建）洋伞有限公司、泉州宏利伞业有限公司、厦门市同安合鑫雨具工艺有限公司、浙江友谊菲诺伞业有限公司、绍兴市金鼎伞业有限公司、浙江红叶制伞有限公司、厦门宏达洋伞工业有限公司、温州海螺集团有限公司、鸿泰（福建）雨具有限公司、福建雨丝梦洋伞实业有限公司、晋江市佳乐美洋伞有限公司、晋江鸿盛雨具有限公司、天外天伞业有限公司、日信纺织有限公司、北京市轻工产品质量监督检验一站。

本标准主要起草人：李传和、陈晓雷、蔡荣湍、王文笔、吕亚颜、卢景祥、吕苗芬、吕信苗、虞成荣、蔡金磅、陈海和、蔡荣勇、刘基山、萧清江、王清鸿、徐海南、吕世良、魏晓英、王昕瑶、袁杰。

儿童伞安全技术要求

1 范围

本标准规定了儿童伞的术语和定义、产品分类、要求、试验方法、检验规则和标志、包装、运输、贮存。

本标准适用于3周岁及以上儿童使用的伞。

2 规范性引用文件

下列文件对于本文件的应用是必不可少的。凡是注日期的引用文件，仅注日期的版本适用于本文件。凡是不注日期的引用文件，其最新版本(包括所有的修改单)适用于本文件。

GB/T 2828.1—2003 计数抽样检验程序 第1部分：按接收质量限(AQL)检索的逐批检验抽样计划

GB/T 2829—2002 周期检验计数抽样程序及表(适用于对过程稳定性的检验)

GB/T 2912.1 纺织品 甲醛的测定 第1部分：游离和水解的甲醛(水萃取法)

GB 6675—2003 国家玩具安全技术规范

GB/T 17592 纺织品 禁用偶氮染料的测定

3 术语和定义

下列术语和定义适用于本文件。

3.1

儿童伞 child umbrella

从伞帽或伞顶中心位置到伞面珠尾孔(槽)中心50 cm以下(含50 cm)供儿童使用的伞。

3.2

挤夹点 pinch point

由两个坚硬部分的挤压而导致伤害的点。

4 产品分类

按开关伞形式分为手开儿童伞、自开儿童伞。

5 要求

5.1 使用安全要求

5.1.1 铁丝头不应外露，在使用过程中可接触的部位不应有伤害人体的锐利尖端、锐利边缘。

5.1.2 在正常使用过程中不应产生挤夹点。

5.1.3 伞连续开关400次，零部件不应自行脱落。

5.1.4 自开伞按钮力值应在 10 N～30 N。

5.1.5 开伞关伞灵活轻便。开伞后定位装置应起到定位作用，关伞可靠，不应失控。

5.2 伞帽或伞顶尖(套)

5.2.1 伞帽或伞顶尖(套)的高度不大于 50 mm。

5.2.2 伞帽或伞顶尖(套)外形应是球形或圆弧形，其顶端直径不小于 15 mm。

5.3 珠尾

5.3.1 珠尾端面应呈球形或圆弧形，珠尾直径不小于 5 mm。

5.3.2 伞骨伸入珠尾深度不小于 15 mm，结合牢度不小于 25 N。

5.3.3 伞的珠尾与伞面连接牢度不小于 20 N。

5.4 手柄

手柄直径不小于 15 mm，其末端面应呈球形或圆弧形。

5.5 部件结合牢度

5.5.1 伞杆与手柄之间应承受 150 N 拉力不移位、不脱落。

5.5.2 伞杆与伞帽之间应承受 70 N 拉力不移位、不脱落。

5.6 有害物质限量

5.6.1 手柄部位有害元素

产品中可溶性锑、砷、钡、镉、铬、铅、汞、硒或这些元素组成的任何可溶性化合物的元素含量不得超过表 1 中的数值。

表 1 单位为毫克每千克

元素名称	锑 Sb	砷 As	钡 Ba	镉 Cd	铬 Cr	铅 Pb	汞 Hg	硒 Se
含量	60	25	1 000	75	60	90	60	500

5.6.2 伞面甲醛

伞面甲醛不大于 300 mg/kg。

5.6.3 伞面可分解有害芳香胺染料

伞面可分解有害芳香胺染料不大于 20 mg/kg。

5.7 冲击强度

经 6.7 试验后，不应有破坏和打开现象。

5.8 伞带扣拉力

伞带扣经 70 N 拉力试验后，不应脱落。

5.9 饰件

饰件经 70 N 拉力试验后，如脱落应有警示语。

6 试验方法

6.1 使用安全要求

6.1.1 目测并用手感检验。

6.1.2 开、关伞过程目测是否有挤夹点。

6.1.3 连续开、关伞 400 次，检查零部件是否脱落。

6.1.4 自开伞按钮力用测力计测量。

6.1.5 手握伞柄来回转动 3 次，然后开、关伞 5 次。

6.2 伞帽或伞顶尖(套)

6.2.1 用精度为 0.02 mm 游标卡尺直接测量顶端到伞面切面的最大距离。

6.2.2 目测伞帽或伞顶尖(套)外形，用游标卡尺测量其顶端直径。

6.3 珠尾

6.3.1 目测珠尾端面，用精度为 0.02 mm 游标卡尺直接测量珠尾直径。

6.3.2 将收拢的雨伞一端用夹具固定，珠尾端用测力计沿伞骨轴向拉伸，直至珠尾与伞骨脱开，记录显示数值。分别进行 3 次试验，取其最小值。

6.3.3 在伞面截取长 120 mm，宽 50 mm 的样块，将珠尾与伞面分别固定在拉力试验机上夹具和下夹具中，中空距离为 80 mm，以(50±10)mm/min 速度进行试验，直至珠尾与伞面分离，分别进行 3 次试验，取其最小值。

6.4 手柄

用精度为 0.02 mm 游标卡尺测量。

6.5 部件结合牢度

6.5.1 固定伞杆，在手柄上沿伞杆轴向施以 150 N 拉力。

6.5.2 固定伞杆，在伞杆与伞帽之间沿伞杆轴向施以 70 N 拉力。

6.6 有害物质限量

6.6.1 有害元素按 GB 6675—2003 附录 C 特定元素的迁移测试。

6.6.2 甲醛含量按 GB/T 2912.1 规定的方法进行测试。

6.6.3 可分解有害芳香胺染料按 GB/T 17592 规定的方法测试。

6.7 冲击强度

伞尾、伞头分别朝下距硬质地面 800 mm 高度自由跌落 5 次。

6.8 伞带扣拉力

用专用的夹具将伞带扣帽夹住，固定在拉力试验机上夹具，将伞带另一端固定在拉力试验机下夹具中，以(50±10)mm/min速度进行试验，直至伞带扣帽与伞带分离。如果拉力值超过伞带扣规定数值，伞带扣帽与伞带未脱离，可终止试验。

6.9 饰件

按GB 6675—2003中A.5.24.6.1一般拉力测试方法测试。

7 检验规则

7.1 检验规则

产品须经生产厂质量检验部门按本标准检验合格后方能出厂，并附有检验合格证明。

7.2 检验分类

7.2.1 出厂检验

出厂检验采用GB/T 2828.1—2003一般检验水平Ⅰ正常检查一次抽样方案，检验项目、要求、试验方法、接收质量限AQL值见表2。

表2

序号	检验项目	要求	试验方法	AQL
1	使用安全要求	5.1	6.1	10
2	伞帽或伞顶尖(套)	5.2	6.2	
3	珠尾	5.3	6.3	
4	手柄	5.4	6.4	

7.2.2 型式检验

7.2.2.1 有下列情况之一时，应进行型式检验：

a) 新产品或老产品转厂生产的试制定型鉴定；

b) 正式生产后，如结构、材料、工艺有较大变动，可能影响产品性能时；

c) 正常生产后，对批量产品进行抽样检查，每年至少一次；

d) 产品停产半年后，恢复生产时；

e) 出厂检验结果与上次型式检验有较大差异时；

f) 国家产品质量监督机构提出进行型式检验要求时。

7.2.2.2 型式检验的样本应从经过出厂检验的合格批中抽取9把检验，型式检验的评定以不合格把数计算。

7.2.2.3 型式检验采用GB/T 2829—2002判别水平Ⅰ的一次抽样方案，检验项目、要求、试验方法、RQL值、样本大小及判定数组见表3。一项不合格即判定为不合格。

表 3

序号	检验项目	要求	试验方法	RQL 值	样本大小	判定数组	
						Ac	Re
1	使用安全要求	5.1	6.1	30	3	0	1
2	伞帽或伞顶尖(套)	5.2	6.2				
3	珠尾	5.3	6.3				
4	手柄	5.4	6.4				
5	部件结合牢度	5.5	6.5				
6	冲击强度	5.7	6.7				
7	伞带扣拉力	5.8	6.8				
8	饰件	5.9	6.9				

7.2.2.4 有害物质限量应符合 5.6 要求,否则判定该项为型式检验不合格。

8 标志、包装、运输、贮存

8.1 标志

8.1.1 每把伞应有如下中文内容

a) 产品名称;
b) 生产厂厂名、厂址;
c) 产品质量检验合格证明;
d) 产品执行标准编号;
e) 规格尺寸;
f) 警示语。

8.1.2 产品包装箱应有以下中文内容

a) 产品名称;
b) 生产厂厂名、厂址;
c) 产品型号;
d) 规格尺寸、数量;
e) 生产日期。

8.2 包装

包装应牢固,无破损、防挤压、防潮。

8.3 运输

产品搬运时应轻装轻卸,切勿重压。

8.4 贮存

存放在干燥、通风的仓库内。

ICS 97.140
Y 81

中华人民共和国国家标准

GB 28478—2012

户外休闲家具安全性能要求 桌椅类产品

General safety requirements of outdoor leisure furniture—Seating and tables

2012-06-29 发布　　2013-05-01 实施

中华人民共和国国家质量监督检验检疫总局
中国国家标准化管理委员会　发布

前　言

本标准中6.1为强制性条款，其余为推荐性的。

本标准按照GB/T 1.1—2009给出的规则起草。

本标准使用重新起草法修改采用BS EN 581-1:2006《户外家具　野营用、家用型和商用型桌椅　第1部分:通用安全要求》、BS EN 581-2:2009《户外家具　野营用、家用型和商用型桌椅　第2部分:椅类产品安全要求及试验方法》和BS EN 581-3:2007《野营、家用和商用桌子的安全技术要求和试验方法　第3部分:桌类产品安全要求和试验方法》。本标准与BS EN 581-1:2006、BS EN 581-2:2009、BS EN 581-3:2007的一致性程度为修改采用。

本标准与BS EN 581-1:2006相比，主要差异如下:

——将一些适用于国际标准的表述改为适用于我国标准的表述;

——增加了“用料要求”(见6.2);

——增加了“试验方法”(见第7章);

——增加了“标志、使用说明、包装、运输和贮存”(见第9章)。

本标准与BS EN 581-2:2009相比，主要差异如下:

——修改了规范性引用文件(见第2章)，将引用文件EN 1022:2005的试验方法翻译为附录D;

——修改了规范性引用文件(见第2章)，将引用文件EN 1728:2000的相关试验方法全部写入了7.7;

——将原来的附录A改成了附录C;

——将原来的附录B改成了附录B;

——对泡沫塑料衬垫进行了修改(见5.18);

——将一些适用于国际标准的表述改为适用于我国标准的表述;

——根据我国标准出版要求将图例进行了更改。

本标准与BS EN 581-3:2007相比，主要差异如下:

——将一些适用于国际标准的表述改为适用于我国标准的表述:

——根据我国标准出版要求将图例进行了更改。

请注意本文件的某些内容可能涉及专利。本文件的发布机构不承担识别这些专利的责任。

本标准由中国轻工业联合会提出。

本标准由全国家具标准化技术委员会(SAC/TC 480)归口。

本标准主要起草单位:浙江省家具与五金研究所、浙江临亚工艺品有限公司、浙江永强集团股份有限公司、杭州炬日家具工业有限公司、宁波格莱特休闲家具用品有限公司、浙江方圆检测集团股份有限公司、浙江省标准化研究院。

本标准主要起草人:梁米加、钟文翰、赵年高、谢建勇、周关松、王华军、陈曦曦、蔡亦安、古鸣、吴世界、姚侠、戴钟、朱春木、吴岩。

户外休闲家具安全性能要求
桌椅类产品

1 范围

本标准规定了野营、家用和商用桌椅类户外休闲家具通用的安全技术要求，成人用的野营、家用、商用户外桌椅的机械安全要求和检验方法。

本标准适用于野营、家用和商用桌椅类户外休闲家具。

本标准不包括材料设计/结构或制造过程。

本部分不适用于使用非常频繁的商用户外家具、软包和覆面材料可拆卸的家具、永久固定的家具和街用家具。

2 规范性引用文件

下列文件对于本文件的应用是必不可少的。凡是注日期的引用文件，仅注日期的版本适用于本文件。凡是不注日期的引用文件，其最新版本(包括所有的修改单)适用于本文件。

GB/T 3325—2008 金属家具通用技术条件

GB/T 3917.3 纺织品 织物撕破性能 第3部分：梯形试样撕破强力的测定

GB 5296.6 消费品使用说明 第6部分：家具

GB/T 5455 纺织品 燃烧性能试验 垂直法

GB 6675 国家玩具安全技术规范

GB/T 8427—2008 纺织品 色牢度试验 耐人造光色牢度：氙弧

GB/T 17591 阻燃织物

FZ/T 01034 纺织品 机织物拉伸弹性试验方法

3 术语和定义

下列术语和定义适用于本文件。

3.1

使用时可接触到的部件 parts accessible during use

当家具在使用时，处于人为设定的状态时可以接触到的部件或者是非人为有意去接触但可预见会接触到的部件。

3.2

自动锁紧机构 automatic locking mechanism

能自动进行锁紧，防止非预期的运动的机构。

3.3

剪切和挤压点 shear and squeeze point

如果两个相对运动的部件之间的距离小于18 mm，或运动时两部件之间的距离大于7 mm时，即为剪切和挤压点。

3.4

商用户外休闲家具 outdoor leisure furniture for contract use

在公众出入场所(如饭店、露天游泳池、沙滩、度假、休闲场所等)供公众用的户外家具。

3.5

家用户外休闲家具 outdoor leisure furniture for domestic use

在无公众出入场所(如花园、冬季花园、阳台、凉亭等)供私人用的户外家具。

3.6

野营用户外休闲家具 outdoor leisure furniture for camping use

用于野营、旅行的可拆卸的重量较轻的户外家具。

3.7

凳 stool

无靠背的,或座面以上的椅背高度小于 100 mm 的座具。

3.8

背可调节椅 multi-position chair

有可调节倾斜角度椅背的椅子。

3.9

长凳 bench

具有或不具有靠背、扶手的多座位的椅子。

3.10

躺椅 lounger

用于倾斜姿势的无轮椅子。

3.11

可移动的躺椅 mobile lounger

具有固定或可调节的轮子和把手,用于躺着休息的椅。

3.12

脚凳 foot rest

支撑坐者脚部的部件,是座面的延伸。

注:脚凳有可能是与座位连在一起的。

3.13

腿靠 leg rest

支撑坐者腿部的部件,是座面的延伸。

注:腿靠有可能是与座位连在一起的。

4 一般试验条件

在试验前,产品应经充分陈化到稳定状态,以确保其形成足够的强度。对于有胶接或类似结构的产品在制造过程结束后应至少经过 4 周时间再进行检验。

家具应保持收到时的状态进行试验。可拆卸的家具要根据所提供的说明进行安装,如果家具有不同的装配或组合方式,对于每一项试验,应采取最不利的结合方式。试验前应拧紧可拆卸的配件,但除非制造商特别要求,不用进一步拧紧。

试验前,试样应至少在室内存放 24 h。如有偏离应记录。

试样在室内存放阶段时,如果空气温度超出了 15 ℃~25 ℃的范围,应记录。

除了由弹性材料(如纺织材料)制成座背,并完全覆盖座椅上端和下端的椅子外,加载点应由加载定位模板(见 5.4)确定。

对于由弹性材料(如纺织材料)制成座背,并完全覆盖座椅上端和下端的椅子,加载点由滚筒(见 5.2)确定。

5 检验设备和装置

5.1 试验棒

由硬且光滑的材料制成,端头为半球形(见图 1)。

单位为毫米

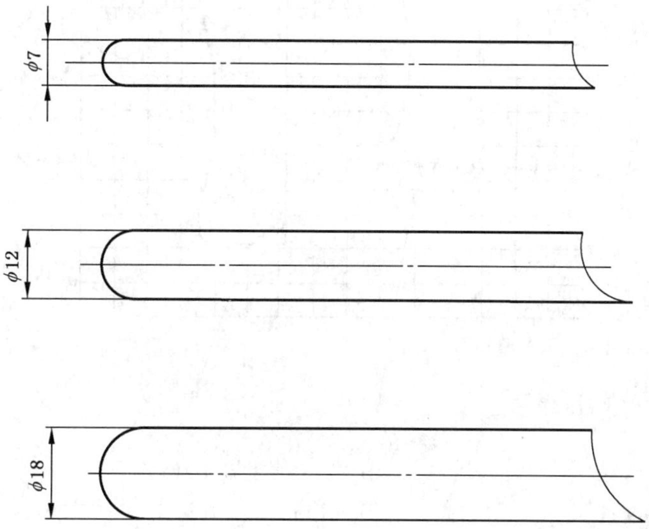

图 1 试验棒

5.2 滚筒

对于由弹性材料制成(如纺织材料)座背的椅子,加载模板应是一个圆柱形,总质量为(1±0.5) kg,直径为(70±10) mm。

注:比如,合适的长度可以为 200 mm。

5.3 地面

地面应表面光滑、水平、坚固。

5.4 加载定位模板

加载定位模板由两个成型件组成,在成型件一端用轴销连接(见图 2 和图 3)。椅座载荷臂应承受 20 kg 的质量,并在座面加载点上进行加载。

加载定位模板见图 3 中的 A、B、C。

加载定位模板应易于相互垂直摆放,其表面曲线可沿模块背部画出。

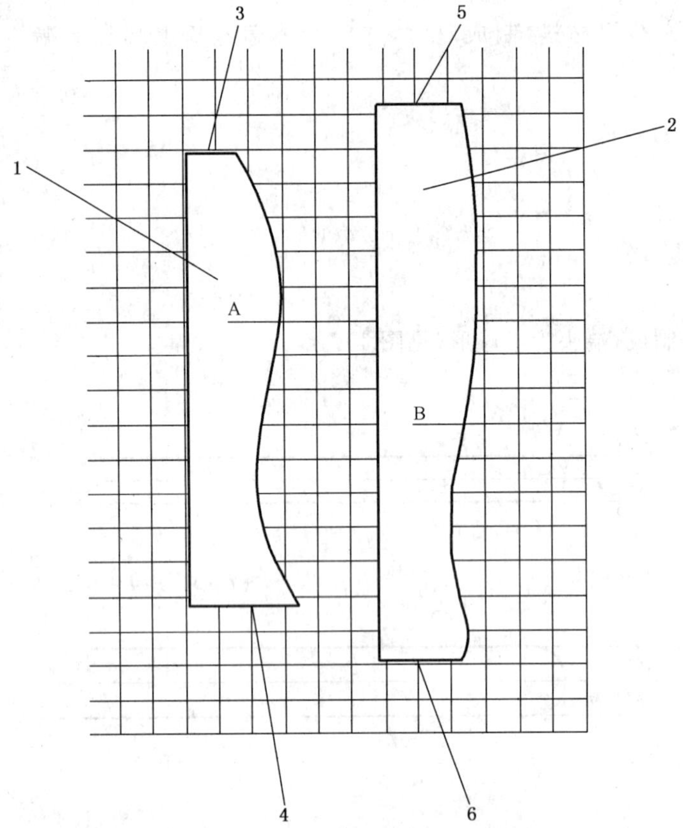

说明：
1——椅座标准；
2——椅背标准；
3——模板后部；
4——模板前部；
5——模板顶部；
6——模板底部；
A——椅座载荷加载点；
B——椅背载荷加载点。
比例尺：1 个方格表示 20mm。

图 2　座面和椅背模板部件表面曲线

单位为毫米

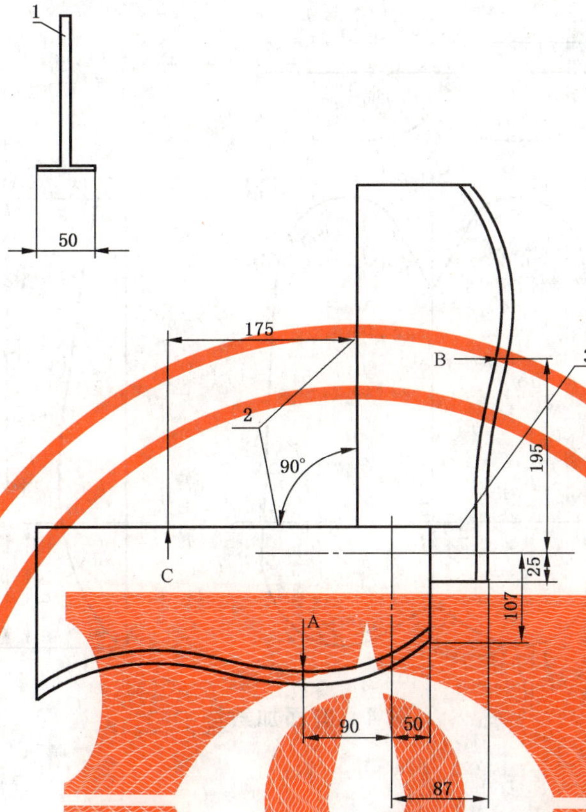

说明：

A——椅座载荷；　　1——剖面；

B——椅背载荷；　　2——测定椅座椅背夹角的直边；

C——凳子载荷；　　3——标明 90°。

图 3　加载定位模板

5.5　座面加载垫

外形为自然凹凸形状的刚性物体，其表面应坚硬、光滑(见图 4)。

单位为毫米

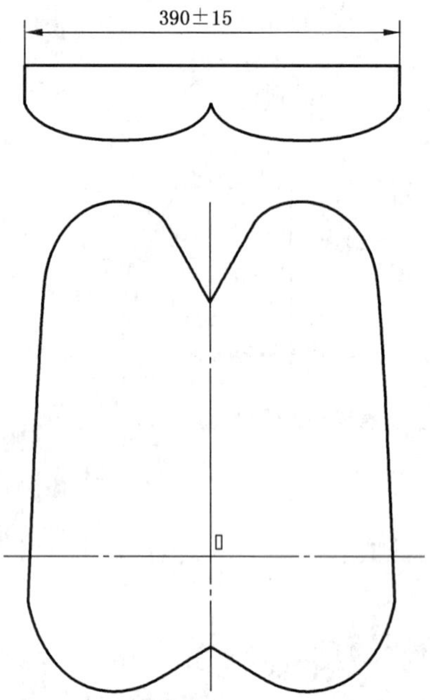

图 4　座面加载垫

5.6　小型座面加载垫

直径为 200 mm 的刚性圆柱体，其加载表面为球面，球面的曲率半径为 300 mm，其周边倒圆半径为 12 mm(见图 5)。

单位为毫米

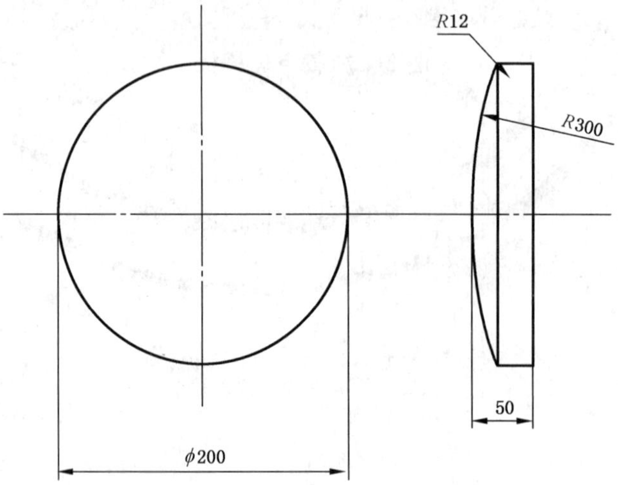

图 5　小型座面加载垫

5.7　椅背加载垫

椅背加载垫为长 250 mm，宽 200 mm 的刚性矩形物体，其加载表面为球面，球面的曲率半径为 450 mm，其周边倒圆半径为 12 mm(见图 6)。

单位为毫米

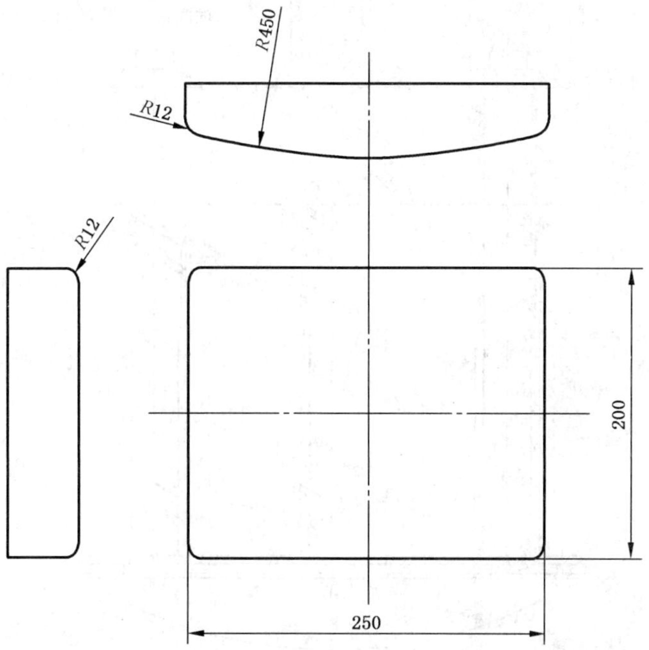

图 6 椅背加载垫

5.8 局部加载垫

局部加载垫是直径为 100 mm 的刚性圆柱体，表面平整，周边倒圆半径为 12 mm。加载垫施加在试件的加力部位时，应不限制试件的自由倾翻。

5.9 泡沫塑料衬垫

试验时放在加载垫与试件表面之间的衬垫泡沫塑料，其厚度为 25 mm，密度为 27 kg/m^3～30 kg/m^3。

5.10 双座面加载垫

由两个座面加载垫（见 5.5）组成，这两个加载垫的中心距离应可调。

5.11 双椅背加载垫

由两个椅背加载垫（见 5.7）组成，这两个加载垫的中心距离应可调。

5.12 座面冲击器

座面冲击器由圆柱体、螺旋压缩弹簧和冲击头三部分组成（见图 7）。

圆柱体的直径为 200 mm，它通过螺旋压缩弹簧组件与冲击头相连接，并能沿着冲击头（中心区域）轴线作相对运动。

圆柱体加上有关附件（不计弹簧）的质量为（17±0.1）kg，整个座面冲击器的质量（包括螺旋压缩弹簧组件和冲击头）为（25±0.1）kg。

螺旋压缩弹簧组件的额定弹性系数应为（6.9±1）N/mm，可相对运动部分总的摩擦力应为（0.25～0.45）N。螺旋压缩弹簧组件的预压缩力为（1 040±5）N，其可再压缩量不应小于 60 mm。

冲击头加载表面应坚硬，直径为 200 mm，球面的曲率半径为 450 mm，其周边倒圆半径为 12 mm。

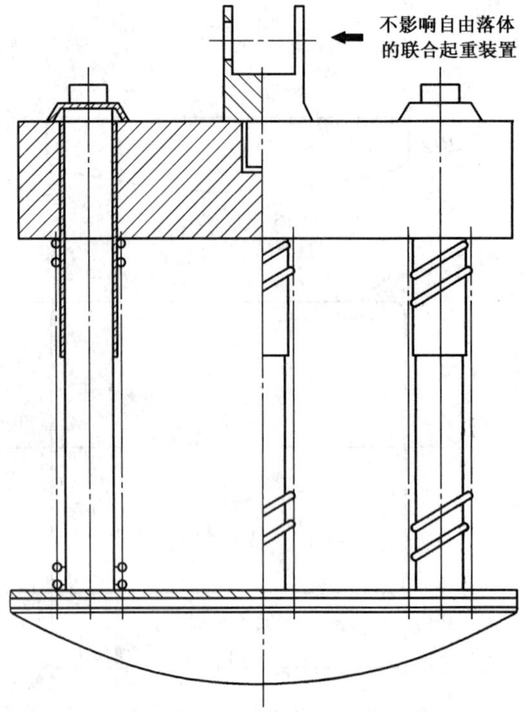

图 7　座面冲击器

5.13　扶手疲劳试验设备

可同时对椅子的两个扶手循环进行加载的仪器，可在垂直方向通过低摩擦的转轴对扶手进行各角度加载，且这个转轴应可以在垂直和水平方向上可调节，与扶手相连接并能锁定(见图 8)。

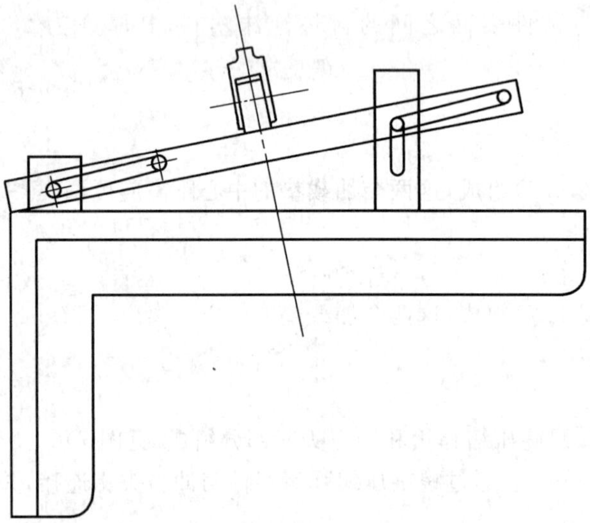

图 8　扶手疲劳试验——扶手载荷设备

5.14　加载盘

加载盘质量为 10 kg，直径为 350 mm，厚度为 48 mm。

5.15 支撑装置

靠椅试验时，对加载盘的主要堆积位置起支撑作用的装置（见图9）。该装置的质量在不超过2.5 kg的前提下越轻越好。

单位为毫米

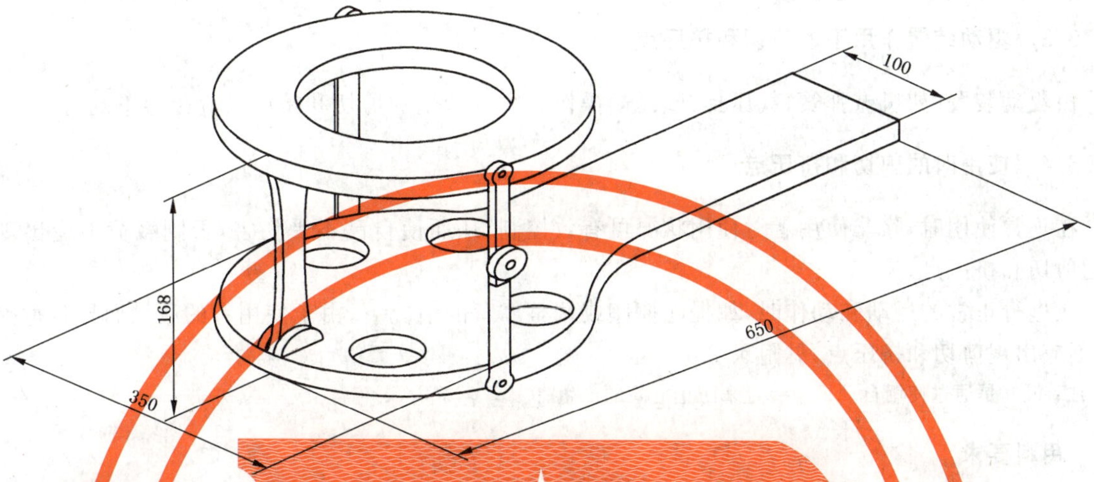

图9 支撑装置

5.16 试验钢管

钢管的外径为18 mm，壁厚为1.5 mm，高度应满足可以在地面以上2 200 mm处施加力。

5.17 挡块

用来防止试件移动，但不能限制试件倾翻的装置，其高度不大于12 mm。如因试件结构特殊，允许使用较高的尺寸，但其最大高度应以刚好能防止试件移动为宜。

6 要求

6.1 安全要求

6.1.1 边和角

6.1.1.1 对于椅子，当使用者坐、靠、躺时，能直接接触使用者的部件（如椅座、靠背、扶手）应经倒圆或倒角处理。

6.1.1.2 对于桌子，直接接触使用者的边、角应经倒圆或倒角处理。

6.1.1.3 使用时能直接接触到的座椅和桌子的任何其他的边、角，应无毛刺、尖锐边。

6.1.2 使用时可接触到的管件、孔和间隙

使用时可接触到的管件、孔和间隙应封闭。无论从哪个方向，如用试验棒（见5.1）能够塞进管件、孔或间隙，塞进的深度大于10 mm，并且不能以30 N的力从相反的方向拔出来时，应封闭管脚端口。

6.1.3 剪切和挤压点

见附录A规定。

6.1.3.1 放置和折叠时的剪切和挤压点

如剪切和挤压点仅在放置和折叠时产生，并且使用者有能力控制其本人的运动，能在夹痛时能够及时停止该力，部件可允许出现剪切和挤压点。除了 6.1.3.3 和 6.1.3.4 规定的情况，其他情况均适用此条。

6.1.3.2 部件因相对运动产生的边和角应符合 6.1.1 的规定。

6.1.3.3 驱动装置作用下的剪切和挤压点

由驱动装置(如机械弹簧、气压提升装置)操作的家具产生的剪切和挤压点应接触不到。

6.1.3.4 使用时的剪切和挤压点

在正常使用时，除非使用者对使用状况可有效控制，从而使自己不受伤害，否则载荷不应出现可接触的剪切和挤压点。

在进行正常的运动和动作时，如提起椅座或调整靠背的情况下，由于使用者的质量而导致危险的产生，不应出现剪切和挤压点，见附录 A。

注：最好是通过使用自动锁紧装置来防止危险的产生。

6.2 用料要求

6.2.1 金属件

6.2.1.1 表面涂层含铅量(合同要求)：应不大于 90 mg/kg。

6.2.1.2 耐盐雾：锈点≤20 点/dm^2，其中直径 1.5 mm 的锈点不应超过 5 点。

6.2.2 木制件(合同要求)

含水率应在 12%～15%之间。

6.2.3 藤条

6.2.3.1 藤条应具有良好的回弹性，用手将藤条合拢松开后藤条能快速回弹。

6.2.3.2 藤条拉伸弹性回复率应不小于 90%。

6.2.4 板带

6.2.4.1 板带应无污染、杂质，表面没有明显的颗粒状与凹凸，无刮伤，表面颜色和花纹图案应均匀一致。

6.2.4.2 宽度回复率应不小于 90%。

6.2.5 非弹性面料

6.2.5.1 非弹性面料塑性变形率应不大于 20%。

6.2.5.2 非弹性面料撕裂强力应不小于 300 N。

6.2.6 普通纺织面料

6.2.6.1 普通纺织面料阻燃性(合同要求)应符合 GB/T 17591 中装饰用织物的规定。

6.2.6.2 普通纺织面料耐光性能(合同要求)应达到 GB/T 8427—2008 中 6 级水平。

6.2.7 装配性要求

产品应具有良好的装配性能。

6.3 椅类产品力学性能要求

椅类产品力学性能应符合表1规定。

表1 椅类产品力学性能

序号	检验项目	试验参数	野营	家用	商用	要求	试验方法
1	座背静载荷	座面:力,N 10次×10 s(±2 s)+1次×30 min(±10 s) 椅背受力,N 10次×10 s(±2 s)+1次×30 min(±10 s)	1 100 —	1 600 410	2 000 最大560	无破坏或明显变形,且不影响使用功能	7.7.1
2	座面前沿静载荷	力,N 10次×10 s(±2 s)+1次×30 min(±10 s)	1 100	1 300	1 300		7.7.2
3	椅背联合疲劳[a]	次数 座面:力,N 椅背:力矩,N·m	12 500 1 000 最大75	25 000 1 000 最大100	50 000 1 000 最大100		7.7.3
4	椅背疲劳	次数 座面:载荷,kg 力,N 椅背:力矩,N·m	5 000 100 190 75	10 000 100 250 100	20 000 100 250 100		7.7.4
5	扶手垂直向下静载荷	垂直力,N	—	700	900[b]		7.7.5
6	扶手疲劳	次数 力,N	5 000 400	10 000 400	30 000 400		7.7.6
7	椅腿前向静载荷	座面:质量,kg 水平力,N	75 250	75 300	100 400		7.7.7
8	椅腿侧向静载荷	座面:质量,kg 水平力,N	75 200	75 300	100 300		7.7.8
9	座面冲击[c]	冲击高度,mm 10次	140	180	180		7.7.9
10	高椅脚踏静载荷	垂直力,N	—	1 000	1 200		7.7.10

表 1（续）

序号	检验项目	试验参数	野营	家用	商用	要求	试验方法
11	前向倾翻[d,e]	试验中应无倾翻					7.7.11
12	后向倾翻[d]	试验中应无倾翻					7.7.12
13	侧向倾翻[d,e]	试验中应无倾翻					7.7.13

[a] 如果座面和椅背均用同一种弹性材料制成，则只需要在座面上进行试验。

[b] 如果扶手宽度小于 15 mm，则对商用型被检样采用 700 N 的力。

[c] 加载点至少应离前沿 100 mm。不适用于座面高度高于 600 mm 的椅子。

[d] 如果其他项目尚未做前就发现有可能不满足稳定性要求，则先做稳定性。

[e] 不适用于座面高度小于 200 mm 或总质量不高于 5 kg 的样品。座面高度应在样品未加载时测量从地面到座面几何中心点的距离。

6.4 对于躺椅，应根据附录 B 的规定对躺椅进行试验。

6.5 桌类产品力学性能要求

桌类产品力学性能应符合表 2 规定。

表 2 桌类产品力学性能

序号	项目	试验参数	野营	家用	商用	要求	试验方法
1	主桌面垂直静载荷	F,N 9 次×30 s+1 次×30 min	500	750	1 000	无破坏或明显变形，且不影响使用功能	7.8.1
2	副桌面垂直静载荷	F,N 9 次×30 s+1 次×30 min	100	200	350		7.8.2
3	桌面水平疲劳	质量,kg F,N 次数	最大 50 100 5 000	最大 50 150 10 000	最大 75 150 20 000		7.8.3
4	垂直稳定性	$L\leqslant 800$ mm 时，F,N 800 mm$<L<$1 000 mm 时，F,N $L>$1 000 mm 时，F,N $L>$1 600 mm 时，F,N	200 200 200 200	200 $L/4$ $L/4$ 400	200 L-60 400 400	无倾翻	7.8.4
5	带太阳伞支撑功能的桌子稳定性	F,N	30	30	30	无倾翻	7.8.5

7 试验方法

7.1 金属件试验方法

7.1.1 涂层中含铅量的测定按 GB 6675 的规定进行。

7.1.2 耐盐雾的测定按 GB/T 3325—2008 的规定进行。

7.2 木制件试验方法

木制件含水率的测定按 GB/T 3325—2008 中 5.6 的规定进行。

7.3 藤条试验方法

拉伸弹性回复率的测定按 FZ/T 01034 的规定进行。

7.4 板带试验方法

先测量板带的初始宽度 L，夹头距离为 100 mm，以 50 mm/min 的拉伸速度对板带进行拉伸，载荷值达到 110 kg 的时候停止，保载 1 min，然后回复，30 min 后再次测量宽度 L_1。

$$\text{宽度回复率} = \frac{L - L_1}{L} \times 100$$

式中：

L——板带初始宽度，单位为毫米(mm)；

L_1——拉伸结束 30 min 后，板带宽度，单位为毫米(mm)。

7.5 非弹性面料试验方法

7.5.1 塑性变形率的测定按 FZ/T 01034 的规定进行。

7.5.2 撕裂强力的测定按 GB/T 3917.3 的规定进行。

7.6 普通纺织面料

7.6.1 阻燃性的测定按 GB/T 5455 的规定进行。

7.6.2 耐光性能的测定按 GB/T 8427—2008 的规定进行。

7.7 椅类产品力学性能试验

7.7.1 座背静载荷

7.7.1.1 一般椅子的座背静载荷

将所有可调节的椅背均调至最竖直的位置。但是对于椅背的调整角度从 70°到水平位置的背可调椅子，则应按 7.7.1.2 进行试验。

通过座面加载垫(见 5.5)或双座面加载垫(见 5.10)在加载定位模板(见 5.4)确定的加载位置上进行加载。

对于具有不同数量座面的椅子，加载位置如下：

a) 对于具有一个座面的椅子，在座面上进行试验；

b) 对于具有两个座面的椅子，在两个座面上同时进行试验；

c) 对于具有三个座面的椅子，在一个边位座面和一个中心位座面上同时进行试验；

d) 对于具有四个或更多座面的椅子，先在两个相邻的中心位座面上同时进行试验，然后在两个相邻的边位座面上同时进行试验。

试验时，加载定位模板(见 5.4)确定加载位置后，采用座面加载垫(见 5.5)对未受过 750 N 力的椅面进行加载。加载负荷总重为 75 kg。

通过在椅脚处或脚轮处放置挡块(见5.17)来阻止椅子向后移动。如果有椅背,则通过椅背加载垫(5.7)或双椅背加载垫(见5.11)在加载定位模板(见5.4)确定的加载点或在距离椅背顶部以下100 mm处(取两者中低点)进行加载。

在上述的a)或b)或c)或d)点进行座面加载。然后在座面加载状态下,对椅背施加垂直的力。

如椅子有发生倾翻的趋势,应减少作用力至恰能防止椅子倾翻。椅背的实际加载力应不小于410 N。如果加此力后,椅子有倾翻的趋势,则应逐步增加座面上的平衡载荷加载,直到这种倾翻趋势停止。记录实际作用力。

卸载,然后重复加载,次数见表1。

对于凳子等不具备椅背的椅子或具备较低椅背的椅子,则将向后的水平力施加于座面的前沿。

试验脚架为矩形的凳子时,不论座面的形状如何,应依次把力水平向后施加在与矩形脚架相邻三边的每一边中点相对应的座面前沿各5次。试验脚架为三角形的凳子时,则依次把力沿任意三边中线方向加载各5次。

对于带有弹簧晃动底座或倾斜装置的椅子来说,则应适当牵引以保持试验过程中椅子的晃动最小。

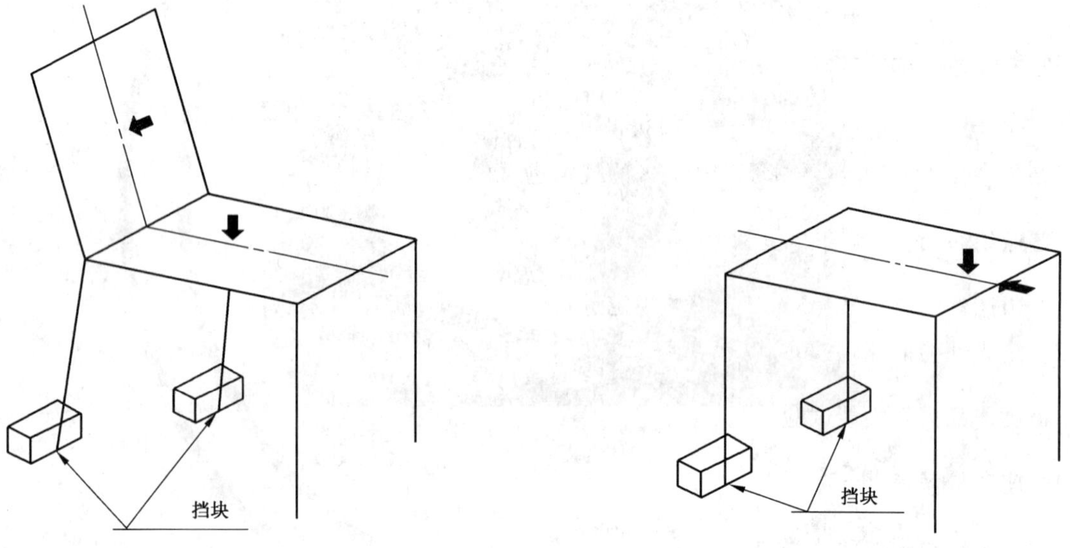

a) 凳子　　　　b) 凳子

图10 座背静载荷

7.7.1.2 倾斜椅、靠椅(即半躺式躺椅)和平躺式躺椅

对于椅背一般不处于竖直位置的椅子,需额外进行以下试验。

7.7.1.2.1 倾斜椅和靠椅(即半躺式躺椅)的附加静载荷试验

对于最小椅背倾斜角从不小于55°至水平位置的躺椅的静载荷试验方法见7.7.1.1进行试验,但是座面载荷和椅背载荷按如下规定:

座面载荷=(表1中规定的座面加载力)×sin(最小椅背倾斜角)

椅背载荷=[(最小椅背倾斜角)/60°-0.166 6]×(表1中规定的座面加载力)×cos(最小椅背倾斜角)

7.7.1.2.2 **平躺式躺椅的附加静载荷试验**

对于最小椅背倾斜角从55°至水平位置的躺椅的静载荷试验方法见7.7.1.2.1,但是座面加载和椅背加载按如下规定:

座面加载=0.75×(表1中规定的座面加载力)

椅背加载=0.75×(表1中规定的座面加载力)×cos(最小椅背倾斜角)

7.7.2 座面前沿静载荷

试验步骤同座面静载荷,在椅面前沿向后80 mm处进行座面加载,加载位置距离产品边缘应不小于80 mm。加载位置在如下两个位置中选择:

a) 座面中心线上的最易发生破坏或变形的位置;

b) 尽可能地靠近座面的一侧。

7.7.3 椅背联合疲劳

对于椅背可调的椅子,除了以下的试验,还需要依照附录B进行附加试验。

对于具有不同数量座面的椅子,加载位置如下:

a) 对于具有一个或两个座面的椅子,在任一座面上进行试验;

b) 对于具有三个座面的椅子,在一个边位座面、一个中心位座面和椅背上进行试验;

c) 对于具有四个座面的椅子,在一个边位座面、一对中心位中的一个座面和椅背上进行试验。

试验时,加载定位模板(见5.4)确定加载位置后,采用座面加载垫(见5.5)对未受过750 N力的椅面进行加载。加载负荷总重为75 kg。

把椅背加载垫(见5.7)的中心位置放在加载定位模板(见5.4)确定的加载点或在距离椅背顶部以下100 mm处(取两者中低点)。通过在椅脚处或脚轮处放置挡块(见5.17)来阻止椅子向后移动。

根据上述选择加载位置对椅面进行加载,然后同时对椅背施加一个垂直于椅背的力(加载参数见表1)。卸掉椅背的载荷后再卸座面的载荷。即完成一次加载。加载次数见表1。

如椅子有发生倾翻的趋势,应减少作用力至恰能防止椅子倾翻。记录实际作用力。

对于凳子等不具备椅背的椅子或具备较低椅背的椅子,则将垂直于椅背的力施加于座面的前沿。

注:对于一个简化的座背疲劳试验,可以先通过对座面施加静载荷进行椅背疲劳试验,之后再进行座面疲劳试验。

7.7.4 椅背疲劳

按附录C规定。

7.7.5 扶手垂直向下静载荷

通过小型座面加载垫(见5.6)或局部加载垫(见5.8),在最易导致破坏、明显变形的位置垂直向下加载(见图11),但加载位置离扶手前后边缘的距离都不应小于100 mm。

如加载时椅子发生倾翻,则应在相反一侧施加足够大的载荷,以保持平衡。

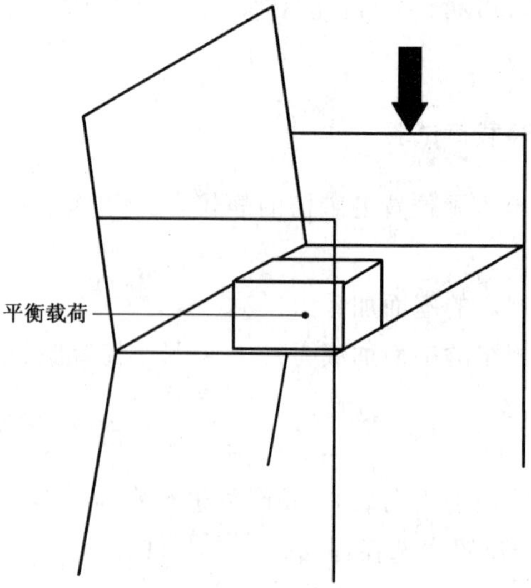

图 11　扶手垂直向下静载荷

7.7.6　扶手疲劳

把椅子放在地面上，挡块(见 5.17)紧靠椅脚外侧。试验载荷应同时作用于距离两个扶手前端向后的 100 mm 处。

用扶手疲劳试验设备(见 5.13)在扶手上同时施加 10 N 的力，调节扶手疲劳试验设备，使加载角度为(10±1)°，扶手疲劳试验设备的圆柱形转轴与扶手上水平面距离为(600±10) mm(见图 12)。

对于只有一个座面的椅子，将加载力同时作用于两只扶手。对于多于一个座面的椅子，加载力只作用于一个扶手。

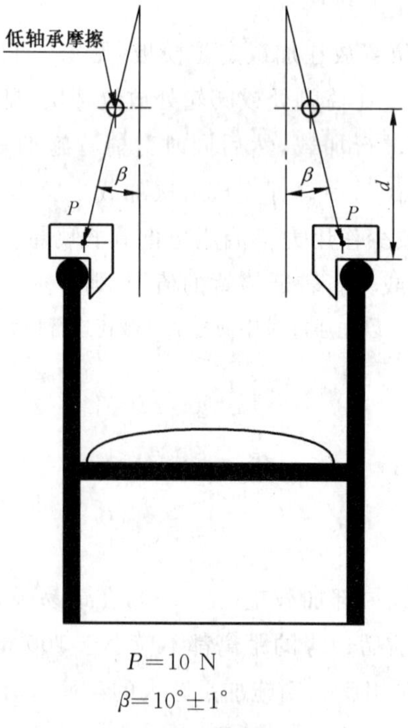

P=10 N

β=10°±1°

d=600 mm±10 mm

图 12　扶手疲劳试验

7.7.7 椅腿前向静载荷

在椅座上，根据加载定位模板（见 5.4）确定的位置施加平衡载荷。用挡块（见 5.17）挡住前腿，按表 1 规定的力，通过局部加载垫（见 5.8）在椅座的后部水平向前加载 10 次，每次保载至少 10 s（见图 13）。

对于只有三条腿的凳子，则挡块应挡住前腿和后面其中一条腿。

如未达到规定载荷前，该椅子就有倾翻的趋势，应减少载荷至恰能阻止倾翻，并记录下实际作用力。

注 1：本项目不适用于转椅。

注 2：本项目不适用于没有椅背的凳子、没有明显前后的凳子。

注 3：对于有椅背的凳子等前后区分明显的凳子，都应当进行椅腿试验。

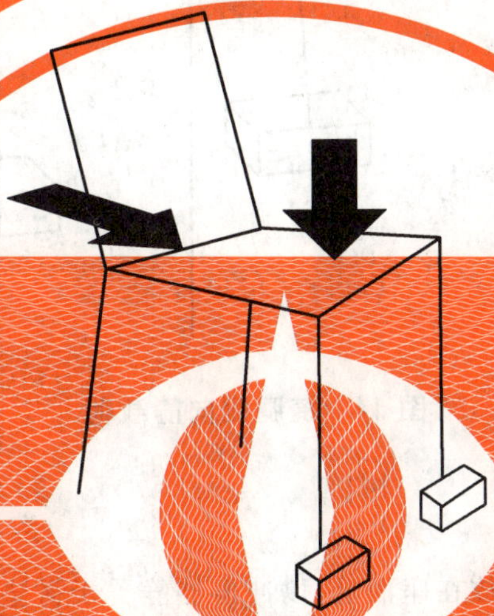

图 13　椅腿前向静载荷

7.7.8 椅腿侧向静载荷

椅腿侧向静载荷试验的方式与椅脚向前静载荷试验相同，挡块（见 5.17）挡住非加载侧的两个椅腿。

在椅座上施加平衡载荷，加载处与非加载侧的距离应不大于 150 mm。

按表 1 规定的力，在椅子座一侧的中心，向非加载侧的中心水平加载 10 次，每次保载至少 10 s（见图 14）。

加载过程中如椅子有倾翻的趋势，应减少水平加载力至恰能防止其侧向倾翻，并记录下实际作用力。

注 1：本项目不适用于转椅。

注 2：本项目不适用于没有椅背的凳子、没有明显前后的凳子。

注 3：对于有椅背的凳子等前后区分明显的凳子，都应当进行椅腿试验。

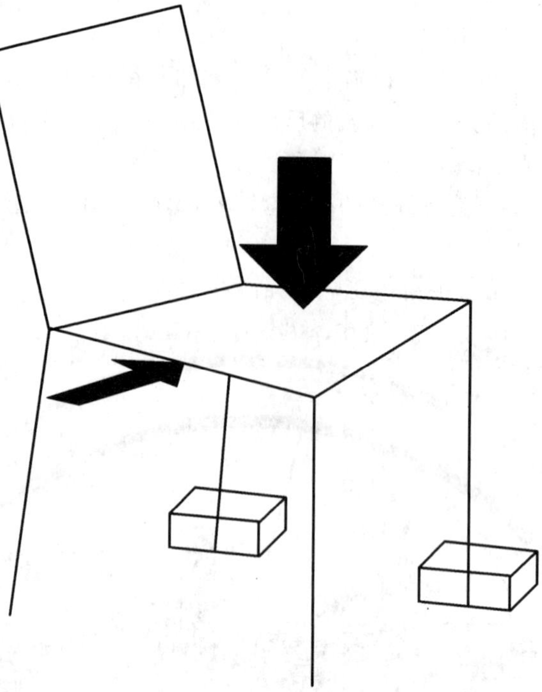

图 14　椅腿侧向静载荷

7.7.9　座面冲击

把一块泡沫塑料衬垫(见 5.9)放在座面上,以冲击器静置于衬垫上的位置为基准点确定冲击器的下落高度。

把第二块泡沫塑料衬垫(见 5.9)放在被测椅面和冲击面之间,然后把座面冲击器置于表 1 规定的冲击高度,使其自由下落,冲击下列两个部位各 10 次:a)由模板确定的座面冲击部位;b)座面最易损坏的部位(见图 15)。也可选取其他可能造成破坏的位置用于试验。

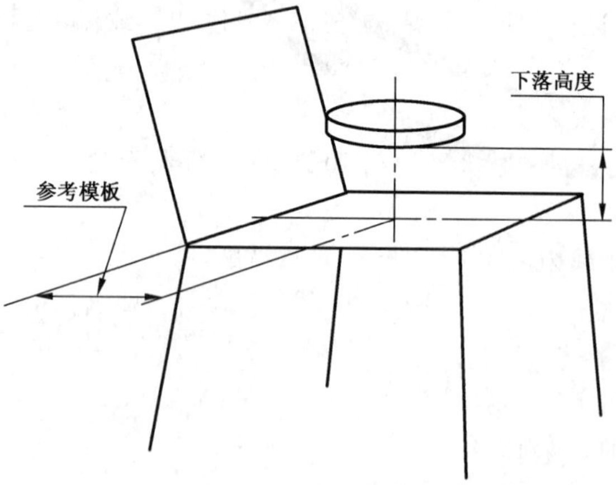

a)　椅子

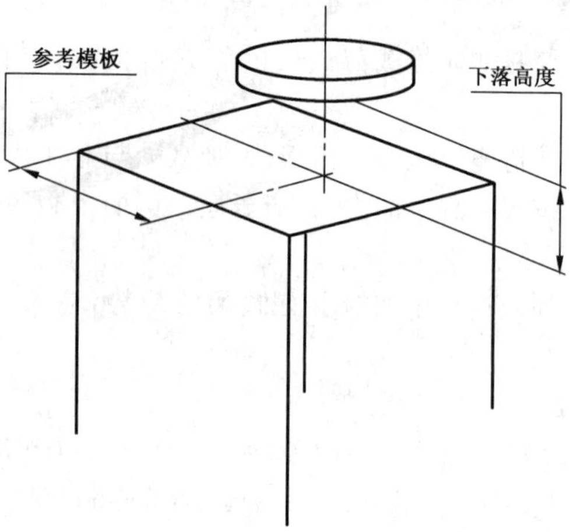

b)　凳子

图 15　座面冲击

7.7.10 高椅脚踏静载荷

通过小型座面加载垫(见 5.6)或局部加载垫(见 5.8)在脚踏中心位置最易产生破坏的点位置垂直向下加力 10 次。每次加力在加载部位上保持(10±2) s。

加载过程中如椅子有倾翻的趋势,应减少加载力至恰能防止其倾翻,并记录下实际作用力。

7.7.11 前向倾翻

按附录 D 规定。

7.7.12 后向倾翻

按附录 D 规定。

7.7.13 侧向倾翻

按附录 D 规定。

7.8 桌类产品力学性能试验

7.8.1 主桌面垂直静载荷

将桌子以正常使用状态放置于地面上。

当桌面长度 $L \leqslant 1\ 600$ mm,加载位置见图 16;当桌面长度 $L > 1\ 600$ mm,加载位置见图 17。

确定好加载位置后,通过局部加载垫(见 5.8),垂直向下重复施加作用力 F,加载参数见表 2,每两次加力之间间隔 5 s~10 s。

单位为毫米

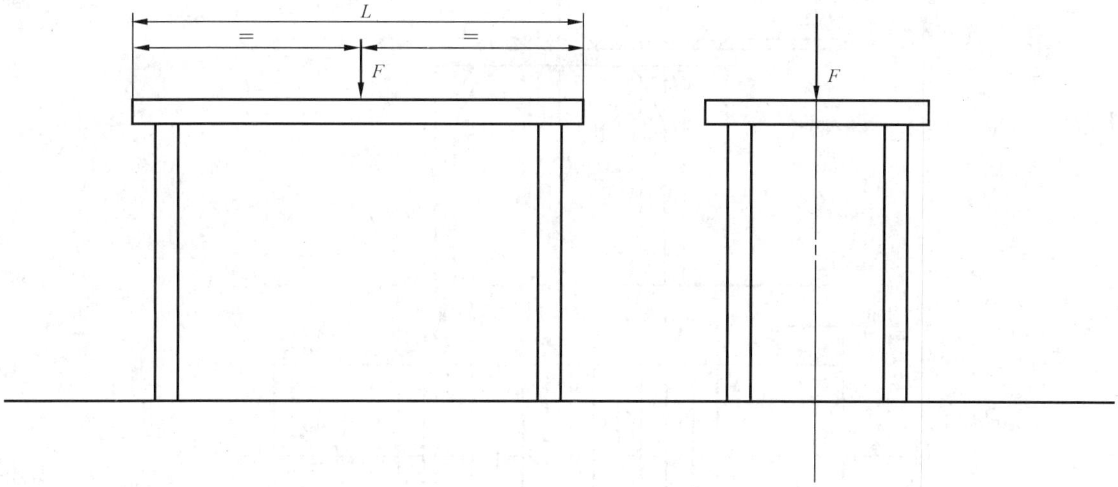

图 16 桌面长度 $L \leqslant 1\ 600$ mm 时主桌面垂直静载荷试验

单位为毫米

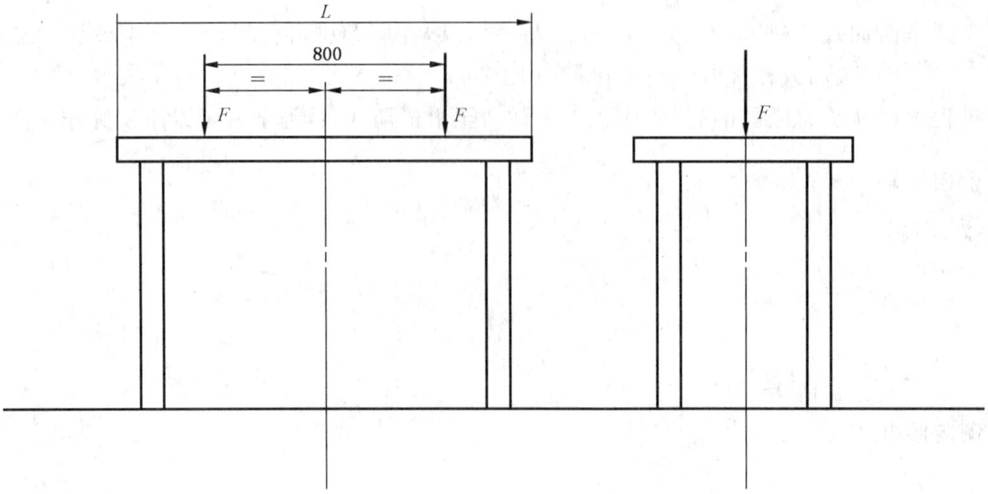

图 17　桌面长度 $L>1\ 600$ mm 时主桌面垂直静载荷试验

7.8.2　副桌面垂直静载荷

将挡块靠在每个桌腿上，然后在主桌面施加一个合适的平衡力(野营用和家用最大不超过 50 N，商用最大不超过 75 N)，以保持试验过程中桌面处于水平(见图 18)。然后在副桌面上垂直向下重复施加作用力 F，加载参数见表 2，每两次加力之间间隔 5 s～10 s。

单位为毫米

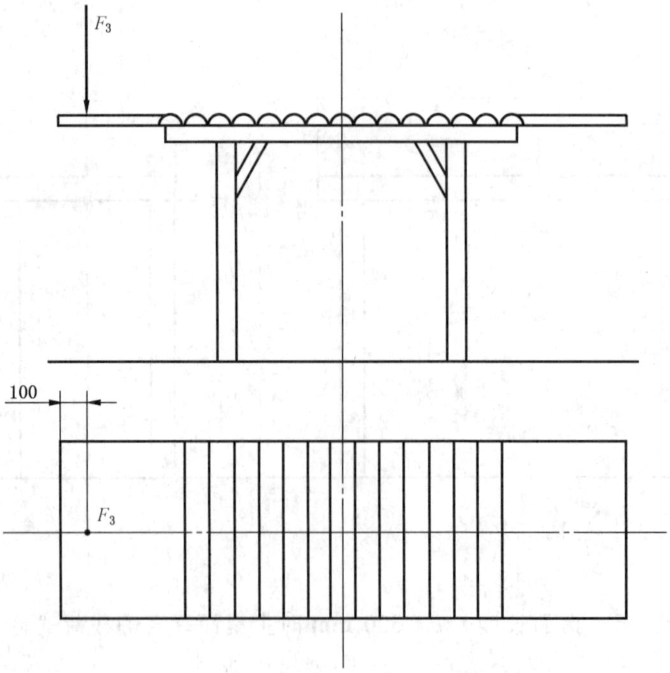

图 18　桌面垂直静载荷

7.8.3 桌面水平疲劳

将挡块靠在每个桌腿上。

通过局部加载垫(见 5.8),向桌面的四个点水平加载(见图 19、图 20、图 21、图 22)。加载顺序可以按 F_a、F_c、F_b、F_d 或 F_a、F_b、F_c、F_d。

如果在对某个方向加载时桌面会发生倾翻,则减小这个方向的加载力直至不发生倾翻,并记录下实际加载力。

加载载荷和次数见表 2,每次加力在加载部位上保持(2±1) s。

单位为毫米

图 19 方桌水平疲劳试验

单位为毫米

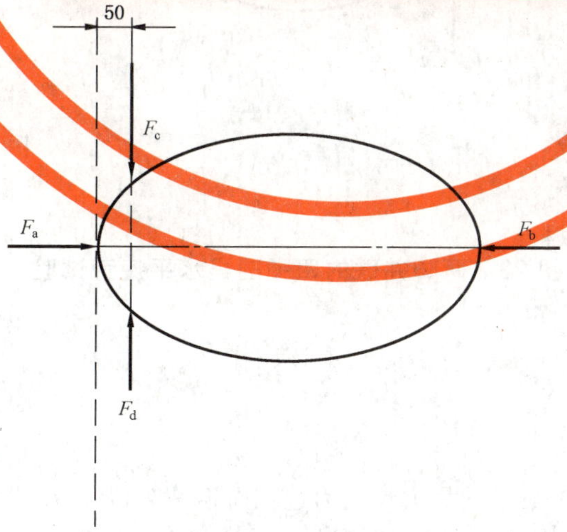

图 20 椭圆桌、圆桌、半圆桌水平疲劳试验

单位为毫米

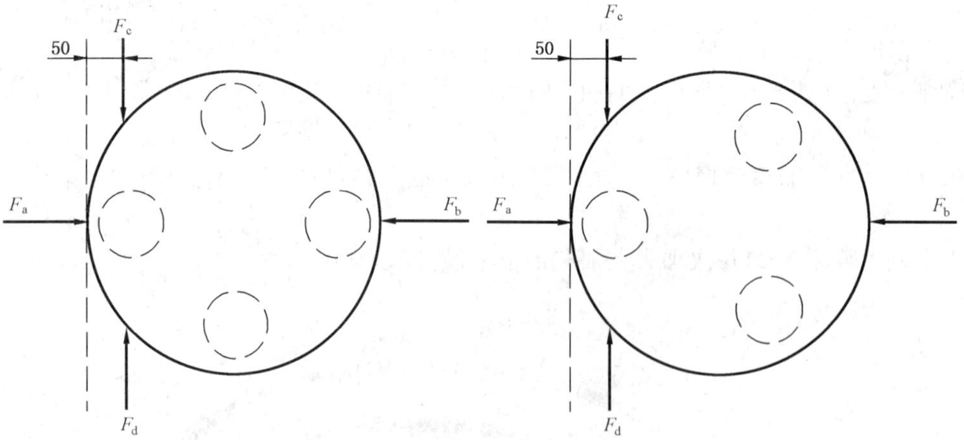

图 21　四脚或三脚圆桌水平疲劳试验

单位为毫米

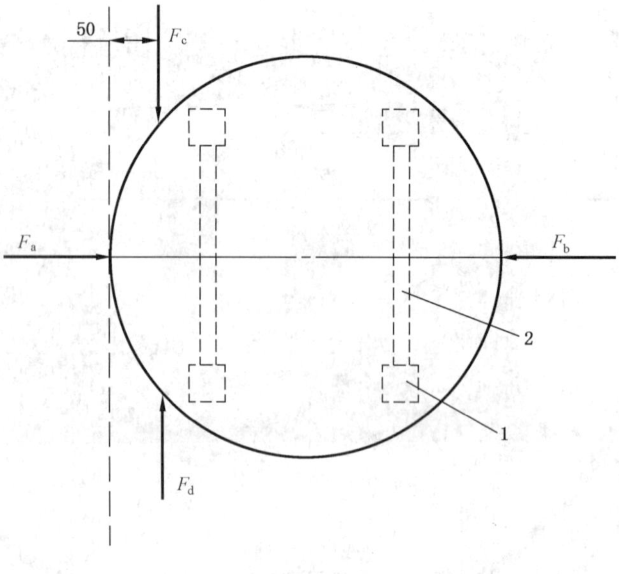

1——桌脚；
2——撑档。

图 22　两脚并联的四脚圆桌水平疲劳试验

7.8.4　垂直稳定性

7.8.4.1　试验加载

测量桌子的最大尺寸(矩形桌子的最大尺寸为边长而不是对角线)L(或 ϕ)，然后根据下列分类确定加载力(见图 23)：

——野营用：$F=200$ N；

——家用：如 L(或 ϕ)$\leqslant 800$ mm，则 $F=200$ N；

如 800 mm$<L$(或 ϕ)$<$1 600 mm，则 $F=(L/4)$ N；

如 L(或 ϕ)$\geqslant$1 600 mm，则 $F=400$ N。

——商用：如 L(或 ϕ)≤800 mm，则 F=200 N；

如 800 mm<L(或 ϕ)<1 600 mm，则 F=(L−600) N；

如 L(或 ϕ)≥1 600 mm，则 F=400 N。

如果桌子附有抽屉，则试验时抽屉应空载。

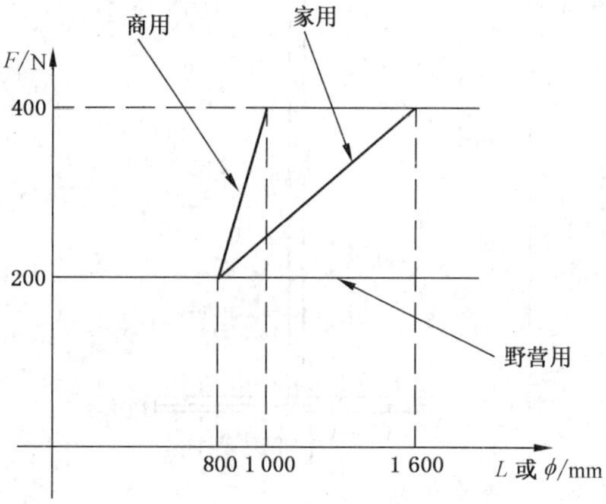

图 23　稳定性加载力

7.8.4.2　试验步骤

在尽可能远离支撑点、距离桌沿向内 50 mm 且最易发生倾翻的位置，通过局部加载垫(见 5.8)，垂直向下加载力 F(见图 24)。

单位为毫米

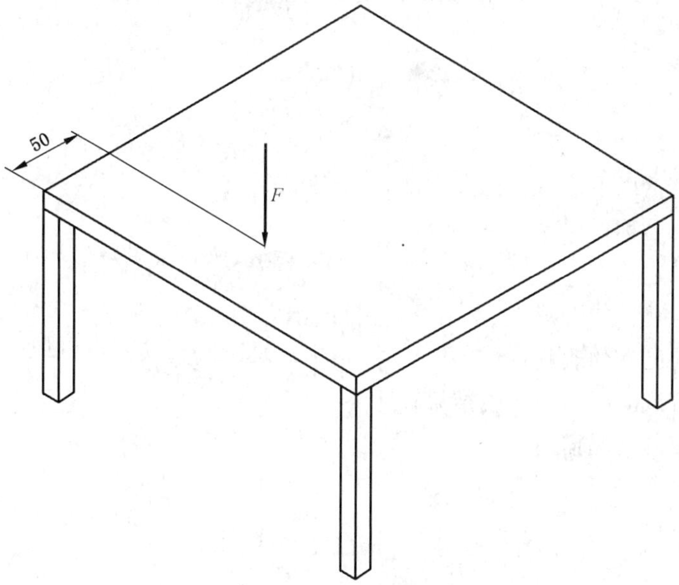

图 24　垂直稳定性

7.8.5　带太阳伞支撑功能的桌子稳定性

把试验钢管(见 5.16)固定在桌面上放置太阳伞的位置，然后在高度为 2 200 mm 的位置施加 30 N 的水平力 F(见图 25)。

单位为毫米

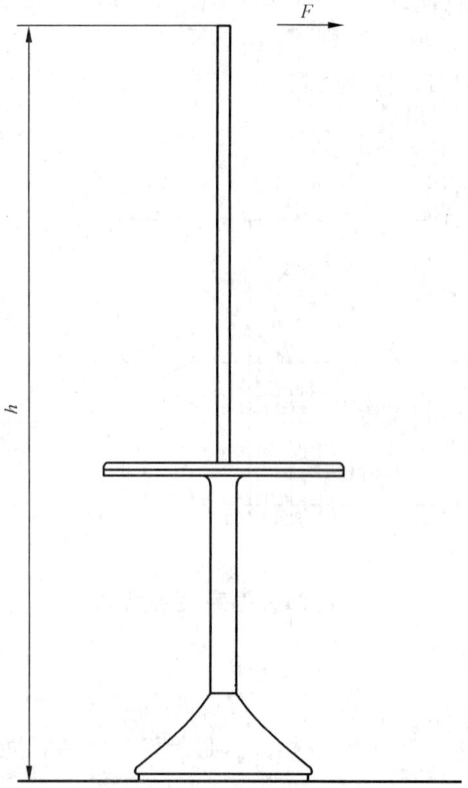

图 25 带太阳伞支撑功能的桌子稳定性

8 检验报告

试验报告应至少包括以下信息：

1） 本标准编号及名称；

2） 试样的细节描述；

3） 产品的名称、类型(如野营用、家用或商用)；

4） 试样在试验前已有的瑕疵；

5） 根据条款进行试验得出的检验结果；

6） 任何偏离标准的情况描述；

7） 检验机构的名称、地址；

8） 检验日期。

9 标志、使用说明、包装、运输和贮存

9.1 标志

9.1.1 应有中文标识；

9.1.2 标识应由耐腐蚀、耐磨损且不易脱落的材料制成；

9.1.3 字体大小不应小于“小五”号字体；

9.1.4 标识应易于看清，最好采用白底黑字；

9.1.5 对于可移动的躺椅，如果不能在负载条件下人为抬起和移动，则应按图 26 进行标注。

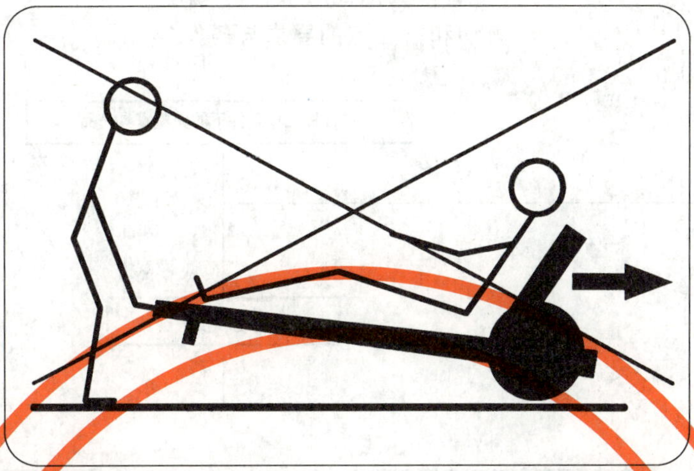

图 26 对可移动躺椅，负载时不能移动的图示

9.2 使用说明

产品使用说明的编写应按 GB 5296.6 的规定，内容应至少包括：

a) 产品名称、规格型号、执行标准编号和等级；

b) 产品主要原、辅材料名称，使用部位；

c) 产品安装和调整技术要求、注意事项；

d) 产品使用方法、注意事项；

e) 产品故障分析和排除、保养方法。

9.3 包装

产品的外包装应保证产品表面不划伤、碰损，在运输贮放过程中不产生变形；部件与部件之间应捆扎；易损的或重要的零部件应单独包装。

9.4 运输和贮存

9.4.1 包装好的产品应能符合汽车、火车、轮船和飞机的运输要求。

9.4.2 存放产品的仓库应有防雨水的措施。

附　录　A
（规范性附录）
剪切和挤压点的要求与条件

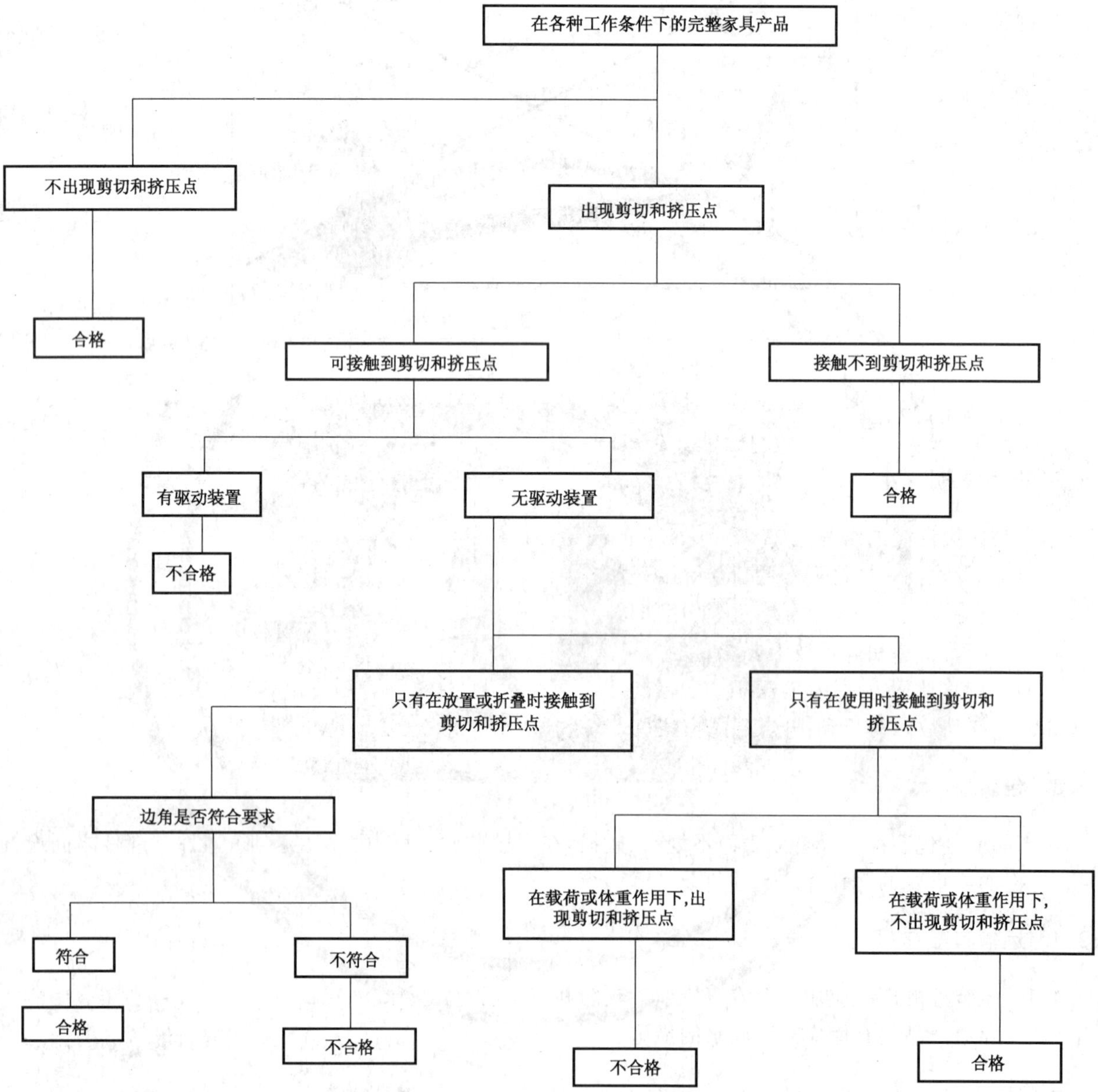

图 A.1　剪切和挤压点的要求与条件

附 录 B
（规范性附录）
躺椅的特殊试验方法和要求

B.1 介绍

躺椅类型见图B.1。根据其属性和设计，躺椅具有坐和躺的休息功能。躺椅延伸出来的部分还可供第二人坐。因此，不仅需要对躺椅的所有功能逐个进行试验，还要进行组合试验。

椅座延伸标准到躺椅的全长应满足下列要求。对于没有特殊椅座(如没有椅背和扶手)的躺椅，则应根据下列要求全部进行试验。

注：如果躺椅在其他项目尚未做前就发现有可能不满足稳定性要求，则先做稳定性。

a) 无椅背和扶手的躺椅

b) 无扶手，靠背在最高处的躺椅

c) 无扶手，靠背在最低处的躺椅

d) 有扶手和靠背，且靠背处于某个位置时易使椅子倾翻

图B.1 躺椅类型示意图

B.2 强度试验

B.2.1 试验程序

B.2.1.1 座背静载荷

所有可调节部件必须调至最易发生变形或破坏的状态。

在椅座上通过加载定位模板(见5.4，点A)确定的加载位置向下施加作用力 $F_{B.1}$，同时在D至E之间选取一个最不利的位置向下施加力 $F_{B.2}$，如图B.2a)和图B.2b)所示。

加载参数见表B.1。

椅背加载见7.7.1，加载参数见表B.1。

注：对于一个简化的座背静载荷试验，可以先通过对座面施加静载荷进行椅背试验，之后再进行座面试验。

单位为毫米

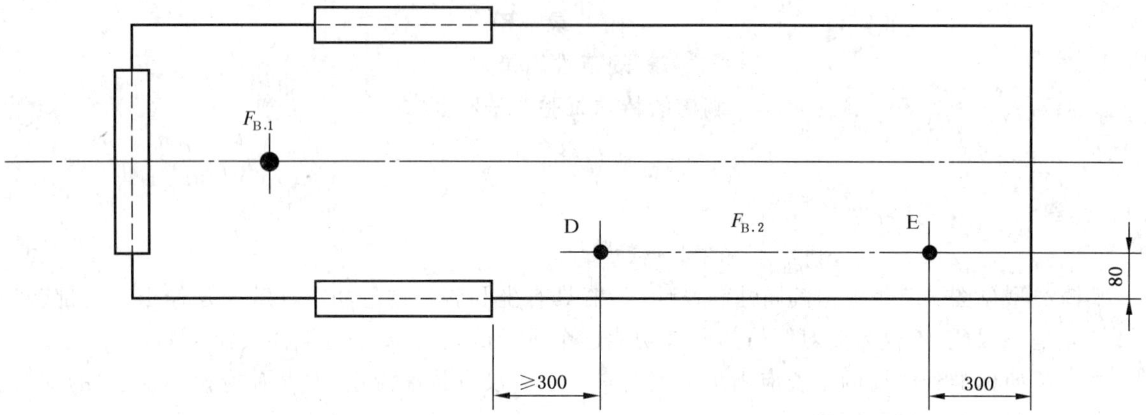

a） 带扶手的躺椅

单位为毫米

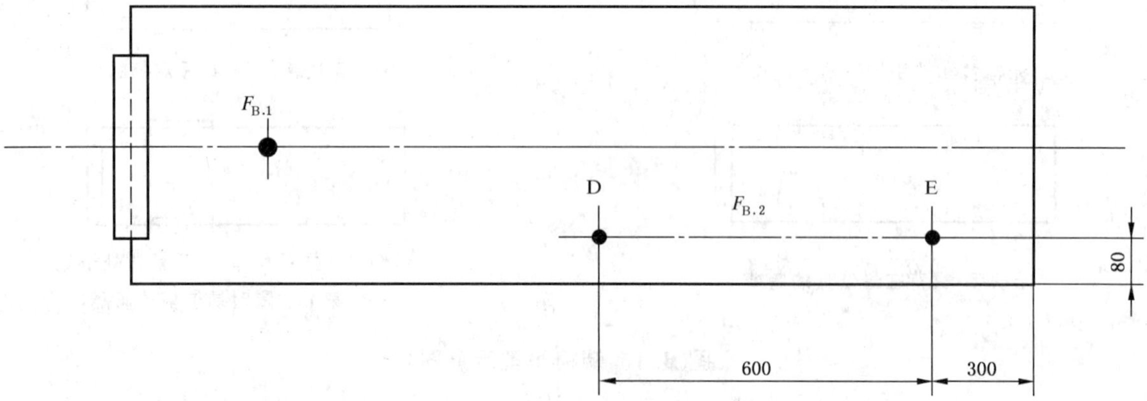

b） 无扶手的躺椅

图 B.2 静载荷试验

B.2.1.2 座背疲劳试验

B.2.1.2.1 座面疲劳试验

向下施加力 $F_{B.3}$，如图 B.3a)和图 B.3b)所示，保持(2±1) s，作用 $n_{B.2}$次，交替加载(50%次数加载于点 G，50%次数加载于点 H)，加载参数见表 B.1。

试验点和任何可调节位置均应选取在躺椅的纵向上最易发生变形或破坏的点。

单位为毫米

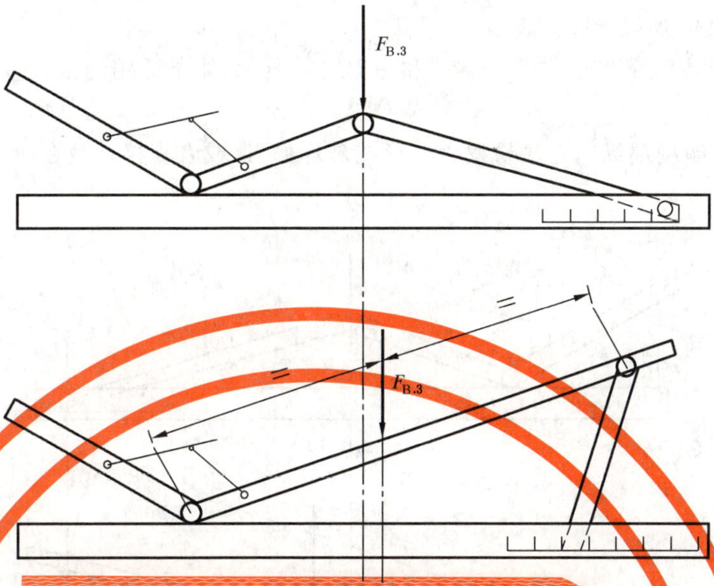

a） 座面疲劳加载示意图

单位为毫米

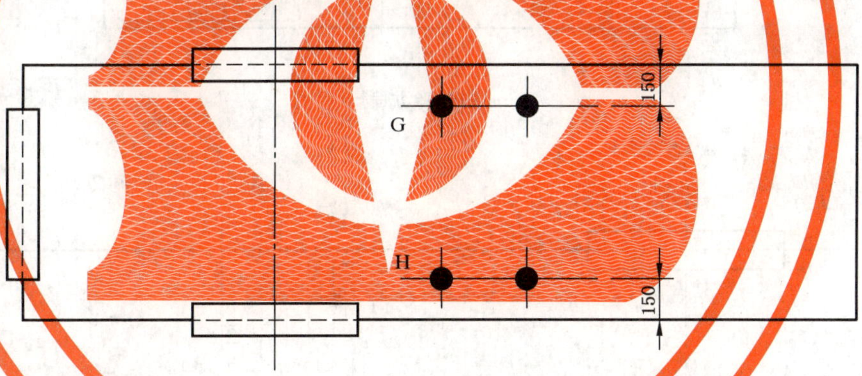

b） 座面疲劳加载俯视图

图 B.3 座面疲劳试验

B.2.1.2.2 椅背疲劳

试验方法见 7.7.3，加载参数见表 B.1。

B.2.1.3 椅背调节装置疲劳

试验方法见附录 C，加载参数见表 B.1。

B.2.1.4 扶手垂直向下静载荷

试验方法见 7.7.5，加载参数见表 B.1。

B.2.1.5 扶手疲劳

试验方法见 7.7.6，加载参数见表 B.1。

B.2.1.6 座面冲击

试验方法见7.7.9,加载参数见表B.1。

加载位置应在躺卧部分进行,如图B.4a)和图B.4b)所示,如果适用的话,还要选取足跟处的机械装置处进行加载。

冲击点应选取在躺椅的纵向上最易发生变形或破坏的点,或者直接加载在机械装置上。

单位为毫米

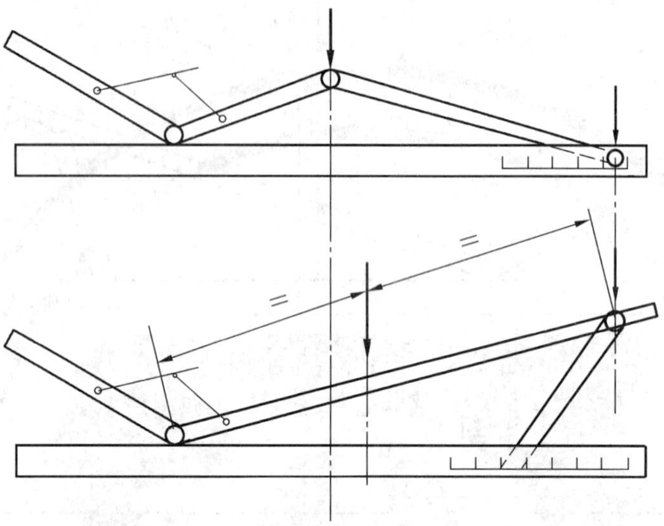

a) 冲击试验加载示意图

单位为毫米

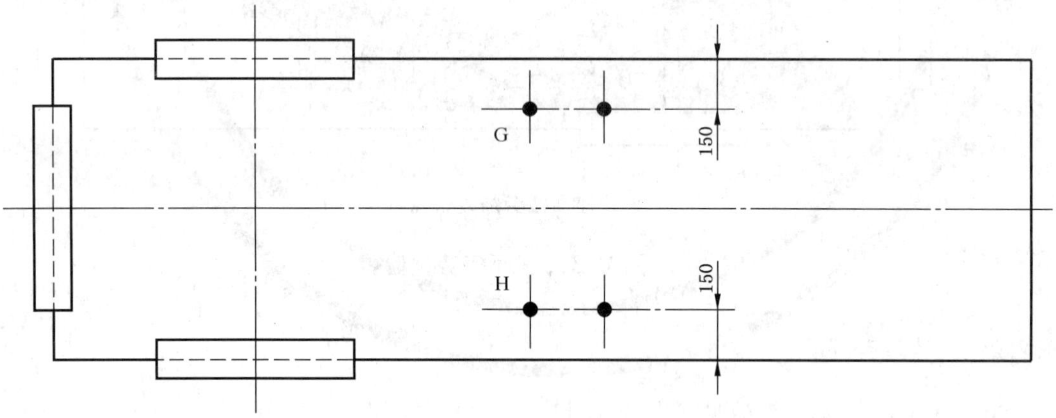

b) 冲击试验加载俯视图

图B.4 冲击试验

B.2.1.7 提升

未按9.1.5标注不能提升的躺椅均应进行提升试验。

按表B.1规定的质量$M_{B.2}$加载于躺椅表面的几何中心线(见图B.5)。$M_{B.2}$的加载面积直径为(350±50)mm。将躺椅的脚端提升到只有轮子接触试验地面的高度,提升次数为$n_{B.4}$次。

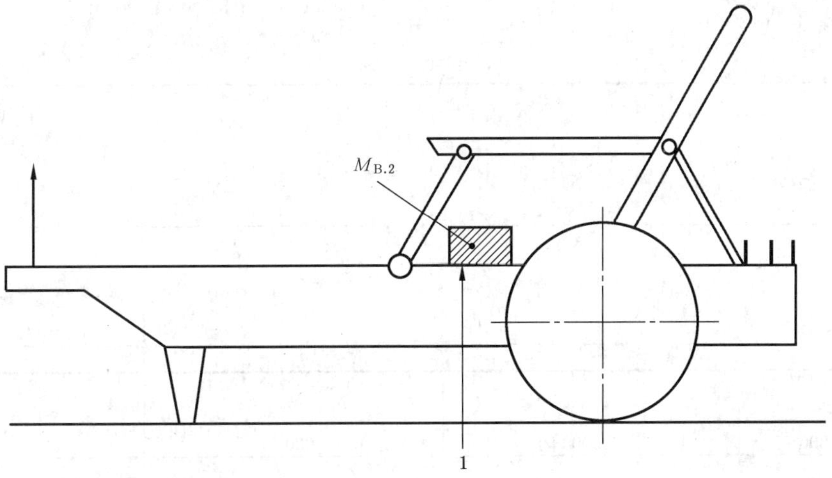

说明：

1——点 A，通过加载定位模板确定(见 5.4)。

图 B.5　提升试验

B.3　稳定性

B.3.1　试验程序

B.3.1.1　侧向倾翻

加载点应在距离侧边 60 mm 的线上，第一个点应距离前边 300 mm，之后每点都距离前一个点 600 mm，并应距离扶手端部大于 300 mm。

加载位置由小型座面加载垫(见 5.6)确定。

如果扶手长度超过 400 mm，则需要同时在扶手中点加一个 $F_{B.5}$。

向下施加作用力 $F_{B.4}$(见图 B.6)，保载 5 s，加载参数见表 B.1。

单位为毫米

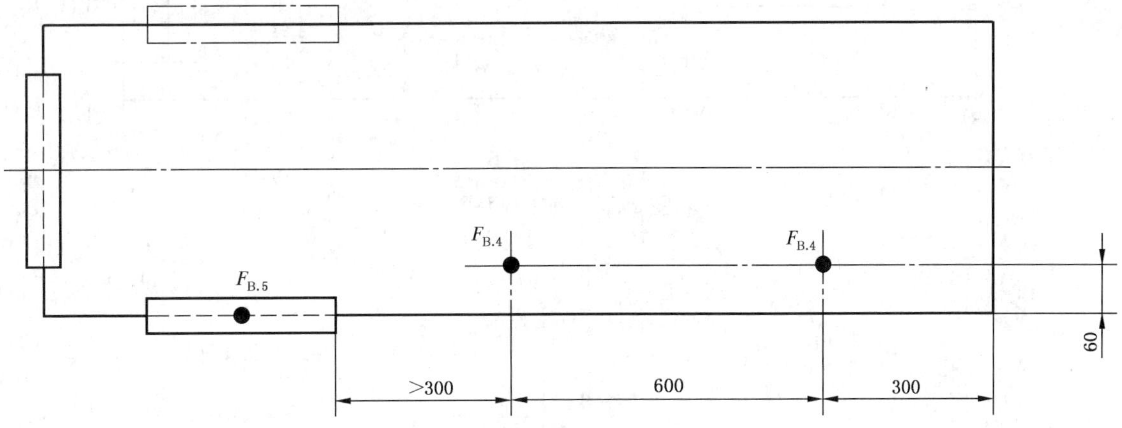

a)　带扶手的躺椅

图 B.6　侧向倾翻

单位为毫米

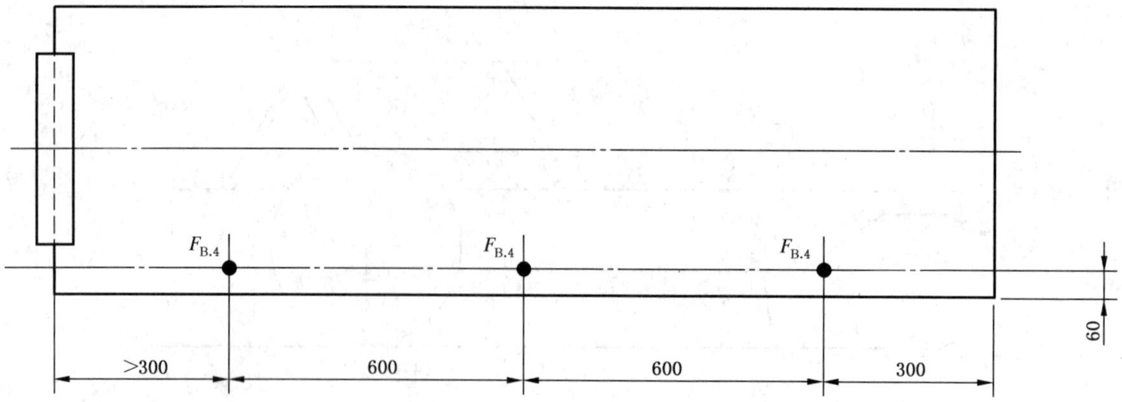

b) 不带扶手的躺椅

图 B.6(续)

B.3.1.2 前向倾翻

向下施加作用力 $F_{B.6}$(见图 B.7),保载 30 s,其余加载参数见表 B.1。

单位为毫米

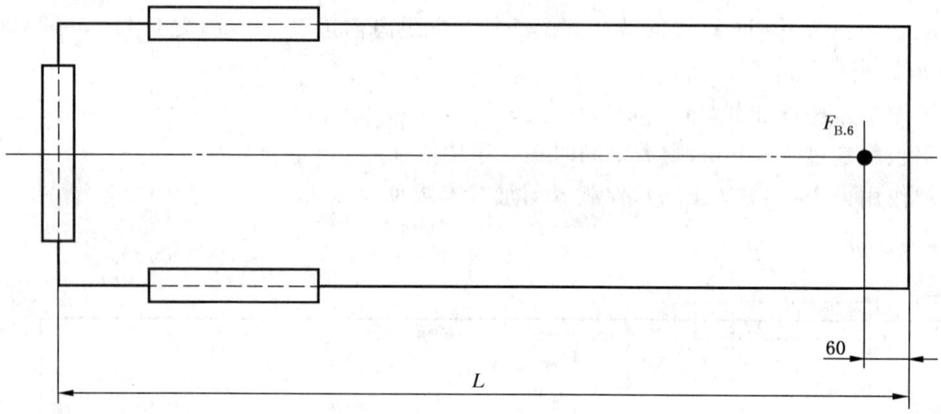

图 B.7 前向倾翻

B.4 试验参数

表 B.1 躺椅产品力学试验项目汇总表

序号	项目	试验参数	野营	家用	商用	要求	试验方法
1	座背静载荷	座面：力 $F_{B.1}$，N 座面：力 $F_{B.2}$，N $n_{B.1}$：10 次 ×10 s（±2 s）+1 次×30 min（±10 s） 椅背：力，N 10 次×10 s（±20 s）+1 次×30 min（±10 s）	1 100 600 —	1 600 900 410	2 000 900 最大 560	无破坏或明显变形，且不影响使用功能	B.2.1.1
2	座背疲劳	次数，$n_{B.2}$ 座面：力 $F_{B.3}$，N 椅背：受载力矩，N·m	12 500 750 最大 75	25 000 1 000 最大 100	50 000 1 000 最大 100	无破坏或明显变形，且不影响使用功能	B.2.1.2
3	椅背调节装置疲劳	次数 座面：质量，kg 力，N 椅背：受载力矩，N·m	5 000 100 190 75	10 000 100 250 100	20 000 100 250 100	无破坏或明显变形，且不影响使用功能	B.2.1.3
4	扶手垂直向下静载荷	垂直力，N	—	700	900[a]	无破坏或明显变形，且不影响使用功能	B.2.1.4
5	扶手疲劳	次数 力，N	5 000 400	10 000 400	30 000 400	无破坏或明显变形，且不影响使用功能	B.2.1.5
6	座面冲击	冲击高度，mm 10 次	140	180	180	无破坏或明显变形，且不影响使用功能	B.2.1.6
7	提升	质量 $M_{B.2}$，kg 次数 $n_{B.4}$	100 500	100 1 000	100 2 000	无破坏或明显变形，且不影响使用功能	B.2.1.7
8	侧向倾翻[b]	力 $F_{B.4}$，N 力 $F_{B.5}$，N	600 250	600 250	600 250	无倾翻	B.3.1.1
9	前向倾翻[b]	力 $F_{B.6}$，N	600	600	600	无倾翻	B.3.1.2

[a] 如果扶手宽度小于 15 mm，则对商用型被检样采用 700 N 的力。

[b] 如果其他项目尚未做前就发现有可能不满足稳定性要求，则先做稳定性。不适用于座面高度小于 200 mm 或总质量不高于 5 kg 的样品。座面高度应在样品未加载时测量从地面到座面中心线 2/L 处的距离。

附　录　C
（规范性附录）
背可调椅子的附加试验

C.1　椅背调节装置疲劳试验

将椅子调至正常使用状态，椅脚固定住以防止滑动，背调至最不利的状态。如果不能确定最不利的状态，则将椅背调至中间位置。

通过加载定位模板（见 5.4）确定 A 点，加载参数见表 1。

椅背加载点距离座面至少 400 mm，具体位置由加载定位模板（见 5.4）确定，加载点应距离椅背左右外边缘 50 mm。

对椅背垂直交替向后加载，加载参数见表 1（对躺椅产品，则见表 B.1）。

如果加载点位置不能满足上述要求，则应保持弯曲力矩为一常数，如随着加载高度的减小，加载力应成比例地增大。

对椅子进行加载（次数见表 1），每次加载力应保持（2±1）s。

附　录　D
（规范性附录）
座椅稳定性

D.1　所有座椅测试程序——试验方法

D.1.1　椅凳前向倾翻

用挡块靠在椅子前腿或底座上。

通过小型座面加载垫（见5.6），在离载荷支承结构前缘60 mm处垂直向下施加600 N的力（若有多个摆放位置，最多只选择2个位置）。在每一个加载荷的位置，沿着小型座面加载垫（见5.6）基座与椅座接触面向外的水平方向施加20 N的力，加载时间至少5 s（见图D.1）。

记录椅子是否倾翻。

计算方法见D.3。

单位为毫米

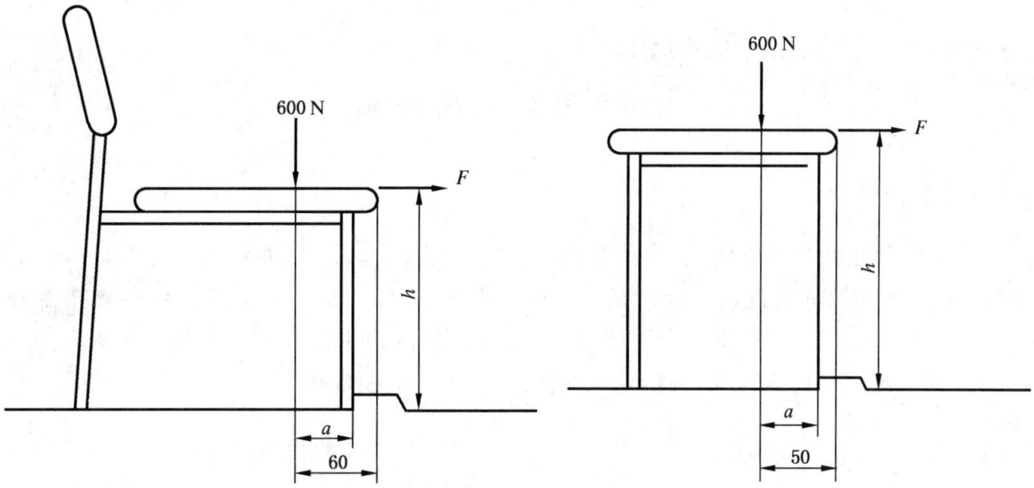

a——从翻转轴到椅座加载点竖直投影处的最短距离。

图D.1　椅凳前向倾翻

D.1.2　无扶手椅侧向倾翻

用挡块靠在椅子前腿或一侧的底座上。

通过小型座面加载垫（见5.6），在最接近于被挡椅腿的载荷支承结构前缘60 mm垂直向下施加600 N的力。沿着小型座面加载垫（见5.6）基座与椅座接触面水平向外施加20 N的力，加载时间至少为5 s（见图D.2）。

记录椅子是否倾翻。

计算方法见D.3。

单位为毫米

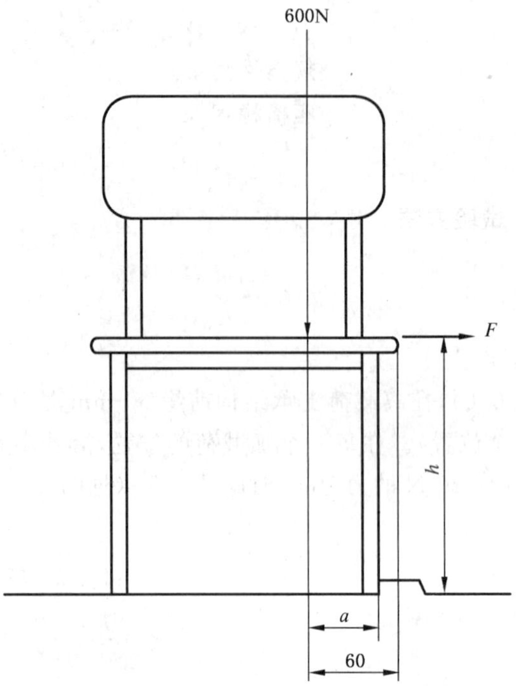

a——从翻转轴到椅座加载点竖直投影处的最短距离。

图 D.2 无扶手椅侧向倾翻

D.1.3 扶手椅侧向倾翻

将挡块靠在加载侧的椅腿外侧上，在离座面中心线一侧 100 mm 与离座面后沿 175 mm～250 mm 范围内的任何交点，垂直向下施加 250 N 的力，再通过小型座面加载垫（见 5.6），在离扶手外侧边沿 40 mm内扶手上最不稳定的部位垂直向下施加 350 N 的力，从扶手垂直力加载部位沿水平方向向外施加 20 N 的力，并且该力与椅脚连线垂直，加载时间至少为 5 s（见图 D.3）。

记录椅子是否倾翻。

计算方法见 D.3。

单位为毫米

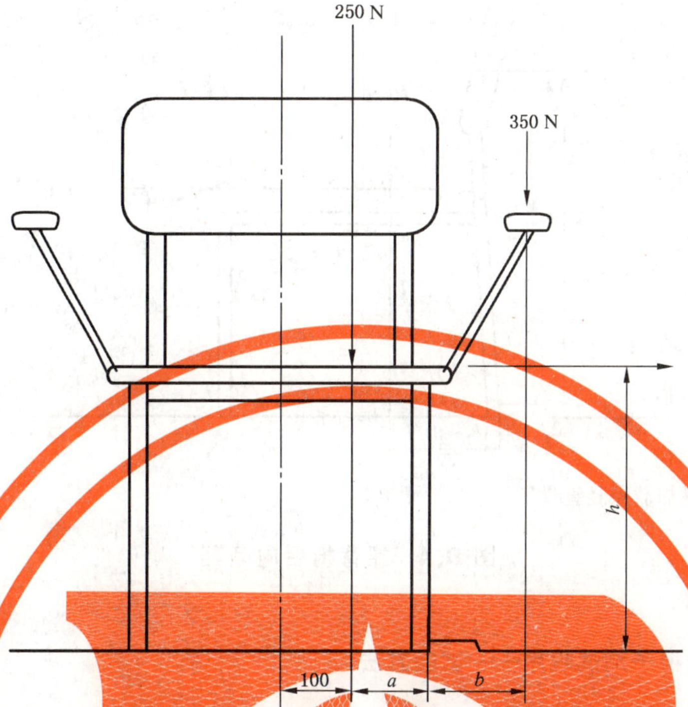

a ——从翻转轴到椅座加载点竖直投影处的最短距离；

b ——从翻转轴到扶手加载点竖直投影处的最短距离。

图 D.3 扶手椅侧向倾翻

D.1.4 靠背椅后向倾翻

仅适用于在未承载的情况下，椅子能够伸展 50 mm 或更远距离有椅背的椅子。

把挡块靠在椅子后腿或底座上。通过小型座面加载垫（见 5.6），在由加载定位模板（见 5.4）确定的椅座加载点垂直向下施加 600 N 的力。对于 $H \geqslant 720$ mm 的椅子，作用力 F 为 80 N，对于 $H < 720$ mm 的椅子，作用力 F（用 N 表示）按式（D.1）计算：

$$F = 0.285\,7(1\,000 - H) \qquad \text{(D.1)}$$

式中：

F——椅背水平加载力，单位为牛顿（N）；

H——受载椅座与地板的距离，单位为毫米（mm）。

在由加载定位模板（见 5.4）确定的椅背位置或椅背的顶边沿水平方向向后施加力 F（见图 D.4）。当有多个放置位置时，应同时在两个最不利的位置进行试验。

计算方法见 D.3。

单位为毫米

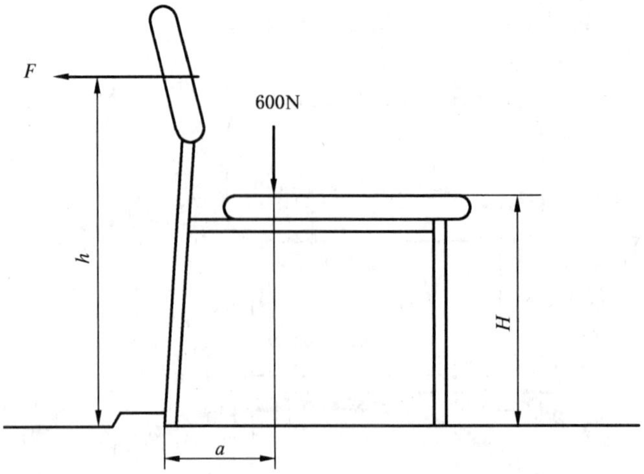

a——从翻转轴到椅座加载点竖直投影处的最短距离。

图 D.4 靠背椅后向倾翻

D.2 几何形状变化的椅子测试程序——试验方法

注：对于几何形状变化的椅子，不适用于计算方法。

D.2.1 概述

除了前面所提到的测试或计算方法以外，几何形状变化的椅子应进行倾斜，摇晃，放倒测试，如果椅子的几何形状符合测试方法的结构范围，具体试验方法如下。

测试要在充分倾斜或放倒的情况下进行。

γ 椅座与椅背的夹角；

θ 椅背与水平面的夹角(见图 D.5a)、图 D.6b)、图 D.7a)、图 D.9a))。

对于已成形的椅子或者是有垫子的椅子或后背，椅子的载荷板应形成相关的倾斜角度。

如果 D.2.2、D.2.3、D.2.4 中的测试方法所用的加载盘的叠放高度超过靠背的高度时，则要用质量轻的支撑物，如一张纸板(见图 D.5a))，以防止上面的加载盘滑出。

D.2.2 倾斜椅

注：本方法适用于 $\theta \geqslant 10°$，γ 处于(90～170)°的椅子。

在椅子上放置 11 个加载盘，这样加载盘可以牢固地靠在椅背上[见图 D.5a)和图 D.5b)]。

记录椅子是否发生倾翻。

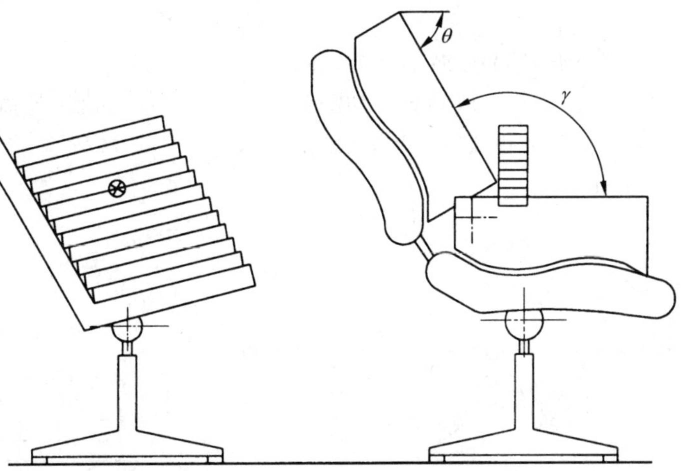

a） 倾斜椅测试方法

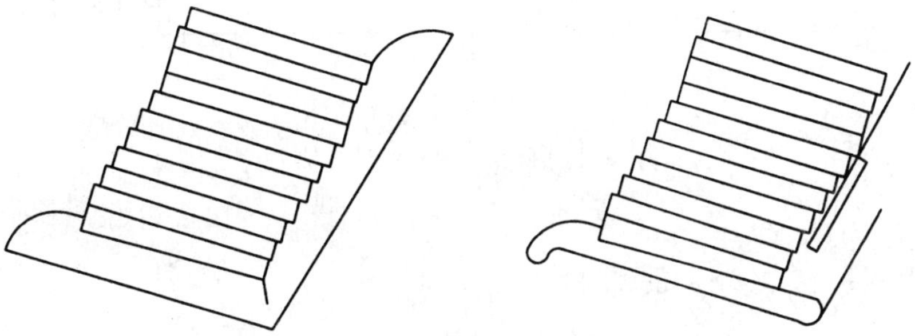

b） 倾斜椅测试方法加载示意

图 D.5 倾斜椅测试方法

D.2.3 摇椅

选择最不利的地面进行试验，如光滑和磨光的表面或地毯或橡胶。

在椅子上放置 8 个加载盘，使加载盘可以牢固地靠在椅背上。

根据实际情况，最大可能地向前摇椅子，或直至椅背竖直[见图 D.6a)]。允许椅子在重力的作用下自由向后摇动[见图 D.6b)]。

记录椅子是否发生倾翻。

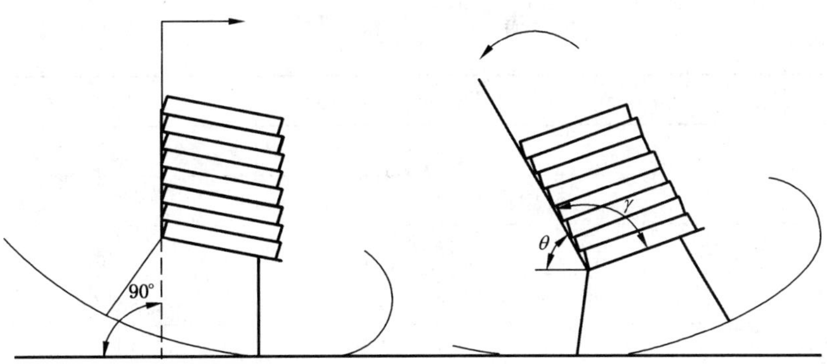

a） 椅背竖直时　　b） 椅背非竖直时

图 D.6 摇椅测试方法

D.2.4 有脚凳的靠椅

注：本方法适用于 $\theta \geqslant 10°$ 且小于 55°，γ 处于(90～170)°的椅子。

通过支撑装置(见 5.15)在椅子上放置 8 个加载盘(见 5.14)，在与椅座与椅背交叉处距离为 Z 的脚凳上放置 3 个加载盘，如图 D.7a)、图 D.7b)和表 D.1 所示。

记录椅子是否发生倾翻。

单位为毫米

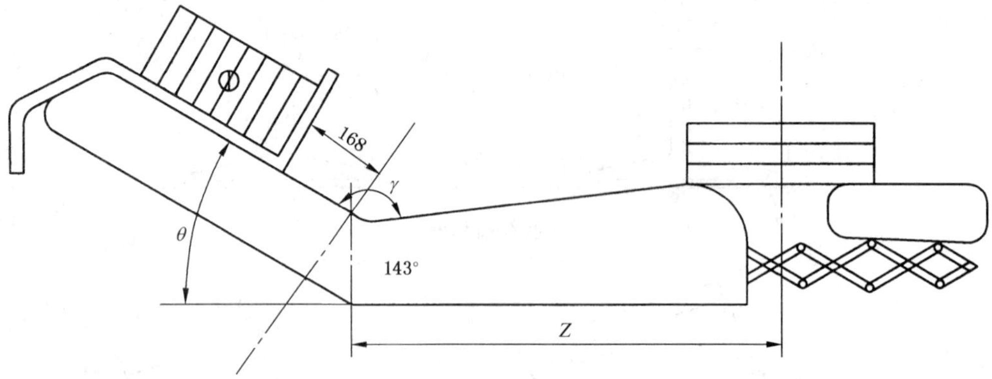

a) 有脚凳的靠椅测试方法

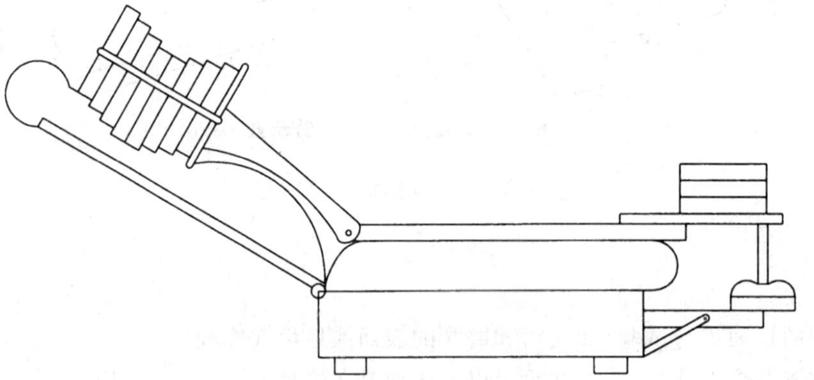

b) 有脚凳的靠椅测试方法加载示意

图 D.7 靠椅测试方法

表 D.1 X 和 Z 值

θ/(°)	X/mm	Z/mm
0	474	614
10	424	564
20	375	515
30	325	464
45	252	392
60	194	314

D.2.5 脚凳测试方法

对于具有脚凳的靠椅：

——当脚凳折叠时，应根据 D.1.1 规定对靠椅进行正常向前倾翻试验；

——当脚凳不折叠时，应根据 D.1.1 规定在脚凳完全伸展的位置进行向前倾翻试验。

D.2.6 无脚凳的靠椅

注：本方法适用于 θ 小于 45°，γ 处于 90°～120°的椅子。

在椅子上放置 8 个加载盘，在与椅座与椅背结合处距离为 X 的椅座前端放置 3 个加载盘，如表 D.1、图 D.8、图 D.9a)和图 D.9b)所示。

记录椅子是否倾翻。

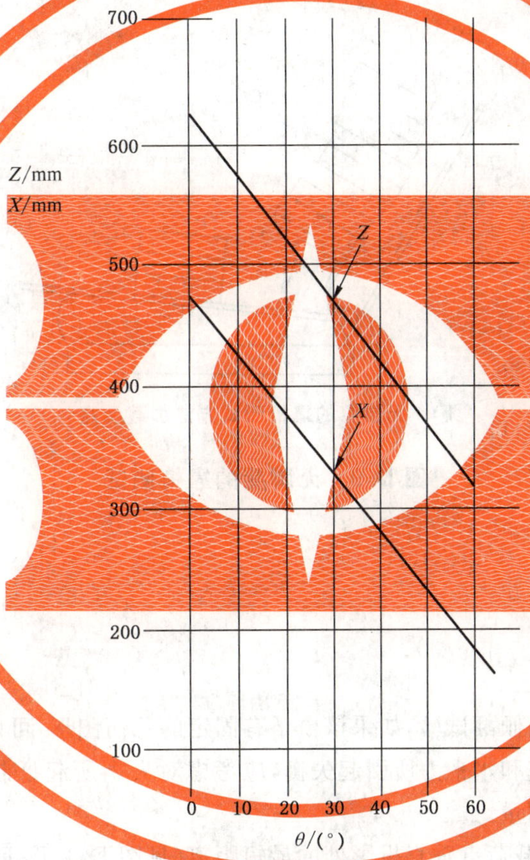

图 D.8 X 和 Z 值

单位为毫米

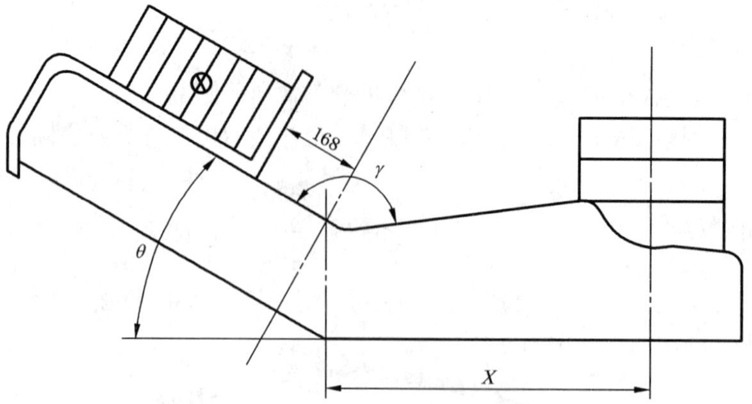

a） 无脚凳的靠椅测试方法

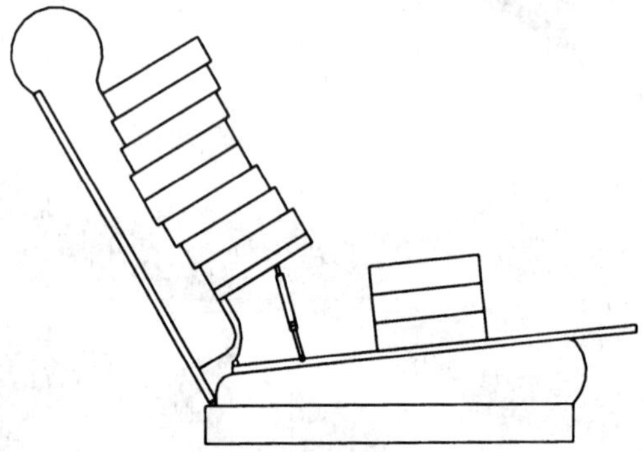

b） 无脚凳的靠椅测试方法加载示意

图 D.9 无脚凳的靠椅测试

D.3 计算方法

D.3.1 概述

对于前向、后向以及侧向倾翻试验，如果该椅子有固定的几何图形，可以用本条所规定的计算方法。

在计算方法中，由于竖直和水平力所引起失衡，应考虑对失衡所起抵制作用。计算中，应在规定载荷作用下，对 a，b 和 h 进行测量。

a ——从翻转轴到椅座载荷点垂直投影处的最短距离（见图 D.1、图 D.2、图 D.3、图 D.4）。

b ——从翻转轴到扶手载荷点垂直投影处的最短距离（见图 D.3）。

h ——从载荷点到测试地面的垂直距离（见图 D.1、图 D.2、图 D.3、图 D.4）。

H——受载座面的高度（见图 D.4）。

首先，测量 D.1.1、D.1.2、D.1.3、D.1.4 中规定的载荷点，测量 a、b、h。

注：翻转轴并不是总是在椅脚外侧，可能在椅脚内侧，如：当椅脚在底部被斜切或成圆形。

可通过在椅脚下放一张纸找到椅脚与地面接触部位。

用挡块挡住椅腿。根据图 D.1、图 D.2、图 D.3、图 D.4 所示的那样逐渐增大水平力 F_0 到椅子刚好发生倾斜。

记录椅子刚好发生倾斜时的力值 F_0。

计算出当椅子承载时，使椅子刚好发生倾斜所需的力值 F_c。

D.3.2 无扶手椅前向和侧向倾翻

根据式(D.2)计算使椅子倾翻所需的力值 F_c：

$$F_c = F_o + 600a/h \qquad \text{(D.2)}$$

F_c 应不少于 20 N。

D.3.3 扶手椅侧向倾翻

根据式(D.3)计算使椅子倾翻所需的力值 F_c：

$$F_c = F_o + 1/h(250a - 350b) \qquad \text{(D.3)}$$

F_c 应不少于 20 N。

D.3.4 凳子任意方向倾翻

凳子任意方向倾翻时的力值 F_c 按 D.3.2 规定测定。

F_c 应不少于 20 N。

D.3.5 后向倾翻

根据式(D.4)计算使椅子倾翻所需的力值 F_c：

$$F_c = F_o + 600a/h \qquad \text{(D.4)}$$

当 $H>720$ mm 时，F_c 为 80N；

当 $H\leqslant720$ mm 时，$F_c\geqslant0.285\,7(1\,000-h)$。

ICS 01.040.03
A 13

中华人民共和国国家标准

GB/T 28479—2012

国际贸易单证分类与代码

Classifications and codes for international trade documents

(UN/CEFACT UNCL.D.10B,MOD)

2012-07-31 发布 2012-11-01 实施

中华人民共和国国家质量监督检验检疫总局
中国国家标准化管理委员会
发布

前　言

本标准按照 GB/T 1.1—2009 给出的规则起草。

本标准使用重新起草法修改采用联合国贸易便利化与电子业务中心(UN/CEFACT)《行政、商业和运输业电子数据交换的代码表》(UNCL)D.10B 中 1001“单证名称代码”。

本标准与 UN/EDIFACT 代码表(UNCL)D.10B 中 1001 的技术性差异如下：

——对范围进行了改写；

——增加了国际贸易单证分类；

——增加了国际贸易单证代码表的结构。

本标准由全国电子业务标准化技术委员会(SAC/TC 83)提出并归口。

本标准起草单位：中国标准化研究院、天津财经大学。

本标准主要起草人：胡涵景、王凌云、张荫芬、江洲、王捷、李文文、佟文会。

国际贸易单证分类与代码

1 范围

本标准规定了国际贸易单证的分类与代码。

本标准适用于国际贸易的电子数据交换和信息处理。

2 国际贸易单证分类

国际贸易单证的分类如下：

a) 生产单证；

b) 订购单证；

c) 销售单证；

d) 银行单证；

e) 保险单证；

f) 货运代理单证；

g) 运输单证；

h) 出口单证；

i) 进口和转口单证。

3 国际贸易单证代码表

3.1 代码表的结构

代码采用3位不定长数字代码，表示为n..3。

代码表由代码、中文名称、英文名称以及说明组成。

3.2 代码表

国际贸易单证代码表见表1。

表1 国际贸易单证代码表

代码	中文名称	英文名称	说明
1	分析证书	Certificate of analysis	提供有分析价值的证书
2	一致性证书	Certificate of conformity	证明与预先确定的定义相一致的证书
3	质量证书	Certificate of quality	证明货物、服务等质量的证书
4	测试报告	Test report	提供测试结果的报告
5	产品性能报告	Product performance report	说明产品性能值的报告
6	产品规格型号报告	Product specification report	提供产品规格型号的报告
7	处理数据报告	Process data report	生产过程中处理各项事件的报告

表 1（续）

代码	中文名称	英文名称	说　明
8	首次采样测试报告	First sample test report	描述首次采样测试报告的单证或报文
9	价格/销售目录	Price/sales catalogue	由卖方提供给买方的有关货物或服务的价格或销售目录细目的单证或报文
10	参与方信息	Party information	提供有关某参与方基本数据的单证/报文
11	美国联邦标签认可	Federal label approval	与联邦标签认可要求有关的事先批准的单证
12	农产品加工厂证书	Mill certificate	证明农产品特定质量的证书
13	邮件收据	Post receipt	通过邮局运输货物的单证/报文(例:邮件,包裹单等)
14	重量证书	Weight certificate	证明货物重量的证书
15	重量单	Weight list	说明货物重量的单证/报文
16	证书	Certificate	跟单信用证申请人说明该证书的适用条件和证书由谁签发
17	价格与原产地综合证书	Combined certificate of value and origin	标识货物的单证,发证机构证明相应货物原产于特定国家、某国的部分地区或国家集团的单证。它还说明了货物的价格和 /或成本,以确定海关原产地
18	搬移证书	A. TR. 1 Movement certificate A. TR. 1	由出口方签发的转口申报的特定格式的证书
19	数量证书	Certificate of quantity	证明货物、服务等数量的证书
20	质量数据报文	Quality data message	使用 QALITY-报文
21	查询	Query	基于所定义基准的请求信息
22	查询回复	Response to query	回复所查询问题的单证或报文
23	状态信息	Status information	有关报文状态的信息
24	重新积载	Restow	标识已卸下又重新装在同一运输工具上的集装箱的报文/单证
25	集装箱卸船清单	Container discharger list	逐个列出将卸船的集装箱的报文/单证
26	公司退休金分摊通知	Corporate superannuation contributions advice	提供用于公司退休计划分摊通知的单证/报文
27	行业退休金分摊通知	Industry superannuation contributions advice	提供用于全行业退休金计划分摊通知的单证/报文
28	公司退休金成员维护报文	Corporate superannuation member maintenance message	用于公司退休金计划的成员维护报文
29	全行业退休金成员维护报文	Industry superannuation member maintenance message	用于全行业退休金计划的成员维护报文
30	寿险工资扣除通知	Life insurance payroll deductions advice	人寿保险业中使用的工资扣除通知

表 1（续）

代码	中文名称	英文名称	说　明
31	保税货物搬移请求	Underbond request	请求将货物从一个海关监管地点移至另一个海关监管地点的报文/单证
32	保税货物搬移批准	Underbond approval	海关签发的、批准将货物从一个海关监管地点移至另一个海关监管地点的报文/单证
33	出口肉类封柜证书	Certificate of sealing of export meat lockers	出口国当局签发的、证明肉类出口封柜的单证/报文
34	货物状态	Cargo status	标识货物状态的报文
35	库存报告	Inventory report	说明与现有库存有关的信息的报文
36	身份证	Identity card	标识个人身份的官方证件
37	回复贸易统计报文	Response to a trade statistics message	国家主管机构对已收到的申请人申报(用于欧洲统计)给出接受或拒绝回复的单证/报文
38	免疫接种证书	Vaccination certificate	提供对某些疾病具有免疫力的官方证明
39	护照	Passport	允许在国外旅行的官方证件
40	驾驶执照(国内驾照)	Driving licence (national)	允许在指定国家驾驶汽车的官方证件
41	驾驶执照(国际驾照)	Driving licence (international)	允许某国公民在某些其他国家驾驶汽车的官方证件
42	免费服务证	Free pass	可免费获得服务的证件
43	季票	Season ticket	在指定期限内获得服务的单证
44	运输状态报告	Transport status report	商定的参与方之间报告运输状态和/或运输状态变更(即事件)的报文
45	运输状态请求	Transport status request	请求获得运输状态报告的报文(如使用国际多式联运状态报告报文)
46	银行业务状况	Banking status	银行业务状况的单证和/报文
47	跨欧盟贸易统计申报单	Extra-Community trade statistical declaration	申报人为贸易统计机构提供跨欧盟的货物贸易信息的单证/报文。 该贸易指欧盟内的国家与欧盟外的国家进行贸易
48	符合 ADR 物品号 10385 的书面说明	Written instructions in conformance with ADR article number 10385	与危险品有关,并在欧洲危险品公路运输协定(ADR)中定义的书面说明
49	残损证明	Damage certification	发现将运输的货物有损坏的官方证明
50	有效定价标书	Validated priced tender	有效定价投标书
51	价格/销售目录回复	Price/sales catalogue response	回复以前发送的价格/销售目录的单证
52	价格协商结果	Price negotiation result	提供价格协商结果的单证

表 1（续）

代码	中文名称	英文名称	说　　明
53	安全与危险数据表	Safety and hazard data sheet	通知行业客户有关危险品或危险物质的单证或报文，使其能够对这些物质潜在的危害采取措施以保护员工和环境
54	法定账单	Legal statement of an account	金融机构分类账中已入账项目的账单
55	账单明细	Listing statement of an account	包括待入账项目的金融机构服务账户的账单
56	结算账单	Closing statement of an account	包括利息计算和最后计账日期的最终余额期间的最后账单
57	运输设备起租报告	Transport equipment on-hire report	集装箱或其他运输设备的搬移报告，以记录实际搬移时间和确立租期的开始时间
58	运输设备停租报告	Transport equipment off-hire report	集装箱或其他运输设备的搬移报告，以记录实际搬移时间和租期的开始时间
59	无短装溢装残货处理	Treatment-nil outturn	集装箱船卸下的货物无短装溢装或损坏
60	到期保税货物处理	Treatment-time-up underbond	搬移类型指示符：保税货物到期搬出仓库的标识
61	海运保税货物处理	Treatment-underbond by sea	搬移类型指示符：海运保税货物运到清关地海关
62	个人物品处理	Treatment-personal effect	货物含个人物品
63	木材处理	Treatment-timber	木质货物
64	初步信用评估	Preliminary credit assessment	由经纪人出据的买方初步信用评估，或卖方要求经纪人提供买方初步信用评估的单证/报文
65	信用保证	Credit cover	经纪人出据的为买方提供信用担保，或卖方要求经纪人提供信用担保的单证/报文
66	往来账目	Current account	经纪人签发的、指出卖方或与其有关的另一经纪人账户的资金流动的单证/报文
67	商业纠纷	Commercial dispute	参与方（通常是买方）签发的、指出一张或多张发票或贷记通知有付款争议的单证/报文
68	倒扣款项	Chargeback	经纪人给卖方或另一经纪人签发的单证/报文，指出从买方不能收回一张或多张发票的未付剩余金额，以结算分类账发票

表 1（续）

代码	中文名称	英文名称	说　明
69	再转让	Reassignment	经纪人给卖方或另一经纪人签发的单证/报文，再转让以前转让给其的发票或贷记通知
70	抵押账户	Collateral account	经纪人签发的单证/报文，指出发票、贷记通知的变动和为卖方账户付款
71	请求支付	Request for payment	贷记方发给借记方的单证/报文，请求支付一张或多张到期未付发票
72	卸货许可	Unship permit	签发卸货许可证的报文或单证
73	统计定义	Statistical definitions	传输一个或多个统计定义
74	统计数据	Statistical data	传输一项或多项数据或数据组
75	请求统计数据	Request for statistical data	请求一项或多项统计数据或统计数据组
76	取消交货	Call-off delivery	参照先前的交货指示提供分批交货的数量和日期的单证/报文
77	货载状况报告	Consignment status report	关于货载状态信息的报文
78	库存搬移通知	Inventory movement advice	库存搬移通知
79	库存状态通知	Inventory status advice	现有库存的通知
80	与货物或服务有关的借记通知	Debit note related to goods or services	向有关方发送的与货物或服务交易相关的借记信息
81	与货物或服务有关的贷记通知	Credit note related to goods or services	与货物交易或为相关参与方服务有关的贷记信息
82	计量服务发票	Metered services invoice	要求在某期限内，用固定计量仪表（如气、电等）测出的消耗量付款的单证/报文
83	与财务调整有关的贷记通知	Credit note related to financial adjustments	提供与相关参与方进行有关财务调整的贷记信息（如红利）的单证/报文
84	与财务调整有关的借记通知	Debit note related to financial adjustments	提供与相关参与方进行有关的财务调整的借记信息的单证/报文
85	报关载货清单	Customs manifest	标识报关载货清单的报文/单证。该单证为向海关申报的载货清单
86	货差报告	Vessel unpack report	标识在指定卸货港短卸或溢卸货物的报文
87	杂货汇总清单报告	General cargo summary manifest report	杂货的汇总清单信息报文
88	托运物拆包报告	Consignment unpack report	托运物拆包报告报文
89	肉类及其副产品卫生证书	Meat and meat by-products sanitary certificate	出口国主管部门签发的证明肉类及其副产品符合进口国要求的单证或报文
90	肉制品卫生证书	Meat food products sanitary certificate	出口国主管部门签发的证明肉制品符合进口国要求的单证或报文

表 1（续）

代码	中文名称	英文名称	说　明
91	家禽卫生证书	Poultry sanitary certificate	出口国主管部门签发的证明家禽产品符合进口国要求的单证或报文
92	马肉卫生证书	Horsemeat sanitary certificate	出口国主管部门签发的证明马肉产品符合进口国要求的单证或报文
93	肠衣卫生证书	Casing sanitary certificate	由出口国主管部门签发的证明肠衣产品符合进口国要求的单证或报文
94	药品卫生证书	Pharmaceutical sanitary certificate	出口国主管部门签发的证明药品符合进口国要求的单证或报文
95	非食用品卫生证书	Inedible sanitary certificate	由出口国主管部门签发的证明非食用品符合进口国要求的单证或报文
96	即将到达	Impending arrival	船舶即将到达的详细内容通知
97	运输工具通知	Means of transport advice	报告运送货物的运输工具的报文
98	到达信息	Arrival information	货物到达详细内容的报文
99	货物放行通知	Cargo release notification	办理货运手续参与方发送的、指示货物已离开海关监管的报文/单证
100	国内税证书	Excise certificate	声明货物离开出口国之前或交付进口国之前已向税务部门纳税的证书
101	注册文件	Registration document	提供注册细目的正式证件
102	税务通知	Tax notification	报文是税务通知
103	运输设备直接交接报告	Transport equipment direct interchange report	报告集装箱或其他运输设备的交接搬移并确定相应的租期
104	运输设备即将到达通知	Transport equipment impending arrival advice	集装箱或其他运输设备预计到达某地点的通知
105	订购单	Purchase order	企业为提供销售或向客户供货而进行生产或制造最初采购所需的物品、原材料和服务签发的单证/报文
106	运输设备残损报告	Transport equipment damage report	报告已返回的运输设备的残损情况
107	运输设备维修估算通知	Transport equipment maintenance and repair work estimate advice	提供运输设备维修费用估算的通知
108	运输设备放行指示	Transport equipment empty release instruction	向某参与方或各参与方放行运输设备的指示
109	运输搬移进场报告	Transport movement gate in report	内陆承运人向场站交付货物、集装箱或其他运输设备进场搬移的报告
110	制造指示	Manufacturing instructions	企业签发的单证/报文，以便销售的货物开始制造
111	运输出场报告	Transport movement gate out report	由内陆承运人提取的货物、集装箱或其他运输设备(满或空)的出场报告

表 1（续）

代码	中文名称	英文名称	说　明
112	运输设备卸货指示	Transport equipment unpacking instruction	从指定集装箱或其他运输设备卸下指定货物的指示
113	运输设备卸货报告	Transport equipment unpacking report	完成指定集装箱或其他运输设备卸货的报告
114	提取运输设备请求	Transport equipment pick-up availability request	确认提取运输设备的请求
115	提取运输设备的确认	Transport equipment pick-up availability confirmation	提取运输设备的确认
116	运输设备提取报告	Transport equipment pick-up report	运输设备已被提取的报告
117	运输设备移位报告	Transport equipment shift report	场区内集装箱或其他运输设备移位报告
118	卸载指示	Transport discharge instruction	从运输工具卸下指定货物、集装箱或运输设备的指示
119	卸载报告	Transport discharge report	从某一运输工具卸下的货物、集装箱或运输设备的报告
120	领料单	Stores requisition	企业签发取出存货命令的单证/报文
121	装载指示	Transport loading instruction	将货物、集装箱或运输设备装上运输工具的说明书
122	装载报告	Transport loading report	货物、集装箱或运输设备已装上运输工具的报告
123	运输设备维修认可书	Transport equipment maintenance and repair work authorisation	已经完成运输设备修理或维护的认可书
124	驶离报告	Transport departure report	运输工具离开场区的报告
125	运输设备通知	Transport empty equipment advice	一个或多个运输设备可以返还通知
126	运输设备接收单	Transport equipment acceptance order	接收由内陆承运人（铁路、公路或内河）向指定设施交付的运输设备的单证
127	运输设备特殊服务指示	Transport equipment special service instruction	对一个或多个运输设备进行特殊服务的指示
128	运输设备库存报告	Transport equipment stock report	在一个或多个地点存放的运输设备数量的报告
129	运输货物放行单	Transport cargo release order	给指定参与方的货物或运输设备放行的单证
130	产品销售单	Invoicing data sheet	企业签发的包含有关货物销售数据的单证/报文。它作为开发票的基础
131	运输设备装货指示	Transport equipment packing instruction	将货物装入集装箱或其他运输设备的指示
132	海关清关通知	Customs clearance notice	货物或运输设备的清关通知
133	海关单证有效期通知	Customs documents expiration notice	说明与货物或运输设备有关的海关单证有效期通知

表 1（续）

代码	中文名称	英文名称	说　明
134	运输设备租赁请求	Transport equipment on-hire request	租赁运输设备的请求
135	运输设备租赁单	Transport equipment on-hire order	出租的运输设备出租给租赁人，并指定回收方的单证
136	运输设备终止租赁请求	Transport equipment off-hire request	在指定时间终止租赁运输设备的请求
137	运输设备检查单	Transport equipment survey order	对指定的运输设备进行检查的单证
138	运输设备检查单回复	Transport equipment survey order response	对运输设备检查单的回复
139	运输设备检查报告	Transport equipment survey report	对指定运输设备的检查报告
140	包装指示	Packing instructions	企业给出说明指示货物应如何包装的单证/报文
141	预定一个财务账户的通知项	Advising item to be booked to a financial account	预定一个财务账户的通知项单证和/报文
142	运输设备维修估价单	Transport equipment maintenance and repair work estimate order	对运输设备维护或修理费用进行估价的单证
143	运输设备维修通知	Transport equipment maintenance and repair notice	已经完成运输设备修理或维护的报告
144	空集装箱准用单	Empty container disposition order	空集装箱准许使用的单证
145	货物卸船单	Cargo vessel discharge order	将指定的集装箱或货物卸船的单证
146	货物装船单	Cargo vessel loading order	将指定的货物、集装箱或集装箱组装船的单证
147	联合订单	Multidrop order	包含多个订单的一份订购单，该多个订单包括两个或多个卖方及其相应的交货地点
148	放货担保合同	Bailment contract	授权担保放货的单证
149	基本协议	Basic agreement	指出协议的单证，该协议包括两参与方之间未来合同中适用的基本条款和条件
150	内部运输单	Internal transport order	企业内部货物运输说明的单证/报文
151	拨款	Grant	指出划拨资金的单证
152	没有明确数量和交货方式的合同	Indefinite delivery indefinite quantity contract	指出没有明确数量和交货方式的合同的单证
153	明确数量没有明确交货方式的合同	Indefinite delivery definite quantity contract	指出确定货物数量的不确定交货的合同的单证
154	需求合同	Requirements contract	指示需求合同的单证，该合同授权在规定的合同期间满足全部购买需求
155	任务单	Task order	指出订单的单证，该定单包括指派承包方完成指定工作
156	定制或购买计划	Make or buy plan	指出计划的单证，该计划标识哪些货项需要制做，哪些货项需要购买

表 1（续）

代码	中文名称	英文名称	说　明
157	分包方计划	Subcontractor plan	指出计划的单证，该计划标识指定合同的分包事宜
158	费用数据汇总表	Cost data summary	费用数据汇总表的单证
159	验明的费用和价格数据	Certified cost and price data	已准确验明费用和价格的数据的单证
160	工资确定	Wage determination	确定应付工资的单证
161	合同资金状态报告(CFSR)	Contract Funds Status Report (CFSR)	提供合同的资金状态的报告
162	证明检查和测试结果	Certified inspection and test results	检查和测试结果的准确性证明
163	材料检查和接收报告	Material inspection and receiving report	包括材料的检查报告和接收单证的报告
164	订购说明书	Purchasing specification	指出购物说明书的单证
165	支付或履约保证	Payment or performance bond	指出付款或履约保证的单证
166	合同的安全类别说明书	Contract security classification specification	指出合同的安全和分类要求的说明书的单证
167	制造说明书	Manufacturing specification	指出如何制造的货项的说明书的单证
168	美国原产地证明	Buy America certificate of compliance	确认产品成分的 50% 以上源自美国的产地证书
169	集装箱停租通知	Container off-hire notice	返还租用的集装箱的通知
170	收货单	Cargo acceptance order	接收承运人交付的货物的单证
171	提货通知	Pick-up notice	说明从某地接收已放行货物或集装箱的通知
172	授权计划和建议订单	Authorisation to plan and suggest orders	可授权的单证/报文，接收方依据本报文的信息制做订单并作为建议将这些订单发送给发送方
173	授权制作订单和发运单	Authorisation to plan and ship orders	可授权的单证/报文，接收方依据本报文的信息制做订单和发运单
174	出票	Drawing	出票的单证/报文
175	成本核算报告(CPR)格式 2	Cost Performance Report (CPR) format 2	标识在指定级别的工程分项结构中合同成本时效的报告(格式 2——组织目录)
176	成本计划状态报告(CSSR)	Cost Schedule Status Report (CSSR)	提供合同的成本和计划状态的报告
177	成本核算报告(CPR)格式 1	Cost Performance Report (CPR) format 1	标识合同成本核算的报告，该成本时效在指定级别的工程分项结构中包括了当月实价(格式 1——工程分项结构)
178	成本核算报告(CPR)格式 3	Cost Performance Report (CPR) format 3	标识合同成本核算的报告，该成本时效汇总从初期实价到终期实价的给定报告期限中对合同的变更(格式 3——基线)

表 1（续）

代码	中文名称	英文名称	说明
179	成本核算报告(CPR)格式 4	Cost Performance Report (CPR) format 4	标识成本核算的报告，该合同时效包括对合同剩余部分劳力需求的预测(格式4——人员)
180	成本核算报告(CPR)格式 5	Cost Performance Report (CPR) format 5	标识成本核算的报告，该合同时效包括汇总成本或计划变更的(格式 5——问题分析和解释)
181	逐步卸货报告	Progressive discharge report	由负责卸船的集装箱码头经营人相继发出，标识已按时卸下指定船的集装箱的单证或报文
182	余额确认	Balance confirmation	某一记账日的余额确认
183	拆箱单	Container stripping order	将货物卸下集装箱的单证
184	装箱单	Container stuffing order	将指定货物或托运物装入集装箱的单证
185	运输工具到达申报	Conveyance declaration (arrival)	向管理当局报告运输工具即将到达的声明
186	运输工具离港声明	Conveyance declaration (departure)	向管理当局报告运输工具即将离港的声明
187	运输工具综合声明	Conveyance declaration (combined)	向管理当局报告运输工具的到达或离港的联合声明
188	项目恢复计划	Project recovery plan	在延误或疑难解决之后的项目恢复计划
189	项目投产计划	Project production plan	制品投入生产的计划
190	统计及其他管理用内部单证	Statistical and other administrative internal documents	企业为收集产品及其他内部统计数据或为其他管理的目的签发的单证/报文
191	项目总体进度表	Project master schedule	为完成项目而制订的包含所有事项的高级别总体进度表
192	工程量清单的备选标价	Priced alternate tender bill of quantity	依据备选规约报价的投标
193	工程量清单的概算报价	Estimated priced bill of quantity	按明细工程量标准(工程量清单)做出的概算
194	工程量清单草案	Draft bill of quantity	根据以不定价形式签发的工程量清单草案而制订的单证/报文
195	跟单信用证托收指示	Documentary credit collection instruction	指定跟单信用证的托收要求
196	跟单信用证修改申请单	Request for an amendment of a documentary credit	跟单信用证的修改申请
197	跟单信用证的修改资料	Documentary credit amendment information	跟单信用证的修改资料

表 1（续）

代码	中文名称	英文名称	说　明
198	跟单信用证修改通知单	Advice of an amendment of a documentary credit	跟单信用证的修改通知
199	跟单信用证修改答复	Response to an amendment of a documentary credit	跟单信用证修改答复
200	跟单信用证签发通知	Documentary credit issuance information	就跟单信用证的签发提供通知
201	直接支付估价请求	Direct payment valuation request	请求直接支付估价
202	直接支付估价	Direct payment valuation	总承包人为使货主直接支付给分包人签发的单证/报文
203	临时支付估价	Provisional payment valuation	建立临时支付估价的单证/报文
204	支付估价	Payment valuation	建立工作状况的财务要素的单证/报文
205	数量估价	Quantity valuation	用数量对建筑合同完成的工作确定的估计的单证/报文
206	数量估价请求	Quantity valuation request	用数量对建筑工程合同完成的工作提供初步评估的单证/报文
207	合同数量单	Contract bill of quantities-BOQ	提供正式说明的单证/报文，以标识一项建筑工程项目合同基础的数量和价格。BOQ 指数量单
208	不标价数量单	Unpriced bill of quantity	针对投标价格，提供详细说明数量的经签发的不标价表格的单证/报文
209	标价投标数量单	Priced tender BOQ	以不标价的形式对投标价格提供详细的数量基本说明的单证/报文。BOQ 指数量单
210	询价	Enquiry	对有意定购特定货物和指定项目并符合有关交货条款条件等的参与方签发的单证/报文，该单证/报文直接发给未来的供应方以得到报价
211	临时支付申请	Interim application for payment	对于已完成的工程合同，为支付请求提供支持的评估的单证/报文
212	支付协议	Agreement to pay	债务方表示付款意向的单证/报文
213	金融机构撤销申请	Request for financial cancellation	申请撤销金融机构的报文
214	预授权直接付款	Pre-authorised direct debit(s)	构成预授权直接付款的报文
215	意向书	Letter of intent	买方通知卖方有意进行合同谈判的单证/报文
216	认可的未标价数量单	Approved unpriced bill of quantity	用未标价形式提供核准的详细数量说明(数量单)的单证/报文
217	未列入计划的支付价格	Payment valuation for unscheduled items	未列入计划的支付价格

表 1（续）

代码	中文名称	英文名称	说　明
218	完工后的最终支付请求	Final payment request based on completion of work	完工后提交的一系列支付请求中的最终支付请求
219	已完成部分的支付请求	Payment request for completed units	已完成部分的支付请求
220	订单	Order	买方与卖方开始交易使用单证/报文，包括按规定提供的货物或服务，以及按照报价提出的条件或买方已知的其他内容
221	总订单	Blanket order	用于分成批量的总订购和交货日期及可能有交货地点的单证/报文
222	现货单	Spot order	订购一批现货的单证/报文
223	租赁单	Lease order	租赁合同中货物的单证/报文
224	紧急订单	Rush order	紧急订购的单证/报文
225	修理单	Repair order	货物修理的单证/报文
226	分订单	Call off order	按照先前的总订单提供分批数量和交货日期的单证/报文
227	寄售单	Consignment order	在这批库存货物售完后按支付协议发货入库的订单
228	样品订单	Sample order	订购样品的单证/报文
229	换货单	Swap order	通知买方或卖方更换先前订购的货物的单证/报文
230	订购单变更请求	Purchase order change request	变更已发出的订购单
231	订购单回复	Purchase order response	对已收到的订购单的答复
232	租用单	Hire order	雇用人力或租用货物或设备的单证/报文
233	备件订单	Spare parts order	订购备件的单证/报文
234	促销价目表/销售目录	Campaign price/sales catalogue	包括仅在特定期限内或特定条件下，特定价格有效的价目表/销售目录
235	集装箱清单	Container list	参与方签发的单证/报文，标识其负责的集装箱
236	交货预测	Delivery forecast	传输交货或产品预测要求的报文
237	通过船坞的服务指示	Cross docking services order	指示通过船坞服务的单证/报文
238	无预授权直接付款	Non-pre-authorised direct debit(s)	构成无预授权直接付款的报文
239	拒绝直接付款	Rejected direct debit(s)	构成拒绝直接付款的报文
240	交货说明	Delivery instructions	由买方签发的并给出有关已订购货物交货说明的单证/报文
241	交货计划表	Delivery schedule	使用 DELFOR 报文
242	即时交货	Delivery just-in-time	使用 DELJIT(即时交货)报文

表 1（续）

代码	中文名称	英文名称	说　明
243	预授权直接付款申请	Pre-authorised direct debit request(s)	构成预授权直接付款申请的报文
244	无预授权直接付款申请	Non-pre-authorised direct debit request (s)	构成无预授权直接付款申请的报文
245	交货放行	Delivery release	在收到卖方准备发送的通知后，由买方签发的发货的单证/报文
246	信用证结算单	Settlement of a letter of credit	信用证结算（或结汇）单
247	银行间资金转账	Bank to bank funds transfer	银行间资金转账（汇兑、转移）的报文
248	客户付款委托书	Customer payment order(s)	构成客户付款委托书的报文
249	低值付款委托书	Low value payment order(s)	构成只进行低值付款委托的报文
250	乘务人员名单申报表	Crew list declaration	运输工具上乘务人员的申报单
251	查询单	Inquiry	索取信息的申请
252	对上一银行交易状态报文的答复	Response to previous banking status message	对上一银行交易状态报文的答复
253	项目总体计划	Project master plan	为完成项目而制订的包含所有事项的高级别总体计划
254	项目计划	Project plan	完成项目任务的计划
255	项目进度	Project schedule	完成项目作业的进度
256	项目计划内可用资源	Project planning available resources	项目计划确定的可用资源
257	项目计划日程表	Project planning calendar	项目计划确定的工作日程信息
258	长期订货单	Standing order	预先安排定期供应固定数量产品的订单
259	货运事件日志	Cargo movement event log	按日期时间详细记录货物运输相关事件的文件
260	航次货物分析表	Cargo analysis voyage report	针对航次对货物进行的分析
261	自行（或反向）开具的扣款单	Self billed credit note	指明客户自行开单认付款项的单证
262	货物和服务合并贷记单	Consolidated credit note goods and services	涉及多张发票的货物和服务多重交易的贷记单
263	库存调整状态报告	Inventory adjustment status report	详细列举库存调整状态的报文
264	运输设备调动指令	Transport equipment movement instruction	对运输设备进行一项或多项调动的指令
265	运输设备动态报告	Transport equipment movement report	运输设备一项或多项动态的报告
266	运输设备状态变更报告	Transport equipment status change report	有关运输设备一项或多项状态变更的报告
267	熏蒸证书	Fumigation certificate	证明已经进行过熏蒸的证书
268	葡萄酒证书	Wine certificate	证明葡萄酒质量、产地或命名的证书

表 1（续）

代码	中文名称	英文名称	说　明
269	羊毛卫生证书	Wool health certificate	证明羊毛无人畜卫生风险的证书
270	交货通知	Delivery note	随附托运物的纸面单证，用以通知接收方有关本次托运的内容
271	装箱单	Packing list	说明独立包装件中货物分配的单证/报文（在贸易环境中，发送通知报文用于装箱单）
272	新代码申请	New code request	进行新代码的申请
273	代码变更申请	Code change request	对现有代码进行变更的申请
274	简单数据元申请	Simple data element request	新增简单数据元的申请
275	简单数据元变更申请	Simple data element change request	对现有简单数据元进行变更的申请
276	复合数据元申请	Composite data element request	新增复合数据元的申请
277	复合数据元变更申请	Composite data element change request	对现有复合数据元进行变更的申请
278	数据段申请	Segment request	新增数据段的申请
279	数据段变更申请	Segment change request	对现有数据段进行变更的申请
280	新增报文申请	New message request	新增报文的申请（NMR）
281	开发报文申请	Message in development request	对报文进行开发的申请（MiD）
282	对现行报文的变更	Modification of existing message	对现行报文进行变更的申请
283	跟踪参考号分配报告	Tracking number assignment report	分配跟踪参考号的报告
284	用户目录定义	User directory definition	定义用户目录或其中部分内容的单证/报文
285	联合国标准报文申请	United Nations standard message request	联合国标准报文（UNSM）的申请
286	服务目录定义	Service directory definition	定义服务目录或其中部分内容的单证/报文
287	状态报告	Status report	处理有关状态信息的报文
288	调度表	Kanban schedule	描述 Kanban 调度表的报文
289	产品数据报文	Product data message	供应商向其（潜在）客户或买主提供的以一套基本不变的主数据标识和描述产品报文
290	零件和/或人工费用索赔	A claim for parts and/or labour charges	引发的一项零件和/或人工费用的索赔
291	交付进度答复	Delivery schedule response	对之前传输的交付进度表进行答复的报文
292	检验申请	Inspection request	要求参与方检验物品的报文
293	检验报告	Inspection report	通知参与方一项检验结果的报文
294	应用系统的收报确认和错误报告	Application acknowledgement and error report	用于应用系统的收报确认和/或错误报告的报文

表 1（续）

代码	中文名称	英文名称	说　明
295	价格变更发票	Price variation invoice	要求对原始发票与应用不同计价结果之间的价格变更进行支付的发票
296	价格变更贷记单	Credit note for price variation	针对价格变更发票开出的贷记单
297	收货通知	Instruction to collect	通知参与方收取货物的报文
298	危险货物清单	Dangerous goods list	列有所载危险货物全部详细资料的清单
299	注册更新	Registration renewal	确定以前提交的注册资料持续有效的代码
300	注册变更	Registration change	确定以前提交的注册资料已被修改的代码
301	对注册的响应	Response to registration	确定对注册报文的出现予以响应的代码
302	实施指南	Implementation guideline	确定以电子数据交换语法为信息交换标准和格式的文档
303	转发申请	Request for transfer	申请转发的单证/报文
304	性能价格比报告	Cost performance report	传达项目或合同性能价格比的报告
305	应用系统报错和收报确认	Application error and acknowledgement	通知报文签发方之前所发报文已被收报方应用系统收到或被拒收
306	现金池财务报表	Cash pool financial statement	现金池的财务报表
307	顺序交付计划	Sequenced delivery schedule	描述产品交付顺序的报文
308	付款保证金贷记通知	Del-credere credit note	向为多个买方代表支付的贷记通知
309	保健护理最终履行报告	Healthcare discharge report, final	服务提供方的最终履行护理报告
310	要约/报价	Offer/quotation	按货物报价列出的条件确定合同的单证/报文
311	报价请求	Request for quote	请求特定货物或服务报价的单证/报文
312	收报确认报文	Acknowledgement message	在有关报文处理的业务应用层提供收报确认信息的报文
313	应用系统出错报文	Application error message	指出被拒收的报文是由于在应用层遭遇错误的报文
314	货运航次汇总报	Cargo movement voyage summary	将一个航次的质量检验报告、航次分析和货运日志所含资料归纳而成的航次汇总报告
315	合同	Contract	买卖双方之间为提供货物或服务的证明协议的单证/报文，其作用相当于订单确认之类的那些单证
316	泊位或系泊设施使用申请	Application for usage of berth or mooring facilities	申请使用泊位或系泊设施的单证

表 1（续）

代码	中文名称	英文名称	说　明
317	指泊地点申请	Application for designation of berthing places	申请指派停泊地点的单证
318	从港口指泊地点移泊的申请	Application for shifting from the designated place in port	申请从港口指泊地点移泊的单证
319	为货物申请危险品作业的补充单证	Supplementary document for application for cargo operation of dangerous goods	为货物申请危险品作业的补充单证
320	订单确认	Acknowledgement of order	确认履行订单的承诺并确定条件或接受条件的单证/报文
321	申请危险品运输的补充单证	Supplementary document for application for transport of dangerous goods	申请危险品运输的补充单证
322	光学字符读取（OCR）支付	Optical Character Reading (OCR) payment	由一份光学字符读取（OCR）单证实现的支付
323	销售预算报告	Preliminary sales report	在获取全部信息之前发出的销售预算报告
324	运输应急卡	Transport emergency card	针对特定危险品的正式文件，记载有包括危险性质、保护方法、在意外事故、泄漏或火灾中应当采取的措施以及急救方案等资料
325	形式发票	Proforma invoice	作为一种包含同最后发票一样的全部信息的一预备发票的单证/报文，但并不是实际付款
326	部分发票	Partial invoice	规定了部分发票细目的单证或报文
327	操作说明	Operating instructions	描述操作说明的单证或报文
328	铭牌	Name/product plate	在物品上标识并描述物品的牌子
329	共同保险分保明细表	Co-insurance ceding bordereau	由分保明细表构成的单证或报文，描述共同保险的分保信息
330	交货说明请求	Request for delivery instructions	由供货方签发，要求买方提出有关已订货物交付细节说明的单证/报文
331	附有装箱单的商业发票	Commercial invoice which includes a packing list	含有一份装箱单的商业交易（发票）
332	贸易数据	Trade data	列举贸易数据的单证/报文
333	海关验货申报单	Customs declaration for cargo examination	为货物查验而提交海关的申报单
334	海关验货备用申报单	Customs declaration for cargo examination, alternate	为货物查验而向海关提交的备用申报单
335	订舱请求	Booking request	由供货方签发给承运人，请求特定托运物预订舱位并指出了期望的航线、发运时间等的单证/报文

表 1(续)

代码	中文名称	英文名称	说　明
336	乘务人员和运输工具报关	Customs crew and conveyance	由乘务人员名单和运输工具相关信息构成的单证/报文
337	含有商业明细的备用总报关单	Customs summary declaration with commercial detail, alternate	备用的总报关单,带有商业交易明细资料
338	财务会计报表的入账项目	Items booked to a financial account report	报告财务入账项目的报文
339	需要接收方更多资料的交易报告	Report of transactions which need further information from the receiver	报告需要接收方更多资料的交易的报文
340	装运指令	Shipping instructions	说明货物详细情况和出口方对实际运输要求的单证/报文
341	托运人说明书(空运)	Shipper's letter of instructions (air)	由发货人签发,给出货物细节,能使航空公司或其代理人准备空运单的单证/报文
342	仅作为信息的交易报告	Report of transactions for information only	仅为作为信息报告交易的报文
343	短途货运单(当地运输)	Cartage order (local transport)	给出有关货物当地运输说明的单证/报文,例如从企业的办公室到承担未来运输的承运人
344	EDI 关联对象管理报文	EDI associated object administration message	指定有关 EDI 关联对象交换的附加信息的报文
345	待运通知	Ready for despatch advice	由供货方签发,通知买方已订货物准备发运的单证/报文
346	销售汇总表	Summary sales report	对早期发出的若干份销售报表汇总而成的销售报表
347	订单状态查询	Order status enquiry	查询先前发出订单状态的报文
348	订单状态报告	Order status report	报告先前所发订单状态的报文
349	船舶进出港申报单	Declaration regarding the inward and outward movement of vessel	船舶进出港口申报的单证
350	发运单	Despatch order	由供应方签发,通知买方(收货人)货物已发运的单证/报文
351	发运通知	Despatch advice	卖方或发货人通知收货人有关货物发运方式的单证/报文
352	使用泊位或系泊设施通知单	Notification of usage of berth or mooring facilities	通知使用泊位或系泊设施的单证
353	船舶夜间入港申请	Application for vessel's entering into port area in night-time	船舶申请夜间进入港区的单证
354	从港口指泊地点紧急移泊的通知	Notification of emergency shifting from the designated place in port	港内指泊地点一旦要被封锁时,通知从该地移泊的单证
355	无商务明细的备用汇总报关单	Customs summary declaration without commercial detail, alternate	未附带任何商务交易明细的备用汇总报关单

表 1（续）

代码	中文名称	英文名称	说　明
356	履约保函	Performance bond	担保履行合约的单证
357	支付保函	Payment bond	保证支付货币的单证
358	撤销护理预报	Healthcare discharge report, preliminary	由服务提供方做出的撤销护理预报
359	提供卫生服务的申请	Request for provision of a health service	构成提供卫生服务申请的文件
360	报价要求	Request for price quote	要求针对供货开价的单证/报文
361	报价	Price quote	针对供货确认价格条款的单证/报文
362	交货报价	Delivery quote	确认供货交付条款的单证/报文
363	供货及交付报价	Price and delivery quote	确认供货及其交付价格条款的单证/报文
364	合同报价	Contract price quote	确认供货合同价格条款的单证/报文
365	合同及交货报价	Contract price and delivery quote	确认供货合同价格条款及交付条款的单证/报文
366	最终客户专用报价	Price quote, specified end-customer	专为出售给报价单指定的最终客户而确认供货价格条款的单证/报文
367	最终客户专用的供货及交付报价	Price and delivery quote, specified end-customer	专为出售给报价单指定的最终客户而确认供货价格及交付条款的单证/报文
368	报价,运输和借记	Price quote, ship and debit	供应商发给分销商确认价格条款的单证/报文,货物可由分销商向带有补偿库存价值损耗的报价单所指定的最终客户出售
369	供货及交付报价,运输和借记	Price and delivery quote, ship and debit	供应商发给分销商确认供货价格及交付条款的单证/报文,货物可由分销商向带有补偿库存价值损耗的报价单所指定的最终客户出售
370	单证分发通知单	Advice of distribution of documents	在该单证/报文中,负责签发贸易单证的参与方详细说明这些单证原件或复印件的各种接收人,并列明分配给每个接收人的复制数目
371	提供卫生服务计划	Plan for provision of health service	构成一项提供卫生服务计划的单证
372	处方	Prescription	配药用药或治疗的规定
373	处方申请	Prescription request	开出药物或治疗处方的申请
374	配方发药报告	Prescription dispensing report	包含根据处方配发药品信息的单证
375	装运证明	Certificate of shipment	(1109)提供确认一票托运货物已经装运的证明文件
376	持续有效的产品信息查询	Standing inquiry on product information	在产品被注销之前都持续有效的产品查询

表 1（续）

代码	中文名称	英文名称	说　明
377	参与方信用信息	Party credit information	提供有关参与方信用信息数据的单证/报文
378	参与方支付习性信息	Party payment behaviour information	提供有关参与方支付习性数据的单证/报文
379	计量点信息申请	Request for metering point information	索取有关计量点信息的报文
380	商业发票	Commercial invoice	按卖方和买方协议的条件，为已提供的货物或服务要求支付的单证/报文
381	贷记通知	Credit note	给有关方提供贷记信息的单证/报文
382	佣金单	Commission note	在该单证/报文中，卖方确定佣金金额、发票金额的百分比或针对销售代理确定佣金计算的一些基准
383	借记通知	Debit note	给有关方提供借记信息的单证/报文
384	更正发票	Corrected invoice	包括修正信息的商业发票，它不同于先前提交的相同发票
385	合并发票	Consolidated invoice	包括涉及多个卖方的多重交易的商业发票
386	预付发票	Prepayment invoice	对货物或服务预付一定金额的发票，这些金额将从最终发票里减去
387	租用发票	Hire invoice	为雇佣人力、租用货物或设备所开据的单证/报文
388	税务发票	Tax invoice	税收所用发票
389	自用发票	Self-billed invoice	开票人替卖方开出的发票
390	保兑发票	Delcredere invoice	开给若干个买方的发票
391	计量点信息回复	Metering point information response	对索要有关计量点信息的答复
392	供应商变更通知	Notification of change of supplier	变更供应商的通知
393	代理发票	Factored invoice	开给托收的第三方的发票
394	租赁发票	Lease invoice	租赁合同中针对货物使用的 INVOIC 报文
395	寄售发票	Consignment invoice	一笔交易经多次销售的商业发票
396	代理贷记单	Factored credit note	与指定发票有关的贷记单
397	贸易账目汇总表答复	Commercial account summary response	对之前所发贸易账目汇总报文进行答复的报文
398	越库转运发货通知	Cross docking despatch advice	供应商或发货人通知买方、收货人或配送中心关于在仓库收货后以不入库直接转运的单证
399	中转发货通知	Transshipment despatch advice	供应商或发货人通知买方、收货人或配送中心有关中转发货的单证

表 1（续）

代码	中文名称	英文名称	说　明
400	超常订单	Exceptional order	超出协议框架的订单
401	预先包装越库转运订单	Pre-packed cross docking order	要求按最终交货点包装供货并在配送中心无需更多作业即行越库转运的订单
402	中途拆装越库转运订单	Intermediate handling cross docking order	要求根据最终交货地点的需要在库场进行拆解并重组作业后再行转运的供货订单
403	运输工具适用信息	Means of transportation availability information	提供各种运输工具可用性的信息
404	运输工具时刻表信息	Means of transportation schedule information	提供各种运输工具时刻表的信息
405	运输设备交付通知	Transport equipment delivery notice	关于交付运输设备的通知
406	发给供应商的合同终止通知	Notification to supplier of contract termination	向供应商发出的有关终止一项合同的通知
407	发给供应商的变更计量点的通知	Notification to supplier of metering point changes	向供应商发出的关于计量点变更的通知
408	计量仪表变更通知	Notification of meter change	关于变更计量仪表的通知
409	银行转账指示	Instructions for bank transfer	客户指示其账户银行按指定的方式(如远程传输、航空邮件)或银行规定的其他方式以特定货币支付一定金额给另一国家指定方的单证/报文
410	计量点标识变更的通知	Notification of metering point identification change	变更计量点标识的通知
411	公用事业时间序列报文	Utilities time series message	公用事业时间序列报文是在负责公用事业基础设施各方之间发送用于报告时间序列及关联的技术和/或行政信息
412	银行汇票申请	Application for banker's draft	客户向其账户银行申请签发说明汇票的金额和货币、收款人的姓名和付款地点以及付款国家
413	基础设施状况	Infrastructure condition	关于基础设施构成的信息
414	供应商变更确认	Acknowledgement of change of supplier	对供应商变更的确认
415	数据图表	Data Plot Sheet	提供技术说明书和种植业产量信息的单证/报文
416	土壤分析	Soil analysis	土壤分析的单证
417	农家肥分析	Farmyard manure analysis	农家肥分析单
418	WCO 铁路或公路出口货物申报	WCO Cargo Report Export, Rail or Road	依照世界海关组织(WCO)海关数据模型,由陆路商用运输工具(如卡车或火车)载运的出口货物申报

表1(续)

代码	中文名称	英文名称	说　　明
419	WCO空运或海运出口货物申报	WCO Cargo Report Export, Air or Maritime	依照世界海关组织(WCO)海关数据模型,经由水上或空中的商用运输工具(如船舶或飞机)载运的出口货物申报
420	OCR支付贷记单	Optical Character Reading (OCR) payment credit note	通过光学扫描(OCR)单证实现的贷记单支付
421	WCO铁路或公路进口货物申报	WCO Cargo Report Import, Rail or Road	依照世界海关组织(WCO)海关数据模型,由陆路商用运输工具(如卡车或火车)载运的进口货物申报
422	WCO空运或海运进口货物申报	WCO Cargo Report Import, Air or Maritime	依照世界海关组织(WCO)海关数据模型,经由水上或空中的商用运输工具(如船舶或飞机)载运的进口货物申报
423	WCO单步完成出口申报	WCO one-step export declaration	依照世界海关组织(WCO)海关数据模型,一次性地完成基于1999年京都公约的出口报关手续的海关货物申报
424	WCO出口报关的第一步	WCO first step of two-step export declaration	依照世界海关组织(WCO)海关数据模型,完成基于1999年京都公约的出口报关手续的海关货物简化申报的第一部分
425	托收支付通知	Collection payment advice	银行通知已接收一笔付款,并给出资金处理的详细情况和方式所用的单证/报文
426	跟单信用证支付通知	Documentary credit payment advice	银行通知在跟单信用证项下支付所用的单证/报文
427	跟单信用证承兑通知	Documentary credit acceptance advice	银行通知在跟单信用证项下承兑所用的单证/报文
428	跟单信用证议付通知	Documentary credit negotiation advice	银行通知在跟单信用证项下议付所用的单证/报文
429	银行担保申请	Application for banker's guarantee	客户要求其账户银行签发一个担保给另一国家的指定方,以说明金额、货币和担保特定条款的单证/报文
430	银行担保	Banker's guarantee	银行在注明条件的情况下,承担给指定方支付有限的货币金额的单证/报文,海关条例中列明的条件除外
431	赔款的跟单信用证	Documentary credit letter of indemnity	跟单信用证的受益人接受不依从信用证条款和条件的责任并负责偿还已收到的在信用证中列明的货币并包括应计利息和费用的单证/报文
432	发给网络经营人的合同终止通知	Notification to grid operator of contract termination	向网络经营人发出的有关终止合同的通知

表 1（续）

代码	中文名称	英文名称	说明
433	发给网络经营人的变更计量点的通知	Notification to grid operator of metering point changes	向网络经营人发出的关于变更计量点的通知
434	余额负责机构变更的通知	Notification of balance responsible entity change	余额负责机构变更的通知
435	贷记预先通知	Preadvice of a credit	指明将要进行一笔贷记的预通知
436	运输设备概况报告	Transport equipment profile report	运输工具概况的报告
437	供货及交付报价申请，最终用户专用	Request for price and delivery quote, specified end-user	专为出售给报价申请指定的最终客户而申请供货价格和交付条款的单证/报文
438	报价申请，运输和借记	Request for price quote, ship and debit	分销商发给供应商申请供货价格条款的单证/报文，货物可由分销商向带有补偿库存价值损耗的报价单所指定的最终客户出售
439	供货及交付报价申请，运输和借记	Request for price and delivery quote, ship and debit	分销商发给供应商申请供货的价格条款和交付条款的单证/报文，货物可由分销商向带有补偿库存价值损耗的报价单所指定的最终客户出售
440	交付点清单	Delivery point list	交付点地址的列表
441	运输路线信息	Transport routing information	说明不同地点之间运输路线的单证
442	交付报价申请	Request for delivery quote	申请供货交付条款的单证/报文
443	供货及交付报价的申请	Request for price and delivery quote	申请供货价格条款和交付条款的单证/报文
444	合同报价申请	Request for contract price quote	申请供货合同价格条款的单证/报文
445	合同供货及交付报价申请	Request for contract price and delivery quote	申请供货合同价格及交付条款的单证/报文
446	最终客户专用报价申请	Request for price quote, specified end-customer	申请供货价格条款的单证/报文，货物仅供向该报价申请指定的最终客户出售
447	托收指示	Collection order	指示(或要求)银行处理财务和/或商业单证，以便得到承兑和/或支付或者按已定其他条款和条件交付单证的单证/报文
448	单证提交单	Documents presentation form	将汇票或类似的票据和/或商业单证提交给银行用于承兑、议付、贴现、支付或托收的单证/报文，而不管是否对应一个跟单信用证
450	付款指示	Payment order	包含需要开始付款信息的单证/报文。它可能包括一笔或多笔商业贸易交易的财务结算。一个付款指示用于指示订货方银行为受益人安排指定金额的付款

表 1（续）

代码	中文名称	英文名称	说　明
451	扩展付款单	Extended payment order	包含需要最初付款信息的单证/报文，它可以包括多笔商业贸易交易的财务结算，可能规定特定付款细节部分。它用于指示订货方的银行为受益人安排特定金额付款
452	多重付款单	Multiple payment order	包含带有一个借记账户和多个贷记账户的付款单的单证/报文
453	交付货物支付受阻通知	Notice that circumstances prevent payment of delivered goods	用于通知供应商因支付受阻而不能交付货物的报文
454	贷记通知	Credit advice	由账户服务机构向其账户拥有者之一发出的单证/报文，用于通知其账户拥有者，其账户在指定日期已经或将要贷记特定金额的会计分录
455	扩展贷记通知	Extended credit advice	由账户服务机构向其账户拥有者发出的单证/报文，用于通知账户拥有者，其账户在指定的日期已经或将要贷记一定金额的会计分录。它提供有关汇款通知的扩展商务的信息
456	借记通知	Debit advice	一笔借记通知
457	借记撤消	Reversal of debit	撤消银行借记会计分录
458	贷记撤消	Reversal of credit	撤消银行贷记会计分录
459	旅行票证	Travel ticket	表明有权得到旅行服务的客票凭证
460	跟单信用证申请	Documentary credit application	请求银行签发特定条件跟单信用证所用的单证/报文
461	支付卡	Payment card	信用卡、支票担保卡或签账卡等证件
462	中转发运货物备妥通知书	Ready for transshipment despatch advice	通知预定中转的货物已经就绪的单证
463	预先包装越库转运发货通知	Pre-packed cross docking despatch advice	供应商或发货人通知买方、收货人或配送中心有关依据最终交付点要求按最终交货点包装供货并在配送中心无需更多作业即行越库转运的发货单证
464	中途拆装越库转运发货通知	Intermediate handling cross docking despatch advice	供应商或发货人通知买方、收货人或配送中心要求根据最终交货地点的需要在库场进行拆解并重组作业后再行越库转运的发货单证
465	跟单信用证	Documentary credit	银行说明其已签发的跟单信用证，受益人可依据特定的条款和条件以及提交的规定单证和汇票而获得支付、承兑或议付所用的单证/报文。该信用证可以由或不由另一银行确认

表 1（续）

代码	中文名称	英文名称	说　明
466	跟单信用证通知书	Documentary credit notification	由通知银行签发的单证/报文，用于把跟单信用证传送给受益人或另一通知银行
467	跟单信用证转让通知	Documentary credit transfer advice	银行通知跟单信用证将要或已经转让给第二受益人作为受款人所用的单证/报文
468	跟单信用证修改通知书	Documentary credit amendment notification	银行通知跟单信用证的条件和条款已经修改的单证/报文
469	跟单信用证修改单	Documentary credit amendment	银行通知受益人修改跟单信用证的条件和条款的详细内容的单证/报文
470	废弃物处理报告	Waste disposal report	航运代理向行政当局报告废弃物处理信息的单证/报文
481	汇款通知	Remittance advice	通知汇款的单证/报文
482	港务局废弃物处理报告	Port authority waste disposal report	由一港务局发给另一港务局报告废弃物处理信息的单证/报文
483	签证	Visa	在护照或任何其他公认旅行证件标明查验无误，特许持有人进入或离开一个国家的签注
484	多笔直接付款申请	Multiple direct debit request	构成一项贷记一个或多个账户并借记一个或多个债务人的直接付款申请的单证/报文
485	银行汇票	Banker's draft	由一家银行与另一银行，或一家银行的分行与其总行（或者相反）或与该行的其他分行给第三方开出的汇票，不论哪种情况，该汇票应该符合兑付的国家为支票制定的规范
486	多笔直接付款	Multiple direct debit	构成贷记一个或多个账户并借记一个或多个债务人的直接付款单证/报文
487	入境许可证件	Certificate of disembarkation permission	为准许入境签发的证件或报文
488	（免于）除鼠证书	Deratting exemption certificate	证明对象经查验无鼠并声明对除鼠作业程序予以豁免的文件
489	冷藏箱加电通知	Reefer connection order	将冷藏集装箱送达冷藏箱位接通电源的通知
490	汇票	Bill of exchange	根据适用的法规由出票人签发的单证/报文，在见票时按邀请在指定的时间，委托付款人无条件支付确定金额给指定受款人或持票人的票据，以抵付交单

表 1（续）

代码	中文名称	英文名称	说　明
491	本票	Promissory note	根据适用的法规由出票人签发的单证/报文，承诺自己在见票时或在指定时间无条件支付确定的金额给收款人或持票人的票据，以抵付交单
493	账户报表报文	Statement of account message	使用 STATAC 报文
494	直接交货(运输)	Direct delivery (transport)	指定交接时从运输工具直接将货物送达另一运输工具的单证/报文
495	WCO 两步出口申报的第二步	WCO second step of two-step export declaration	依照世界海关组织(WCO)海关数据模型，完成基于 1999 年京都公约的出口报关手续的海关货物简化申报的第二部分
496	WCO 单步完成进口申报	WCO one-step import declaration	依照世界海关组织(WCO)海关数据模型，一次性地完成基于 1999 年京都公约的进口报关手续的海关货物申报
497	WCO 两步进口申报的第一步	WCO first step of two-step import declaration	依照世界海关组织(WCO)海关数据模型，完成基于 1999 年京都公约的进口报关手续的海关货物简化申报的第一部分
498	WCO 两步进口申报的第二步	WCO second step of two-step import declaration	依照世界海关组织(WCO)海关数据模型，完成基于 1999 年京都公约的进口报关手续的海关货物简化申报的第二部分
499	先前的运输单证	Previous transport document	标识先前的运输单证
520	保险凭证	Insurance certificate	发给投保人，证明保险已经有效，保险单已经签发的单证/报文。用于特定货物的该凭证还主要用于货物保险中标明是流动保险单还是开口保险单。按投保人要求保险凭证可以换成保险单
521	特种货运通行证	Special requirements permit related to the transport of cargo	与货运单证相关的许可证，批准在特别要求的条件下运输货物
522	油轮危险品通知书	Dangerous Goods Notification for Tanker vessel	承载液体散装货物的船舶适用的危险品通知书
523	非油轮危险品通知书	Dangerous Goods Notification for non-tanker vessel	除液体散装货物之外承载其他货物船舶的危险品通知书
524	WCO 运输工具到达报告	WCO Conveyance Arrival Report	根据世界海关组织(WCO)海关数据模型，运输工具抵达进入某一海关关境的申报
525	WCO 运输工具出境报告	WCO Conveyance Departure Report	根据世界海关组织(WCO)海关数据模型，运输工具启程离开某一海关关境的申报

表 1（续）

代码	中文名称	英文名称	说　明
526	记账单据	Accounting voucher	证明一笔会计分录的单证/报文
527	自行(或反向)开具的收款单	Self billed debit note	指明客户自行开单索取款项的单证
528	军人身份证	Military Identification Card	军人旅行订位所用的代替护照的官方证件
529	多次入境许可	Re-Entry Permit	多次进入一个国家的许可
530	保险单	Insurance policy	由保险人签发，证明保险协议的单证/报文，其中包含了保险协议中的条件以及保险人承担合同规定的危险和意外事故发生后对投保人的损失提供赔偿的特定费用
531	难民身份证	Refugee Permit	一个国家识别难民的身份证件
532	运输代理贷记通知	Forwarder credit note	向有关方提供付款信息的单证/报文
533	记账单据原件	Original accounting voucher	指出这是证明一笔记账分录来自原始单据的单证/报文
534	记账单据的复印件	Copy accounting voucher	指出这是证明一笔记账分录来自单据复印件的单证/报文
535	预估的记账单据	Pro-forma accounting voucher	指出这是证明一笔记账分录来自预估单据的单证/报文
536	国际船舶安全证书	International Ships Security Certificate	声明船舶安全状态的证书
537	临时国际船舶安全证书	Interim International Ships Security Certificate	声明船舶安全状态的临时证明文件
538	生产质量管理规范(GMP)证书	Good Manufacturing Practice (GMP) Certificate	食品、药品、化妆品等产品的制造和加工质量保障证书
550	保险申报单(明细表)	Insurance declaration sheet (bordereau)	投保人向其保险人报告双方间保险合同(开口保险单或流动保险单)包括的独立装运的细节时所用的单证/报文
575	保险人发票	Insurer's invoice	由保险人签发，说明已执行并要求支付保险费所用的单证/报文
580	承保单	Cover note	由保险人(保险经纪人、代理人等)签发，通知投保人保险已经执行所用的单证/报文
610	货运指示	Forwarding instructions	签发给一个货运代理人的单证/报文，由货运代理人为接转其中所列货物给出有关办理的指示

表 1（续）

代码	中文名称	英文名称	说　明
621	货运代理给进口代理的通知	Forwarder's advice to import agent	由出口国货运代理人签发，向进口国的对方通知关于其中所列货物接转事项的单证/报文
622	货运代理给出口商的通知	Forwarder's advice to exporter	货运代理人签发的单证/报文，通知出口商履行接收的指示
623	货运代理发票	Forwarder's invoice	由货运代理人开具的发票，列出提供的服务、发生的费用以及为此提出的支付要求
624	货运代理收据证明	Forwarder's certificate of receipt	货运代理人签发的不可转让的单证，证明其已接受一特定托运货物的控制权，以及将其送交单证指定的收货人或保留货物由其处置的不可撤销的指示，如FIATA—FCR
630	托运单	Shipping note	托运人或代理人给承运人、多式联运经营人、场站或其他接货机构提供的单证/报文，说明有关交运的出口货物情况，并提供必要的收据和责任声明，（有时一份多用途的货物处理单证也满足单证 632、633、650 和 655 的功能）
631	货运代理人仓库收据	Forwarder's warehouse receipt	货运代理人作为仓库保管人签发的单证/报文，承认收到放置于仓库中的货物，并且说明或指出货物保管和发放的管理状况。这份单证含有关于背书所列持有人的权利、所有权转移等的详细条款，如 FIATA—FWR
632	货物收据	Goods receipt	由港口、仓库/货棚或场站经营人签发的单证/报文、承认按单证中指定的状况收到所列的货物
633	港口费用单	Port charges documents	详细说明了所提供的服务、堆存和搬运费用，滞期费及其他应由所列货物的所有人支付的费用的单证/报文
635	栈单	Warehouse warrant	仓库保管人向放置货物于仓库并授与存储货物所有权的人签发的可转让收货单证
640	提货单	Delivery order	有权发放单证中所列货物的参与方向一个指定收货人签发的应由货物保管人留存的单证/报文
650	装卸单	Handling order	由货物装卸机构（港务管理部门、场站经营人等）为对其照管的货物进行搬移或其他操作而签发的单证/报文

表 1（续）

代码	中文名称	英文名称	说　明
655	通行证	Gate pass	准许其中所列货物运出隔离的港口或场站区域的单证/报文
700	运单	Waybill	证明货物运输合同的不可转让的单证
701	通用(多用)运输单证	Universal (multipurpose) transport document	证明运输合同的单证/报文，其范围包括国内国际的任何运输方式或联运方式的货物运输。它们应符合任何国际公约或国家法律，并符合承担或安排单证中所列运输的任何承运人或运输经营人的运输条款
702	运输货物收据	Goods receipt, carriage	承运人或承运人的代理人签发的单证/报文，确认按单证中说明或指定的状况收到运输的货物，使承运人可以签发运输单证
703	全程运单	House waybill	由代理人/拼装承运人开出的单证，它证明托运人和代理人/拼装承运人之间为安排货物运输而订立的合同
704	主提单	Master bill of lading	由船长(实际上是指船主与或租船人)签发的提单，它可以包括数份交运提单
705	提单	Bill of lading	证明一份海运合同并由承运人接管或装载货物，承运人据此负责交货的可转让的单证/报文。这一保证被订立在货物应交付给指定收货人或指定收货人或提单持有人的单证条款中
706	正本提单	Bill of lading original	由运输公司签发的提单正本。海运业签发的正本提单，可作为物权凭证
707	副本提单	Bill of lading copy	由运输公司签发的提单副本
708	空集装箱提单	Empty container bill	指示一个空集装箱的提单
709	油轮提单	Tanker bill of lading	证明液体散货运输的单证
710	海运单	Sea waybill	证明一份海上货物运输合同并由承运人接管货物的不可转让的单证，承运人据此负责将货物交付给单证中指定的收货人
711	内河提单	Inland waterway bill of lading	由承运人签发给指定人或提单持有人的可转让运输单证，并在收到货物以后交给发货人
712	不可转让的海运单证(通用)	Non-negotiable maritime transport document (generic)	证明一份海运合同并由承运人接管和装载货物的不可转让的单证，承运人据此负责将货物交付给指定收货人。例如，海运单 注：在某些国家，如加拿大使用同义词“直接提单”或“不可转让提单”

表 1（续）

代码	中文名称	英文名称	说　明
713	大副收据	Mate's receipt	由船舶高级职员签发的单证/报文，确认一票特定的托运货物已装船及货物的外表状况，使承运人可以签发提单
714	全程提单	House bill of lading	由承运人确认的货运代理人/拼装承运人签发的提单
715	无提单提货保函	Letter of indemnity for non-surrender of bill of lading	由商务当事人或保险公司的银行签发的单证/报文，根据有关条款为担保的受益人承担责任
716	货运代理人提单	Forwarder's bill of lading	货运代理人签发的不可转让的单证，证明一份海运合同并由货运代理人接管或装载货物，货运代理人据此负责将货物交付给单证记名的收货人
720	铁路托运单(通用条款)	Rail consignment note(generic term)	在发送人和承运人(铁路)之间为运输货物而订立一份合同的运输单证。对于国际铁路运输，该单证必须符合铁路货物运输的国际公约(如 CIM 公约，SMGS 公约)规定的形式
722	陆运单-SMGS	Road list-SMGS	为每一票托运单编制的快会计单证，该单证全程跟随该票托运货物，是一份铁路运输单证
723	押运正式确认	Escort official recognition	使货主在运输押运托运物的火车上有权行使通常转交警卫的所有职能的单证/报文
724	分段计费单证	Recharging document	针对前段运输而拟定的运输单证，使得一个承运人的代理人有可能让另一个承运人的代理人(在不同国家)收取有关起始运输(铁路)的费用
730	公路托运单	Road consignment note	证明在承运人和发货人之间的公路货物运输合同的运输单证/报文(通用条款)。 注：对于国际公路运输，该单证至少应包括由国际公路运输合同公约(GMR)规定的条款
740	空运单	Air waybill	由托运人或其代理开出的单证/报文，证明托运人和承运人在承运人航线上运输货物的合同，并由航空公司在签发的单证前加顺序号标识(IATA)

表 1（续）

代码	中文名称	英文名称	说　明
741	主空运单	Master air waybill	出自代理人/拼装承运人或其代理人的单证/报文。证明代理人/拼装承运人与承运人之间在承运人航线上运输一票包括由多个托运人所发货物的托运货物的合同(IATA)
743	分空运单	Substitute air waybill	由于没有正本，仅包括有限信息的一份临时的空运单
744	乘务人员物品申报单	Crew's effects declaration	有关运输工具上乘务人员个人物品的海关申报单，相当于 IMO 格式 4
745	乘客名单	Passenger list	有关运输工具上乘客的海关申报单，相当于 IMO 格式 6
746	(铁路运输)交货通知	Delivery notice (rail transport)	由发货人或发车站制发的单证/报文，随同运输或寄送给收货人，使收货人或到达站能够证实货物的交付，该单证必须返还给发货人或发车站
750	(邮递包裹)投递单	Despatch note (post parcels)	根据 UPU 公约"有关邮政包裹的协议"106 款，随附于邮政包裹的单证/报文
760	多式联运单证(通用)	Multimodal/combined transport document (generic)	货物运输中涉及到多种运输方式时所用的运输单证。这是一份多式联运的运输合同或货物收据，它指示负责货物运输的运输的公司的地点、该运输公司责任终止的地点以及所涉及的运输工具
761	直达提单	Through bill of lading	证明一份从一地到另一地分段运输合同的提单，其中至少有一段是海运运输公司的提单，签单承运人据此为直达提单所列明的内容承担运输
763	货运代理人运输证书	Forwarder's certificate of transport	货运代理人签发的可转让的单证/报文，证明由其负责按照单证指明的发货人的指示发送和交付特定的托运货物，并对通过由其选择的交货代理人的中介将货物交付给本单证的持有人承担责任。如 FIATA—FCT
764	联运单证(通用)	Combined transport document (generic)	证明一份执行和/或获得执行货物联运合同的可转让或不可转让的单证，其表面冠有"根据有关联运单证的统一规则"(国际商会 298 号手册)签发的可转让的联运单证或冠有"根据有关联运单证的统一规则"(国际商会 298 手册)签发的不可转让的联运单证字样

表 1（续）

代码	中文名称	英文名称	说　明
765	多式联运单证(通用)	Multimodal transport document (generic)	证明一份多式联运合同的单证/报文，由多式联运经营人接管货物，并由其依据合同条款负责交付货物(多式运输国际公约)
766	多式联运提单	Combined transport bill of lading/multimodal bill of lading	证明一份多式运输合同的单证，由多式运输经营人接管货物，并由其依据合同条款负责交付货物
770	订舱确认	Booking confirmation	承运人签发的确认运输工具上已为一票托运货物保留舱位的单证/报文
775	要求交货通知	Calling forward notice	发放或交付货物的指示
780	运费发票	Freight invoice	运输经营人签发的单证/报文，开列了运输费用和运输业务中发生的其他费用，并说明了支付条件
781	货物到达通知	Arrival notice (goods)	承运人用书面、电话或其他工具(快递、报文、电报等)给收货人的通知，通知他托运货物已经或不久将被放置于目的地的一个特定地点由其处理
782	无法交货的通知	Notice of circumstances preventing delivery (goods)	承运人向发送人，也可能是收货人提出的，就交货受阻并且发货人在运输单证没有运回货物要求的情况下，对托运货物的处理给予指示的请求
783	无法运货的通知	Notice of circumstances preventing transport (goods)	承运人向发送人，也可能是收货人提出的就收到有关托运货物之后，在出发前或途中发生运输受阻情况时对托运货物的处理给予指示的请求
784	交货通知(货物)	Delivery notice (goods)	承运人向发货人发出的书面通知，告诉他按其要求交付货物的实际日期
785	货物舱单	Cargo manifest	组成运输工具或运输设备货载的货物清单，载货清单提供货物的商务详细情况，如运输单证参考号、发货人、收货人、运输标志、件数和包装种类以及货名和数量
786	运费舱单	Freight manifest	包括载货清单相同信息，并加上运费额，附加费等详细说明的单证/报文
787	公路运输货物清单	Bordereau	用于公路运输的单证/报文，列明载于一辆公路货车的货物，通常指追加的公路托运单的复印件

表 1（续）

代码	中文名称	英文名称	说　明
788	集装箱载货清单	Container manifest (unit packing list)	详细说明特定的货运集装箱或其他运输设备内装货物的单证/报文，由负责将其装入集装箱或设备的参与方缮制
789	铁路费用单	Charges note	每当发车站不能计算全程费用（例如，运价表还未更新，部分路程未列入运价表）时，铁路部门用于指定运费或附加费的单证
790	托收通知	Advice of collection	随同运输或以另外方式寄发的单证，向发车站的铁路部门提供证据表明，在发货人偿付之前，到达站的铁路部门已经兑现交货付款的款额
791	船舶安全证书	Safety of ship certificate	证明到一特定日期前，船舶安全性能的文件
792	无线电台安全证书	Safety of radio certificate	证明到一特定日期前，船舶无线电设施安全性能的文件
793	设备安全证书	Safety of equipment certificate	证明到一特定日期前，船舶设备安全性能的证书
794	油污民事责任书	Civil liability for oil certificate	申明用油作为推进燃料或载油船舶的船舶所有人责任的文件
795	载重线证书	Loadline document	详细说明各种条件下，船舶法定吃水限制的文件
796	免于除鼠证书	Derat document	到有效的特定日期为止证明船上无鼠的文件
797	航海健康证书	Maritime declaration of health	到有效的特定日期为止证明船上卫生状况的文件
798	船舶登记证书	Certificate of registry	说明船舶注册的正式证书
799	船用物品申报单	Ship's stores declaration	有关船用物品的海关申报单（相当于IMO 格式 3）即供船舶、飞机或火车上旅客/船员使用的消耗物品。无论是供出售还是自用的，运输工具运行/维护所必需的物品，包括燃料/润料，不包括零件/设备(IMO)
810	出口许可证申请	Export licence, application for	由政府主管部门签发的许可证申请书。准许根据一定的数量、目的地国家等特定条件出口一批特定的货物
811	出口许可证	Export licence	由政府主管部门签发的许可证，准许根据一定的数量、目的地国家等特定条件出口一批特定的货物

表 1（续）

代码	中文名称	英文名称	说　明
812	出口结汇核销单	Exchange control declaration, export	出口方/卖方填写的单证/报文，根据支付条款及强制的外汇管理规定，主管机构控制由商业交易回笼而增长的外汇额
820	T 出口单证(海关转运报关单)	Despatch note model T	欧共体转运申报
821	T1 出口单证(内部转运报关单)	Despatch note model T1	根据共同体内部转关程序对货物流通的转运申报(欧共体国家之间)
822	T2 出口单证(原产地证明书)	Despatch note model T2	确定所申报的货物源产于一个欧共体国家
823	T5 管理单证(退运单证)	Control document T5	只是不适用于增值税征收、拒收、与合同不符合等退回的情况下，专用的管理单证(出口申报)
824	铁路运输退运单	Re-sending consignment note	发货人填制的铁路托运单以便最终将货物运返原产地
825	T2L 出口单证(原产地证明书)	Despatch note model T2L	确定所申报的货物源产于一个欧共体国家，仅可被用于从单一发出地点到一交货地点的单一运输工具所载的货物
830	出口货物报关单	Goods declaration for exportation	为出口清关申报货物的单证/报文，符合京都公约(CCC)有关直接出口的附件C.1的附件Ⅰ的基本格式。在一个关税同盟中，“发送”与“出口”有相同的含义
833	离港货物报关单	Cargo declaration (departure)	适用于根据海关要求提供有关商用运输工具所载货物运输详细情况的单证，有时被称为运输申报
840	货物监管证书申请表	Application for goods control certificate	向主管部门提交的申请货物监管证书的单证/报文，该证书应按照国家和国际标准，或遵照进口国的法律，或根据合同规定签发
841	货物监管证书	Goods control certificate	由主管部门按照国家和国际标准，或遵照进口国法律，或根据合同规定签发证明其中声明的货物质量的单证/报文
850	植物检疫申请表	Application for phytosanitary certificate	向主管部门提交的申请签发植物检疫证书的单证/报文
851	植物检疫证书	Phytosanitary certificate	由出口国主管部门签发的证明植物、水果或蔬菜不带病害适合消费，并提供了熏蒸及所经过其他处理的详细说明的单证/报文

表 1（续）

代码	中文名称	英文名称	说　明
852	卫生检疫证书	Sanitary certificate	由出口国主管当局签发的证明食品和动物制品，包括死动物是适合人类消费的，并对其提供了详细说明的单证/报文
853	动物检疫证书	Veterinary certificate	由出口国主管当局签发的证明活的动物或禽鸟未受病害传染侵害，并提供有关的来源，接种疫苗及所经其他处理的详细说明的单证/报文
855	商品检验申请	Application for inspection certificate	向主管部门提交的申请签发检验证书的单证/报文，该证书应按照国家或国际标准，或遵照国家的法定要求，或根据合同规定签发
856	商品检验证书	Inspection certificate	由主管部门签发的证明所述货物已按照国家或国际标准，或遵照国家的法定检验要求，或根据合同规定进行了检验的单证/报文
860	原产地证书申请	Certificate of origin, application for	有关当事人向主管部门提交申请签发原产地证书的单证/报文。该证书应按照相应标准，基于货物原产地的证明
861	原产地证书	Certificate of origin	识别货物的单证/报文，其中被授权签发的当局或部门特别证明与该证书有关的货物原产于一个特定的国家。“国家”一词可以包括一组国家，一个地区或一个国家的一部分。该证书还可以包括由制造商、生产商、供货方、出口商或其他的资格人士的申明
862	原产地申明	Declaration of origin	由与出口货物有关的制造商、生产商、供应商、出口商、商业发票或任何与货物有关的其他单证上的资格人士所作的对货物原产地恰当的陈述
863	地区名称证书	Regional appellation certificate	按照主管部门或批准部门的规定拟定的证书，证明所述货物限于给定地区的指定地点（例香槟酒，葡萄牙葡萄酒，巴马干酪）
864	优惠原产地证书	Preference certificate of origin	描述满足优惠待遇需求的原产地证书的单证和报文
865	普惠制原产地证书	Certificate of origin form GSP	货物原产地证书的特殊格式，证明普惠制下优惠待遇的资格（包括一份组合原产地申明和证书的表 A）

表 1（续）

代码	中文名称	英文名称	说　明
870	领事发票	Consular invoice	出口商在其国内缮制递交进口国外交代表的背书和随后又由与其中所列货物进口有关的进口商提出的单证/报文
890	危险货物申报单	Dangerous goods declaration	由发货人按照适用的公约或规定发出的单证/报文，描述所运输的危险货物或材料的情况，并说明按照有关公约或规定进行包装和标识
895	出口统计报表	Statistical document, export	由负责国际贸易统计汇总方面，要求出口商提供出口货物信息的单证/报文
896	国际贸易统计申请单	Intrastat declaration	由负责贸易统计汇总方面，要求报关人提供货物信息的单证/报文
901	交货核对证明	Delivery verification certificate	政府当局（海关或政府）证明货物已经发运的单证/报文
910	进口许可证申请	Import licence, application for	参与方向主管部门提出申请的单证/报文，批准进口，以进口限制为准，对物品限制数量或该物品在一段限期内取消限额，并说明物品种类、原产地和价值等
911	进口许可证	Import licence	由主管部门依照强制的进口规定签发的报文，批准指定参与方按照单证中规定的条款进口指定项目的数量限制，或该项目在一限期内取消限额
913	无商业细目的申报	Customs declaration without commercial detail	不包括报文商业细目数据的 CUSDEC 报文的传输
914	有商业和项目细目的申报	Customs declaration with commercial and item detail	包括报文商业细目及项目细目数据的 CUSDEC 报文的传输
915	无项目细目的申报	Customs declaration without item detail	不包括报文项目细目节数据的 CUSDEC 传输
916	有关单证	Related document	说明与所给出单证/报文关系的单证
917	海关收据	Receipt (Customs)	支付海关税费的收据
925	调汇申请	Application for exchange allocation	进口商/买方向主管部门申请划拨一笔外汇转让出口商/卖方以支付货款的单证/报文
926	调汇许可	Foreign exchange permit	主管部门签发的批准进口商/买方汇出一笔外汇给出口商/卖方以支付货款的单证/报文
927	进口外汇管理申报	Exchange control declaration (import)	由进口商/买方填写的单证/报文，为便于主管部门管理一项已执行拨付外汇的商业交易管理和依据交付条款和有效的外汇管理规定汇出的款项

表 1（续）

代码	中文名称	英文名称	说　明
929	进口货物报关单	Goods declaration for importation	向进口海关申报货物的单证/报文(与830条相对应)
930	内销货物报关单	Goods declaration for home use	根据京都公约(CCC)附件 B.1(内销清关)向进口海关申报货物的单证/报文
931	海关即刻放行报关单	Customs immediate release declaration	进口商签发的单证/报文，通知海关按照海关为批准安排立即放行的货物已从进口的运输工具被转移到进口商的场所，或申请批准此类事件
932	海关放行通知	Customs delivery note	在海关当局的监管下放行货物，交由有关方处理的单证/报文。同义词：Customs release note
933	到港货物报关单	Cargo declaration (arrival)	适用于根据海关要求提供有关商用运输工具所载货物(运输)详细情况的单证
934	货物价格申报单	Value declaration	用于确定进口货物海关价格的单证/报文，其中申报人(进口商)列出发票或其他价格(如售价、相同货物的价格)，还说明了运输、保险和包装等费用、交货和支付条款、与贸易伙伴的关系等
935	海关发票	Customs invoice	为确定货物交付至的进口国海关价值的单证/报文，其中出口商列出了发票或其他价格(如售价、相同货物的价格)，还说明了运输、保险和包装等费用以及发货和支付条款等
936	邮包报关单	Customs declaration (post parcels)	根据 UPU 公约“关于邮政包裹的协议”第 106 款，必须随同邮政包裹并在其中详细说明包裹内容的单证/报文
937	增值税申报单	Tax declaration (value added tax)	进口商按确定增值税的主管部门的要求陈述有关信息的单证/报文
938	普通税申报单	Tax declaration (general)	包括普通税申报的单证/报文
940	催税单	Tax demand	包括税款征收的单证/报文
941	禁运货物许可证	Embargo permit	同意出口特殊货物的单证/报文
950	海关转运货物报关单	Goods declaration for Customs transit	根据京都公约(CCC)附件 E.1(关于转口)，发送方为转关申报货物的单证/报文
951	TIF 国际铁路运输报关单	TIF form	根据 1952 年简化铁路运输货物跨越边境的国际公约(UIC 的 TIF 公约)，发送方申报铁路运输货物的国际转关单证

表 1（续）

代码	中文名称	英文名称	说　明
952	TIR 国际公路运输报关单	TIR carnet	由海关当局批准的担保团体签发的国际海关单证(国际公路转口)，其项下运输的货物在多数情况下，由海关铅封，用公路车辆和/或集装箱运输、符合 TIR Carnets (UN/ECE)的国际货物运输海关 TIR 公约的要求
953	欧共体海关转运报关单	EC carnet	欧共体海关当局为转口和/或欧共体内货物的临时用户所签发的欧共体海关转口单证
954	EUR1 欧共体原产地证书	EUR 1 certificate of origin	用于在欧共体国家和欧共体以外的国家之间交换特惠货物的海关证书
955	ATA 暂准进口单证册	ATA carnet	根据 1961 年 ATA 公约的条款签发的国际海关文件(暂准进入)，结合国际上有效的担保，替代国家的海关文件和作为进口关税/税的保证，用于暂准进口的货物及适用时的货物转口。如果接受对货物的临时出口和再进口的监管，国际担保就不再适用(CCC)
960	欧共体统一单证	Single administrative document	1988 年 1 月 1 日推行的替换欧共体内不同(国家)格式的海关申报单的一套单证
961	一般回复(海关)	General response (Customs)	海关向上一报文的发送方传输数据的一般回复的报文
962	公文回复(海关)	Document response (Customs)	海关向上一报文的发送方传输数据的公文回复报文
963	误差回复(海关)	Error response (Customs)	海关向上一报文发送方传输数据的错误回复报文
964	一揽子回复(海关)	Package response (Customs)	海关向上一级报文发送方传输数据的一揽子回复报文
965	海关计税/确认回复	Tax calculation/confirmation response (Customs)	海关向上一报文发送方传输数据的计税/确认回复报文
966	配额预分配证书	Quota prior allocation certificate	主管部门为控制额的预先分配签发的单证/报文
970	装车报告	Wagon report	包括多车发运情况下有关车皮及其装载托运货物信息的单证
971	中转承运人单证	Transit Conveyor Document	即非始发端也非到达端的承运人而仅为中转过程承运人的单证。该承运人可就其承担的运输服务直接开票收费

表 1（续）

代码	中文名称	英文名称	说　明
972	铁路托运单货运代理副本	Rail consignment note forwarder copy	专为货运代理之需打印的铁路托运单副本
974	暂停征税货物	Duty suspended goods	提供应当缴纳但暂停征收税款的货运明细的单证
975	中转申报的证据	Proof of transit declaration	为中转申报已被接受提供证据的单证
976	集装箱调箱单	Container transfer note	运送集装箱的单证。同义词:转运单
977	NATO 中转单证	NATO transit document	北大西洋公约组织武装力量装运海关监管货物的专用转关单证
978	境外废品装运授权	Transfrontier waste shipment authorization	由相关运输管理机构授权进行国际间废品运输的单证
979	境外废品装运单	Transfrontier waste shipment movement document	承运人持有的和收货人使用的进行国际废品运输的单证
990	最终使用授权书	End use authorization	由海关签发的海关手续最后使用的单证
991	政府合同	Government contract	描述有政府授权的单证/报文
995	进口统计表	Statistical document，import	描述用于进口统计目的的单证/报文
996	跟单信用证开证申请书	Application for documentary credit	申请开出一份跟单信用证的报文
998	先前海关单证/报文	Previous Customs document/message	对于同一交易海关先前签发的单证/报文

ICS 39.060
Y 88

中华人民共和国国家标准

GB 28480—2012

饰品 有害元素限量的规定

Adornment—Provision for limit of baneful elements

2012-06-29 发布 2013-05-01 实施

中华人民共和国国家质量监督检验检疫总局
中国国家标准化管理委员会 发布

前　言

本标准第4、6章为强制性的，其余为推荐性的。

本标准按照GB/T 1.1—2009给出的规则起草。

本标准由中国轻工业联合会提出。

本标准由全国首饰标准化技术委员会(SAC/TC 256)归口。

本标准起草单位：国家首饰质量监督检验中心、北京市首饰质量监督检验站。

本标准主要起草人：段体玉、李素青、王春生、李玉鹍、罗跃平。

引　言

本标准实施后，非贵金属首饰及摆件中的砷、汞、铬（六价）、铅总含量要求，在流通领域中给予一年的过渡期。

饰品　有害元素限量的规定

1　范围

本标准规定了饰品中有害元素的种类及其限量。

本标准适用于各种材质的饰品(珠宝玉石除外)。

2　规范性引用文件

下列文件对于本文件的应用是必不可少的。凡是注日期的引用文件,仅注日期的版本适用于本文件。凡是不注日期的引用文件,其最新版本(包括所有的修改单)适用于本文件。

GB/T 19719　首饰　镍释放量的测定　光谱法

GB/T 28019　饰品　六价铬的测定　二苯碳酰二肼分光光度法

GB/T 28020　饰品　有害元素的测定　X射线荧光光谱法

GB/T 28021　饰品　有害元素的测定　光谱法

GB/T 28485　镀层饰品　镍释放量的测定　磨损和腐蚀模拟法

3　术语和定义

下列术语和定义适用于本文件。

3.1

饰品　adornment

首饰和摆件的总称。

3.2

首饰　jewellery

供人佩戴的饰物。

3.3

摆件　ornaments

装饰室内环境的饰物。

3.4

珠宝玉石　gems

对天然珠宝玉石(包括天然宝石、天然玉石和天然有机宝石)和人工宝石(包括合成宝石、人造宝石、拼合宝石和再造宝石)的统称,简称宝石。

[GB/T 16552—2010,定义3.1]

3.5

有害元素　baneful elements

使用过程中会对人体健康造成伤害或危害环境的化学元素的统称,主要指镍、砷、镉、铬、铅、汞、锑、钡、硒等。

3.6

总含量　total content

某种元素或物质的质量占该材料或部件总质量的比例,用mg/kg表示。

3.7

溶出量　content of soluble elements

在规定的溶剂和条件下，经溶解一定时间后，某种元素或物质溶解到溶剂中的质量占该材料或部件总质量的比例，用 mg/kg 表示。

3.8

儿童首饰　children jewellery

供 14 岁及 14 岁以下儿童佩戴的首饰。

4　有害元素的限量

4.1　镍

4.1.1　用于耳朵或人体的任何其他部位穿孔，在穿孔伤口愈合过程中使用的制品，其镍释放量应小于 0.2 $\mu g/(cm^2 \cdot week)$。

4.1.2　与人体皮肤长期接触的制品如：

——耳环；

——项链、手镯、手链、脚链、戒指；

——手表表壳、表链、表扣；

——按扣、搭扣、铆钉、拉链和金属标牌（如果不是钉在衣服上）。

这些制品与皮肤长期接触部分的镍释放量应小于 0.5 $\mu g/(cm^2 \cdot week)$。

4.1.3　4.1.2 中所指定的制品如表面有镀层，其镀层应保证与皮肤长期接触部分在正常使用的两年内，镍释放量小于 0.5 $\mu g/(cm^2 \cdot week)$。

4.1.4　除了上述 4.1.1、4.1.2、4.1.3 中所列明的，其他同类制品应达到同样要求，否则不得进入市场。

4.2　其他有害元素

4.2.1　采用金属材料制成的饰品或饰品部件应符合以下要求：

a）饰品中有害元素的总含量应小于或等于表 1 中相应元素的最大限量要求。

表 1　饰品中有害元素总含量的最大限量

元素	砷 As	铬(六价) Cr	汞 Hg	铅 Pb	镉 Cd
最大限量 W_{max} mg/kg	1 000	1 000	1 000	1 000	100

b）儿童首饰中铅的总含量应小于或等于 300 mg/kg，其他有害元素的总含量应符合 4.2.1a）的要求，其溶出量还应小于或等于表 2 中相应元素的最大限量要求。

表 2　儿童首饰中有害元素溶出量的最大限量

元素	锑 Sb	砷 As	钡 Ba	镉 Cd	铬 Cr	铅 Pb	汞 Hg	硒 Se
最大限量/ (mg/kg)	60	25	1 000	75	60	90	60	500

4.2.2 采用其他材质制成的饰品，有相应国家标准要求的应符合相应的国家标准要求。如采用纺织品制成的饰品，有害元素的限量应符合纺织品的安全要求。

5 检验方法

5.1 镍释放量的测定

镍释放量按 GB/T 19719 和 GB/T 28485 测定。

5.2 其他有害元素的测定

应采用被认可的方法测定饰品中有害元素的总含量及溶出量。

饰品中有害元素的总含量可以按 GB/T 28020 的方法进行初检。砷、汞、铅、镉的总含量及锑、砷、钡、镉、铬(六价)、铅、汞、硒的溶出量按 GB/T 28021 等测定，六价铬的总含量按 GB/T 28019 等测定。

6 标识

儿童首饰应在标签或其他标识物中予以明示。

4.7.2 [illegible]

6 检验方法

6.1 检验器具的要求

[illegible]

6.2 [illegible]

[illegible]

[illegible]

ICS 97.140
Y 80

GB

中华人民共和国国家标准

GB 28481—2012

塑料家具中有害物质限量

Limit of harmful substances of plastic furniture

2012-06-29 发布　　2013-07-01 实施

中华人民共和国国家质量监督检验检疫总局
中国国家标准化管理委员会　发布

前言

本标准中第4章为强制性的，其余为推荐性的。

本标准按照GB/T 1.1—2009给出的规则起草。

请注意本文件的某些内容可能涉及专利。本文件的发布机构不承担识别这些专利的责任。

本标准由全国家具标准化技术委员会(SAC/TC 480)归口。

本标准负责起草单位：上海市质量监督检验技术研究院、江苏省产品质量监督检验研究院。

本标准参加起草单位：浙江大丰体育设备有限公司、浙江省家具与五金研究所、国家家具及室内环境质量监督检验中心、深圳市计量质量检测研究院、好孩子儿童用品有限公司。

本标准主要起草人：朱宇宏、王燕、余辉、许俊、陈韶、刘曜国、罗菊芬、梁米加、罗炘、张淑艳、干立红、邹宇。

塑料家具中有害物质限量

1 范围

本标准规定了塑料家具中有害物质限量的术语、要求、试验方法和检验规则。

本标准适用于室内外和公共场所使用的各类塑料家具产品。

2 规范性引用文件

下列文件对于本文件的应用是必不可少的。凡是注日期的引用文件，仅注日期的版本适用于本文件。凡是不注日期的引用文件，其最新版本(包括所有的修改单)适用于本文件。

GB 5296.6—2004 消费品使用说明 第6部分:家具

GB 6675—2003 国家玩具安全技术规范

GB/T 16288—2008 塑料制品的标志

GB/T 22048—2008 玩具及儿童用品 聚氯乙烯塑料中邻苯二甲酸酯增塑剂的测定

SN/T 1877.2—2007 塑料原料及其制品中多环芳烃的测定方法

SN/T 2005.2—2005 电子电气产品中多溴联苯和多溴联苯醚的测定 第2部分:气相色谱—质谱法

3 术语和定义

下列术语和定义适用于本文件。

3.1

塑料家具 plastic furniture

全部由塑料材料制作的家具，或以塑料板材、管材、异型材等为主组成的构架或构件制作的家具。

3.2

邻苯二甲酸酯 phthalates

邻苯二甲酸与醇反应形成的酯的统称，其化学结构特点是在苯环邻位含有两个对称或不对称的甲酸烃酯。本标准中的邻苯二甲酸酯指表1中的6种邻苯二甲酸酯。

表1 邻苯二甲酸酯

序号	中文名称	英文名称(简称)	CAS No.
1	邻苯二甲酸二丁酯	Dibutyl phthalate (DBP)	84-74-2
2	邻苯二甲酸丁酯苄酯	Benzyl butyl phthalate (BBP)	85-68-7
3	邻苯二甲酸-2-乙基己基酯	Di-(2-ethylhexyl) phthalate (DEHP)	117-81-7
4	邻苯二甲酸二正辛酯	Di-n-octyl phthalate (DNOP)	117-84-0
5	邻苯二甲酸二异壬酯	Di-iso-nonyl phthalate (DINP)	28553-12-0 68515-48-0
6	邻苯二甲酸二异癸酯	Di-iso-decyl phthalate (DIDP)	26761-40-0 68515-49-1

3.3

多环芳烃　polycyclic aromatic hydrocarbons (PAH)

含两个或两个以上稠合芳香环的芳香烃。环上也可有短的烷基或环烷基取代基。本标准中的多环芳烃是指表 2 中的 16 种多环芳烃。

表 2　16 种多环芳烃

序　号	中文名称	英文名称	CAS No.
1	萘	Naphthalene	91-20-3
2	苊烯	Acenaphthylene	208-96-8
3	苊	Acenaphthene	83-32-9
4	芴	Fluorene	86-73-7
5	菲	Phenanthrene	85-01-8
6	蒽	Anthracene	120-12-7
7	荧蒽	Fluoranthene	206-44-0
8	芘	Pyrene	129-00-0
9	苯并[a]蒽	Benzo[a]anthracene	56-55-3
10	屈	Chrysene	218-01-9
11	苯并[b]荧蒽	Benzo[b]fluoranthene	205-99-2
12	苯并[k]荧蒽	Benzo[k]fluoranthene	207-08-9
13	苯并[a]芘	Benzo[a]pyrene	50-32-8
14	二苯并[a,h]蒽	Dibenzo[a,h]anthracene	53-70-3
15	苯并[g,h,i]二萘嵌苯	Benzo[g,h,i]perylene	191-24-2
16	茚并[1,2,3-cd]芘	Ideno[1,2,3-cd]pyrene	193-39-5

3.4

公共场所　public place

提供公共服务或人员活动密集的设施和场所。

[GB 20286—2006,定义 3.1]

4　要求

塑料家具中有害物质限量应符合表 3 规定。

表 3　有害物质限量要求

项　目		指　标
邻苯二甲酸酯/%	DBP	≤0.1
	BBP	≤0.1
	DEHP	≤0.1
	DNOP	≤0.1

表 3（续）

项　　目		指　　标
邻苯二甲酸酯/%	DINP	≤0.1
	DIDP	≤0.1
重金属/(mg/kg)	可溶性铅	≤90
	可溶性镉	≤75
	可溶性铬	≤60
	可溶性汞	≤60
多环芳烃/(mg/kg)	苯并[α]芘	≤1.0
	16 种多环芳烃(PAH)总量	≤10
多溴联苯[a](PBB)/(mg/kg)		≤1 000
多溴二苯醚[a](PBDE)/(mg/kg)		≤1 000

[a] 仅适用于公共场所和申明具有阻燃性能的塑料家具。

5　试验方法

5.1　试件制备

试件应在满足试验规定的出厂合格产品上取样，取 10 g 样。试件应在距家具边缘或柱端不小于 50 mm 处制备；家具含不同塑料材质的，按单一材质分别取样，用剪刀等工具剪切至 5 mm 以下的颗粒。

5.2　邻苯二甲酸酯的测定

按 GB/T 22048—2008 中规定的方法进行。

5.3　重金属的测定

按 GB 6675—2003 附录 C 规定的方法进行。

5.4　苯并[α]芘和多环芳烃(PAH)总量的测定

按 SN/T 1877.2—2007 中规定的方法一进行。

5.5　多溴联苯的测定

按 SN/T 2005.2—2005 中规定的方法进行。

5.6　多溴二苯醚的测定

按 SN/T 2005.2—2005 中规定的方法进行。

6　检验规则

6.1　检验项目

本标准所列的全部技术内容均为型式检验项目。

6.1.1 在正常生产情况下，每年至少进行一次型式检验。

6.1.2 有下列情况之一时应随时进行型式检验：

——新产品最初定型时；

——产品异地生产时；

——产品配方、生产工艺及原材料有较大改变时；

——停产三个月及以上后又恢复生产时；

——客户提出要求时；

——国家质量技术监督机构提出型式检验要求时。

6.2 检验结果的判定

6.2.1 所有检验项目的结果均达到本标准规定要求时，判定该产品为合格；若有一项检验结果未达到本标准规定要求时，则判定该产品为不合格。

6.2.2 家具含不同塑料材质的，所有材质均满足本标准规定的要求，则判定该产品合格；如果任意一种材质未满足本标准的要求时，则判定该产品不合格。

6.2.3 对检验结果有异议要求复检时，应从原封样品或备样中进行复验，判定规则同 6.2.1。在检验报告中注明"复验合格"或"复验不合格"。

7 检验报告

检验报告至少应包括以下内容：

——本国家标准编号及名称；

——样品名称和其他说明；

——检验机构名称和检验日期；

——检验结果和结论；

——检验过程中出现的异常情况和其他有必要说明的事项。

8 标识

8.1 产品标识应符合 GB 5296.6—2004 中 3.4、3.5 的要求。

8.2 产品标识应符合 GB/T 16288—2008 第 5 章的要求。

8.3 公共场所用塑料家具和具有阻燃性能的塑料家具应在产品标识中注明具有阻燃性能。

ICS 97.200.50
Y 57

中华人民共和国国家标准

GB 28482—2012

婴幼儿安抚奶嘴安全要求

Safety requirements of soothers for babies and young children

2012-06-29 发布 2013-05-01 实施

中华人民共和国国家质量监督检验检疫总局
中国国家标准化管理委员会 发布

前　言

本标准的全部技术内容为强制性。

本标准按照 GB/T 1.1—2009《标准化工作导则　第1部分：标准的结构和编写》给出的规则起草。

本标准修改采用 EN 1400-1:2002《儿童使用和护理制品　婴幼儿安抚奶嘴　第1部分：一般安全要求及产品信息》、EN 1400-2:2002《儿童使用和护理制品　婴幼儿安抚奶嘴　第2部分：机械性能要求和测试》和 EN 1400-3:2002《儿童使用和护理制品　婴幼儿安抚奶嘴　第3部分：化学性能要求和测试》，本标准与 EN 1400 系列标准主要差异如下：

——增加邻苯二甲酸酯含量要求及测试方法；

——增加"测定安抚奶嘴中 N-亚硝胺和 N-亚硝胺可生成物释放量的方法"资料性附录；请注意本文件的某些内容可能涉及专利。本文件的发布机构不承担识别这些专利的责任。

本标准由中国轻工业联合会提出。

本标准由全国玩具标准化技术委员会(SAC/TC 253)归口。

本标准起草单位：广东出入境检验检疫局检验检疫技术中心玩具实验室、好孩子儿童用品有限公司、北京中轻联认证中心、广州威凯检测技术研究院、深圳出入境检验检疫局玩具检测技术中心、广东出入境检验检疫局粤东玩具检测中心。

本标准主要起草人：劳泳坚、李诗礼、雷再明、张艳芬、蚁乐洲、王玫、徐晓光、王新豫。

婴幼儿安抚奶嘴安全要求

1 范围

本标准规定了婴幼儿安抚奶嘴的术语和定义、安全要求、测试方法、包装方式及产品信息。

本标准适用于组装成为婴幼儿安抚奶嘴或者功能用作为婴幼儿安抚奶嘴的产品，市场上作医疗用途的器具除外。

本标准不适用于设计供专门医师用作医疗用途的类似产品。例如，那些供涉及皮尔罗宾症或者早产婴儿用的类似产品。这些特殊的情况在资料性附录A中已有描述。

本标准不适用于喂食用途的奶嘴。

2 规范性引用文件

下列文件对于本文件的应用是必不可少的。凡是注日期的引用文件，仅注日期的版本适用于本文件。凡是不注日期的引用文件，其最新版本(包括所有的修改单)适用于本文件。

GB/T 131 产品几何技术规范(GPS) 技术产品文件中表面结构的表示法

GB/T 2828.1 计数抽样检验程序 第1部分：按接收质量限(AQL)检索的逐批检验抽样计划

GB/T 2918 塑料试样状态调节和试验标准环境

GB/T 3512 硫化橡胶或热塑性橡胶—热空气加速老化和耐热试验

GB/T 6682 分析实验用水规范和实验方法

GB/T 22048 玩具及儿童用品 聚氯乙烯塑料中邻苯二甲酸酯增塑剂的测定

3 术语和定义

下列术语和定义适用于本文件。

3.1

安抚奶嘴 soother

用来满足儿童非营养性吸吮需要的奶嘴。

注：安抚奶嘴也被视为橡皮奶嘴或者婴儿橡皮奶嘴。

3.2

奶嘴头 teat

作为安抚奶嘴的一部分用于放在儿童口中的柔软部分。

3.3

挡板 shield

安置在奶嘴头底部的结构部件，用于降低安抚奶嘴被完全塞入儿童口内的可能性。

3.4

环或把手 ring or knob

安置在挡板附近或者安置在挡板上的结构部件，以便于操作安抚奶嘴。

注：环，把手或盖可以是和挡板或塞子形成一个不可拆卸的整体，或者成为可以分离的部件连结到挡板或塞子上。

3.5

塞子 plug

位于奶嘴头的颈部,用于安全固定奶嘴头到挡板上的器件。

3.6

盖 cover

用于防止塞子被打开的装置。

3.7

通风孔 ventilation holes

在安抚奶嘴挡板上的孔,当安抚奶嘴意外地卡在口内时,能够提供空气通道供儿童呼吸。这些孔也能降低因产生负气压而使奶嘴被吸入儿童咽部的危险。

4 安抚奶嘴的描述

婴幼儿安抚奶嘴结构可含有奶嘴头、挡板、环、塞子、盖、圆形把手等部件,见图 1～图 4。

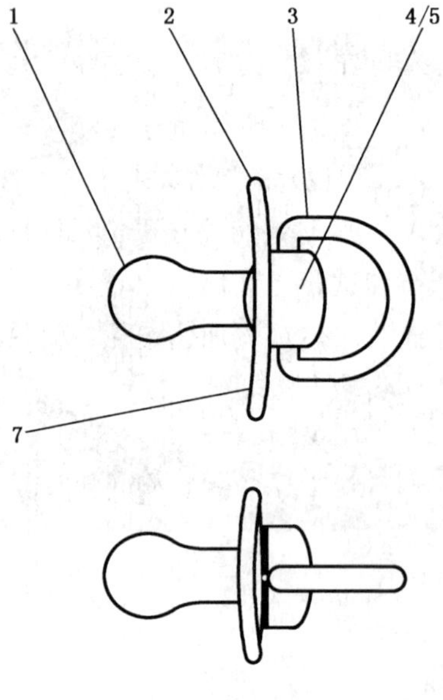

说明:

1——奶嘴头;

2——挡板;

3——环;

4——塞子;

5——盖;

7——挡板吸吮表面。

图 1 带有环的安抚奶嘴示例

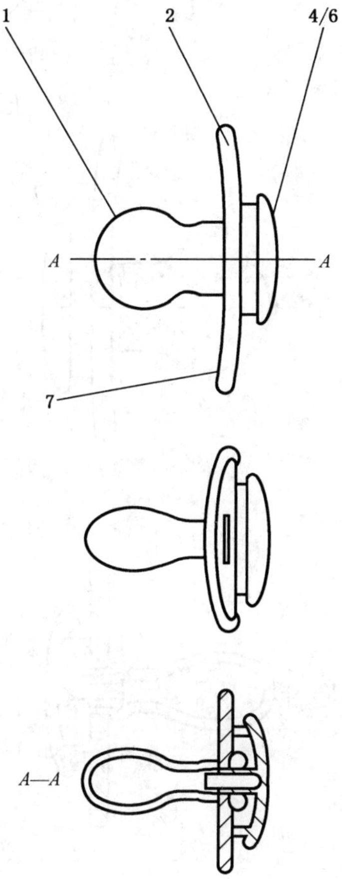

说明：

1——奶嘴头；

2——挡板；

4——塞子；

6——圆形把手；

7——挡板吸吮表面。

图 2 带有把手的安抚奶嘴示例

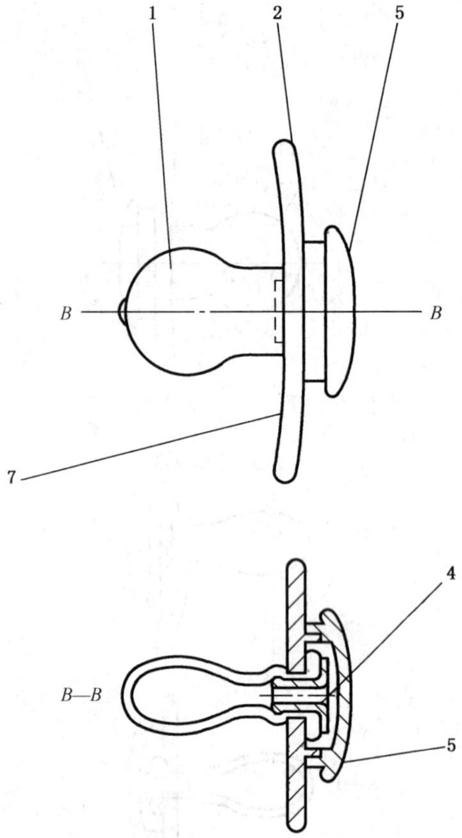

说明：
1——奶嘴头；
2——挡板；
4——塞子；
5——盖；
7——挡板吸吮表面。

图 3 带有塞子和盖的安抚奶嘴示例

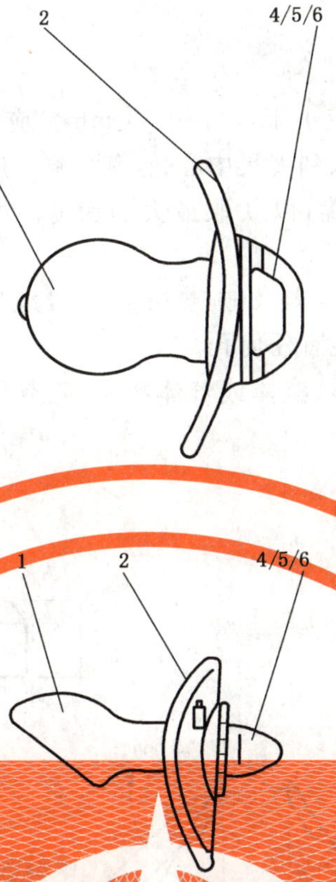

说明：

1——奶嘴头；

2——挡板；

4——塞子；

5——盖；

6——把手。

图 4　带有塞子、盖和把手的安抚奶嘴示例

5　一般安全要求及测试方法

5.1　材料

安抚奶嘴应采用符合本标准要求的材料制造。

印迹和模塑的装饰品只能用于安抚奶嘴挡板吮吸面后的部件上(见图 1～图 4)。不得使用带胶粘剂的标签和装饰。

如果安抚奶嘴包含有可产生摇铃的效果的松散部件,这些部件应是内置的光滑珠子,且这些珠子不能在奶嘴头出现。

5.2　结构

5.2.1　一般要求

安抚奶嘴不应有任何锐利尖端或锐利边缘。用于吮吸部分的表面应光滑。安抚奶嘴不应有任何可移取部件。

注：安抚奶嘴可能会卡在儿童口内,因此宜设计成:组装后的安抚奶嘴尽可能易于握持,方便从儿童口中取出。

5.2.2 奶嘴头

奶嘴头伸入口内的有效长度应小于或等于 35 mm。应使用图 5 所示的深度测试量具进行测试。安抚奶嘴应以主轴方向垂直地插入到夹具中心，且其奶嘴头应向下。调整夹具，使其爪刚好触及到奶嘴头的颈部。在自重下旋转安抚奶嘴，以获取最大的深度。如图 6 所示，奶嘴头的顶端不应触及量块顶部。

注：如果奶嘴头形状为非圆形截面，可轻微地调整深度测试量具的爪的开口方式。

位于挡板吮吸面的奶嘴头不能有任何孔。

奶嘴头空心部分不得含有固体、液体或气体物质(除空气)。除塞子外，奶嘴头也不得包含任何插入物。

单位为毫米

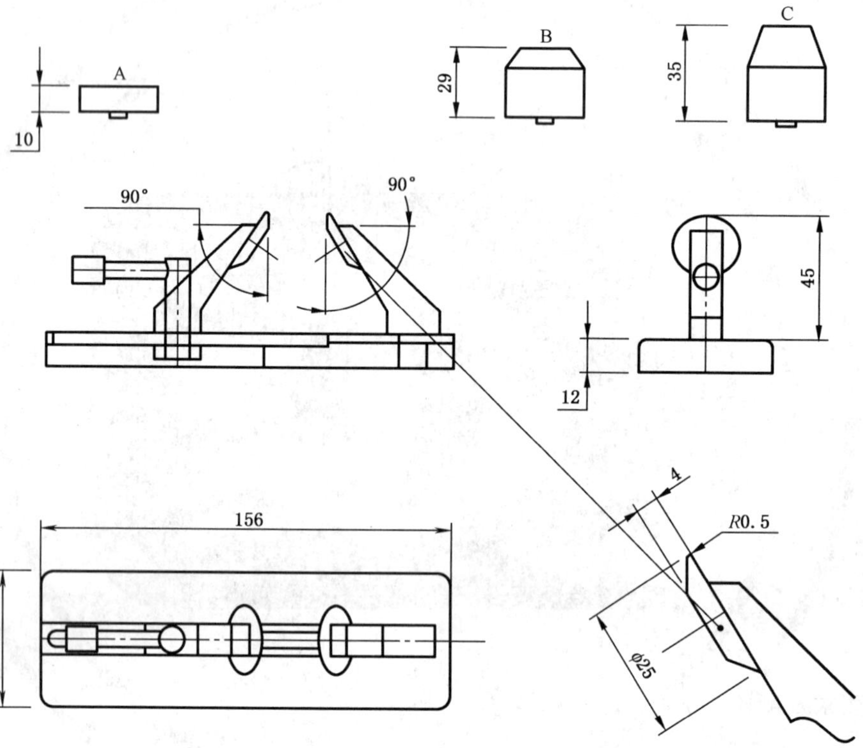

说明：

A——深度夹具量块“A”；

B——深度夹具量块“B”；

C——深度夹具量块“C”。

图 5 深度夹具示例

单位为毫米

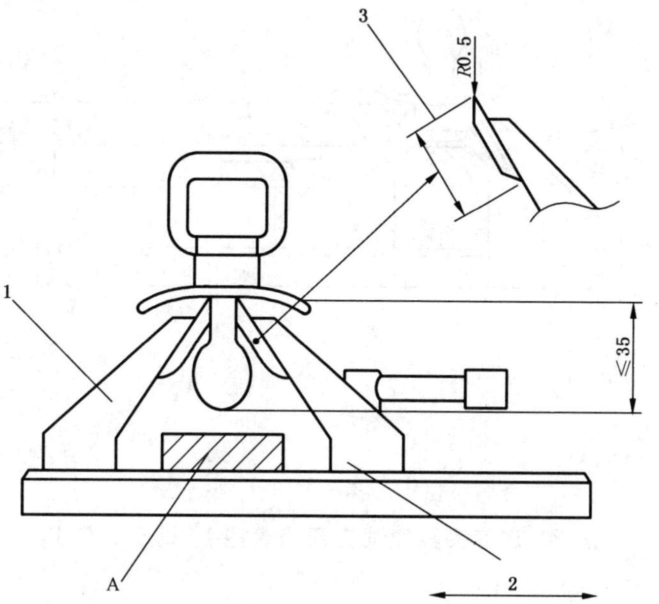

说明：

A——深度夹具量块“A”；

1——固定的钳；

2——可动的钳；

3——ϕ25 的圆盘。

图 6 安抚奶嘴的奶嘴头深度夹具量具(见 5.2.2)

单位为毫米

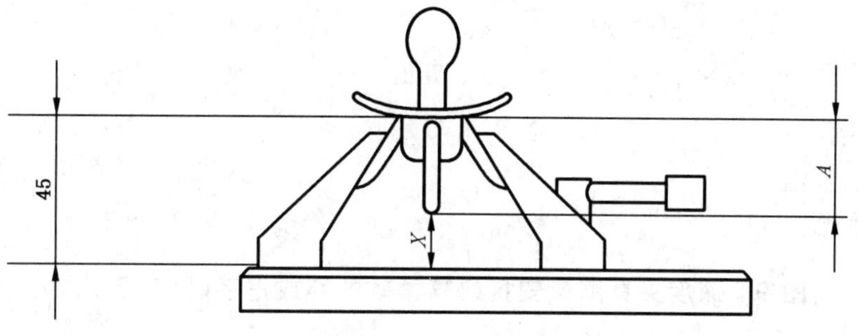

说明：

A——尺寸“A”；

X——环底部和深度夹具底座顶端的距离。

图 7 深度夹具测量安抚奶嘴环(见 5.2.4)

单位为毫米

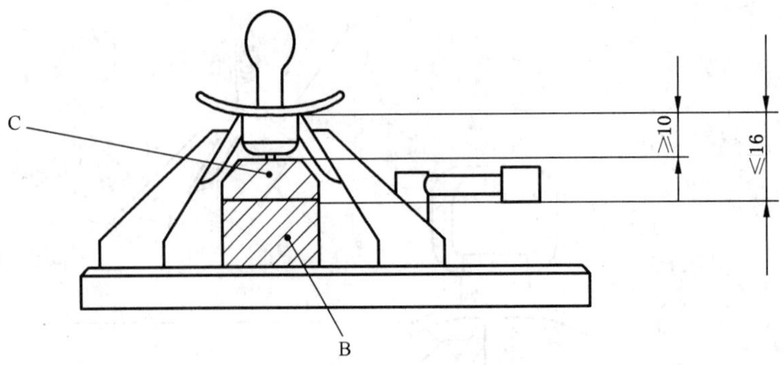

说明：

B——量块“B”；

C——量块“C”。

图8 深度夹具测试安抚奶嘴把手(见5.2.5.1)

单位为毫米

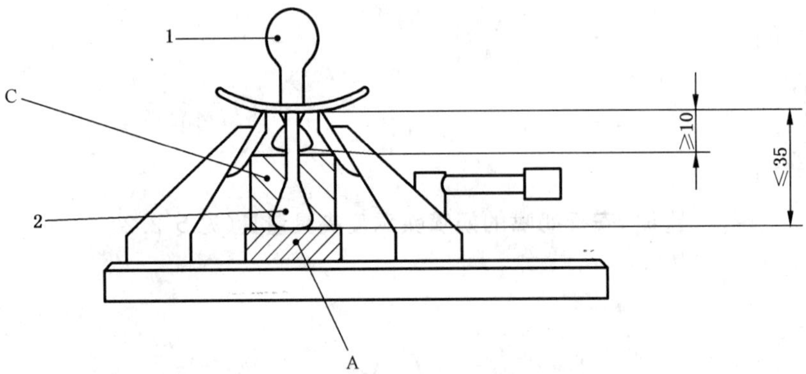

说明：

A——量块“A”；

C——量块“C”；

1——奶嘴头；

2——柔软的环或把手。

图9 深度夹具测量安抚奶嘴柔软的环或把手(见5.2.5.2)

5.2.3 挡板

5.2.3.1 一般要求

安抚奶嘴应装有挡板。在按5.2.3.2所述的要求进行测试时，挡板在沿安抚奶嘴主轴方向测试，不应在任何方向从模板中拉出。

无论挡板上是否有环，挡板应至少有两个面积不少于20 mm^2 的通风孔，且 $\phi4$ mm的测试圆杆应可无阻碍通过该通风孔。

两个通风孔的中心距离至少应为15 mm，孔的边缘与挡板的边缘应至少相距为5 mm。

两个通风孔应对称位于挡板主轴的两侧，如果是非圆形的挡板，该规定可相对于次要轴(见图10所示)。

注1：某些类型的通风孔有可能引起手指受伤，如非圆型通风孔宜避免尖锐的锐角或倒角，见5.2.6。

注2：一旦安抚奶嘴卡在口内，挡板边缘的形状、通风口的大小、形状和位置可起到减缓作用。

单位为毫米

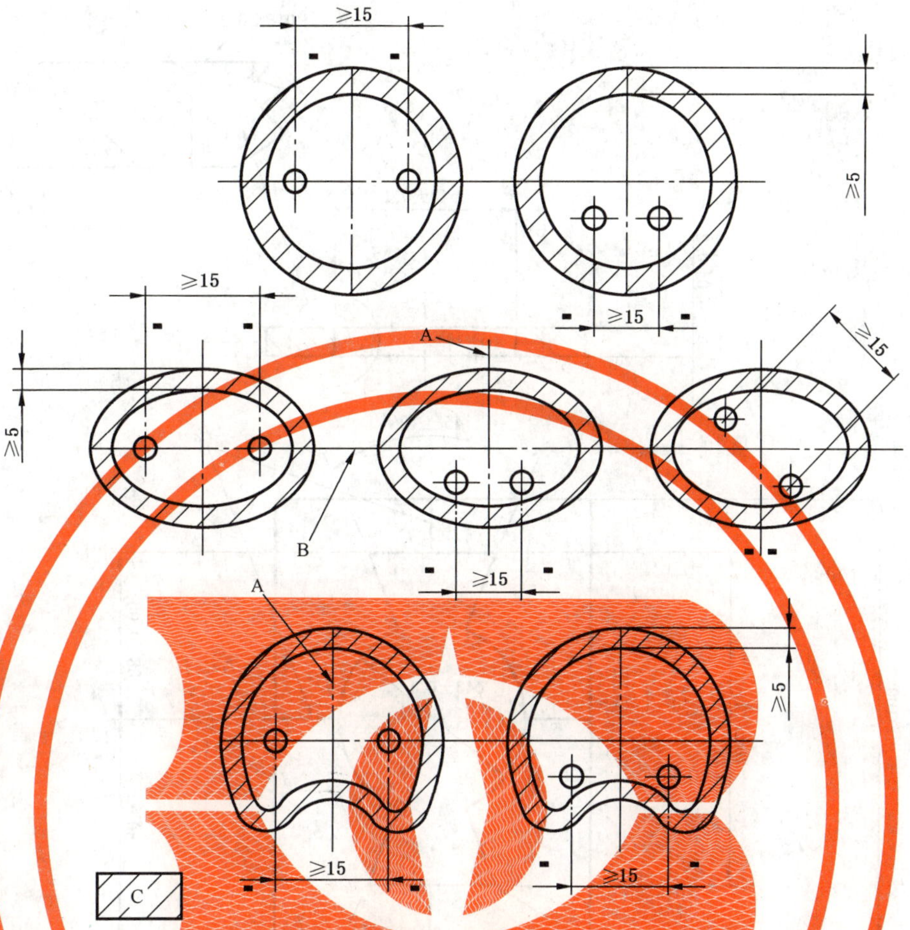

说明：

A——次要轴线；

B——主要轴线；

C——阴影部分—不允许有强制性孔洞。

图 10　强制性孔洞允许位置的示例(见 5.2.3.1)

5.2.3.2　挡板测试

在测试时，聚四氟乙烯模板(形状和尺寸如图 11 所示)应保持水平和牢固。

将安抚奶嘴浸入润湿剂中至少 10 s，可使用 2%(*V*/*V*)的聚氧乙烯(20)山梨醇酐单油酸酯作为合适的润湿剂。

将浸湿的安抚奶嘴的奶嘴头放入模板的开口内，使安抚奶嘴的主轴与模板轴线一致。沿主轴方向逐渐向奶嘴头施加拉力 10 N±0.5 N，保持 10 s±0.5 s(见图 12)。

将奶嘴头切断后，反转安抚奶嘴在模板上重复本测试。通过圆杆沿主轴线集中施力于奶嘴头切断后所留下的孔洞处。圆杆的直径应略大于奶嘴头切断面。

单位为毫米

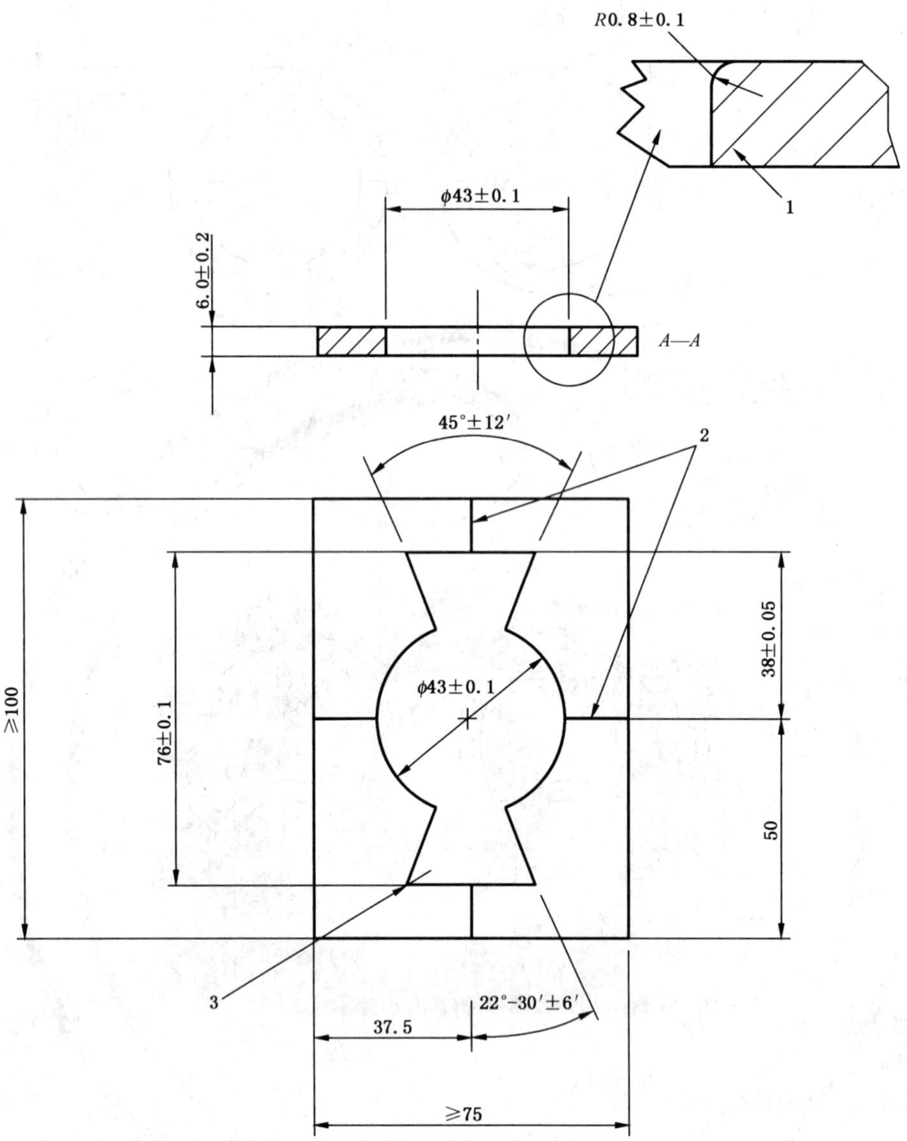

说明：

1——A—A 部分放大；

2——主要和次要轴线的永久标记；

3——内部的 R1(4 个角)。

注：材料是聚四氟乙烯(PTFE)。

图 11　挡板测试(见 5.2.3.2)

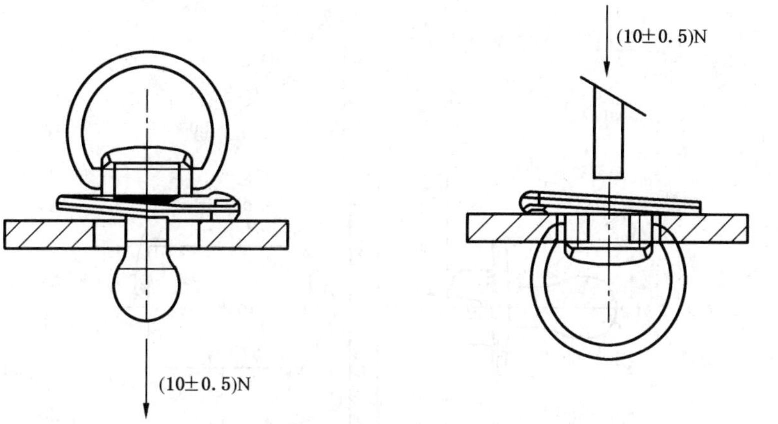

图 12 挡板测试(见 5.2.3.2)

5.2.4 环

用弹性材料的制成环应按 5.2.5.2 所描述的弹性把手方法进行测试。以下适用于非弹性材料制成的环:

尺寸 *A* 应小于或等于尺寸 *B* 的 1.4 倍(见图 13)。

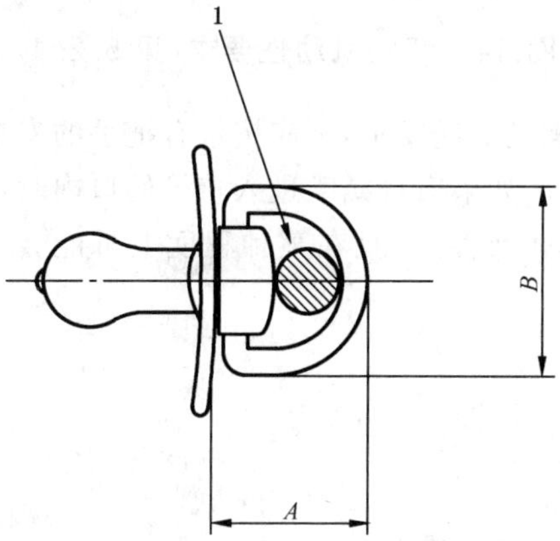

说明:

A——尺寸“A”;

B——尺寸“B”;

1——直径为 14 mm 的测试圆杆的横截面。

图 13 环的尺寸示图

深度测试量具可用于辅助测量尺寸 *A*(见图 7)。将安抚奶嘴放置在深度测试量具,测量环底部和深度测试量具底座顶端的距离(x)。尺寸 $A=45-x$。

环的形状应允许直径至少为 14 mm 测试圆杆不受阻碍地通过。

环应为铰接结构,或者可以自由旋转,或者由足够柔软的材料制成以满足要求。当沿安抚奶嘴主轴线对环施加 10 N±0.5 N 的力时,环倒塌到挡板上方的距离应小于或等于 16 mm。在施力前,如果必要,环应轻微地移到轴线一侧,然后应从挡板后表面沿主轴线进行距离的测量。测试如图 14 所示。

单位为毫米

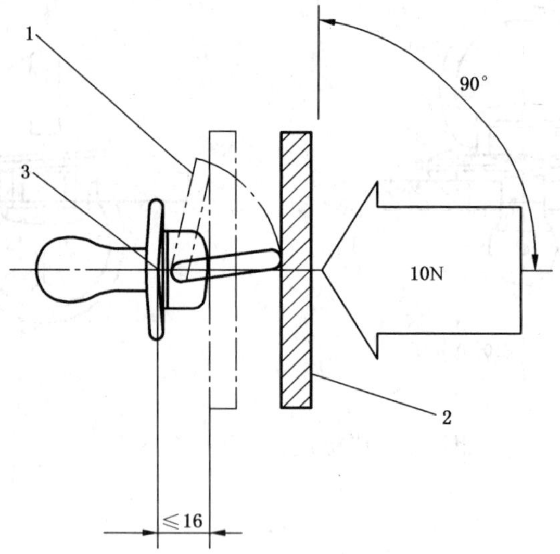

说明：

1——施加 10 N 力之后环的位置；

2——平板；

3——沿主要轴线的挡板后表面。

图 14 环的机动性要求(见 5.2.4)

带有环的安抚奶嘴如果不能满足上述要求，则应按带有把手的安抚奶嘴进行测试(见 5.2.5)。

即使与挡板接触，环应可触及。如果安抚奶嘴进入孩子的口内时，环可以帮助其被移取出来。环的大小、形状和连结点都会影响其可触及性，并且在某种程度上可能会阻碍安抚奶嘴从孩子的嘴里移取出来。

5.2.5 把手、塞子和/或盖

5.2.5.1 一般要求

塞子不得超过挡板吮吸面 3 mm(见图 15)。

除非安抚奶嘴带有环，且能够满足 5.2.4 要求，否则硬的把手、塞子或盖，其突出挡板后面的最远距离不应少于 10 mm 和不超过 16 mm。使用深度夹具的量块 B 和量块 C 进行测试(见图 8)。

5.2.5.2 柔软的把手、塞子和/或盖

由柔软材料制成把手、塞子和/或盖的有效穿过深度不得少于 10 mm，且不得超过 35 mm。使用深度测试量具的量块 A 和量块 C 进行测试(见图 9)。

5.2.6 孔洞(手指陷套)

为了避免手指陷入安抚奶嘴任何一个组成部分，安抚奶嘴上任何孔洞的不应允许直径 5.5 mm 的圆杆通过，除非其穿过深度小于 10 mm，或孔洞允许直径 14 mm 的圆杆不受阻碍地通过。

本要求只适用于邵尔硬度 A 型 60IRHDs 以上材料制成的孔洞。

单位为毫米

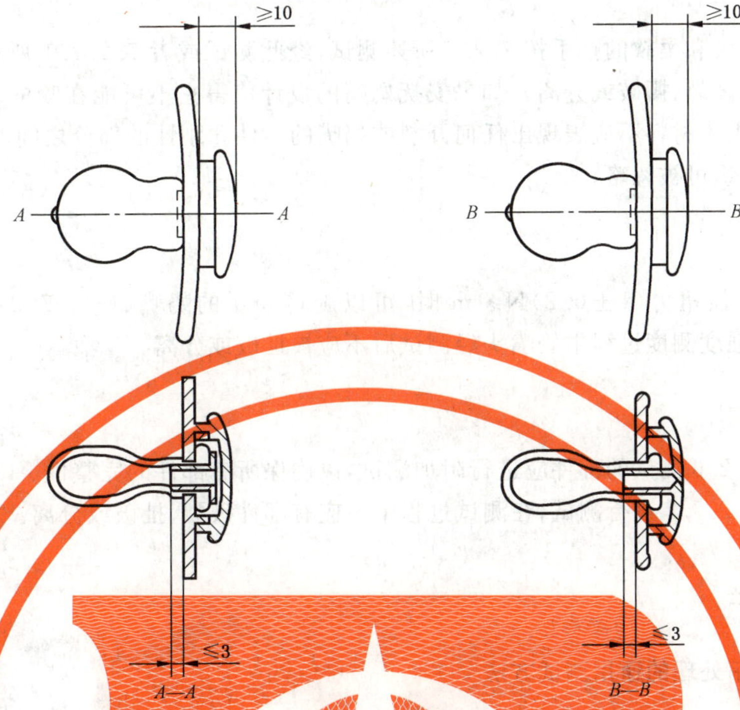

图 15 量度把手、塞子、盖的凸出部分

6 机械性能要求

6.1 抗冲击性能

安抚奶嘴按 7.2.1 中所述测试，经此测试及 7.2.7.1 所述的抗张强度测试后，安抚奶嘴部件均无破裂、撕破或分离。

6.2 抗刺穿性能

安抚奶嘴按 7.2.2 进行测试。

当按 7.2.2.1 进行抗刺穿性能测试时，完全刺穿奶嘴头表面的力应大于 30 N。

如果安抚奶嘴安装有柔软的把手，按 7.2.2.2 所述进行抗刺穿测试时，完全刺穿把手表面的力应大于 30 N。

6.3 抗扯性能

安抚奶嘴按 7.2.3 中所述测试。

按 7.2.3.1 进行抗扯性能测试时，奶嘴头不应破裂或者分离。

如果安抚奶嘴安装有一个柔软的把手，按 7.2.3.2 进行抗扯性能测试时，把手不应破裂或在抗张强度测试过程中分离。

6.4 把手、塞子和/或盖的保持力

安抚奶嘴按 7.2.4 所述测试，不应有部件破裂或者从主体上分离，成为可触及部件。

6.5 咬扯耐久性能

安抚奶嘴的奶嘴头和柔软的把手按 7.2.5 所述测试，经此测试或者 7.2.7.1 所述的抗张强度测试后安抚奶嘴部件应无破裂、撕破或分离。如果安抚奶嘴的设计使得它不可能在咬的表面上的柔性材料的两面上施加拉力，则该材料不应表现出任何开裂或奶嘴的柔性和刚性的部分之间的任何分离的现象。柔软材料表面上的标识可被忽略。

6.6 旋转耐久性

当在奶嘴头内施加扭力(1±0.2)N·m 时，可以旋转 360°的奶嘴，应按 7.2.6 进行测试，并按7.2.7.1所述的抗张强度测度过程中奶嘴头经测试后不应被扯破或分离。

6.7 完整性

未经 7.2.1 到 7.2.6 测试的部件应进行附加测试，以确保所有部件的完整性。

奶嘴应该经按 7.2.7.2 进行测试，在测试过程中不应有部件破裂、扯破或分离。

7 机械性能测试方法

7.1 样品准备和烘箱处理的通用测试方法

7.1.1 在投放市场前直接从制造商中得到的样品应放在温度为 70 ℃±2 ℃(如 GB/T 3512 所描述的)的通风干燥箱中处理 7 天，并且按照 7.1.3 所述进行预处理。接着样品应按 7.1.2 所述进行煮沸处理，接着又按 7.1.3 中所述进行处理。

7.1.2 所有的样品都应浸没在煮沸的水中，根据 GB/T 6682，第 3 级的要求，放在水中的样品不能触及到容器的内壁，放置 10 min，接着按 7.1.3 所述进行处理(目的是去除制造商加工过程中表面的涂层，确保在煮沸水中安抚奶嘴的结构和所用的材料是稳定的)。

7.1.3 所有的样品在测试前都要经过环境预处理。样品应该根据 GB/T 2918 的标准的环境：温度 23 ℃±2 ℃，相对湿度 50%±5%中放置至少 40 h。直到开始进行测试前样品都应该保持放置在该环境。测试可在正常的测试环境中进行。

7.1.4 除非另有规定，每项测试和每个方向的测试均应采用新的样品进行(例如，在一项测试完成后的样品不应用于另一个测试)。

7.2 测试方法

7.2.1 抗冲击性测试

将安抚奶嘴放在平坦的水平钢制平面上，奶嘴应在无支撑的状态下进行测试。将一块质量平均分布在直径为 80 mm±2 mm 的面积上，重为 1 kg±0.2 kg 的扁平金属块，从距离奶嘴最高点 100 mm±2 mm处落下，使得重块中心首先与奶嘴接触。应对同一个奶嘴进行 5 次测试。条件允许的情况下，最好每次冲击测试对应奶嘴不同的放置位置(见图 16)。

经过测试后，安抚奶嘴还应根据 7.2.7.1 所述进行抗张强度测试，测试沿着安抚奶嘴的最大主轴线。对于带有环的安抚奶嘴，将力施加在环和奶嘴头之间。对于带有可抓住的把手的安抚奶嘴，将力施加在把手和奶嘴头之间。对于带有不能用夹具夹住的塞子、盖或者把手，将力施加在挡板和奶嘴头之间。

单位为毫米

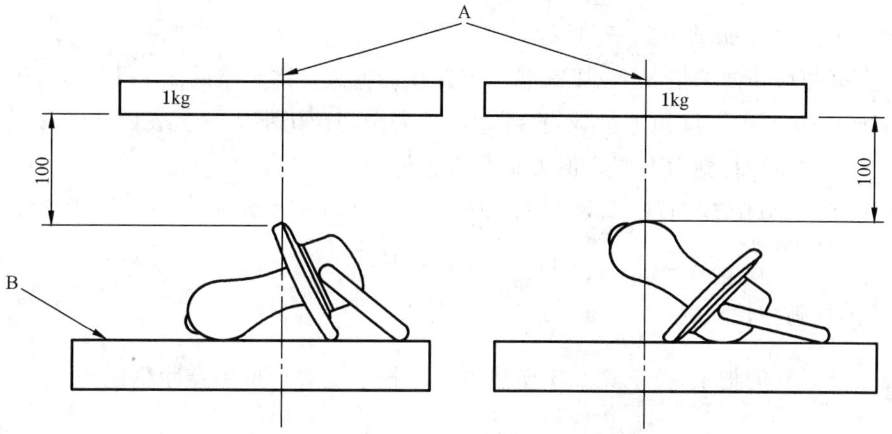

说明：
A——质量中心线；
B——钢铁表面。

图 16 安抚奶嘴抗冲击性测试位置示意图

7.2.2 抗刺穿性测试

7.2.2.1 奶嘴头的抗刺穿性测试

从一个完整的安抚奶嘴上，将奶嘴头剪切下来，剪切时尽量靠近挡板。将奶嘴头放在厚度至少 10 mm，硬度肖氏 D(70±5)的切割面板上(见图 17)。

注 1：这个硬度等同于 97 IRHDs。

注 2：相关的研究显示，测试安抚奶嘴单独的部件能够达到更好的可重复性和再现性。

单位为毫米

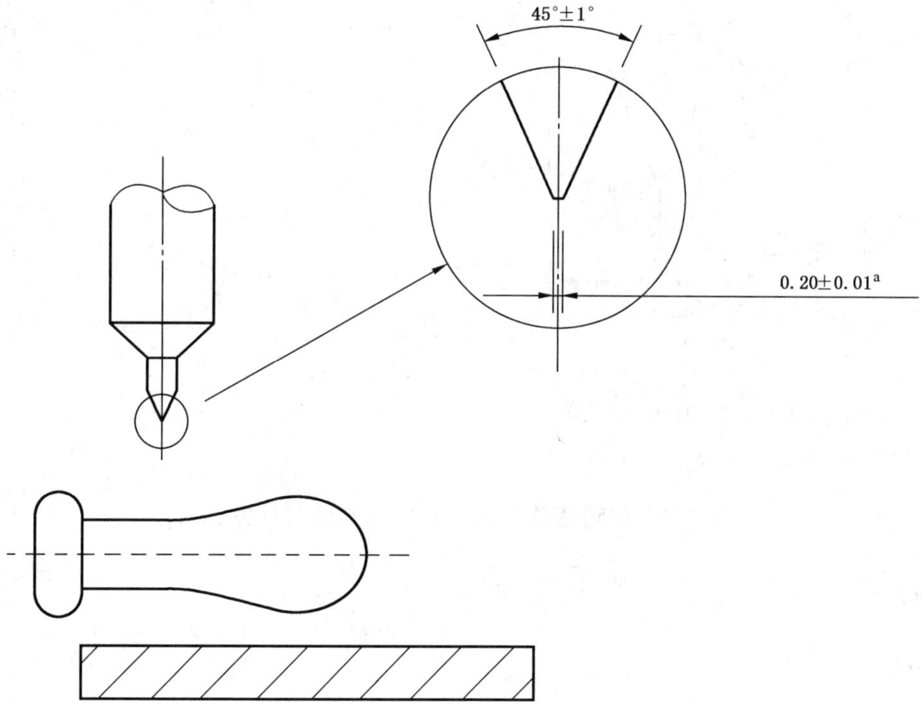

[a] 此表面是扁平的，尺寸为 3.0×0.20 mm。

图 17 安抚奶嘴抗刺穿性测试位置示意图

将带有3 mm的刀口切割器(形状和尺寸如图18所示)放在正上方,在离奶嘴头切割边缘5 mm±0.5 mm处,垂直对准奶嘴头的最大主轴线。

在奶嘴头没有圆形切面的情况下,切割器应放置在奶嘴头颈部平整的表面上。

以(10±1)mm/min的速度施加负载,直到切割器完全切破奶嘴头的上表面。

使用通用的测试器进行施力。要确保力是垂直施加的。

注3:在使用之前,切割器的刃口可用目视检察。如果发现有类似毛刺或崩缺的任何损坏,那么此切割器不宜使用以免影响测试结果。

7.2.2.2 把手的抗刺穿性测试

如果奶嘴带有柔软的把手,按7.2.2.1所述方法在把手上进行抗刺穿性测试。

单位为毫米

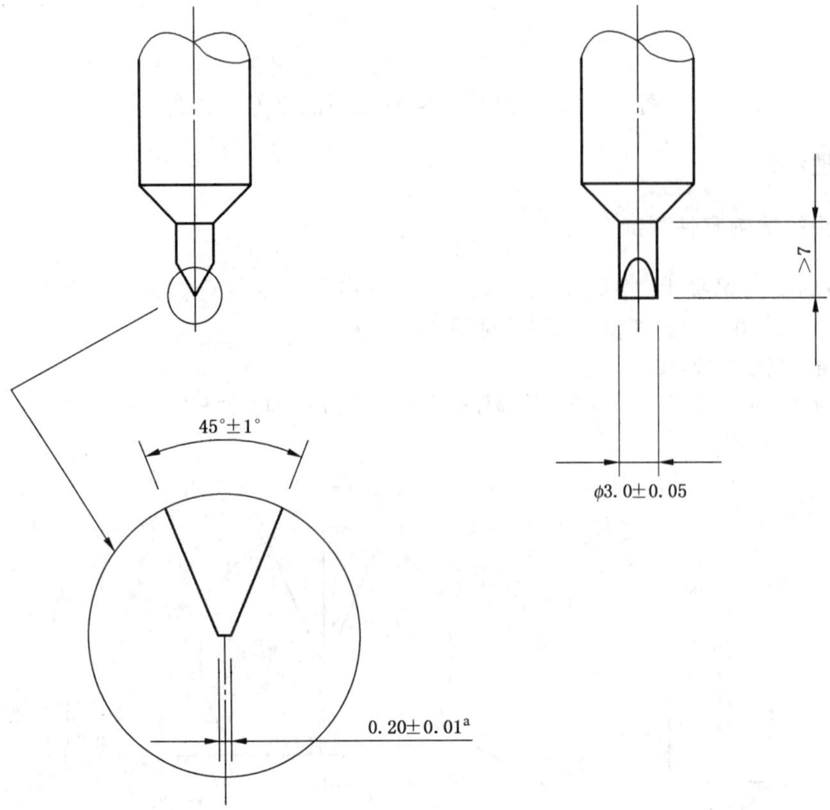

注:所有带公差的尺寸可参考GB/T 131 0.4/0.8加工。

[a] 该平面是平的,其尺寸为3.0×0.20 mm。

图18 抗刺穿性测试和抗扯性测试的切割器

7.2.3 抗扯性测试

7.2.3.1 奶嘴头的抗扯性测试

用一个全新的安抚奶嘴进行测试,将带有3 mm的刀口切割器(形状和尺寸如图18所示)放在正上方,在离奶嘴头切割边缘7.5 mm±0.5 mm处,以合适的角度对准奶嘴头的最大主轴线。

施加压力确保切割器切穿奶嘴头的两个表面,并且切入切割平板大约1 mm。

经过测试后，安抚奶嘴应以适当的器具夹紧挡板进行抗张测试。接着按7.2.7.1垂直奶嘴最大主轴线对奶嘴头施加90 N±5 N的力。挡板应被夹紧固定，使得由切割器切开的开口面向上方，即要经受最大的扯力。

7.2.3.2 带有柔软把手的抗扯性测试

如果安抚奶嘴带有柔软把手，按7.2.3.1方法对把手进行抗扯性测试。

7.2.4 把手、塞子和/或盖的保持力测试

按图19所示固定挡板的背面。固定位置应该尽量靠近把手、塞子和/或盖，但不应接触到。某些装有环的奶嘴要求奶嘴支撑器有狭槽，以便比较好地固定挡板背面(见图19)。

单位为毫米

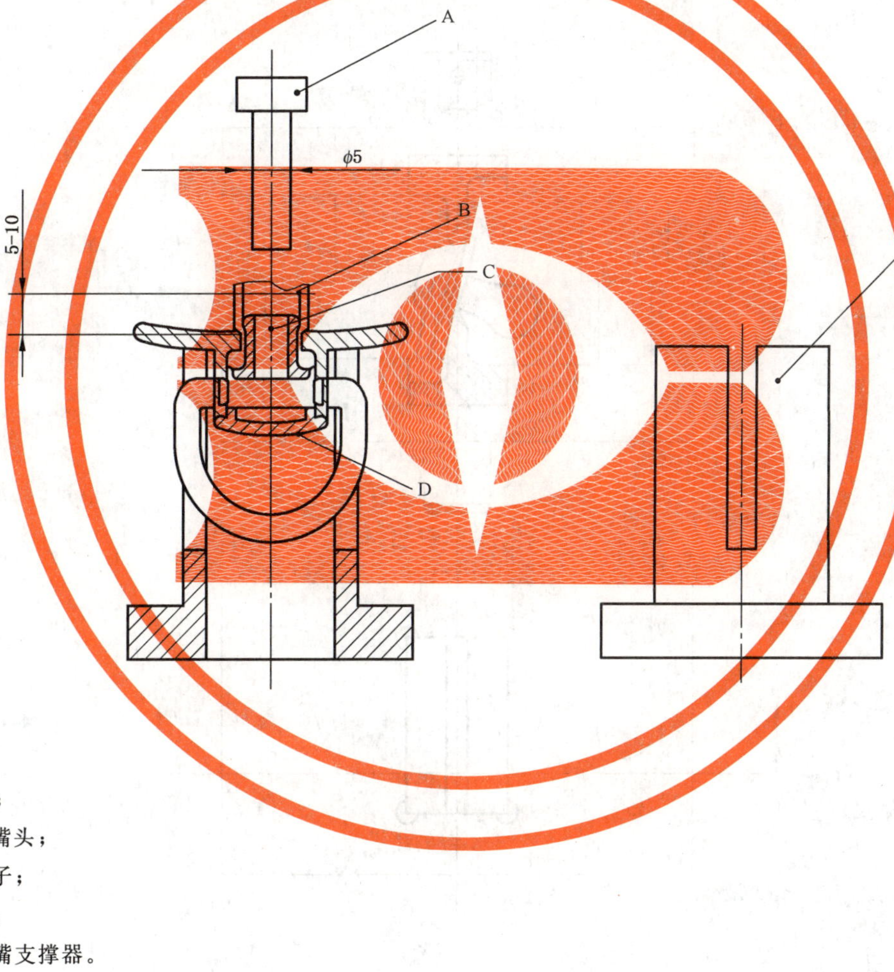

说明：

A——杆；

B——奶嘴头；

C——塞子；

D——盖；

E——奶嘴支撑器。

图19 带把手，塞子和/或盖安抚奶嘴的测试位置示意图

离奶嘴头和挡板连接处5 mm～10 mm处剪切奶嘴头端部。将直径为5 mm的杆插入奶嘴头直到杆停留在塞子或者塞子和盖的组合处。用(10±1)mm/min的速度，施加90 N±5 N的力，并维持10 s±0.5 s。

如果安抚奶嘴装有分离的塞子和把手或者盖，那么全部部件都要进行测试。施加力到把手或盖的底部。例如，塞子中心钻个孔允许测试杆通过，或都使用安抚奶嘴设计所允许的其他方法。

如果直径5 mm的杆不合适，可以选择圆的或者横截面积合适尺寸的杆。

7.2.5 **咬扯耐久性测试**

7.2.5.1 **咬齿夹安装程序**

按以下程序执行，确保上爪和下爪能对齐。在爪的中间放上一张纸牌，然后施加大约 50 N 的压力。然后释放压力并且取出纸牌。检查纸牌两边齿痕的排列，插一根针穿过一齿痕的中心，检查纸牌的反面，确定针是否也穿过下面齿痕的中心。

7.2.5.2 **测试程序**

按图 20 和图 21 所示，将安抚奶嘴固定好，在不锈钢爪间对奶嘴头进行测试，使得咬齿边施加全部力在奶嘴头和挡板之间。施加最小 200 N±10 N 夹紧奶嘴。施加最大 400 N±10 N 和最小 200 N±10 N的力于上爪，以(10±1)mm/min 速度，共进行上下 50 次。

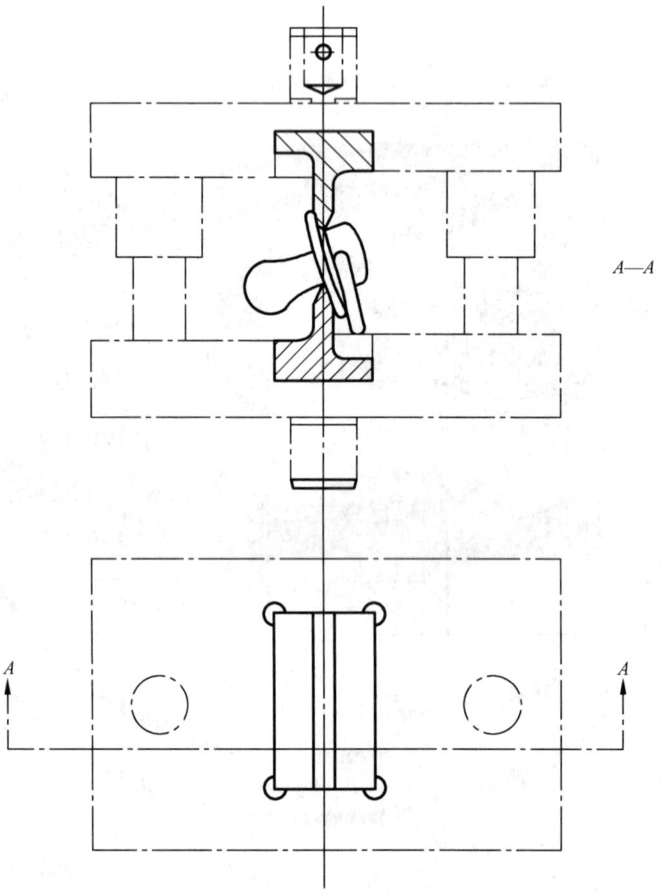

图 20 安抚奶嘴咬扯耐久性测试位置示意图

单位为毫米

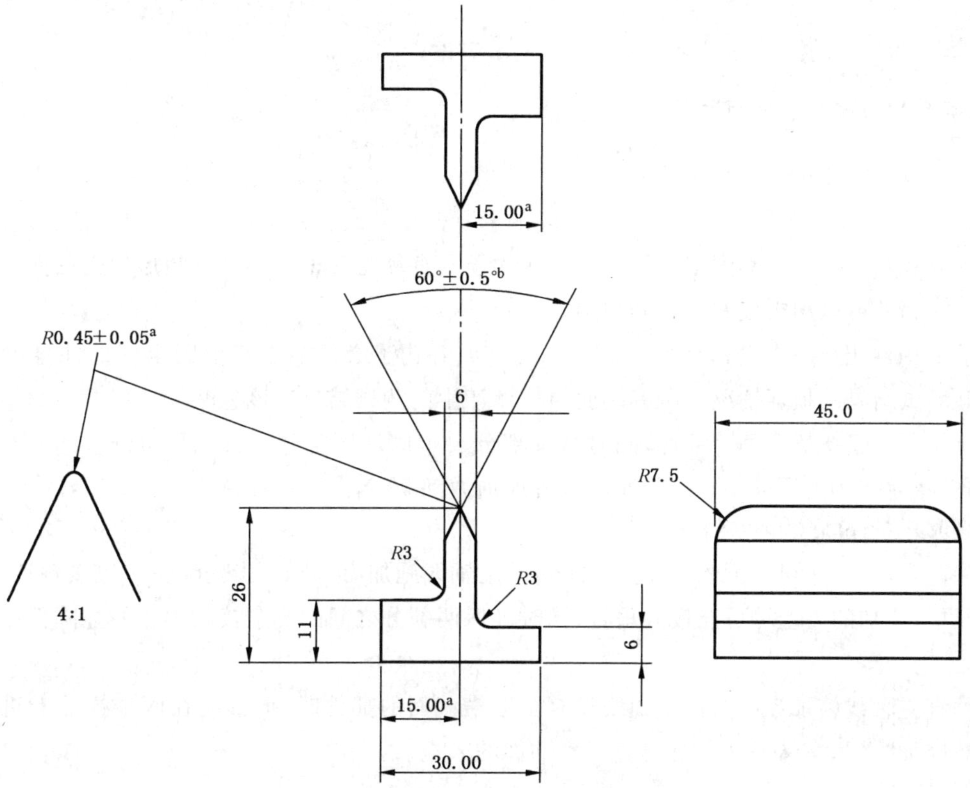

注：H13 高铬钢或等效材料，洛氏硬度 45～50 较合适。

[a] 这些尺寸对顶部和底部的爪都一样。

[b] 所有带公差的尺寸可参考 GB/T 131 0.4/0.8 加工。

图 21 咬扯耐久性测试中顶部和底部咬齿夹的细节

经过测试后，奶嘴还应进行抗张强度测试。用适当的夹具夹紧挡板，按 7.2.7.1 垂直奶嘴最大主轴线对奶嘴头施加力。

夹紧挡板时应能使爪反复进行加压的奶嘴头部分朝上。也就是使其承受最大的扯力。

注 1：重要的是在使用过程中确保咬齿边缘不会移出边界。导向棒(栅)可确保其实现。

注 2：某些情况下，安抚奶嘴在测试过程中可能会发生移动，导致咬齿边缘接触的位置不能保持不变。为了确保这种情况不会发生，可用夹具支撑住安抚奶嘴的挡板。

7.2.5.3 柔软把手的咬扯耐久性测试

应从侧面对安抚奶嘴挡板背面上把手或者挡板背面上的突起部件进行施压。一爪施压在把手上，另一爪作用在挡板的奶嘴头表面。抗张强度测试应按 7.2.5.2 进行，使被爪加压的把手面向上方，即使其承受最大的扯力。

7.2.6 旋转耐久性测试

此测试适合那些根据 6.6 在奶嘴头内有能够旋转的部件的安抚奶嘴。

夹紧挡板，然后以(50±5)r/min 的速度旋转把手、塞子、盖或者环，顺时针方向转 250 转，然后逆时针方向转 250 转。

经旋转耐久性测试后，安放奶嘴还应进行抗张强度测试。根据 7.2.7.1 沿着安抚奶嘴主轴线施力于挡板和奶嘴头之间。

7.2.7 完整性测试

7.2.7.1 所有拉力测试的通用说明

离挡板 12 mm±2 mm 夹紧奶嘴头。

应用夹子、杆或者钩等器具固定环。如果环的形状使得杆或者钩子不能在要求的位置上固定好，可以用两支杆或者两个钩子使其固定。每一支杆或钩子其直径为 5 mm 并且有圆形的横截面。

所有其他部件可以用夹或其他器具固定。

在附录 B 中给出了一些合适夹具的例子。夹子或者钩子必需能稳定地固定好部件且不能对部件产生会影响测试结果的损坏情况。所有因此损坏而产生的测试结果应该忽略。

拉力应作用于安抚奶嘴的一部件，同时另一部分要牢固地固定好。首先预负载 5 N±2 N 的力使得样品排齐，然后(200±5)mm/min 的速度慢慢地加力到 90 N±5 N，保持 10 s±0.5 s。

注：本拉力不适合附录 C 中提及的相关测试。

在某些情况，设计使得不可能垂直安抚奶嘴的主轴线施加力，例如，当奶嘴头一边接触挡板的边缘。在这种情况下，施加的力应尽可能接近垂直，同时确保两部分之间的剩余接触不会明显降低施加在接缝处的力。

当力垂直主轴线施加在一个沿主轴线没有圆形横截面的部件时，那么应在两个样品上进行。力应对每个样品施加一次，交叉呈 90°，且尽量远离部件的末端。

7.2.7.2 附加测试

除 7.2.1 到 7.2.6 的测试外，还应进行附加测试以确保所有部件的完整性。在 7.2.7.1 中所指定的力应沿着主轴线且要垂直于主轴线。

所有单独部件，都要进行测试，每个可能组合一起的并在其他测试中未测试的部件都要进行测试。

本测试的目的是降低奶嘴分离的危险，力应施加在最不利的位置上。

按奶嘴的设计意图，以下列出适于组合进行测试的例子。

a) 环/环

b) 环/挡板

挡板/挡板(2 个部件的挡板，如摇铃挡板)

把手/盖/塞子-把手/盖/塞子(2 部件)

c) 把手/盖子/塞子-挡板

以上例子没有列出全部需要进行的附加测试，其他结构或者设计也可能存在需要进行此测试的部件组合。

适合的测试示例如图 22 所示。

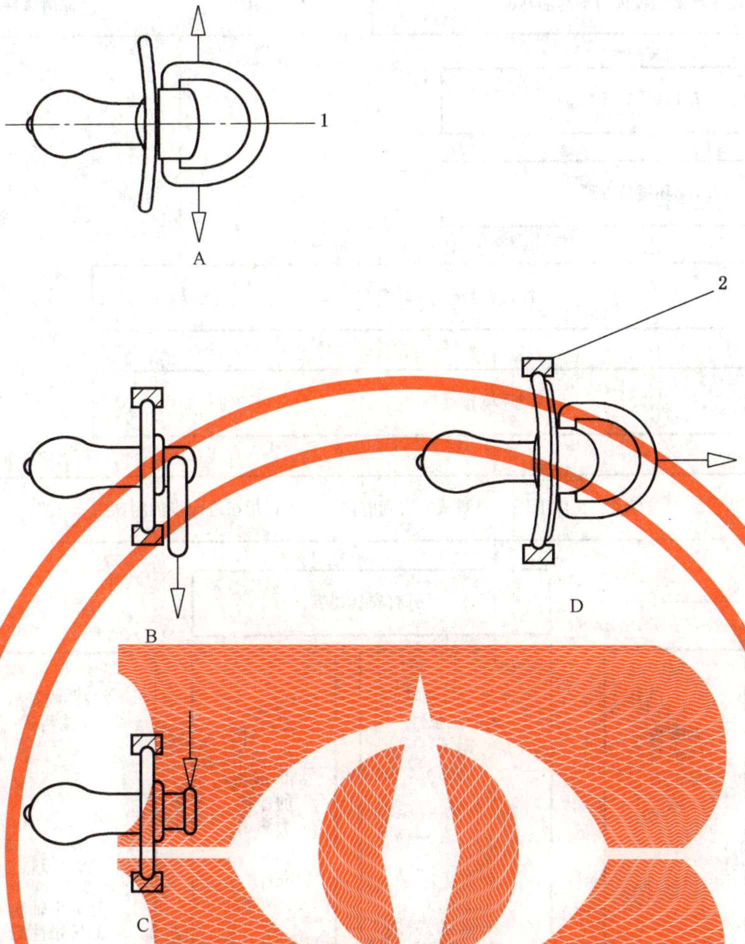

说明：

1——主轴线；

2——钳装置；

A——环/环；

B——环/挡板；

C——把手/盖/塞子-挡板；

D——挡板/挡板(2 个部件的挡板，如摇铃挡板)。

注： 阴影部分表示部件被固定或夹紧的位置。

图 22　安抚奶嘴部件的附加测试示例

7.3　测试流程

安抚奶嘴的机械性能测试流程见图 23。

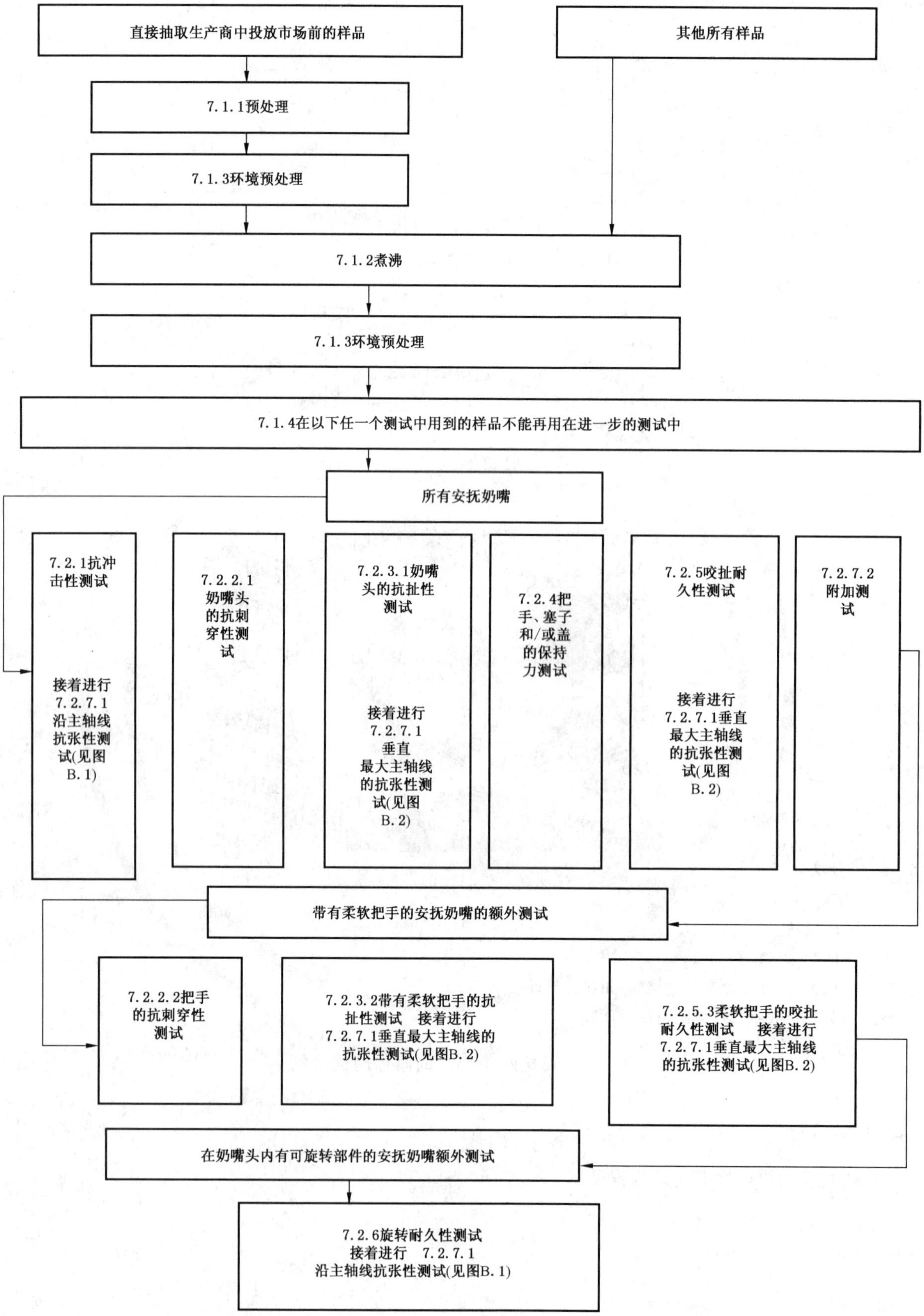

图 23 机械性能测试流程图

8 化学性能要求

8.1 总体要求

用于制造安抚奶嘴的材料应按9.1的要求进行预处理，按照表1的要求进行测试。

注：建议制造商及供应商按ISO 9001质量管理体系运行。

8.2 化学性质

下面提到的硫化剂(如MBT)和抗氧化剂并不是最终名单。本标准中未提及的其他化学物质，无论是起始原料或反应产物，如果有毒理学依据可以证明当这些物质在奶嘴中使用时，不会造成不可接受的风险，并且有合适的测试方法可以确定迁移量，则可以使用。

8.3 材料要求

用于制造安抚奶嘴部件的材料应进行表1中用“×”标记的测试。

表1 材料要进行的测试

材料	测试					
	特定元素的迁移(见9.2)	邻苯二甲酸酯含量(见9.3)	N-亚硝胺和N-亚硝胺可生成物迁移量(见9.4)	2-巯基苯并噻唑(MBT)迁移量(见9.5)	抗氧化剂迁移量(见9.5)	挥发性化合物含量(见9.6)
硫化橡胶	×	×	×	×	×	
硅橡胶	×	×	×			×
热塑性弹性体	×	×	×			
热塑性塑料	×	×				

8.4 特定元素的迁移

按9.2进行测试时，用于制造安抚奶嘴的所有材料的元素迁移量都不得超过表2给出的限量。

当安抚奶嘴包含由不同材料制造的或不同颜色的部件时，所有部件应分别进行测试。材料表面印刷的装饰图案应视为该材料的一部分。

表2 安抚奶嘴元素迁移限量

元素	限量/(mg/kg)
锑(Sb)	15
砷(As)	10
钡(Ba)	100
镉(Cd)	20
铅(Pb)	25
铬(Cr)	10
汞(Hg)	10
硒(Se)	100

8.5 邻苯二甲酸酯含量

按 9.3 进行测试时，用于制造安抚奶嘴的每种材料中六种邻苯二甲酸酯的总含量不得超过 0.1%(m/m)。六种邻苯二甲酸酯见表 3。

表 3 限制的六种邻苯二甲酸酯

序号	邻苯二甲酸酯名称	英文缩写	英文全称	化学文摘号
1	邻苯二甲酸二丁酯	DBP	Dibutyl phthalate	84-74-2
2	邻苯二甲酸丁苄酯	BBP	Benzyl butyl phthalate	85-68-7
3	邻苯二甲酸二(2-乙基)己酯	DEHP	Bis (2-ethylhexyl) phthalate	117-81-7
4	邻苯二甲酸二正辛酯	DNOP	Di-n-octyl phthalate	117-84-0
5	邻苯二甲酸二异壬酯	DINP	Di-iso-nonyl phthalate	28553-12-0 和 68515-48-0
6	邻苯二甲酸二异癸酯	DIDP	Di-iso-decyl phthalate	26761-40-0 和 68515-49-1

8.6 N-亚硝胺和 N-亚硝基物质释放量

按附录 D 测试时，任何人造橡胶或橡胶部件的 N-亚硝胺和 N-亚硝基物质的释放量不得超过表 4 给出的限量。

表 4 N-亚硝胺和 N-亚硝基物质的释放限量和分析允差

物 质	释放限量/(mg/kg)	分析允差/(mg/kg)
N-亚硝胺	0.01	0.01
N-亚硝基物质	0.1	0.1

按附录 D 所述方法测定的任何超过限量的分析结果应该扣除分析允差以给出经校正的分析结果。

注：分析允差把实验室间测试差异考虑在内。

如果经校正的分析结果低于表 4 规定的限量，那么该产品符合本标准 8.6 的要求。

例如：

N-亚硝胺的分析结果为 0.018 mg/kg。

分析允差 0.01 mg/kg。

经校正的分析结果=0.018 mg/kg-0.01 mg/kg=0.008 mg/kg。

这应视为符合本标准 8.6 的要求(N-亚硝胺限量 0.01 mg/kg)。

8.7 2-巯基苯并噻唑(MBT)释放量

安抚奶嘴的弹性部件按 9.5 测试时，2-巯基苯并噻唑(CAS No. 149-30-4)释放量不得超过 8 mg/kg。

8.8 抗氧化剂释放量

安抚奶嘴的弹性部件按 9.5 测试时，2,6-二叔丁基对甲苯酚(BHT)(CAS No. 128-37-0)释放量不得超过 30 μg/100 mL 或 60 $\mu g/dm^2$；2,2′-亚甲基-双(4-甲基-6-叔丁基苯酚)(抗氧化剂 2246)(CAS

No. 119-47-1)释放量不得超过 15 μg/100 mL 或 30 $\mu g/dm^2$。

8.9 挥发性化合物含量

安抚奶嘴的硅橡胶部件按 9.6 测试时，挥发性化合物含量不得超过 0.5%(m/m)。

9 化学性能测试方法

9.1 样品预处理

样品预处理适用于除 9.3 和 9.4 之外的所有测试。

9.1.1 所有样品进行恒温恒湿处理前都应在不触及容器壁的情况下于沸水(符合 GB/T 6682,3 级)中浸没 10 min。

注：上述操作是为了去除生产过程中产生的表面附着物，并确保所使用的材料在沸水中是稳定的。

9.1.2 所有的样品在检测前都必须做恒温恒湿处理。样品的恒温恒湿处理需在温度为 23 ℃±2 ℃、相对湿度为(50±5)%和一个标准大气压环境下进行至少 40 h。样品在检测前都应保持在此恒温恒湿环境状态下。检测可以在非恒温恒湿条件的室内进行。

9.1.3 每次测试应使用新的样品(最好使用同一批次的)。

9.1.4 样品和测试部分应仅使用合适的(非橡胶或塑料)手套操作，且应在无迁移的(玻璃)容器中密封避光保存。

9.2 特定元素迁移的测定

9.2.1 原理

可溶性元素(锑，砷，钡，镉，铬，铅，汞和硒)提取自安抚奶嘴的儿童可触及的单个部件。所用的条件是模拟与胃酸的接触。定量描述可溶性元素的浓度。

9.2.2 仪器

9.2.2.1 水浴，能够保持测试混合物的温度在(37±2)℃，并能搅拌测试混合物。

9.2.2.2 pH 计，精度为±0.2pH 单位。

9.2.2.3 薄膜过滤器，孔径 0.45 μm。

9.2.2.4 离心机，(5000±500)r/min。

9.2.3 试剂(除另有规定外，所用试剂均为分析纯)

9.2.3.1 盐酸溶液，(0.07±0.005)mol/L。

9.2.3.2 盐酸溶液，(2.0±0.2)mol/L。

9.2.3.3 蒸馏水。

9.2.4 试样的选择

试样应取自安抚奶嘴的儿童可触及的单个部件。联接在一起的部件应拆分，并作为单独的部件测试，如：完全由乳胶制造的安抚奶嘴通常可以分成两个部分。完全封闭的奶嘴塞不需要测试。

9.2.5 试样的制备

安抚奶嘴每个单独部件的测试试样应制备至少 100 mg，最好至少 1 g。在拆分部件和将样品切割成片的过程中应避免加热。

奶嘴头仅应纵向剖开一次。其他所有部件都尽可能地剪成长 4 mm～6 mm、宽不超过 6 mm 的样片。

9.2.6 过程

在(37±2)℃条件下，将制备好的试样(9.2.5)和质量 50 倍于试样的盐酸溶液(9.2.3.1) 在 1.5～5 倍盐酸体积的容器中进行混合。将该容器于水浴(9.2.2.1)中搅拌 (60±5)s，用 pH 计(9.2.2.2)测定混合物的酸度。如果 pH＞1.5，一边搅拌混合物，一边逐滴加入盐酸(9.2.3.2)，直至溶液的 pH 值达到 1.0～1.5。将混合物避光，在(37±2)℃条件下搅拌(60±1)min，然后在相同温度下放置(60±1)min。

放置后，立即用薄膜过滤器(9.2.2.3)将固体从溶液中分离，如必要，在 5000r/min 条件下离心(9.2.2.4)，离心时间不超过 10min。在报告中应说明使用过离心。

如果在分析前，溶液需放置超过一天，应加入盐酸保持溶液的稳定，使保存溶液的盐酸浓度约为 1 mol/L。

9.2.7 迁移元素的测定

测定方法的检出限不应大于待测元素限量的十分之一。

注：实验室分析时，空白标准偏差的 3 倍为方法的检出限。

9.3 邻苯二甲酸酯含量的测定

安抚奶嘴中的邻苯二甲酸酯按 GB/T 22048 进行测定。

9.4 N-亚硝胺和 N-亚硝基物质释放量的检测

安抚奶嘴中的 N-亚硝胺和 N-亚硝基物质释放量按附录 D 进行测定。

9.5 2-巯基苯并噻唑(MBT)和抗氧化剂释放量的测定

9.5.1 原理

将 MBT 及其金属盐类萃取到水迁移液中进行定量检测。将水迁移液或浓缩液进样，MBT 由高效液相色谱仪(HPLC)在特定波长下识别和测定。通过比较二极管阵列检测器产生的样品和 MBT 标准品色谱峰的紫外光谱，确认该识别。

该方法也适用于抗氧化剂 2,6-二叔丁基对甲酚(BHT)和 2,2′-亚甲基-双(4-甲基-6-叔丁基苯酚)(抗氧化剂 2246)的定性和定量检测。通过比较二极管阵列检测器产生的样品和标准品色谱峰的紫外光谱，确认该识别。

9.5.2 仪器

9.5.2.1 高效液相色谱仪，配 20 μL 定量环和二极管阵列检测器。

9.5.2.2 高效液相色谱柱

9.5.3 化学试剂(除另有规定外，所用试剂均为分析纯)

9.5.3.1 水(色谱纯)

9.5.3.2 乙腈(色谱纯)

9.5.3.3 蒸馏水

9.5.3.4 二氯甲烷(残留分析级)

9.5.3.5 无水硫酸钠

9.5.3.6 乙酸

9.5.3.7 乙酸，3%(*w*/*v*)水溶液

9.5.4 标准品(纯度大于98%)

9.5.4.1 2-巯基苯并噻唑(MBT)

9.5.4.2 2,6-二叔丁基-对甲苯酚(BHT)

9.5.4.3 2,2′-亚甲基-双(4-甲基-6-叔丁基苯酚)(抗氧化剂2246)

9.5.5 标准溶液

9.5.5.1 MBT标准溶液

配制6个MBT(9.5.4.1)的乙腈(9.5.3.2)标准溶液，浓度分别为1.0 mg/L，2.0 mg/L，5.0 mg/L，10.0 mg/L，15.0 mg/L，20.0 mg/L。

9.5.5.2 抗氧化剂标准溶液

配制含有两种抗氧化剂的溶液，每5 mL乙腈(9.5.3.2)中含30 μgBHT(9.5.4.2)和15 μg抗氧化剂2246(9.5.4.3)。

9.5.6 测试步骤

取面积为1 dm^2 的预处理过的样品进行称重(不足1 dm^2 时取最大面积)，将预处理过的样品剪成尽可能少的片数，但样片要能通过250 mL烧瓶的瓶颈。样品的面积为内表面和外表面的面积之和。

注1：奶嘴头剖成2片通常是足够的。

注2：为便于测量面积，建议将弹性部件样片在毫米纸上画出轮廓图。面积为轮廓图内的方块总数。

样品按1 cm^2/2mL比例放在水迁移溶液(水用于模拟牛奶，3%乙酸用于模拟果汁)中，于40 ℃干燥箱内放置24 h。

将固体部分移除之后，用2×50 mL二氯甲烷(9.5.3.4)对水迁移溶液振荡萃取两次。合并有机相，用无水硫酸钠(9.5.3.5)干燥后小心蒸干。残渣用5 mL乙腈重新溶解。

注：可使用浓缩柱代替用二氯甲烷振荡萃取。

或往水迁移溶液中加入2.0 mL乙酸(9.5.3.6)，在4 ℃条件下保存，直接进样分析。

9.5.7 结果计算

9.5.7.1 MBT

将6个标准溶液(9.5.5.1)注入高效液相色谱仪测试，每个标准溶液重复测试三次，得到MBT的校准曲线。

样品溶液(9.5.6)进样分析，用校准曲线确定样品溶液中MBT的含量。MBT的检出限≤0.1 μg/mL。

注：附录E介绍了适宜的液相色谱柱和测试方法，以及该方法的精密度。

9.5.7.2 抗氧化剂

标准溶液(9.5.5.2)注入高效液相色谱仪测试。以同样方式注入样品溶液(9.5.6)。通过比较标准溶液和样品溶液色谱图的峰面积确定抗氧化剂的迁移量，结果以μg抗氧化剂/dm^2 材料表示。

如果样品溶液中抗氧化剂的峰面积大于标准溶液的峰面积，配制不同浓度的标准溶液进样建立校准曲线。从校准曲线可确定抗氧剂的迁移量。

注：附录E介绍了适宜的液相色谱柱和测试方法。

9.6 挥发性化合物含量的测定

将约10 g样品剪成约为2 cm^2 的样片。在干燥器中室温放置48 h。

将预处理过的样品放入浅的敞口容器中，称重(精确至±0.1 mg)。将容器放入温度为200 ℃±5 ℃ 的干燥箱中，保持通风。4 h后，将容器从干燥箱中取出，放入干燥器中冷却。冷却后重新称重。根据重量差计算挥发物的百分含量。

10 消费品包装

安抚奶嘴应在清洁的封闭包装状态下销售。

消费者所收到的包装，应包括明确的，易读的安抚奶嘴使用和卫生保健指引。

这些指引应按条款11所述，并以单独的小册子放在包装内或清楚地标识于包装上。

如果包装含有奶嘴头可移取的保护部件，应提供特别的警告语(见11.3)。

注：包装不允许以任何方式污染产品。

11 产品信息

11.1 一般要求

在零售销售时，文字应以简体中文印刷。如果包含了其他语言，应易于区分，例如分别介绍。

文字应清楚易读，句子应简短明了。所用的字眼不应复杂，并且为日常用语。

注：建议在产品或包装上加上批号。

11.2 销售包装信息

下列各项资料应在零售包装盒上显示：

——名称，商标或其他识别手段，制造商、分销商或零售商地址。如果使用缩写能够使得制造商，分销商或零售商可以识别和容易联系，有关详情可缩写；

——标准的编号，可不标年份；

——11.3所述的使用说明，或如果这些说明都包括包装的一份宣传单内，应注明这是范例；

——产品如果含有天然橡胶，应有以下信息：

“产品含有天然橡胶”。

注：建议将更多可能引致过敏反应的信息给予显示。

11.3 使用说明

应提供下列各项资料：

——产品安全使用的信息。

——至少一种清洗方法。

——可能损害安抚奶嘴的清洗，贮存和使用的常见不适宜方法。

应以下列形式提供类似警告语：

为您的孩子的安全

警告!

不要将带或绳系在安抚奶嘴上,您的孩子可能会缠绕窒息。

每次使用前应仔细检查,尤其是当孩子有牙齿时。将安抚奶嘴向所有的方向拉伸。在其首次出现损害或缺陷时立即丢弃。

如果适用时,应给予以下警告,允许使用替代性字句。

不要将安抚奶嘴放在阳光下直接照射,或接近热源,或放在消毒剂("消毒的解决方案")中的时间比推荐时间长,因为这样可能导致奶嘴头变薄弱。

使奶嘴头的可移取的保护部件远离儿童,以免窒息。

应提供以下说明性文字,允许使用替代性字句。也可提供更多的指示说明。

——在首次使用前,将安抚奶嘴放在沸水煮 5 min,允许冷却,然后把水从安抚奶嘴中挤压出来。以确保卫生需要。

——在每次使用前均应清洁。

——不要将奶嘴头浸在甜的物质或药物中,您的孩子可能会产生蛀牙。

——为安全和卫生的原因,使用安抚奶嘴一至两个月后应更换安抚奶嘴。

——一旦安抚奶嘴卡在口内,不要慌张;它不可能被吞咽且其结构设计已考虑到能够解决类似事件。尽可能轻轻地、小心地从口中移开。

附　录　A
（资料性附录）
医疗器械信息

本标准中，安抚奶嘴的定义是指“用来满足儿童非营养性吸吮需要的物品”。然而，很显然，有很多产品，类似于安抚奶嘴或功能作为一个安抚奶嘴，同样具有另一项或多项功能。此外，某些安抚奶嘴是特别设计用于专用用途，如为早产儿。也有一些产品虽然与安抚奶嘴很相似，但并不属于本标准的范围。

这些产品可归纳成如下标题：

1　类似于安抚奶嘴，但没有其他功能

2　类似于安抚奶嘴，但有其他次要功能

3　类似于安抚奶嘴，不过有其他主要功能

4　专门用途

5　医疗器械

A.1　类似于安抚奶嘴，但没有其他功能

这些类似于安抚奶嘴的产品设计用作其他用途，如装饰物或首饰。

建议所有这类产品须加上标签，声明它们并非安抚奶嘴，并且应该远离年幼的儿童。

A.2　类似于安抚奶嘴，但有其他次要功能

此类安抚奶嘴的其中一个例子是挡板边缘柔软可供咀嚼或作为牙胶。

建议此类产品应满足本标准的所有要求。

A.3　类似于安抚奶嘴，不过有其他主要功能

此类产品被市场归类为牙环，但有类似于安抚奶嘴的形状和外观。奶嘴头内有温度传感器类似物件，可以在口腔内测量。

除非涵盖于其他标准（如医疗器械或玩具标准），建议此类产品应满足本标准的所有要求。

A.4　专门用途

这些产品设计用于处理特别的医疗问题，并应在合格医务监督下使用。如：为皮尔罗宾症（亦称为唇腭裂）和早产儿设计的安抚奶嘴。

这些极为重要的产品被认为不能完全满足本标准的各项要求（例如挡板的大小）和他们被排除在本标准范围内。

不过，建议此类产品应尽可能满足更多要求，如果可行时。另外，还建议此类产品须加上标签，声明产品并非不是用于一般销售。

A.5 医疗器械

某些安抚奶嘴相似的产品作为医疗器械销售。这些产品包括作为温度测量和医药分配装置的安抚奶嘴。可能不久的将来,有其他产品在市场上出现。

万一这些产品不能满足本标准要求,制造商可以辩解声称他们已满足医疗器械标准要求。

建议考虑按本标准各项要求进行风险评估。此外,应提供一个显眼的警告语指出当此类产品被用作其他医疗用途时,它不适宜作为安抚奶嘴使用。

附 录 B
（资料性附录）
合适固定装置的例子

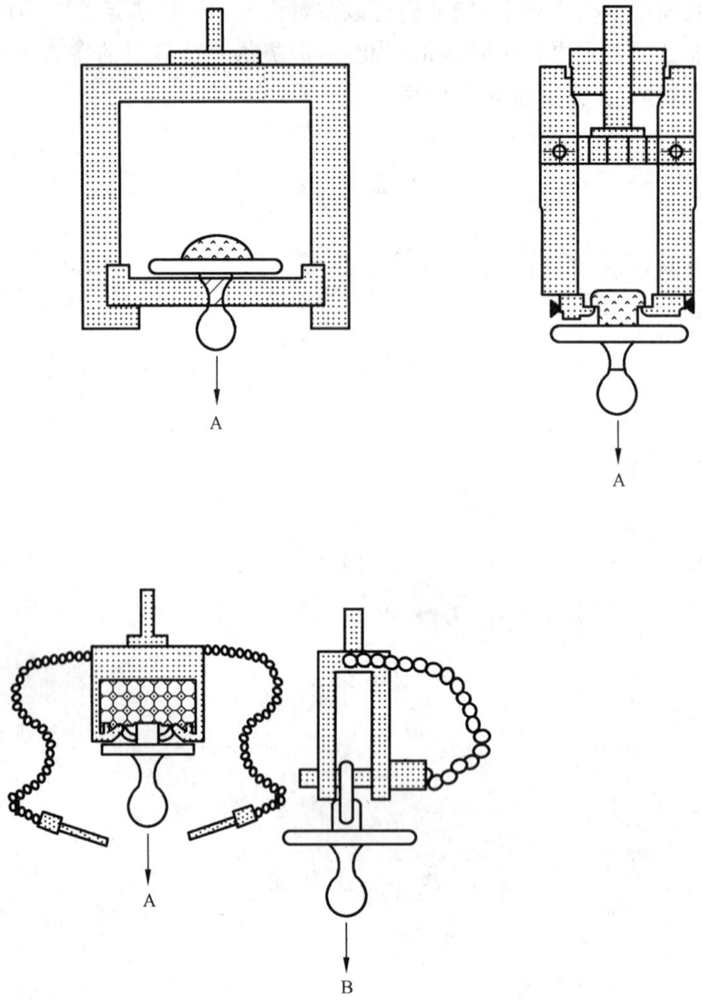

说明：
A——前视图；
B——侧视图。

图 B.1 平行主轴线方向抗张强度测试合适固定装置的例子

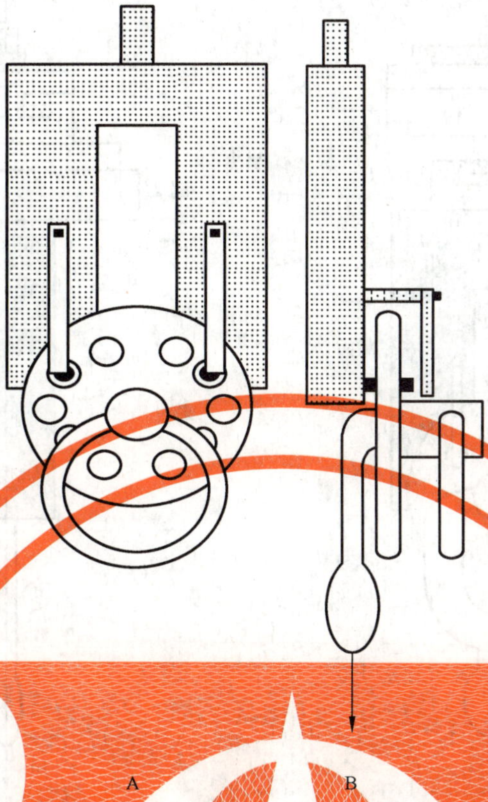

说明：
A——主视图；
B——侧视图。

图 B.2　垂直主轴线方向抗张强度测试合适固定装置的例子

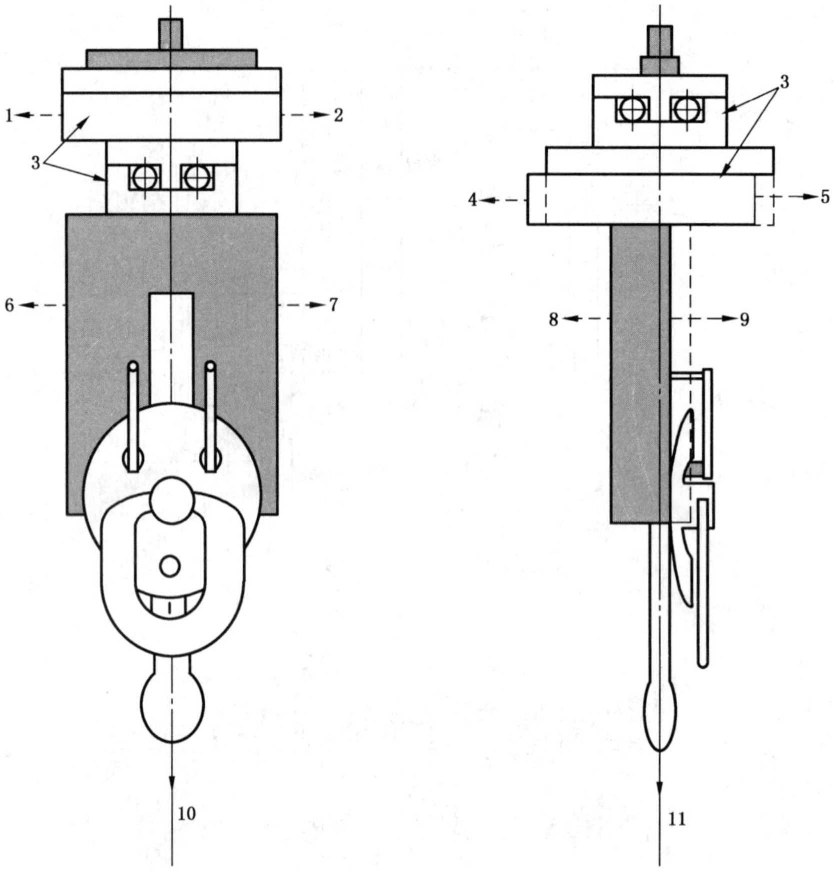

说明：

1——−Y 轴移动；

2——+Y 轴移动；

3——移台；

4——−X 轴移动；

5——+X 轴移动；

6——−Y 轴移动固定装置；

7——+Y 轴移动固定装置；

8——−X 轴移动固定装置；

9——+X 轴移动固定装置；

10——抗张拉力(主视图)；

11——抗张拉力(侧视图)。

图 B.3　垂直主轴线方向拉力测试时，辅助奶嘴头的轴线自动中心定位系统例子

附　录　C
（资料性附录）
安抚奶嘴与标准的符合性评估　对新的生产样品抽样方案和符合水平

C.1　总则

本附录不适合在商店里买到的样品。

如果一个组织希望通过检查能确定和测试最终产品，按本标准生产的一批安抚奶嘴能否满足要求，在C.2～C.5中所述的抽样检验方法适用。

例如：

a)　产品的型式试验；

b)　购买者以契约目的形式；

c)　通过国家检查权威机构。

本附录考虑到了在生产过程中发生的不可避免的变化。然而，如果任何测试所产生的结果都比标准条款7给出的最小要求90N还要低，那么安抚奶嘴就被认为不能通过测试。测试是设计执行直到样品破坏和力已用到高于标准附录C所定阈值。

C.2　取样

可用单一抽样检验方法或者双重抽样检验方法。

每一次的抽样都要根据GB/T 2828.1，特殊检查水平S-4的要求进行取样。

注1：为了根据GB/T 2828.1要求得到测试样品数量，清楚一批样品的数量是必要的。样品的批量因生产商的不同而存在差异且被视为生产商过程控制和质量控制的一部分。

注2：如果测试样品的批量数不能确定，那么可以假定批量数为35 001和150 000之间。

C.3　符合水平

对于120 N，AQL取值1.0。

C.4　测试方法和程序

安抚奶嘴应根据本标准条款7的要求进行测试。

注：本标准条款7中机械性能要求是打算适用于在销售的奶嘴和甚至已存储了一段时间的奶嘴。因此去模拟正常存储效果的烘干处理（模拟老化）程序是包括新制造的奶嘴。

7.2.1，7.2.3，7.2.5和7.2.6最后的抗张强度测试属于失效测试。

7.2.7.2和7.2.4这些测试属于失效测试。

C.5　阈值

120 N。

附 录 D
（资料性附录）
测定安抚奶嘴 N-亚硝胺和 N-亚硝基物质释放量的方法

D.1 范围

附录 D 规定了从人造橡胶或橡胶安抚奶嘴迁移到人工唾液中的 N-亚硝胺和 N-亚硝基物质的萃取、鉴定和检测方法。

D.2 原理

N-亚硝胺和 N-亚硝基物质迁移到含亚硝酸盐的人工唾液盐溶液中，经过转化（如果含 N-亚硝基物质）和浓缩后，测试溶液中的 N-亚硝胺用配化学发光检测器的气相色谱（GC）或其他合适的分析方法检测。

警告：N-亚硝胺有毒，能危害人类健康。

注 1：N-亚硝胺（N-nitrosamine），含-N-N＝O 官能团的物质，通常由胺（主要是二级胺）与亚硝基化试剂（如亚硝酸盐）在酸性条件下反应而成。

注 2：N-亚硝基物质（N-nitrosatable substance），当迁移到测试溶液中，在特定条件下可经过亚硝基化反应生成 N-亚硝胺的物质。

D.3 试剂

D.3.1 除另有规定外，所有化学试剂均为分析纯；水为蒸馏水或至少达到 GB/T 6682 的三级标准。

D.3.2 碳酸氢钠

D.3.3 氯化钠

D.3.4 碳酸钾

D.3.5 亚硝酸钠

注：该试剂有效期只有约两年。

D.3.6 盐酸溶液，$c(HCl)=0.1\ mol/L$

D.3.7 氢氧化钠溶液，$c(NaOH)=0.1\ mol/L$

D.3.8 人工唾液盐溶液

将 4.2 g 碳酸氢钠（D.3.2），0.5g 氯化钠（D.3.3），0.2 g 碳酸钾（D.3.4）和 30 mg 亚硝酸钠（D.3.5）溶于水中并稀释至 900 mL。调节 pH 至 9.0，必要时滴加盐酸溶液（D.3.6）或氢氧化钠溶液（D.3.7）调节。转移至 1 L 的容量瓶中，加水定容至刻度。

注：即使储存时密封良好、液面上方空间留至最小，此溶液有效期也不超过两个星期。

D.3.9 二氯甲烷

使用前重蒸并检查（D.5.5）以确保不含 N-亚硝胺和 N-亚硝胺可生成物。

D.3.10 硅藻土

比表面积 1 m^2/g，孔径 3 000 nm～8 500 nm，粒径 150 μm～650 μm；加热至 200 ℃烘烤 1 h，冷却后用二氯甲烷（D.3.9）洗涤。

注：也可用其他的经验证性能与硅藻土相当的分离材料。

D.3.11 正己烷

D.3.12 盐酸溶液，$c(HCl)=1$ mol/L

D.3.13 氢氧化钠溶液，$c(NaOH)=1$ mol/L

D.3.14 纯氮

D.3.15 沸石

D.3.16 烧结多孔玻璃板

D.3.17 丙酮，或其他合适的溶剂

D.3.18 N-亚硝胺标准溶液

配制浓度范围从100 ng/mL～300 ng/mL的N-亚硝胺的正己烷(D.3.11)溶液。

应关注橡胶或人造橡胶安抚奶嘴中是否含以下N-亚硝胺：

N-亚硝基二甲胺(N-nitrosodimethylamine,NDMA)

N-亚硝基二乙胺(N-nitrosodiethylamine,NDEA)

N-亚硝基二丙胺(N-nitrosodipropylamine,NDPA)

N-亚硝基二丁胺(N-nitrosodibutylamine,NDBA)

N-亚硝基哌啶(N-nitrosopiperidine,NPIP)

N-亚硝基吡咯烷(N-nitrosopyrrolidine,NPYR)

N-亚硝基吗啉(N-nitrosomorpholine,NMOR)

N-亚硝基二苄胺(N-nitrosodibenzylamine,NDBzA)

N-亚硝基二异壬胺(N-nitrosodiisononylamine,NDiNA)

N-亚硝基-N-甲基-N-苯胺(N-nitroso N-methyl N-phenylamine,NMPhA)

N-亚硝基-N-乙基-N-苯胺(N-nitroso N-ethyl N-phenylamine,NEPhA)

然而以上所列还不完全，如果检测到其他种类N-亚硝胺，也应该定量检测并报告。

D.3.19 内标溶液

N-亚硝基二异丙胺(N-nitrosodiisopropylamine,NDiPA)(不含其他N-亚硝胺)，用丙酮或其他合适的溶剂配制成约200 ng/mL的溶液。

注：N-亚硝胺可被紫外光降解。标准品或萃取物应避开阳光、日光灯等光源。样品和标准品应包裹在铝箔中并在温度低于5℃的环境下避光保存。

D.3.20 无水硫酸钠(粉末)

用25 mL二氯甲烷洗涤30 g硫酸钠。

D.3.21 氨溶液，$c(NH_3)=0.1$ mol/L

D.3.22 砂，经过酸洗和煅烧处理

D.4 仪器

D.4.1 常规实验室设备

本试验所用到的玻璃装置，如果用酸性清洗剂清洗过，使用前都应用氨溶液(D.3.21)处理，再用水洗净、干燥。

D.4.2 恒温箱，能维持温度在(40±2)℃。

D.4.3 玻璃柱，带聚四氟乙烯(PTFE)塞；柱长约300 mm，内径约26 mm。

D.4.4 玻璃柱，带聚四氟乙烯(PTFE)塞；柱长约300 mm，内径约15 mm。

D.4.5 K-D蒸馏烧瓶和浓缩器。

注：也可用其他经验证与K-D装置性能相当的浓缩器。

D.4.6 水浴，能维持温度在40℃～60℃。

D.4.7 钳口进样瓶。

D.4.8 压盖器。

D.4.9 玻璃棉，用二氯甲烷(D.3.9)洗涤过。

D.4.10 分液漏斗(200 mL)。

D.4.11 分液漏斗(100 mL)。

D.4.12 化学发光检测器(热能分析仪)。

注：也可以用其他经验证与化学发光检测器性能相当的检测器。

D.4.13 气相色谱仪

下列色谱参考条件经证明适用于N-亚硝胺的检测。

示例1：

进样口温度：200 ℃

程序升温：$\underset{(0\ \mathrm{min})}{60\ ^\circ\mathrm{C}} \xrightarrow{10\ ^\circ\mathrm{C/min}} \underset{(0\ \mathrm{min})}{230\ ^\circ\mathrm{C}}$

色谱柱：FFAP 毛细管柱 25.0 m×0.53 mm×1 μm

裂解温度：480 ℃

接口温度：250 ℃

示例2：

进样口温度：$\underset{(1\ \mathrm{min})}{50\ ^\circ\mathrm{C}} \xrightarrow{75\ ^\circ\mathrm{C/min}} \underset{(0\ \mathrm{min})}{200\ ^\circ\mathrm{C}}$

程序升温：$\underset{(7\ \mathrm{min})}{40\ ^\circ\mathrm{C}} \xrightarrow{1\ ^\circ\mathrm{C/min}} \underset{(0\ \mathrm{min})}{60\ ^\circ\mathrm{C}} \xrightarrow{14\ ^\circ\mathrm{C/min}} \underset{(0\ \mathrm{min})}{230\ ^\circ\mathrm{C}}$

色谱柱：SE-54 毛细管柱 30.0 m×0.53 mm×2 μm

裂解温度：480 ℃

接口温度：250 ℃

D.5 实验步骤

D.5.1 从奶嘴头或奶嘴中迁移

D.5.1.1 称取至少40 g取自安抚奶嘴的奶嘴头，放入装有沸水的烧杯(水尽量少，能浸没样品即可)中保持沸腾10 min。用镊子将奶嘴头取出。冷却至室温，每个奶嘴头纵向剖成两半，晾干。

D.5.1.2 称取至少10 g按D.5.1.1处理好的奶嘴头(精确至0.1 g)，放入50 mL锥形瓶中。用移液管加入40.0 mL人工唾液(D.5.8)至锥形瓶中，塞上瓶塞，轻摇锥形瓶使奶嘴头浸没在人工唾液中。将具塞锥形瓶放入(40±2)℃的恒温箱(D.4.2)中，放置(24±0.5)h。

注：如果所取样品质量大于10 g，则分析中使用的试剂量和容器都要按比例相应加大(内标液体积除外，仍为1.0 mL)。

D.5.1.3 将锥形瓶中溶液慢慢倒入50 mL量筒中，用玻璃塞塞住。用4.0 mL人工唾液洗涤奶嘴头，洗涤液合并至量筒中。用蒸馏水定容至50 mL，摇匀。

D.5.1.4 用移液管从量筒中取10.0 mL溶液至25 mL锥形瓶中，塞上瓶塞，此为溶液B。

D.5.1.5 量筒内剩下的40.0 mL溶液为溶液A。

D.5.2 溶液A中N-亚硝胺的萃取

D.5.2.1 用移液管向量筒内的溶液A(D.5.1.5)中加入1.0 mL内标液(D.3.19)和1.0 mL氢氧化钠溶液(D.4.13)。

注：净化步骤可选用D.5.2.1.1或D.5.2.1.2的方法。

D.5.2.1.1 方法A

D.5.2.1.1.1 往26 mm内径玻璃柱(D.4.3)中加入25 g硅藻土(D.3.10)，底部用玻璃棉(D.4.9)封

住。柱的顶端用烧结多孔玻璃板(D.3.16)或约 1 cm 厚的砂(D.3.22)覆盖。

填装柱子时,用手轻敲玻璃柱的外壁,使填装更为均匀。

D.5.2.1.1.2 将溶液(D.5.2.1)盖好并摇匀,然后把溶液(D.5.2.1)慢慢倒入制备好的硅藻土柱(D.5.2.1.1.1)中。样品在多孔基质上吸收 10 min~15 min。柱的底端会留下 50 mm~70 mm 宽的干燥带。

D.5.2.1.1.3 用 15 min~25 min 时间慢慢加入 60 mL~80 mL 二氯甲烷(D.3.9)到柱中。收集洗脱液(约 40 mL)到 K-D 烧瓶中(D.4.5),用聚四氟乙烯塞调节滴液速度。

注:用二氯甲烷淋洗时,干燥带宽度缩窄至 15mm~30mm。该过程易于观察,因为样品浸润的硅藻土和二氯甲烷浸润的硅藻土颜色是不同的。注意不能让此干燥带消失,否则洗脱液可能会含水。

D.5.2.1.2 方法 B

D.5.2.1.2.1 将溶液(D.5.2.1)盖好并摇匀,慢慢倒入分液漏斗。

D.5.2.1.2.2 加入至少 20 mL 二氯甲烷(D.3.9),剧烈振荡 1 min。静置分层。如有必要,离心破乳化。收集下层液体,使其通过预先洗涤过的 30 g 无水硫酸钠(D.3.20),用 K-D 烧瓶收集(D.4.5)。

D.5.2.1.2.3 重复 D.5.2.1.2.2 步骤两次。

D.5.2.1.2.4 用 25 mL 二氯甲烷(D.3.9)洗涤硫酸钠(D.3.20),合并到 K-D 烧瓶中(D.4.5)。

D.5.2.2 溶液 A 中 N-亚硝胺的浓缩

D.5.2.2.1 往装有提取液(按 D.5.2.1.1 或 D.5.2.1.2 制得)的 K-D 烧瓶中加入 2 mL 正己烷(D.3.11)和 2-3 粒沸石(D.3.15)。在 K-D 烧瓶上接上空气冷凝管。在水浴(D.4.6)中浓缩溶液至 4 mL~6 mL,水浴起始温度(40±2)℃,缓慢升温至(60±2)℃(升温速率约 2 ℃/min)。冷却后,用约 2 mL二氯甲烷冲洗浓缩器内壁。

D.5.2.2.2 移开空气冷凝管,吹氮(D.3.14)浓缩至约 1 mL。待温度平衡至室温后,转移至进样瓶(D.4.7)中密封。

注:调节氮气流速确保浓缩液表面形成的凹陷不超过 4 mm~5 mm,否则液体会飞溅或过冷。如果浓缩好的样品距离分析时间超过 1 h,应低于 5℃避光保存。

D.5.3 溶液 B 中 N-亚硝胺可生成物(先转化成 N-亚硝胺)的萃取

D.5.3.1 用移液管往溶液 B(D.5.1.4)中加入 1.0 mL 盐酸溶液(D.3.12),混匀(pH 值约 1.4)。在暗处放置 30 min。

D.5.3.2 加入 2.0 mL 氢氧化钠溶液(D.3.13)使溶液呈碱性,再用移液管加入 1.0 mL 内标液(D.3.19),混匀。

注:净化步骤可选用 D.5.3.2.1 或 D.5.3.2.2 的方法。

D.5.3.2.1 方法 C

D.5.3.2.1.1 按 D.5.2.1.1.1 所述方法制备一根装有 8g 硅藻土(D.3.10)的 15 mm 内径玻璃柱。

D.5.3.2.1.2 按 D.5.2.1.1.2 所述方法把溶液(D.5.3.2)转移到柱中。

D.5.3.2.1.3 按 D.5.2.1.1.3 所述方法用 25 mL~30 mL 二氯甲烷淋洗硅藻土柱,收集洗脱液(约 15 mL)。

D.5.3.2.2 方法 D

D.5.3.2.2.1 把溶液(D.5.3.2.1.2)倒入分液漏斗(D.4.11)中。

D.5.3.2.2.2 加入至少 10 mL 二氯甲烷(D.3.9)剧烈振荡 1 min。按 D.5.2.1.2.2 所述方法收集下层有机相到 K-D 烧瓶中。

D.5.3.2.2.3 重复 D.5.3.2.2.2 步骤两次。

D.5.3.2.2.4 按 D.5.2.1.2.4 所述方法洗涤硫酸钠并把洗涤液合并到 K-D 烧瓶中。

D.5.3.3 溶液 B 中 N-亚硝基物质(已转化成 N-亚硝胺)的浓缩

按 D. 5. 3. 2. 1 或 D. 5. 3. 2. 2 制得的提取液按 D. 5. 2. 2. 1 和 D. 5. 2. 2. 2 所述方法浓缩至约 1 mL。

D. 5. 4　空白测试

将不放奶嘴头的人工唾液按 D. 5. 1 到 D. 5. 3 步骤操作。

D. 5. 5　色谱分析

注入 1 μL～10 μL 提取物到带化学发光检测器的气相色谱中。注入等体积的标准溶液(D. 3. 18)和内标液(D. 3. 19)进行分析。

为得到准确的结果,建议在样品处理好的当天进行分析。若无法实现,应当将提取液低于 5℃避光保存。

D. 6　结果计算

D. 6. 1　溶液 A 的 N-亚硝胺迁移量

D. 6. 1. 1　用公式(D. 1)和(D. 2)计算每种 N-亚硝胺的迁移量。

$$M(\mu g/kg)=\frac{5FA_{NA}}{4A_{NDiPA^{R}}} \quad \cdots\cdots (D.1)$$

式中：

M ——从样品转移到人工唾液中的 N-亚硝胺迁移量,单位为微克每千克(μg/kg)；

F ——用公式(D. 2)计算出来的因子；

A_{NA} ——从样品迁移到人工唾液(溶液 A)中的某种 N-亚硝胺的峰面积；

$A_{NDiPA^{R}}$——溶液 A 中 N_{DiPA} 内标峰面积；

$$F=\frac{VCA_{NDiPA^{I}}V_{NASTD}}{GA_{NASTD}V_{NDiPA^{I}}} \quad \cdots\cdots (D.2)$$

式中：

V ——添加的 N_{DiPA} 内标液体积,单位为毫升(mL)；

C ——标准溶液中某种 N-亚硝胺的浓度,单位为微克每升(μg/L)；

G ——样品的质量,单位为克(g)；

A_{NASTD} ——标准溶液中某种 N-亚硝胺的峰面积；

$A_{NDiPA^{I}}$ ——直接进样的 N_{DiPA} 内标的峰面积；

V_{NASTD} ——N-亚硝胺标准溶液进样体积,单位为微升(μL)；

$V_{NDiPA^{I}}$ ——N_{DiPA} 内标液的进样体积,单位为微升(μL)。

D. 6. 1. 2　N-亚硝胺总释放量为各种 N-亚硝胺的释放量之和。如果某种 N-亚硝胺没有检测信号(即低于 3 倍背景噪音),应记录为"未检出"或"ND",其值作零处理。

D. 6. 2　溶液 B 的 N-亚硝基物质释放量(以 N-亚硝胺计)

D. 6. 2. 1　用公式(D. 2)和(D. 3)计算溶液 B 中每种 N-亚硝胺的迁移量,再减去溶液 A 测得的相应的 N-亚硝胺迁移量,即可得每种 N-亚硝胺可生成物迁移量。

$$M(\mu g/kg)=\frac{5FA_{NA}}{A_{NDiPA^{R}}} \quad \cdots\cdots (D.3)$$

式中：

M ——从样品转移到人工唾液中的 N-亚硝胺迁移量,单位为微克每千克(μg/kg)；

F ——用公式(D. 2)计算出来的因子；

A_{NA} ——从样品迁移到人工唾液(溶液 B)中的某种 N-亚硝胺的峰面积；

$A_{\mathrm{NDiPA}^{R}}$——溶液 B 中 N_{DiPA} 内标峰面积。

D.6.2.2 N-亚硝胺可生成物总迁移量为各种 N-亚硝胺可生成物的迁移量之和(每种 N-亚硝胺可生成物的迁移量已扣除溶液 A 中 N-亚硝胺迁移量)。如果某种 N-亚硝胺没有检测信号(即低于 3 倍背景噪音),应记录为“未检出”或“ND”,其值作零处理。

D.7 N-亚硝胺的确认

D.7.1 如果人工唾液中测出的 N-亚硝胺总迁移量超过限量,N-亚硝胺应通过以下途径之一加以确认：

a) 取一部分剩余的测试溶液置于透明的、能完全透过紫外线的小瓶中,在波长为 366 nm 的紫外线下照射 3 h。由于 N-亚硝胺受紫外线照射分解,气相色谱分析时可以发现,所有 N-亚硝胺对应的色谱峰都会消失或者峰面积大幅减少。然而,如果照射后样品峰面积没有明显减小,则初始的峰为假阳性,不需要再做进一步的确认。

b) 使用至少一种其他极性的色谱柱。

c) 通过质谱定性。

D.7.2 如果通过以上步骤发现某些峰对应的化合物不是 N-亚硝胺,应重新计算 N-亚硝胺总迁移量。

附 录 E
（资料性附录）
2-巯基苯并噻唑(MBT)和/或抗氧化剂的测定

E.1 测试条件

以下色谱柱被证明为适宜的色谱柱：反相 C_8 柱，如 Spherisorb C_8，5 μm 粒径，柱长 25 cm。

下列色谱条件适用于此柱：流动相 A：水(含 1％乙腈)，流动相 B：乙腈。

表 E.1 梯度程序

时间/min	流动相 A/％	流动相 B/％
0～2	70	30
2～17 线性变化	10	90
17～22	10	90
22～25 线性变化	70	30
25～28[a]	70	30

[a] 如果进一步的平衡是必要的，可延长时间。

如果使用不同的色谱柱，流动相梯度应做适当调节。流速：1 mL/min。

检测条件：

a) MBT：波长 320 nm，二极管阵列波长范围 240 nm～360 nm，检测时间段为 5 min～12 min；

b) 抗氧化剂：波长 280 nm，二极管阵列波长范围 240 nm～360 nm，检测时间段为 12 min～25 min。

保留时间：

a) MBT：大约 10 min(最大吸收波长 320 nm)；

b) 抗氧化剂 BHT：大约 19 min(最大吸收波长 278 nm)；

c) 抗氧化剂 2246：大约 20 min(最大吸收波长 282 nm)。

进样体积：20 μL

根据所用设备类型，建立适当的运行条件。

图 E.1 是 MBT、抗氧化剂 BHT 和 2246 的典型色谱图。

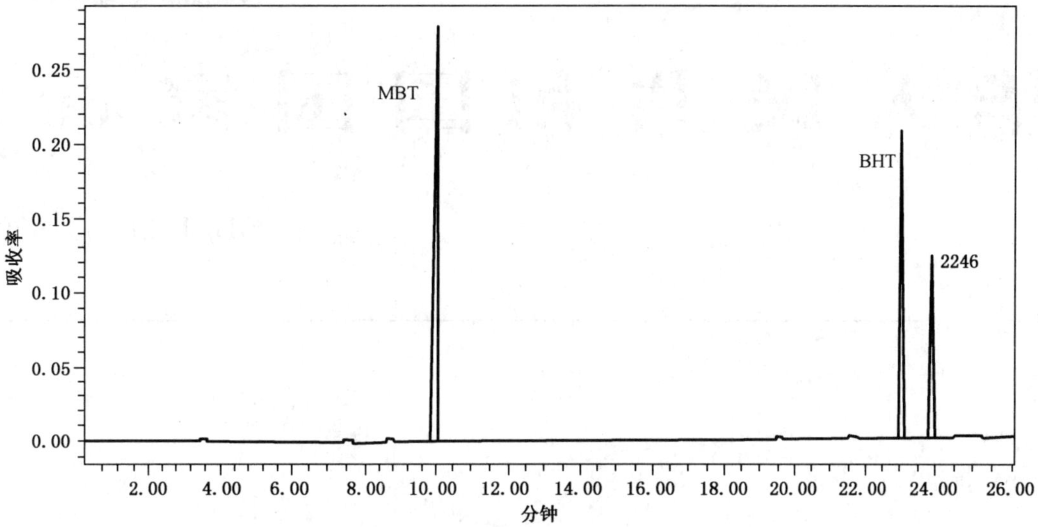

图 E.1 MBT 和抗氧化剂色谱图

E.2 精密度

统计分析七个实验室近期的实验比对结果，该方法对 MBT 的重复性和再现性如下：

平均重复性：$r=3.0$

平均再现性：$R=7.4$

重复性和再现性变异系数：

重复性的平均变异系数 $CV_r=10.4\%$

再现性的平均变异系数 $CV_R=23.4\%$

ICS 59.080.60
W 56

中华人民共和国国家标准

GB/T 28483—2012

地毯用环保胶乳 羧基丁苯胶乳及有害物质限量

Environmentally friendly rubber latex for carpet application—Carboxylated styrene-butadiene rubber latex and limitation of hazardous substances

2012-06-29 发布　　2012-11-01 实施

中华人民共和国国家质量监督检验检疫总局
中国国家标准化管理委员会　发布

前　言

本标准按照 GB/T 1.1—2009 给出的规则起草。

本标准由中国轻工业联合会提出。

本标准由全国地毯标准化技术委员会(SAC/TC 150)归口。

本标准由溧阳巨神科技材料有限公司、天津市东方蓝宝地毯研究中心负责起草，上海高桥巴斯夫分散体有限公司、陶氏化学(中国)投资有限公司上海分公司、中国工艺美术协会地毯专业委员会参加起草。

本标准主要起草人：叶剑豪、陈桂生、向远清、李静、张玉芬、丁少白、杨浩平。

引　　言

本标准参考欧洲环保地毯协会《GUT产品检测标准及限定值》技术文件中对地毯用胶乳有害物质限量的规定，目的在于促进地毯产品辅料生产加工过程中减少有毒有害物质的产生和排放。从地毯产品的原材辅料源头控制有害物质的产生。

地毯用环保胶乳
羧基丁苯胶乳及有害物质限量

1 范围

本标准规定了地毯用环保羧基丁苯胶乳的术语和定义、技术要求、试验方法、检验规则、包装和标志、储存和运输等要求。

本标准适用于以丁二烯、苯乙烯为主要单体、不饱和羧酸为第三单体，采用高温聚合制得的羧基丁苯胶乳。

2 规范性引用文件

下列文件对于本文件的应用是必不可少的。凡是注日期的引用文件，仅注日期的版本适用于本文件。凡是不注日期的引用文件，其最新版本(包括所有修改单)适用于本文件。

SH/T 1149 合成橡胶胶乳 取样

SH/T 1150 合成橡胶胶乳 pH 值的测定

SH/T 1151 合成胶乳高速机械稳定性的测定

SH/T 1152 合成胶乳粘度的测定

SH/T 1153 合成胶乳凝固物含量的测定

SH/T 1154 合成橡胶胶乳总固物含量的测定

SH/T 1156 合成橡胶胶乳表面张力的测定

SH/T 1608 丁苯胶乳对钙离子稳定性的测定

ISO 13741-1 塑料/橡胶—聚合物分散体和橡胶胶乳(天然橡胶和合成橡胶)—用毛细管气相色谱法测定残留单体和其他有机化合物含量的方法 第1部分:直接液体注入法

3 术语和定义

下列术语和定义适用于本文件。

3.1

阻燃剂 flame retardant

能够阻止或减缓制品燃烧的(液态或粉状)有机或无机化合物添加剂。

3.2

发泡剂 blowing agent

在制造空心或蜂窝状背衬制品或涂层中用来引起膨胀的物质。

注：发泡剂可以是易挥发液体或分解成(或反应后形成)气体的化学制品。

4 要求

4.1 外观质量

目测胶乳分散体，外观呈乳白色或略带蓝光的粘稠液体，无机械杂质。

4.2 内在质量

4.2.1 物理性能技术指标应符合表1要求。

表1 物理性能技术指标

序号	检测项目	单位	技术要求 (指标范围)
1	总固物含量	%	≥48.0
2	表面张力	mN/m	35～70
3	粘度	mPa·s/23 ℃	50～700
4	凝固物 200目	%	≤0.02
5	高速机械稳定性	%	≤0.05
6	钙离子稳定性	%	≤0.05
7	pH值	—	6.0～9.0
可由供需双方或合同要求在指标范围内规定具体技术指标。			

4.2.2 有害残留单体及可挥发性有机物含量技术要求应符合表2规定。

表2 有害残留单体及可挥发有机化合物含量技术要求

序号	有害残留单体及可挥发有机化合物含量测试项目	指标要求/(mg/kg)
1	苯乙烯(styrene)	≤200
2	4-苯基环已烯(4-Phenylcyclohexene)	≤100
3	乙苯(Ethylbenzene)	≤50
4	4-乙烯基环已烯(4-ethenyl-Cyclohexene)	≤50
5	有害残留单体及可挥发有机化合物总量	≤300

4.2.3 禁用添加剂和助剂应执行表3规定。

表3 禁用使用下列添加剂和助剂

硫化促进剂 (发泡剂)	二乙基二硫代氨基甲酸锌(Zn-diethyldithiocarbamate)
添加剂 (阻燃剂)	多溴联苯(PBB)(Polybrominated Biphenyl)
	[三-(2,3-二溴丙基)磷酸盐](TRIS)[Tris(2,3-dibromopropyl) phosphate]
添加剂 (阻燃剂)	[三-(1-丫丙啶基)氧化磷](TEPA)[Tris(1-ethylene imine)]phosphorus oxide
	五溴二苯醚(PeBDE)(pentabromodiphenylether)
	短链氯化石蜡(SCCPs)(Short Chain Chlorinated Paraffins)

5 试验方法

5.1 外观质量检验

检验人员按4.1要求进行目测检验。

5.2 内在质量检验

5.2.1 试样

按SH/T 1149标准取样。

5.2.2 总固物含量

按SH/T 1154进行试验。

5.2.3 表面张力

按SH/T 1156进行试验。

5.2.4 粘度

按SH/T 1152进行试验。

5.2.5 凝固物

按SH/T 1153进行试验。

5.2.6 高速机械稳定性

按SH/T 1151进行试验。

5.2.7 钙离子稳定性

按SH/T 1608进行试验。

5.2.8 pH值

按SH/T 1150进行试验。

5.2.9 有害残留单体及可挥发有机化合物含量

按ISO 13741-1进行试验。

6 检验规则

6.1 检验分类

产品检验分出厂检验和型式检验。

6.1.1 出厂检验(交收检验)

产品出厂前需经检验合格后方可出厂。

a) 对胶乳外观质量需全数检验;

b) 内在质量应以批为单位，按 SH/T 1149 进行取样，按表 1、表 2 要求测试合格后方可出厂。

6.1.2 型式检验

有下列情况时需进行型式检验：

a) 停产后复产；

b) 产品原材料或工艺配方有重大改变时；

c) 国家质量监督机构提出型式检验要求时。

6.2 检验项目

6.2.1 出厂检验按 4.1、4.2 要求执行。

6.2.2 型式检验外观质量按 4.1 检验，内在质量按 4.2.1 和 4.2.2 进行检验。

注：生产企业应提供检验批次的物理性能技术指标。

6.3 抽样

按 SH/T 1149 进行抽样和取样。

6.4 判定规则

内在质量和外观质量全部合格，则判该批产品合格。内在质量、外观质量的检验结果中，任何一项不符合产品质量要求时，允许加倍抽样，对不合格项进行复验，复验结果全部合格，则判该批产品合格；如仍有一项不合格，则判该批产品不合格。

7 包装和标志

7.1 包装

胶乳包装形式可采用内涂树脂的铁桶、不锈钢槽罐或塑料桶等容器。

7.2 标志

包装物上应有牢固、清晰的合格证或标志。内容应包括：

a) 产品名称；

b) 型号或批号；

c) 生产日期；

d) 保质日期；

e) 胶乳净重(kg)；

f) 执行标准编号；

g) 生产厂名；

h) 厂址；

i) 注册商标。

8 储存和运输

8.1 储存

羧基丁苯胶乳应储存在通风、干燥、避暴晒的库房内，储存温度 5 ℃～35 ℃。

8.2 运输

羧基丁苯胶乳属非危险化学品，可采用桶装或槽车等运输方式。运输中应防暴晒、防冻、防泄漏、避免包装破损。

ICS 97.200.20
Y 58

中华人民共和国国家标准

GB/T 28484—2012

电鸣乐器压缩与扩展类音效装置通用技术条件

General specification for compression and expansion equipment of electrophones

2012-06-29 发布　　2012-11-01 实施

中华人民共和国国家质量监督检验检疫总局
中国国家标准化管理委员会　发布

前　言

本标准按照 GB/T 1.1—2009 给出的规则起草。

请注意本文件的某些内容可能涉及专利。本文件的发布机构不承担识别这些专利的责任。

本标准由中国轻工业联合会提出。

本标准由全国乐器标准化技术委员会(SAC/TC 371)归口。

本标准起草单位:武汉艾立卡电子有限公司、北京乐器研究所。

本标准主要起草人:张鉴堂、屠淑珍、李健、庄严、刘晶、吴东亮、王伟。

电鸣乐器压缩与扩展类音效装置
通用技术条件

1 范围

本标准规定了电鸣乐器压缩与扩展类音效装置的术语和定义、要求、试验方法、检验规则和标志、包装、运输、贮存。

本标准适用于电鸣乐器压缩类、限幅类、扩展类音效装置(以下简称装置)。

2 规范性引用文件

下列文件对于本文件的应用是必不可少的。凡是注日期的引用文件,仅注日期的版本适用于本文件。凡是不注日期的引用文件,其最新版本(包括所有的修改单)适用于本文件。

GB/T 191 包装储运图示标志

GB/T 2828.1—2003 计数抽样检验程序 第1部分:接收质量限(AQL)检索的逐批检验抽样计划

GB/T 2829 周期检验计数抽样程序及表(适用于对过程稳定性的检验)

GB/T 5465.2 电气设备用图形符号 第2部分:图形符号

GB 8898—2001 音频、视频及类似电子设备安全要求

GB/T 9384—1997 广播收音机、广播电视接收机、磁带录音机、声频功率放大器(扩音机)的环境试验要求和试验方法

GB 13837—2003 声音和电视广播接收机及有关设备无线电骚扰特性限制和测量方法

GB/T 28489—2012 乐器有害物质限量

3 术语和定义

下列术语和定义适用于本文件。

3.1

压缩比 compression ratio

压缩区的有效输入电平变化范围与有效输出电平变化范围之比。

3.2

扩展比 expansion ratio

扩展区的有效输入电平变化范围与有效输出电平变化范围之比。

3.3

输入信号阈值 input signal threshold

使装置开始产生压缩、扩展或限幅作用的源电动势。

3.4

启动时间 attack time

源电动势瞬时调整,使对应输出增益有影响起,到其输出电平达到稳态输出电平所需时间间隔。

3.5

恢复时间 release time

源电动势瞬时调整,使对应输出增益不再有影响起,到其输出电平达到稳态输出电平所需时间间隔。

3.6

直通增益 bypass gain

在直通控制器置于直通时,所测输出电压与源电动势之比,用 dB 表示。

4 分类

分为 A 级品和 B 级品。

5 要求

5.1 使用环境

装置在以下条件下应能正常工作:

——环境温度:−10 ℃～40 ℃;

——相对湿度:≤90% RH;

——大气压力:86 kPa～106 kPa。

5.2 电性能

应符合表 1 的规定。

表 1

序号	项目		要求	
			A 级品	B 级品
1	增益频率响应/Hz	±1 dB	不窄于 20～20 000	—
		±2 dB	—	不窄于 20～20 000
2	总谐波失真加噪声/%		≤0.05	≤0.10
3	静态噪声输出电压/mV		≤0.1	≤0.2
4	压缩比[a]/(dB/dB)		不小于标称值	
5	扩展比/(dB/dB)		不大于标称值	
6	输入信号阈值/dBV		不超过标称值 25%	由制造商定
7	启动时间/ms		不超过标称值 25%	由制造商定
8	恢复时间/s		不超过标称值 25%	由制造商定
9	最大源电动势/V		≥5	≥1
10	平衡输入阻抗/Ω		≥600	
11	不平衡输入阻抗/kΩ	低阻输入	≥10	
		高阻输入	≥470	
12	输出源阻抗/kΩ		≤1	
13	直通增益/dB		≤1	≤2
14	额定功耗/W		不大于标称值	

[a] 限幅类不作要求。

5.3 电源适应性

5.3.1 交流供电：在频率为(50±2)Hz，电压为(220±22)V 范围时，装置应能正常工作，无明显异常声。

5.3.2 直流供电：在额定工作电压产生±10%偏差的情况下，装置应能正常工作，无明显异常声。

5.4 安全性能

应符合 GB 8898—2001 中的第 5、7、8、9、10、11、12、13、14、15、16、17、19、20 章的要求。

5.5 电源端骚扰电压以及骚扰功率

应符合 GB 13837—2003 中 4.2、4.5 的要求。

5.6 有害物质的限量

应符合 GB/T 28489—2012 中 5.1、5.3、5.4 的要求。

5.7 外观和机械性能

5.7.1 金属件不应有锈蚀、机械损伤。灌注物不应外溢。

5.7.2 产品外观应整洁，表面不应有明显的划伤、变形、霉斑、开裂、毛刺等缺陷。表面覆层不应起泡、脱落、破裂。功能标志的字样或符号应准确、清晰、端正、牢固，图形符号应符合 GB/T 5465.2 的规定。

5.7.3 开关、按键、旋钮等控制操作应灵活可靠，零部件应紧固无松动，结构与机械性能稳定。

5.7.4 指示器和各种功能应正常工作。

5.7.5 除符合上述的要求外，还应符合表 2 规定的要求。

表 2

序号	项目	要　求	不合格类别		
			A	B	C
1	运输包装	包装箱上无中文标明的产品名称、型号、生产厂名和厂址	○	—	—
2		包装箱内产品数量短缺	○	—	—
3		包装箱与箱内所装产品不符	○	—	—
4		包装箱内无合格证	○	—	—
5		无国家规定的认证标志	○	—	—
6		无使用说明书及缺少规定的配件	—	○	—
7	外观	电源与电源转换器等指示标志不正确或容易擦除	○	—	—
8		铭牌、商标、旋钮、装饰件等漏装或错装	—	○	—
9		外壳有严重损伤	—	○	—
10	功能操作	不能正常供电	○	—	—
11		任一功能件(开关、旋钮、插孔等)失效	—	○	—
12		电位器有间断点或死点	—	○	—
13		电源指示灯不亮	—	○	—
14		其他指示灯、照明灯、发光管不亮	—	—	○

表 2（续）

序号	项目	要　求	不合格类别		
			A	B	C
15	功能操作	切换开关失效	—	○	—
16		液晶屏不显示、显示不完整、屏显乱	—	○	—
17		保险丝连续两次熔断	○	—	—
18		电源开关通、断不正常	—	○	—
19	结构	电源线、电源插头绝缘破损，金属线裸露	○	—	—
20		用电网供电的产品机内有多余的≥3 mm 金属异物	○	—	—
21		用电网供电的产品机内有多余的<3 mm 金属异物	—	○	—
22		电源线穿过金属板，无保护装置或保护装置不牢固	—	○	—
23		电源线两端能承受的拉力<40 N	—	○	—

注 1：“○”表示属于该类不合格；“—”表示不属于该类不合格。
注 2：若制造商有补充的检验项目时，可参照以上内容确定相应的要求。

5.8 几何尺寸

产品外形尺寸、安装尺寸应符合使用说明书中的规定。

5.9 环境适应性

经 5.9 试验后，应符合 5.2、5.7 的要求。

5.10 踏板开关耐久性

经 2 万次连续开关后，装置应能正常工作，无明显异常声。

6 测试方法

6.1 测试环境

6.1.1 除另有要求的测试项目外，全部测试应在下述规定的环境中进行：

——环境温度：(23±2)℃；

——相对湿度：(60±15)%RH；

——大气压力：(86～106)kPa。

6.1.2 测试条件

全部测试应在下述规定的条件下进行：

——交流供电：电压(220±4.4)V，频率(50±1)Hz，电源波形失真≤5%；

——直流供电：额定工作电压 ±2%；纹波电压≤10 MV；

——被测装置接在额定电源上；

——信号源与额定源阻抗串联，再接到被测装置输入端上；

——测试电性能指标时，输出端接额定负载阻抗；

——不用的端子按规定连接；
——在没有其他特殊理由时，将 1 kHz 正弦波作为参考频率的信号源电动势调整到等于额定信号源电动势，其他优选频率应满足 GB/T 3240 的规定；
——各功能控制器置于额定位置，使被测装置处于线性区；
——在没有其他特殊理由时，音量控制器调整到使输出端电压等于额定的输出电压；
——音调控制器、均衡器、滤波器等置于能给出有效频率范围的位置；
——如果有内置多种音效类模块，除特殊要求外，应将不用的音效类模块关闭。

6.2 电性能

6.2.1 增益频率响应

6.2.1.1 连接

按图 1 所示。

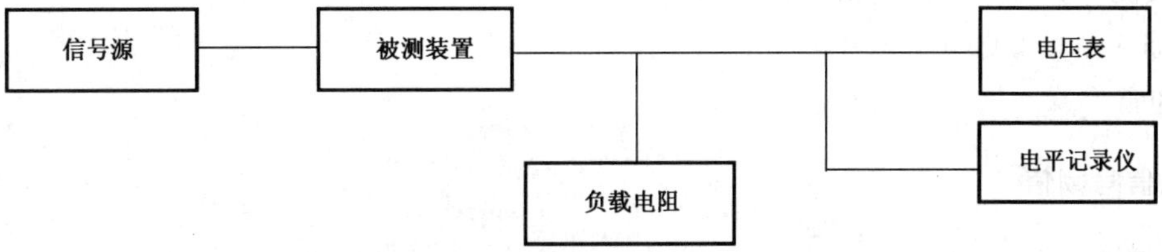

图 1

6.2.1.2 步骤

a） 将被测装置置于标准测试条件下；
b） 测量参考频率输出电压 U_1；
c） 连续或步进地改变信号源频率并保持源电动势不变；
d） 测量并记录输出电压 U_2 与 U_1 的偏差；
e） 用电压表或电平记录仪测量并记录各频率的输出电平与参考电平的偏差；
f） 调整功能控制器，按以上步骤分别测量压缩、扩展状态下的输出电平与参考电平的偏差。

6.2.2 总谐波失真加噪声

6.2.2.1 连接

按图 2 所示。

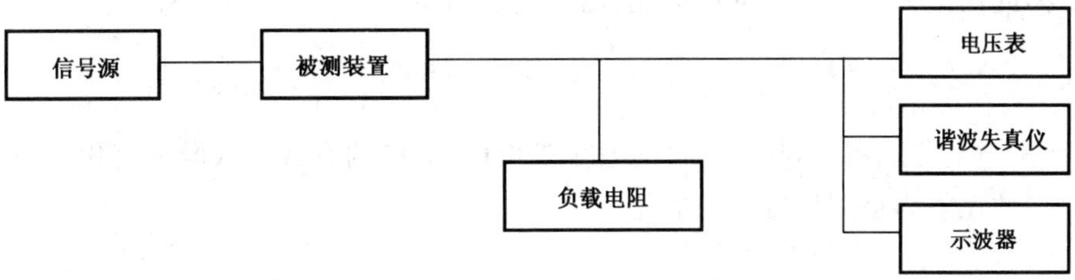

图 2

6.2.2.2 步骤

a) 将被测装置置于标准测试状态下；

b) 用谐波失真仪测量输出电压总谐波失真加噪声；

c) 调整功能控制器，按以上步骤分别测量压缩、扩展时输出电压总谐波失真加噪声；

d) 以上所测最大值为被测装置的总谐波失真加噪声。

6.2.3 静态噪声输出电压

6.2.3.1 连接

按图 2 所示。

6.2.3.2 步骤

a) 将被测装置置于标准测试条件下；

b) 将输入信号源电动势减小到零；

c) 测量静态噪声输出电压 U_N。

6.2.4 输入信号阈值

6.2.4.1 连接

按图 1 所示。

6.2.4.2 步骤

a) 将被测装置置于标准测试条件下；

b) 连续或步进地改变信号源电动势并保持信号源频率不变；

c) 测量并记录输出电平 U 与对应的信号源电动势 E；

d) 以信号源电动势为横坐标，输出电压为纵坐标，以相同的线性标度，两者均以 dB 表示，设定曲线的允许误差和 0 dB 参考电平，绘制增益曲线图；

e) 在横坐标变化与纵坐标变化之比率发生改变的相邻区间，分别取其平坦部分作拟合直线，两线相交处出现拐点，此时横坐标上相对应的信号源电动势为输入信号阈值（增益曲线图参见附录 A 中的 A.1）。

6.2.5 压缩比

按 5.2.4 所测增益曲线图中，在增益动态发生压缩区，对应的有效输入电平变化范围与有效输出电平变化范围之比，此比值为被测装置的压缩比（增益曲线图参见附录 A 中的 A.1）。

6.2.6 扩展比

按 5.2.4 所测增益曲线图中，在增益动态发生扩展区，对应的有效输入电平变化范围与有效输出电平变化范围之比，此比值为被测装置的扩展比。

6.2.7 启动时间

6.2.7.1 连接

按图 1 所示。

6.2.7.2 步骤

a) 将被测装置置于标准测试条件下；

b) 调整好示波器的工作方式；

c) 将输入源电动势电平调整到制造商规定的参考电平；

d) 将输出电平调整到制造商规定的参考输出电平；

e) 瞬时调整输入源电动势相对参考电平变化 6 dB；

f) 用示波器的时间标度，测量因源电动势瞬时变化，使对应输出电平有影响起，到其输出电平达到比最后稳态输出电平高 2 dB 时所需时间间隔(启动时间与恢复时间测试图参见附录 A 中的 A.2)；

g) 对于启动时间可调的装置，应在最大、最小及中间点重复以上测量；

h) 如果被测装置启动瞬变的存在而使测试变得模糊，可在示波器前串接一个高通滤波器。

6.2.8 恢复时间

6.2.8.1 连接

按图 1 所示。

6.2.8.2 步骤

a) 将被测装置置于标准测试条件下；

b) 调整好示波器的工作方式；

c) 将输入源电动势电平调整到制造商规定的参考电平；

d) 将输出电平调整到制造商规定的参考输出电平；

e) 瞬时调整输入源电动势相对参考电平变化 3 dB；

f) 用示波器的时间标度，测量因源电动势瞬时变化，使对应输出电平增益有影响起，到其输出电平达到比最后稳态输出电平低 2 dB 时所需时间间隔(启动时间与恢复时间测试图参见附录 A 中的 A.2)；

g) 对于恢复时间可调的装置，至少应在最大、最小及中间点重复以上测量。

6.2.9 最大源电动势

6.2.9.1 连接

按图 2 所示。

6.2.9.2 步骤

a) 将被测装置置于标准测试条件下；

b) 增加输入源电动势，调整音量控制器使输出电压保持不变，直到其总谐波失真加噪声达到额定值；

c) 测量源电动势 E'_S；

d) 在其他优选频率上重复以上测量；

e) 在上述测量中取最大值为最大源电动势。

6.2.10 平衡输入阻抗

6.2.10.1 连接

按图 3 所示。

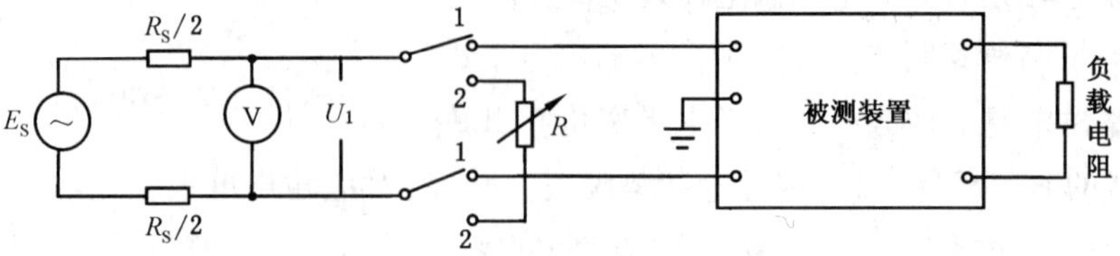

图 3

6.2.10.2 步骤

a) 将被测装置置于标准测试条件下；
b) 信号源不接地(或不接外壳)；
c) 将两个适当的电阻 $R_S/2$ 与测量用正弦波信号源信号端和信号源地端分别串联，再接到被测装置输入端；
d) 用不接地(或不接外壳)的电压表测量输入电压 U_1，电压表输入阻抗应远大于被测装置输入阻抗；
e) 以一个经校正的可变电阻器 R 代替被测装置的输入阻抗，调整电阻器 R 使电压表读数恢复到 U_1；
f) 电阻器 R 的阻值即为被测装置在标准测试条件下的输入阻抗模数；
g) 可在其他优选频率上重复以上测量。

6.2.11 不平衡输入阻抗

6.2.11.1 连接

按图 4 所示。

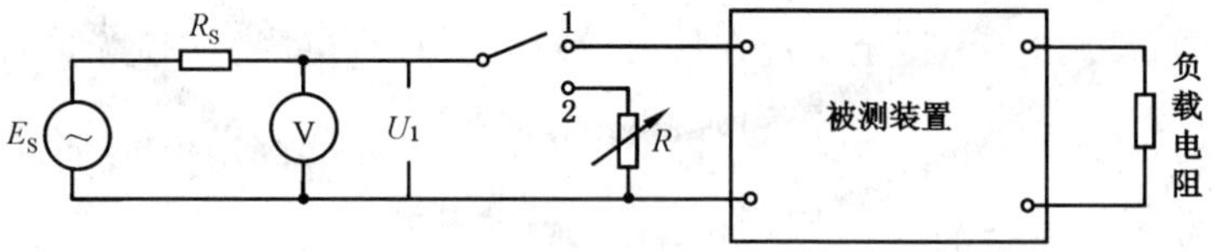

图 4

6.2.11.2 步骤

a) 将被测装置置于标准测试条件下；
b) 将一个适当的电阻 R_S 与测量用正弦波信号源相串联，再接到被测装置输入端；
c) 用电压表测量输入电压 U_1，电压表输入阻抗应远大于被测装置输入阻抗；
d) 以一个经校正的可变电阻器 R 代替被测装置的输入阻抗，调整电阻器 R 使电压表读数恢复到 U_1；
e) 电阻器 R 的阻值即为被测装置在标准测试条件下的输入阻抗模数；
f) 可在其他优选频率上重复以上测量。

6.2.12 输出源阻抗

6.2.12.1 连接

按图5所示。

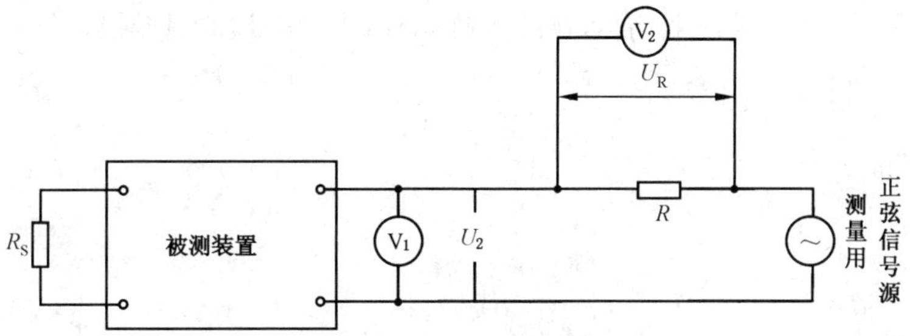

图5

6.2.12.2 步骤

a) 将被测装置置于标准测试条件下,将输入信号源电动势减小到零,负载电阻不接;
b) 将一个适当的电阻与测量用正弦波信号源相串联,再接到被测装置输出端;
c) 调整测量用信号源输出,并且不使测量用信号源过载,直到被测装置的输出电压达到额定输出电压 U_2;
d) 用电压表测量电阻器 R 上的电压降 U_R;
e) 输出源阻抗按式(1)计算:

$$\frac{U_2}{U_R} \times R \qquad \cdots\cdots (1)$$

式中:
U_2——为额定输出电压,单位为伏特(V);
U_R——为串联电阻器 R 上的电压降,单位为伏特(V);
R ——为串联电阻器阻值,单位为欧姆(Ω)。

6.2.13 直通增益

6.2.13.1 连接

按图1所示。

6.2.13.2 步骤

a) 将被测装置置于标准测试条件下;
b) 将直通控制器置于直通状态;
c) 测量输出电压 U_2;
d) 测量源电动势 E_S;
e) 直通增益按式(2)计算:

$$|A| = 20\ \lg \frac{U_2}{E_S} \qquad \cdots\cdots (2)$$

式中：

A ——为直通增益，单位为分贝(dB)；

U_2——为直通状态下输出电压，单位为伏特(V)；

E_S——为额定源电动势，单位为伏特(V)。

6.2.14 额定功耗

将被测装置置于标准测试条件下，输入额定源电动势，用功率计测量被测装置从电源汲取的功率。

注：此功率为标准测试条件下额定功耗。

6.3 电源适应性

6.3.1 连接

按图6所示。

图6

6.3.2 交流供电

用调压器将(50±2)Hz的交流电源分别调到198 V和242 V，按图6所示，感官检查。

6.3.3 直流供电

用调压器使额定工作电压产生±10%的偏差，按图6所示，感官检查。

6.4 安全性能

按GB 8898—2001中第5、7、8、9、10、11、12、13、14、15、16、17、19、20章的规定。

6.5 电源端骚扰电压以及骚扰功率

按GB 13837—2003中第5章的规定。

6.6 有害物质的限量

按GB/T 28489—2012中6.2、6.4、6.5的规定。

6.7 外观和机械性能

感官检查。

6.8 几何尺寸

用符合计量要求的长度量具检查。

6.9 环境适应性

按GB/T 9384—1997中第3章的规定。

6.10 踏板开关耐久性

按图6所示和5.10给出的要求和条件，感官检查。

7 检验规则

7.1 检验应由收购部门验收或委托生产厂质量管理部门检验。

7.2 当有特殊要求时，应由供需双方根据合同协商具体的检验项目。

7.3 检验分为出厂检验和型式检验。

7.3.1 出厂检验

7.3.1.1 出厂检验的抽样方案应符合 GB/T 2828.1—2003 中关于正常检验一次抽样方案的规定。

7.3.1.2 安全性能中的绝缘电阻和抗电强度项目为 A 类不合格，应逐台检验，若不符合 GB 8898—2001 中 10.3 的要求，则判该批为不合格品。

7.3.1.3 电性能、外观和机械性能项目出厂检验的不合格类别、检验项目、测试方法、检验水平、接收质量限(AQL)应符合表 3 的规定。

表 3

序号	条款号	检验项目	测试方法	检查水平	接收质量限(AQL)
1	5.2	电性能	6.2	S-1	10
2	5.7.1～5.7.4	外观和机械性能	6.7	Ⅱ	4.0

7.3.1.4 出厂检验不合格，该批产品退回生产厂，将不合格项目进行整理和调整。整理、调整后的产品可再次提交检验。不合格批的再提交按 GB/T 2828.1—2003 中 7.6 的规定进行。

7.3.2 型式检验

7.3.2.1 型式检验每两年应进行一次。有下列情形之一时，亦应进行：

——结构、制造工艺、零部件和原材料的更改可能会影响到产品的安全、功能、性能时；

——新产品定型时；

——停产六个月以上恢复生产时；

——质量监督部门提出要求时。

7.3.2.2 型式检验的样品应从本周期生产的、经出厂检验合格的批中抽取。

7.3.2.3 型式检验所抽取的全部样品应先按出厂检验项目检验，若有不合格品，应以合格品换取，同时分析原因，但不作为型式检验结果的依据。

7.3.2.4 型式检验的不合格类别、检验项目、测试方法应符合表 4 的规定。

表 4

序号	不合格类别	条款号	检验项目	测试方法
1	A	5.4	安全性能	6.4
2		5.5	电源端骚扰电压以及骚扰功率	6.5
3		5.6	有害物质限量	6.6
4	B	5.2	表 1 中序号 1,2,3,4,5,6	6.2
5		5.3	电源适应性	6.3
6		5.9	环境适应性	6.9
7		5.10	踏板开关耐久性	6.10
8	C	5.2	表 1 中序号 7,8,9,10,11,12,13,14	6.2
9	按表 2 中的划分	5.7.5	表 2 中确定的项目内容	6.7

7.3.2.5 电性能和环境适应性项目型式检验的抽样方案应符合 GB/T 2829—2002 中判别水平Ⅰ、二次抽样方案的规定。不合格质量水平(RQL):B 类为 40,判定数组为(0 2)、(1 2);C 类为 80,判定数组为(1 3)、(4 5)。

7.3.2.6 电性能、安全性能、电源端骚扰电压以及骚扰功率、有害物质限量、踏板开关耐久性项目的型式检验方案,按以本周期生产的使用相同材料和相同结构的装置为一个批量,样品从同一批量产品抽取。在不影响检验时,同一样品可用于多种试验。

——安全性能检验样品为 1 台。

——电源端骚扰电压以及骚扰功率检验样品为 1 台。

——有害物质限量检验按 GB/T 28489—2012 中 6.1 的规定。

——踏板开关耐久性检验样品为 1 台。

7.3.2.7 型式检验合格,则本周期生产的产品为合格品,如有一项出现 A 类不合格,则本周期生产的产品为不合格品。

7.3.2.8 经型式检验的样品,不得作为合格品出厂。

8 标志、包装、运输、贮存

8.1 产品出厂时应附有产品合格证及使用说明书。合格证或使用说明书上应写明产品符合所执行标准的编号,合格证上应有检验员盖章。

8.2 每台产品上应附有生产厂名、生产日期、商标、型号、电源性质、额定电源电压或工作电压范围、电源频率及功耗等字样或标志。

8.3 产品的外包装箱上面应标有下列字样或符号:

——生产厂名、地址;

——产品名称、商标和型号;

——质量(含包装)kg;

——包装体积(长 mm×宽 mm×高 mm);

——印有“易碎物品”、“怕雨”、“堆码层数极限”、“向上”等储运图形符号或标志。图形符号或标志应符合 GB/T 191 的规定。

8.4 外包装应能满足运输的需要。

8.5 产品在运输过程中不应日晒、雨淋。

8.6 产品应放置在相对湿度不大于 85%RH、温度 0 ℃~40 ℃的室内存放,不应雨淋、日晒,距热源及有机溶剂的距离至少 2 000 mm,距地面、墙壁至少 100 mm。

8.7 产品在装卸和堆码时应小心轻放。

附 录 A
（资料性附录）
测试性能参考图

A.1 增益曲线（见图 A.1）

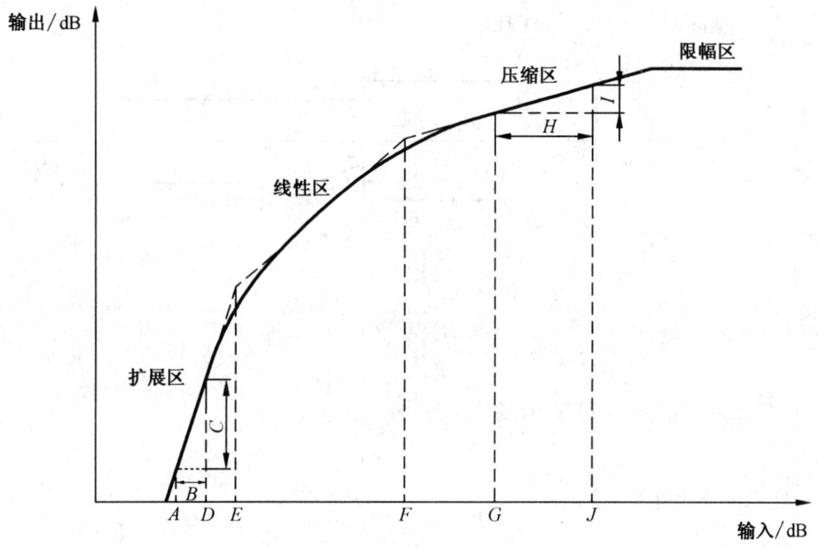

说明：

B/*C*——被测样机的扩展比；

E——输入信号（扩展）阈值；

F——输入信号（压缩）阈值；

H/*I*——被测样机的压缩比。

图 A.1

A.2　启动时间与恢复时间(压缩)(见图 A.2)

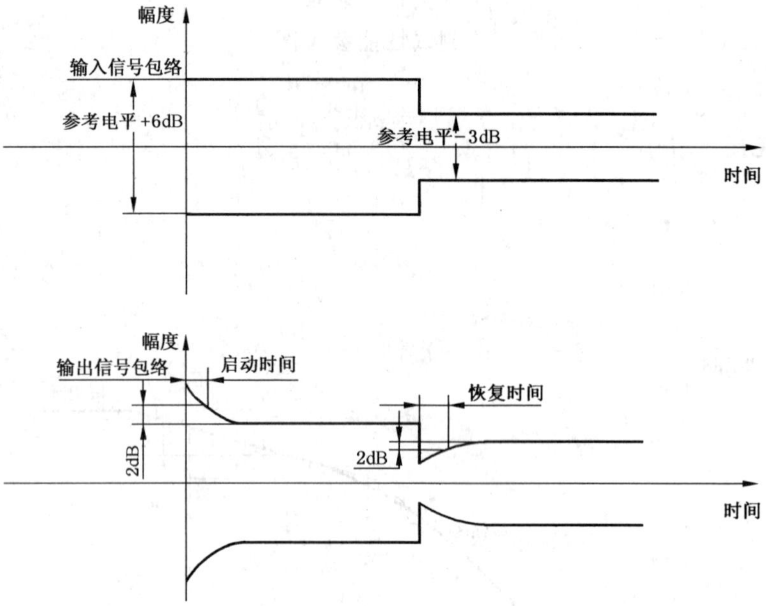

图 A.2

A.3　启动时间与恢复时间(扩展)(见图 A.3)

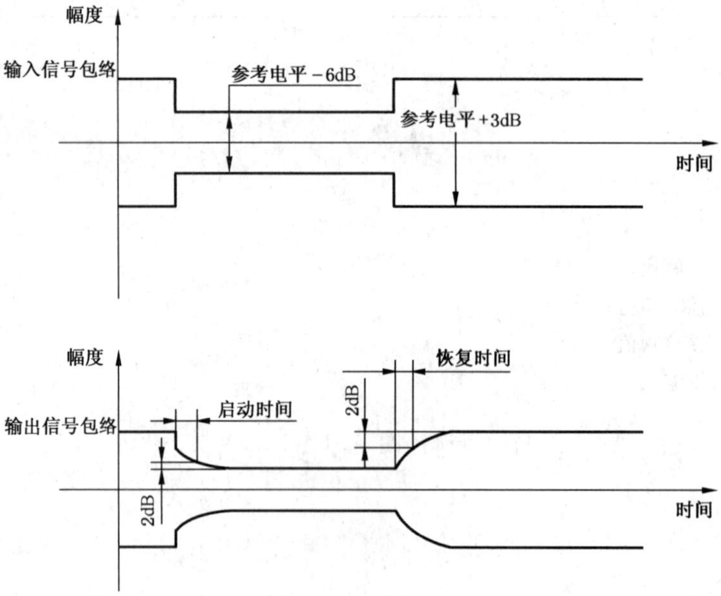

图 A.3

ICS 39.060
Y 88

中华人民共和国国家标准

GB/T 28485—2012

镀层饰品　镍释放量的测定 磨损和腐蚀模拟法

Coated adornment—Detection of nickel release—Method for simulation of wear and corrosion

2012-06-29 发布　　2012-11-01 实施

中华人民共和国国家质量监督检验检疫总局
中国国家标准化管理委员会　发布

前　言

本标准按照GB/T 1.1—2009给出的规则起草。

本标准使用重新起草法修改采用EN 12472:2005+A1:2009《磨损和腐蚀模拟法用于测定镀层制品的镍释放量》(英文版)。

本标准与EN 12472:2005+A1:2009相比结构上有一定调整，附录A中列出了本标准与EN 12472:2005+A1:2009的章条编号对照一览表。

本标准与EN 12472:2005+A1:2009相比存在技术差异，这些差异涉及的条款已通过在其外侧页边空白位置的垂直单线进行了标示，在附录B中给出了相应技术性差异。

请注意本文件的某些内容可能涉及专利，本文件的发布机构不承担识别这些专利的责任。

本标准由中国轻工业联合会提出。

本标准由全国首饰标准化技术委员会(SAC/TC 256)归口。

本标准起草单位：国家首饰质量监督检验中心、广东出入境检验检疫局检验检疫技术中心、山东出入境检验检疫局检验检疫技术中心、北京市首饰质量监督检验站。

本标准主要起草人：李素青、李玉鹍、黄理纳、刘崇华、邢力、高绪慧、李武军。

镀层饰品　镍释放量的测定
磨损和腐蚀模拟法

1　范围

本标准规定了为测定非镍镀层饰品的镍释放量而预先采用的磨损和腐蚀的方法。

本标准适用于长期接触皮肤的非镍镀层饰品。

2　规范性引用文件

下列文件对于本文件的应用是必不可少的。凡是注日期的引用文件，仅注日期的版本适用于本文件。凡是不注日期的引用文件，其最新版本(包括所有的修改单)适用于本文件。

GB/T 19719　首饰　镍释放量的测定　光谱法

3　方法原理

被测样品先暴露于腐蚀环境下，再放入带有磨损介质的容器中在一定速度下转动，通过容器的旋转使得被检测样品被磨损介质磨损。随后用 GB/T 19719 的方法测定其镍释放量。

4　试剂和材料

除特殊说明外，所有接触样品的材料和试剂应不含镍，且所用试剂应为分析纯或优级纯。

4.1　腐蚀

4.1.1　容器

带盖和可使样品悬浮的支架，且全部由惰性材质(如玻璃或塑料)制成。

4.1.2　腐蚀介质

将 50 g DL-乳酸(纯度高于 85%)和 100 g 氯化钠溶解于 1 000 mL 去离子水中。

4.1.3　脱脂溶液

可使用商业用途的稀释的中性洗涤剂，如 0.5%的十二烷基苯磺酸钠的水溶液。

4.1.4　去离子水

电导率值最大为 1 μS/cm。

4.1.5　烘箱

能够保持温度在 50 ℃±2 ℃。

4.2 磨损

4.2.1 滚桶和支架组件

滚筒和支架应具备以下条件：

——内径为 19 cm 的六边形滚筒，可以绕轴转动，见图 1；

——支架组件，适于固定样品使其在转动过程中不会相互接触；

——支架组件及其固定的样品都能放入滚筒中。

单位为毫米

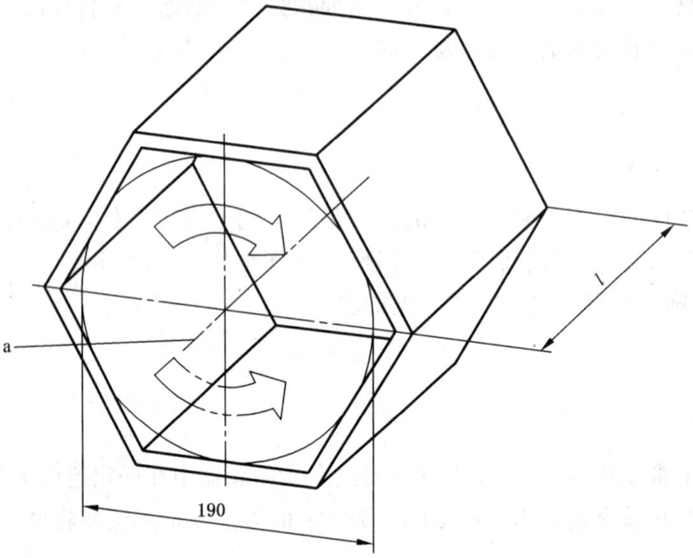

说明：

a ——滚筒的轴；

l ——滚筒的长度，可根据需要而定。

图 1 滚筒视图

4.2.2 磨损设备

可以给滚筒(4.2.1)提供恒定转速(30 r/min±2 r/min)的设备，且能够正反两个方向转动。

4.2.3 研磨糊

研磨糊的组成为：

——6%～8%褐煤蜡酸-乙二醇二酯[CAS No. 73138-45-1]；

——3%十八烷基酸(硬脂酸)[CAS No. 57-11-4]；

——30%加氢石油轻烷烃馏分油[CAS No. 64742-55-8]；

——2%十六烷基乙二醇聚乙烯 [CAS No. 68920-66-1]/或三乙醇胺[CAS No. 102-71-6]；

——48%二氧化硅(石英)，200 μm[CAS No. 14808-60-7]；

——6%～8%去离子水。

4.2.4 颗粒物

应由以下材料组成：

椰子、胡桃、花生、杏仁的外壳，粒径在 0.8 mm～1.3 mm 之间，以质量比 1∶1∶1∶1 混合。

4.2.5 磨损介质

将研磨糊(4.2.3)与颗粒物(4.2.4)按5.3.1进行混合。

5 试验过程

5.1 样品准备

在进行腐蚀(5.2)和磨损(5.3)步骤前,应先分离样品的不同部件,去掉与皮肤不接触的部件。

将样品在室温下放入脱脂溶液(4.1.3)中,温和地搅动2 min,用去离子水(4.1.4)仔细清洗后用吸水纸轻轻地擦干。脱脂后,需使用塑料镊子夹取样品或佩戴防护手套。

注:这一清洁步骤是为了去除样品表面因手持产生的油脂和皮肤分泌物,而不是去除样品的防护层。

5.2 腐蚀过程

测试样品的主要接触面应完全露出,再悬挂于密闭容器(4.1.1)内腐蚀介质(4.1.2)上方2 cm~3 cm处,放入烘箱(4.1.5)内,在50 ℃下放置2 h。从烘箱内取出容器,在通风橱内小心打开,取出样品,用去离子水(4.1.4)清洗,放在吸水纸上室温下干燥1 h,然后应立即进行磨损(5.3)。

注:这一过程是为了对金属镀层起作用,也包括漆层和塑料层。

5.3 磨损过程

5.3.1 准备磨损介质

称量能够装滚筒一半高度的颗粒物(4.2.4),按每千克颗粒物配7.5 g研磨糊(4.2.3)的比例混合。使用适当的个人防护设备和佩戴防护手套,用手将研磨糊与约10%的已称量过的颗粒剂混合均匀,肉眼看不到研磨糊为止。

加入剩余的颗粒物,转动5 h使磨损介质充分混合均匀。如果磨损介质一星期未使用,需重新旋转1 h使其均匀。

注:这一过程使颗粒表面涂上研磨糊,形成磨损介质用于模拟磨损。

使用或再次使用磨损介质前,将其储存于密闭容器中。

经过两次磨损过程后的磨损介质,按每千克颗粒物配7.5 g研磨糊的比例再加入一定量的研磨糊。先用手将研磨糊与磨损介质混合,直到肉眼看不到研磨糊后,再转动5 h使其充分混匀。

经过四次完整的磨损过程的磨损介质不应再使用,而应重新配制磨损介质。

5.3.2 固定检测样品

样品应固定在支架上,注意不能相互摩擦,在转动中也不要与桶壁或其他部位接触以免造成损坏。

注:附录C给出了固定典型样品例子。

5.3.3 转动

将悬挂好样品的支架放入空转桶内,倒入半桶磨损介质(4.2.5)。封闭转桶,水平装在磨损检测设备(4.2.2)上。

将滚筒在30 r/min±2 r/min的速率下均匀旋转5 h±5 min。2.5 h±5 min后,应调整滚筒反向旋转。

注:允许将样品留在转筒内过夜。

5.4 镍释放量的测定

从滚筒中取出支架拆下样品，用软布或薄纸轻轻地去除沾附的磨损介质。

检查样品是否有非预期的损坏，如掉石等。如有必要，进行下一步测定前矫正损坏部位或剔除样品。依据 GB/T 19719 检测样品的镍释放量。

6 实验报告

除 GB/T 19719 要求的内容外，实验报告还应包含以下信息：

——本标准作为检验依据，即 GB/T 28485—2012；

——移除部件或打开的部件及固定方法的描述；

——与本标准有关任何偏差的细节；

——检测中任何不正常的事件。

附　录　A
（资料性附录）
本标准与 EN 12472:2005+A1:2009 相比的结构变化情况

表 A.1 给出了本标准章条编号与 EN 12472:2005+A1:2009 章条编号对照一览表。

表 A.1　本标准章条编号与 EN 12472:2005+A1:2009 章条编号对照

本标准章条编号	对应的欧盟标准章条编号
1	1
2	2
3	3
4.1.1	4.1.1
4.1.2	4.1.2
4.1.3	4.1.3
4.1.4	4.1.4
4.1.5	4.1.5
4.2.1	4.2.1
4.2.2	4.2.2
4.2.3	4.2.3
4.2.4	4.2.4
4.2.5	4.2.5
5.1	5.1
5.2	5.2
5.3	5.3
5.4	5.4
6	6
附录 A	—
附录 B	—
附录 C	附录 A
—	参考文献

附　录　B
（资料性附录）
本标准与 EN 12472:2005＋A1:2009 的技术性差异及其原因

表 B.1 给出了本标准与 EN 12472:2005＋A1:2009 的技术性差异及其原因的一览表。

表 B.1　本标准与 EN 12472:2005＋A1:2009 技术性差异及其原因

本标准的章条编号	技术性差异	原　　因
1	增加了“本标准适用于长期接触皮肤的镀层饰品”	符合我国标准的编写规则
2	“GB/T 19719”代替了“EN 1811”	适合我国国情
附录 A	给出了本标准与 EN 12472:2005＋A1:2009 章条编号对照表	符合我国标准的编写规则
附录 B	给出了本标准与 EN 12472:2005＋A1:2009 的技术性差异及其原因	符合我国标准的编写规则

附 录 C
（资料性附录）
如何固定不同类型样品示例

C.1 概述

支架组件用于固定测试样品，可以插入六边形滚筒中。

适于在支架组件中固定样品的材料有硅橡胶片、硅橡胶带和不同规格的尼龙线。

C.2 仅有一面与皮肤接触的样品的固定

有些样品仅有一个表面能够与皮肤长期接触，另外一面几乎不与皮肤长期接触。这样的样品应固定在滚体内不可移动。如眼镜框和表带。固定时，将样品与皮肤接触的一面与滚筒的轴（即滚筒中心）相对，另一面与滚筒壁相对。相对较长的样品，如眼镜或表带，应将其长轴平行与滚筒固定，并保证与滚筒壁间隔 10 mm～30 mm。

C.3 眼镜框

GB/T 14214（ISO 12870:2004，MOD）给出了眼镜框须测试部位的详细信息。

支架组件由一个螺纹杆和三个六边形金属板组成（见图 C.1）。金属板 A 上钻有公称直径为 1.5 mm 的孔，一部分钻通，一部分不必钻通。下一块金属板 B（见图 C.2）相应部位的钻孔公称直径为 5 mm，并开一个公称直径为 40 mm 的孔作为磨损介质的填装孔。一片带有与金属板 B 位置相同的孔（孔径略小）的硅橡胶片起固定作用，以免金属板 B 和硅橡胶片在支架组件中转动。另一片硅橡胶片固定金属板 A。金属板 C 只有一个固定螺纹杆的钻孔。内部的螺母用来固定金属板 B、C 和金属板 A 之间的距离，外部的螺母将这些组件固定在一起。样品被测面应对着支架的轴固定。

固定眼镜框时，应将一条镜腿穿过金属板 B 的钻孔。如有必要将镜腿撑直或扭边以便与钻孔大小相应。用胶带将另一条镜腿紧紧固定在金属板 A 上。眼镜框正面的背面应对着支架组件的轴固定。无论采用什么方法固定眼镜框正面（如仅使用胶带），都要确保不能将测试面覆盖。

在金属板 A 和 B 之间固定好样品后，将支架组件插入滚筒中，加入磨损介质。然后用螺母将第二片硅橡胶片和金属板 C 一起固定好，最后将滚筒关闭。

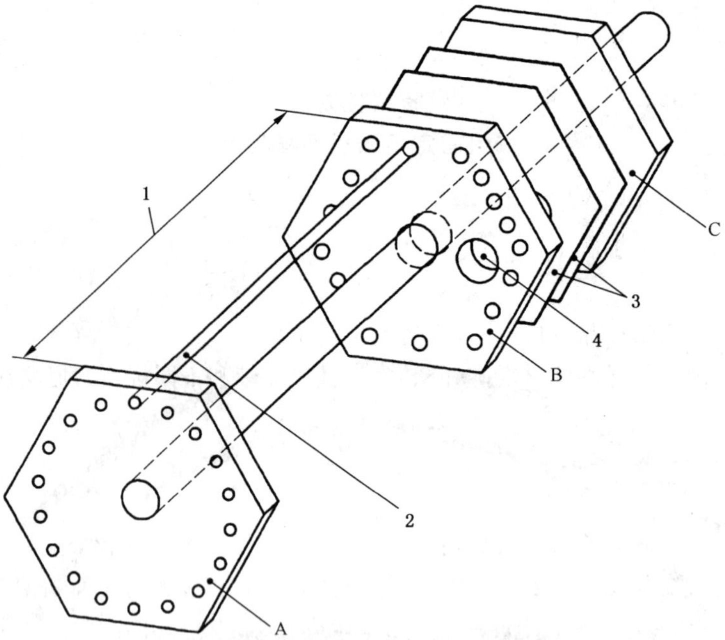

说明：

1　　　——可按需要调整。

2　　　——样品侧面。

3　　　——带孔的平整的硅橡胶片。

4　　　——填装孔。

A、B、C——金属板。

图 C.1　设计用来固定眼镜框的支架组件(不按比例)

单位为毫米

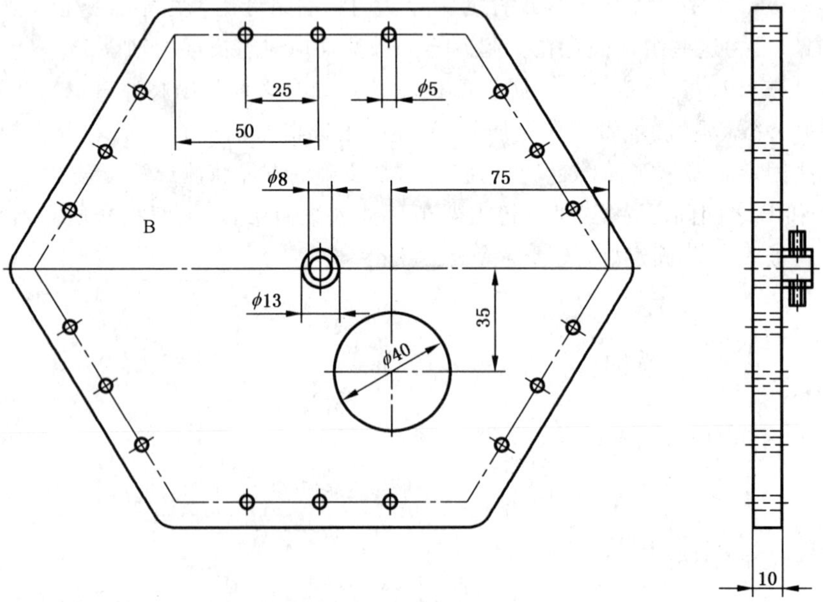

图 C.2　金属板 B 和间距螺母示意图

C.4 链、手表、手镯、戒指等

固定待测样品时，应尽可能将样品与皮肤直接长期接触的表面平行于滚筒壁且面向轴心；应将样品固定紧，以免在旋转过程中样品之间或样品与筒壁及筒的其他部位相互摩擦造成样品损坏。

小样品，如戒指、纽扣、胸针等，固定在滚筒架上时，可以用尼龙绳或其他合适的材料将样品固定在塑料片上。对那些由于尺寸或形状的原因无法固定在塑料片上的样品，可以直接用尼龙绳或其他合适的材料固定在滚筒架上。示例见图 C.3。

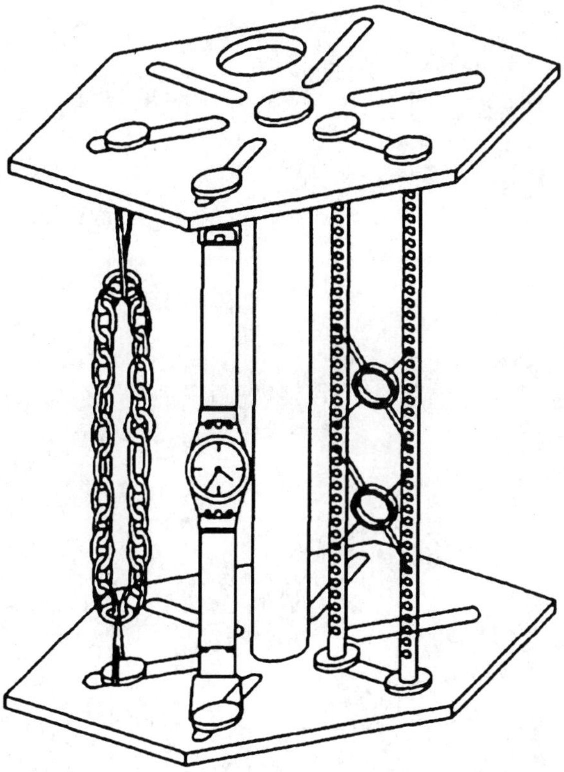

图 C.3 不同样品在支架组件上固定示例

ICS 71-010
G 17

中华人民共和国国家标准

GB/T 28486—2012

防霉剂中富马酸二甲酯含量的测定

Determination of dimethyl fumarate in mildew preventives

2012-06-29 发布　　2012-11-01 实施

中华人民共和国国家质量监督检验检疫总局
中国国家标准化管理委员会　发布

前　言

本标准按照 GB/T 1.1—2009《标准化工作导则　第1部分：标准的结构和编写》给出的规则起草。

本标准由中国国家认证认可监督管理委员会提出并归口。

本标准起草单位：中华人民共和国广东出入境检验检疫局、中华人民共和国福建出入境检验检疫局。

本标准主要起草人：李丹、周明辉、李全忠、刘莹峰、郑建国、翟翠萍、岳大磊、姜晓黎、王云玉。

防霉剂中富马酸二甲酯含量的测定

1 范围

本标准规定了防霉剂中富马酸二甲酯含量的检测方法。

本标准适用于防霉剂中富马酸二甲酯含量的测定。

气相色谱法适用于样品中浓度不低于 500 mg/kg 时的测定，气相色谱-质谱法适用于样品中浓度低于 500 mg/kg、但不低于 0.1 mg/kg 时的测定。

2 富马酸二甲酯基本信息

富马酸二甲酯(Dimethyl fumarate，CAS 登记号：624-49-7)，其结构式如图 1 所示。

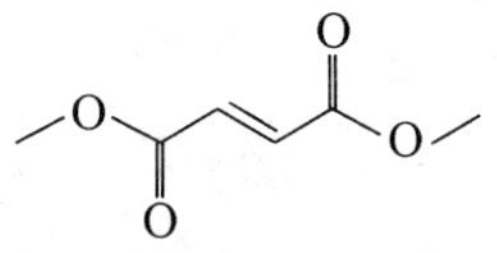

图 1 富马酸二甲酯的结构式

3 方法提要

3.1 气相色谱法

用脱水乙酸乙酯提取防霉剂中的富马酸二甲酯，加入丁二酸二甲酯作内标，用气相色谱-氢火焰离子化检测器法测定富马酸二甲酯的含量，内标法定量。

3.2 气相色谱-质谱法

用脱水乙酸乙酯提取防霉剂中的富马酸二甲酯，加入丁二酸二甲酯作内标，提取液经浓缩并定容后，用气相色谱-质谱法测定富马酸二甲酯的含量，内标法定量。

4 试剂与材料

4.1 乙酸乙酯：分析纯，纯度≥99.5%，经 5 Å 分子筛脱水处理。

4.2 富马酸二甲酯：标准品，纯度≥99%。

4.3 丁二酸二甲酯：内标物，GC 级，纯度≥99%。

4.4 聚四氟乙烯(PTFE)微孔滤膜：孔径 0.45 μm。

4.5 标准贮备液：准确称取一定量的富马酸二甲酯(4.2)，用乙酸乙酯(4.1)配制成适当浓度的贮备液。

4.5.1 标准贮备液 a：准确称取 5.0 g 富马酸二甲酯(精确至 0.1 mg)，用乙酸乙酯定容至 25 mL。此溶液浓度为 200 g/L，在 0 ℃～4 ℃下密封保存，有效期 2 个月。

4.5.2 标准贮备液 b：准确称取 0.10 g 富马酸二甲酯(精确至 0.1 mg)，用乙酸乙酯定容至 50 mL。此溶液浓度为 2.00 g/L，在 0 ℃～4 ℃下密封保存，有效期 1 个月。

4.5.3 标准贮备液 c：取 2.50 mL 标准贮备液 b(4.5.2)，用乙酸乙酯定容至 200 mL。此溶液浓度为

25.0 mg/L,在 0 ℃～4 ℃下密封保存,有效期 1 周。

4.6　内标贮备液:准确称取一定量的丁二酸二甲酯(4.3),用乙酸乙酯(4.1)配制成适当浓度的贮备液。

4.6.1　内标贮备液 a:准确称取 2.0 g 丁二酸二甲酯(精确至 0.1 mg),用乙酸乙酯定容至 100 mL。此溶液浓度为 20.0 g/L,在 0 ℃～4 ℃下密封保存,有效期 2 个月。

4.6.2　内标贮备液 b:取 1.00 mL 内标贮备液 a(4.6.1),用乙酸乙酯定容至 100 mL。此溶液浓度为 200 mg/L,在 0 ℃～4 ℃下密封保存,有效期 1 个月。

4.6.3　内标贮备液 c:取 25.00 mL 内标贮备液 b(4.6.2),用乙酸乙酯定容至 200 mL。此溶液浓度为 25.0 mg/L,在 0 ℃～4 ℃下密封保存,有效期 1 周。

4.6.4　内标溶液 d:取 1.00 mL 内标贮备液 c(4.6.3),用乙酸乙酯定容至 25 mL。此溶液浓度为 1.00 mg/L, 必须在使用前配制。

5　气相色谱法

5.1　仪器与设备

5.1.1　气相色谱仪:带氢火焰离子化检测器(FID)。

5.1.2　电子天平(或分析天平):感量 0.1 mg。

5.1.3　玻璃容量瓶:25 mL、50 mL、100 mL。

5.1.4　超声波提取器。

5.1.5　带刻度玻璃吸量管(或电子移液器):1 mL、5 mL。

5.1.6　单标线玻璃移液管:10 mL。

5.1.7　微量进样器:10 μL。

5.2　分析步骤

5.2.1　试样处理

做两份试样的平行测定。

在 25 mL 容量瓶中准确称入试样 1.0 g(精确至 0.1 mg),移入 10.00 mL 内标贮备液,立即塞好塞子,轻摇使样品分散,将容量瓶放入超声波提取器内超声提取 5 min。冷却至室温后,用乙酸乙酯(4.1)定容至刻度并摇匀。静置 5 min,待大部分不溶物沉淀后,取上清液用 PTFE 微孔滤膜(4.4)过滤,待气相色谱法测定。

注:当防霉剂中富马酸二甲酯含量≥5%时,用内标贮备液 a (4.6.1);防霉剂中富马酸二甲酯含量在 0.05%～5%之间时,用内标贮备液 b (4.6.2)。

5.2.2　空白试验

除不加试样外,其余步骤同 5.2.1 进行空白试验。

5.2.3　气相色谱条件

由于测试结果取决于所使用仪器,因此不可能给出气相色谱分析的通用参数。设定的参数应保证色谱测定时被测组分与其他组分能够得到有效的分离,下列给出的参数已被证明是可行的。

a)　色谱柱:固定液为 50%苯基-甲基聚硅氧烷,30 m(柱长)×0.32 mm(内径)×0.25 μm(膜厚);

b)　进样口温度:220 ℃;

c)　进样量:1 μL;

d)　分流比:100 : 1(防霉剂中富马酸二甲酯含量≥5%),

或不分流(防霉剂中富马酸二甲酯含量在0.05%～5%之间);

e) 载气:氮气(纯度≥99.999%)、控制方式:恒流、流量:1.0 mL/min;

f) 柱温:初始温度70 ℃,以6 ℃/min升至250 ℃,保持5 min;

g) 检测器温度:280 ℃;

h) 氢气流量:40 mL/min;

i) 干燥空气流量:300 mL/min;

j) 尾吹气(氮气)流量:30 mL/min。

5.2.4 标准曲线的绘制

5.2.4.1 标准工作溶液配制

5.2.4.1.1 标准工作溶液系列a(防霉剂中富马酸二甲酯含量≥5%时使用):在6个25 mL容量瓶中分别准确移入标准贮备液a(4.5.1) 0.25 mL、0.50 mL、1.00 mL、1.50 mL、2.50 mL、5.00 mL,再准确移入内标贮备液a(4.6.1)各10.00 mL,用乙酸乙酯(4.1)定容至刻度并摇匀。此系列标准工作溶液中富马酸二甲酯浓度分别为2.00 g/L、4.00 g/L、8.00 g/L、12.0 g/L、20.0 g/L、40.0 g/L,且内含丁二酸二甲酯浓度均为8.00 g/L。

5.2.4.1.2 标准工作溶液系列b(防霉剂中富马酸二甲酯含量在0.05%～5%之间时使用):在6个25 mL容量瓶中分别准确移入标准贮备液b(4.5.2)0.25 mL、0.50 mL、1.00 mL、1.50 mL、2.50 mL、5.00 mL,再准确移入内标贮备液b(4.6.2)各10.00 mL,用乙酸乙酯(4.1)定容至刻度并摇匀。此系列标准工作溶液中富马酸二甲酯浓度分别为20.0 mg/L、40.0 mg/L、80.0 mg/L、120 mg/L、200 mg/L、400 mg/L,且内含丁二酸二甲酯浓度均为80.0 mg/L。

5.2.4.2 标准曲线的测定

按5.2.3设定好气相色谱仪的条件,待仪器稳定后,将配制好的标准工作溶液系列a或系列b,按浓度由低到高的顺序,依次注入气相色谱仪进行测定。

以富马酸二甲酯/丁二酸二甲酯的峰面积比为纵坐标(Y轴),以富马酸二甲酯/丁二酸二甲酯的浓度比为横坐标(X轴),对各个数值点进行最小二乘法线形拟合,得到标准工作曲线:

$$y = ax + b \qquad \cdots\cdots (1)$$

式中:

y ——富马酸二甲酯/丁二酸二甲酯的峰面积比;

a ——回归曲线的斜率;

x ——富马酸二甲酯/丁二酸二甲酯的浓度比;

b ——回归曲线的截距。

回归曲线的线性相关系数通常不小于0.998。

标准溶液的典型气相色谱图见附录A中图A.1。

5.2.5 试样测定

按5.2.3设定好气相色谱仪的条件,待仪器稳定后,将已处理好的样液(5.2.1)注入气相色谱仪进行测定。

当样液的色谱峰面积超过浓度最高的标准溶液色谱峰面积时,应减少取样量,或将样液用乙酸乙酯(4.1)稀释后重新上机测定。

5.3 结果计算

按式(2)计算试样中富马酸二甲酯的含量:

$$X_i = \frac{(A_i - b \times A_{istd}) \times C_{istd} \times V}{a \times A_{istd} \times m \times 10} \quad \cdots\cdots(2)$$

式中：

X_i ——试样中富马酸二甲酯的质量分数(%)；

A_i —— 样液中富马酸二甲酯的峰面积；

b ——回归曲线的截距；

A_{istd} ——样液中丁二酸二甲酯的峰面积；

C_{istd} —— 样液中丁二酸二甲酯的浓度，单位为克每升(g/L)；

V ——样液体积，单位为毫升(mL)；

a ——回归曲线的斜率；

m ——试样质量，单位为克(g)。

取两次平行测定结果的算术平均值，结果保留三位有效数字。

6 气相色谱-质谱法

6.1 仪器和设备

6.1.1 气相色谱-质谱仪：带电子轰击电离源(EI 源)。

6.1.2 电子天平(或分析天平)：感量 0.1 mg。

6.1.3 具塞玻璃锥形瓶：50 mL。

6.1.4 超声波提取器。

6.1.5 PTFE 微孔滤膜：孔径 0.45 μm。

6.1.6 玻璃容量瓶：50 mL、100 mL、200 mL。

6.1.7 旋转蒸发仪：带 100 mL 旋转蒸发瓶。

6.1.8 带刻度玻璃吸量管(或电子移液器)：1 mL、5 mL。

6.1.9 单标线玻璃移液管：10 mL、25 mL。

6.1.10 具塞玻璃量筒：5 mL。

6.1.11 玻璃注射器。

6.1.12 微量进样器：10 μL。

6.2 分析步骤

6.2.1 试样处理

做两份试样的平行测定。

在 50 mL 玻璃锥形瓶中准确称入试样 5.0 g(精确至 0.1 mg)，加入约 20 mL 乙酸乙酯(4.1)，再准确移入内标溶液 d(4.6.4)5.00 mL，立即盖好塞子，轻摇使样品分散，将锥形瓶放入超声波提取器内超声提取 5 min。将锥形瓶在室温下静置，待冷却至室温且不溶物充分沉淀后，用玻璃注射器抽取上清液，并用 PTFE 微孔滤膜过滤至旋转蒸发瓶内。再用 20 mL 乙酸乙酯(4.1)分 5～6 次洗涤锥形瓶内沉淀，将洗涤液用玻璃注射器吸取、并用 PTFE 微孔滤膜过滤至旋转蒸发瓶(6.1.7)内合并。将溶液旋转蒸发浓缩至约 1mL 后，用玻璃吸管转移至具塞玻璃量筒(6.1.10)内，并用约 3 mL 乙酸乙酯(4.1)分 3～4次洗涤旋转蒸发瓶，将洗涤液全部用玻璃吸管转移至具塞玻璃量筒内合并，并用乙酸乙酯(4.1)定容至 5 mL，待气相色谱-质谱法测定。

6.2.2 空白试验

除不加试样外，其余步骤同 6.2.1 进行空白试验。

6.2.3 测定

6.2.3.1 气相色谱-质谱条件

由于测试结果取决于所使用仪器，因此不可能给出气相色谱分析的通用参数。设定的参数应保证色谱测定时被测组分与其他组分能够得到有效的分离，下列给出的参数已被证明是可行的。

a) 色谱柱：固定液为50%苯基-甲基聚硅氧烷，30 m(柱长)×0.25 mm(内径)×0.25 μm(膜厚)；
b) 进样口温度：220 ℃；
c) 色谱-质谱接口温度：280 ℃
d) 进样方式：不分流进样，0.75 min 后开阀；
e) 载气：氦气：纯度≥99.999%，控制方式：恒流，流速：1.0 mL/min；
f) 柱温：初始温度 50 ℃，以 5 ℃/min 升至 100 ℃；再以 25 ℃/min 升至 280 ℃，保持 10 min；
g) 进样量：1 μL；
h) 离子源：EI 源；
i) 电离能量：70 eV；
j) 离子源温度：230 ℃；
k) 四极杆温度：150 ℃；
l) 溶剂延迟时间：6 min；
m) 扫描方式：选择离子监测(SIM 模式)；
n) 监测离子(m/z)：富马酸二甲酯：定量离子 113 u，定性离子 59 u、85 u、144 u；
丁二酸二甲酯：定量离子 115 u，定性离子 55 u、59 u、87 u。

6.2.3.2 标准曲线绘制

标准工作溶液系列 c：在 7 个 25 mL 容量瓶中分别准确移入标准贮备液 c(4.5.3)0.10 mL、0.20 mL、0.50 mL、1.00 mL、2.00 mL、5.00 mL、10.00 mL，再分别准确移入内标贮备液 c(4.6.3)各 1.00 mL，用乙酸乙酯(4.1)定容至刻度并摇匀。配制成富马酸二甲酯浓度分别为 0.10 mg/L、0.20 mg/L、0.50 mg/L、1.00 mg/L、2.00 mg/L、5.00 mg/L、10.00 mg/L，且内含丁二酸二甲酯浓度均为 1.00 mg/L 的标准工作溶液系列。

按 6.2.3.1 设定好相色谱-质谱仪的条件，待仪器稳定后，将标准工作溶液系列 c 按浓度由低到高的顺序依次注入气相色谱-质谱仪进行测定。

标准曲线的计算公式同 5.2.4.2 中式(1)，回归曲线的线性相关系数通常不小于 0.996。

典型的气相色谱-质谱总离子流图见附录 A 中图 A.2。

6.2.3.3 试样测定

按 6.2.3.1 设定好相色谱-质谱仪的条件，待仪器稳定后，将试样注入气相色谱-质谱仪进行测定。

根据总离子流色谱图中色谱峰的保留时间和特征碎片离子及其丰度比进行阳性结果确证。如果样液与标准工作溶液的选择离子色谱图中，在相同保留时间有色谱峰出现，则根据选择离子的种类和丰度比对其进行确证。

注：富马酸二甲酯的标准质谱图见附录 A 中图 A.3。富马酸二甲酯的特征碎片离子(m/z)为 59、85、113、144，其丰度比约为 30∶60∶100∶5。

当样液的色谱峰面积超过浓度最高的标准溶液色谱峰面积时，应减少取样量，或将样液用乙酸乙酯(4.1)稀释后重新进行测定。

6.3 结果计算

按式(3)计算试样中富马酸二甲酯的含量：

$$X_i = \frac{(A_i - b \times A_{istd}) \times C_{istd} \times V}{a \times A_{istd} \times m} \quad \cdots\cdots(3)$$

式中：

X_i ——试样中富马酸二甲酯的含量，单位为毫克每千克(mg/kg)；

A_i ——样液中富马酸二甲酯的峰面积；

b ——回归曲线的截距；

A_{istd} ——样液中丁二酸二甲酯的峰面积；

C_{istd} ——样液中丁二酸二甲酯的浓度，单位为毫克每升(mg/L)；

V ——样液体积，单位为毫升(mL)；

a ——回归曲线的斜率；

m ——试样质量，单位为克(g)。

取两次平行测定结果的算术平均值，结果保留三位有效数字。

7 精密度

在重复性条件下获得的两次独立测定结果的绝对差值不超过算术平均值的10%，以大于10%的情况不超过5%为前提。

附　录　A
（资料性附录）
富马酸二甲酯的谱图

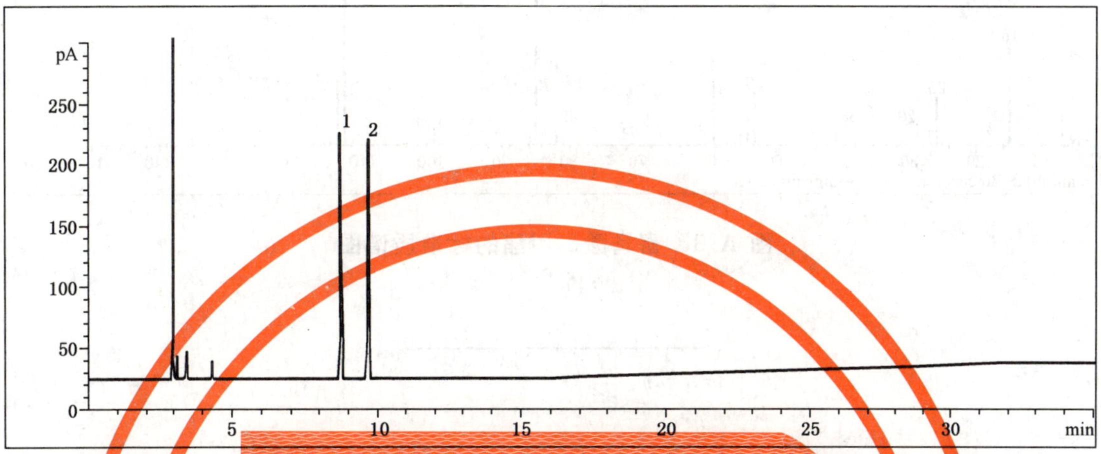

1——富马酸二甲酯；
2——丁二酸二甲酯(内标)。

图 A.1　富马酸二甲酯的气相色谱法色谱图

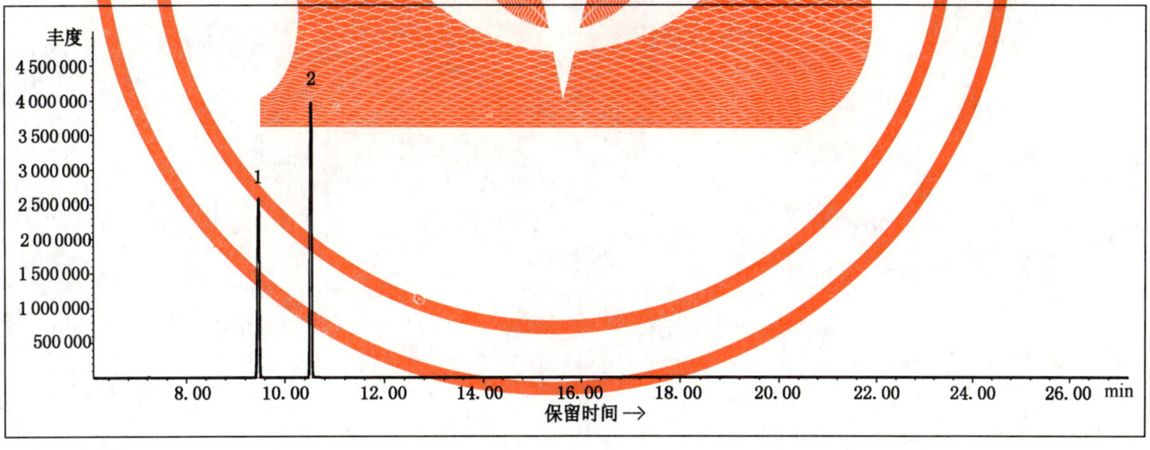

1——富马酸二甲酯；
2——丁二酸二甲酯(内标)。

图 A.2　富马酸二甲酯的气相色谱-质谱法总离子流图

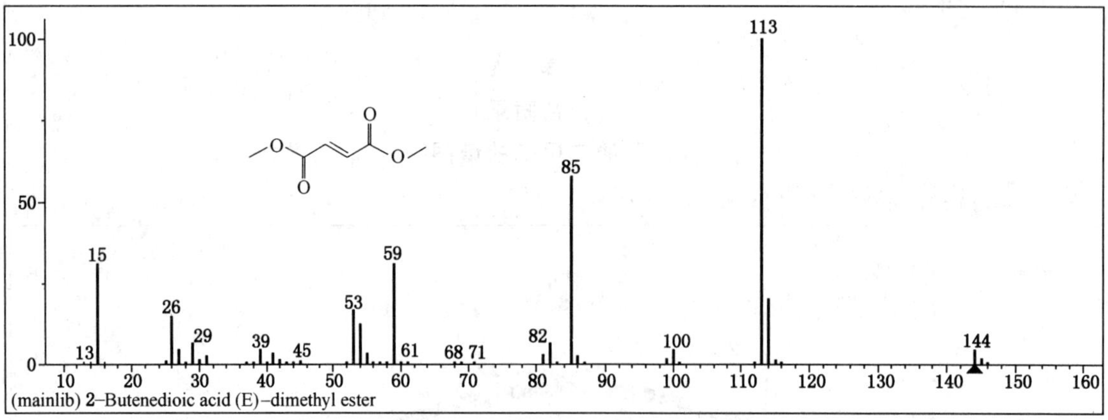

图 A.3 富马酸二甲酯的标准质谱图

ICS 39.060
Y 88

中华人民共和国国家标准

GB/T 28487—2012

贵金属及其合金链　抗拉强度的测定 拉伸试验法

Precious metal alloys chains—Determination of tensile strength—Method of tensile testing

2012-06-29 发布　　2012-11-01 实施

中华人民共和国国家质量监督检验检疫总局
中国国家标准化管理委员会　发布

前　言

本标准按照 GB/T 1.1—2009 给出的规则起草。

请注意本文件的某些内容可能涉及专利，本文件的发布机构不承担识别这些专利的责任。

本标准由中国轻工业联合会提出。

本标准由全国首饰标准化技术委员会(SAC/TC 256)归口。

本标准起草单位：国家首饰质量监督检验中心、深圳市吉盟首饰有限公司、深圳市星光达珠宝首饰实业有限公司、深圳市粤豪珠宝有限公司、北京市首饰质量监督检验站。

本标准主要起草人：梁大伟、段体玉、王春生、李素青、常青、李玉鹍、陈亿斌、陈亿龙、林畅伟、林南坤、周德奋、陈新雨。

贵金属及其合金链　抗拉强度的测定
拉伸试验法

1　范围

本标准规定了在规定条件下，测定贵金属及其合金链抗拉强度测试方法的一般原则。

本标准适用于符合 GB 11887 规定的金及其合金链、银及其合金链、铂及其合金链、钯及其合金链。

2　规范性引用文件

下列文件对于本文件的应用是必不可少的。凡是注日期的引用文件，仅注日期的版本适用于本文件。凡是不注日期的引用文件，其最新版本（包括所有的修改单）适用于本文件。

GB/T 1423　贵金属及其合金密度的测试方法

GB 11887　贵金属纯度的规定及命名方法

QB/T 2062　贵金属饰品

ISO 2602　数据的统计处理和解释　均值的估计和置信区间（Statistical interpretation of test results—Estimation of the mean—Confidence interval）

3　术语和定义

下列术语和定义适用于本文件。

3.1

试验速度　trail speed

在试验过程中，试验机夹具单位时间内分离的距离。以 mm/min 为单位。

3.2

拉力　tensile force

在弹性限度以内，物体受外力的作用而产生的形变与所受的外力成正比。形变随力作用的方向不同而异，使物体延伸的力称拉力。

3.3

拉伸应力　tensile stress

在任何给定时刻，在试样一定长度内，每单位原始横截面积上所受的拉伸负荷。用 δ 表示，以 MPa 为单位。

3.4

抗拉强度　tensile strength

也称为拉伸强度，是指在拉伸试验过程中，试样承受的最大拉伸应力。用 δ_M 表示，以 MPa 为单位。

4　原理

沿试样纵向主轴恒速拉伸，直到断裂或应力达到某一预定值，测量在这一过程中试样承受的负荷。根据试样承受的负荷和原始截面积可计算得到试样的抗拉强度。

5 设备

5.1 拉伸试验机,测试速度 1 mm/min～200 mm/min。

5.2 分析天平,感量 1 mg,精度等级二级。

5.3 钢直尺,分度值为 1 mm。

6 试样

6.1 试样长度

试样长度可包括 100 mm、80 mm、60 mm 和 40 mm,以 100 mm 为首选。精确到±1 mm。

6.2 试样的检查

同一组试样应是同材料,同纯度,同款式,同规格。取样时,应除去门扣、封口圈,取链条中间部分。

6.3 试样数量

每组试样数量不少于 3 个,如需要精密度更高的平均值,试样数量可多于 3 个,可用置信区间(95%概率,见 ISO 2602)估算得出。

6.4 试样质量

用分析天平(5.2)称量试样的质量,以 g 为单位,精确到±0.01 g。

7 试验步骤

7.1 试验环境

室温,除非另有要求。

7.2 试样准备

按第 6 章的要求准备试样,记录试样的长度及质量。

7.3 密度的测试

按 GB/T 1423,测试贵金属及其合金链的密度。

7.4 夹持

将试样放到夹具中,务必使试样的长轴线与拉伸试验机(5.1)的轴线成一条直线。

7.5 试验速度

推荐使用较低速度(如 5 mm/min 以下)。

7.6 拉伸结果及数据记录

启动拉伸试验机,观察并记录试样承受的最大负荷,即拉力 F_M,以 N 为单位,保留三位有效数字。

8 结果计算

8.1 试样原始横截面积的计算

试样原始横截面积以 S 表示，按公式(1)计算：

$$S=\frac{m}{\rho L} \qquad \cdots\cdots(1)$$

式中：

S ——试样原始横截面积，单位为平方毫米(mm^2)；

L ——试样原始长度，单位为毫米(mm)；

m——试样的质量，单位为克(g)；

ρ ——试样的密度，单位为克每立方毫米(g/mm^3)。

计算结果保留三位有效数字。

8.2 抗拉强度(拉伸强度)的计算

试样的抗拉强度以 δ_M 表示，按公式(2)计算：

$$\delta_M=\frac{F_M}{S} \qquad \cdots\cdots(2)$$

式中：

δ_M ——试样的抗拉强度(拉伸强度)，单位为兆帕(MPa)；

F_M——试样承受的最大负荷，单位为牛顿(N)；

S ——试样的原始横截面积，单位为平方毫米(mm^2)。

计算结果保留到个位。

8.3 结果统计

每组样品试验结果的算术平均值作为最终结果。如需要，可根据 ISO 2602 的规定计算标准偏差和平均值 95%的置信区间。

9 试验报告

试验报告应包括以下内容：

——试样的基材描述：标识、类型、来源；

——试样尺寸、数量、材料、纯度、款式及规格；

——试验机的精度等级；

——夹持装置类型；

——试验速度；

——试验结果列表及平均值，按第 8 章的规定计算；

——有否废弃和更换式样，并说明其原因；

——试验日期；

——完成分析的实验室签章；

——实验室负责人及操作人员的签名。

ICS 59.080.60
W 56

中华人民共和国国家标准

GB/T 28488—2012

机制地毯用毛纺纱线

Yarn for machine-made carpets

2012-06-29 发布 2012-11-01 实施

中华人民共和国国家质量监督检验检疫总局
中国国家标准化管理委员会 发布

前　言

本标准按照 GB/T 1.1—2009 给出的规则起草。

本标准由中国轻工业联合会提出。

本标准由全国地毯标准化技术委员会(SAC/TC 150)归口。

本标准起草单位:河北仁立毛纺厂、威海海马地毯有限公司、天津市地毯研究所、中国工艺美术协会地毯专业委员会、威海市山花地毯集团有限公司、浙江美术地毯制造有限公司、开封豫祥毛纺织厂。

本标准主要起草人:崔春曙、宋修敏、武淑雯、陈桂生、刘畅、安生琴、刘洪运、穆麟、刘剑、王利明。

引　言

本标准主要对机制地毯用绒簇纱线的质量进行控制，同时对纱线加工过程的关键工序（染纱、后整理等）中减少纤维中有毒有害物质的产生，从地毯产品的生产源头控制有害物质，如禁用“可分解芳香胺染料”，为提高最终地毯产品的安全健康性奠定基础。

机制地毯用毛纺纱线

1 范围

本标准规定了机制地毯用毛纺纱线的产品分类、技术要求、试验方法、检验规则、标志、包装、运输及贮存等要求。

本标准适用于以羊毛、羊毛混纺、纯化纤短纤维为原料的粗梳或半精梳本色和染色机制地毯用毛纺纱线的品质检验和验收。

2 规范性引用文件

下列文件对于本文件的应用是必不可少的。凡是注日期的引用文件,仅注日期的版本适用于本文件。凡是不注日期的引用文件,其最新版本(包括所有的修改单)适用于本文件。

GB/T 250 纺织品 色牢度试验 评定变色用灰色样卡

GB/T 2543.1 纺织品 纱线捻度的测定 第1部分:直接计数法

GB/T 2910(所有部分) 纺织品 定量化学分析

GB/T 3916 纺织品 卷装纱 单根纱线断裂强力和断裂伸长率的测定

GB/T 3920 纺织品 色牢度试验 耐摩擦色牢度

GB/T 4743 纺织品 卷装纱 绞纱法线密度的测定

GB/T 6529 纺织品 调湿和试验用标准大气

GB/T 8427 纺织品 色牢度试验 耐人造光色牢度:氙弧

GB/T 9995 纺织材料含水率和回潮率的测定 烘箱干燥法

GB/T 17592 纺织品 禁用偶氮染料的测定

GB/T 22282 纺织纤维中有毒有害物质的限量

GB/T 23344 纺织品 4-氨基偶氮苯的测定

FZ/T 01053 纺织品 纤维含量的标识

FZ/T 20002 毛纺织品含油脂率的测定

3 产品分类

机制地毯用毛纺纱线按纺纱系统分为半精梳毛纺纱线和粗梳毛纺纱线。

4 要求

4.1 内在质量

4.1.1 毛纺纱线的内在质量要求应符合表1规定。

表1　毛纺纱线内在质量要求

序号	项目		单位	半精梳		粗梳	
				一等品	合格品	一等品	合格品
1	线密度偏差率		%	±2.5	±4.0	±3.0	±5.0
2	线密度变异系数(Cv)[a]		%	≤4.0	≤6.0	≤5.0	≤8.0
3	捻度偏差率		%	±4.5	±6.0	±4.5	±7.0
4	捻度变异系数(Cv)		%	≤8.0	≤9.0	≤8.0	≤9.0
5	纱线强力[b]	本色纱线	N/50 cm	≥30.0			
		染色纱线		≥25.0			
6	纱线强力变异系数(Cv)		%	≤8.0	≤10.0	≤8.5	≤12.0
7	羊毛或尼龙纤维含量下限允差[c]		%	−4			
8	含油率		%	≤0.8	≤1.0	≤0.8	≤1.0
9	耐摩擦色牢度	干	级	≥4	≥3-4	≥4	≥3-4
		湿	级	≥4	≥3-4	≥4	≥3-4
10	耐日光色牢度:氙弧		级	≥5 ≥4(浅于1/12标准深度)			
11	可分解芳香胺染料[d]			禁用			

[a] 纯尼龙纱线线密度偏差率和线密度变异系数允许放宽0.5%。

[b] 100%羊毛纱线(本色纱线、染色纱线)强力≥20.0 N/50 cm。

[c] 纤维含量≤15%,其下限允差为−3%。

[d] 可分解芳香胺染料见附录A。

4.1.2　毛纺纱线中有毒有害物质限量应符合GB/T 22282的要求,见附录B。

4.2　外观质量

毛纺纱线外观质量要求应符合表2规定。

表2　毛纺纱线外观质量要求

序号	外观疵点项目	单位	品等		备　注
			一等品	合格品	
1	大肚纱	处/km	0.2	0.5	
2	粗细节纱	处/km	无	1	
3	多股、缺股、松紧捻纱	处/km	无	1	纱疵长度在1.8 m以内
4	斑迹(油污斑、色斑、锈斑等)	处/km	无	1	同上
5	弓纱、小辫纱、粗纱	处/km	1	2	
6	手工结头	处/km	无	1	
7	色差	级	≥4	≥3-4	GB/T 250灰色卡,对照样品评定

表 2（续）

序号	外观疵点项目	单位	品等		备 注
			一等品	合格品	
8	绞差	级	5	＞4-5	GB/T 250 灰色卡，同一批次比较
9	色花（夹花）		轻微	轻	
10	毛粒、毛片		不明显	稍明显	
11	草刺、杂物		不明显	稍明显	
12	筒纱成形不良		良好	一般	良好：卷装表面较平整，不影响退绕。一般：卷装表面有凹凸，但不影响退绕
注：纱线外观疵点的解释参见附录 C。					

5 试验方法

5.1 内在质量试验方法

5.1.1 试验条件

调湿和试验用标准大气采用 GB/T 6529 中规定，温度为（20.0±2.0）℃，相对湿度（65.0±4.0）%。

5.1.2 线密度

试验方法按 GB/T 4743 执行。

5.1.3 捻度

试验方法按 GB/T 2543.1 执行。

5.1.4 纱线强力

试验方法按 GB/T 3916 执行。

5.1.5 纤维类型及含量

试验方法按 GB/T 2910 所有部分执行。纤维含量判定按 FZ/T 01053 执行。

5.1.6 含油率

试验方法按 FZ/T 20002 执行。

5.1.7 耐摩擦色牢度

试验方法按 GB/T 3920 执行。

5.1.8 耐日光色牢度 氙弧

试验方法按 GB/T 8427 执行。

5.1.9 纺织纤维中有毒有害物质限量

试验方法按 GB/T 22282 执行。

5.1.10 可分解芳香胺染料

试验方法按 GB/T 17592 执行，其中 4-氨基偶氮苯的测定按 GB/T 23344 执行。

5.2 外观质量检验

外观质量按表 2 规定对绞纱或筒纱进行目测检验，检验光线以正常北光为准，如用日光灯照明，照明度不低于 600 lx。绞纱直接用验线架检验，筒纱需摇绞后进行，验线架放置在光源下。被检验物与垂直光线成 40°～50°。检验人员的视线应正对检验物，实际距离为 40 cm～50 cm，检验时将每绞纱挂于验线杆上，采用目测法进行检验。

6 检验规则

6.1 检验分类

产品检验分出厂检验和验收检验。

6.1.1 出厂检验

每批产品出厂前，供方须经检验合格后方可出厂，外观质量按表 2 要求检验；内在质量按表 1 要求对主要项目：线密度、捻度、纱线强力和耐摩擦色牢度等进行抽样检验。生产企业根据检验结果，出具产品合格证。

6.1.2 验收检验

需方验收检验包括外观质量和内在质量，即在外观质量合格时对内在质量按表 1 进行抽检。

6.2 抽样规定

6.2.1 内在质量抽样规定

内在质量以纺纱批量为单位，按批量大小确定样本大小，随机抽取样本。纺纱批量在 5 000 kg 及以下的，随机取样 10 绞(筒)；纺纱批量在 5 000 kg 以上的，每增加 1 000 kg，增加取样 2 绞(筒)，最多取样 20 绞(筒)。

6.2.2 外观质量抽样规定

外观质量可以扩大抽样数量，纱线批量在 2 000 kg 及以下的，随机取样 10 绞(筒)；纺纱批量在 2 000 kg 以上的，每增加 1 000 kg，增加取样 2 绞(筒)。

6.2.3 抽验试验次数规定

线密度、捻度、纱线强力试验项目每绞或每筒各试验两次；纤维含量、含油率每个试验项目规定取两个试样各试验一次(10 绞纱或 10 个筒纱)。

6.3 检验项目

6.3.1 内在质量检验项目按 4.1 规定执行。

6.3.2 外观质量检验项目按4.2规定执行。

6.3.3 合同中另有规定的检验项目,按合同规定执行。

6.4 判定规则

毛纺纱线的品等以每批纱线每次进厂的收纱数量为单位,按表1的内在质量指标要求和表2的外观质量指标要求检验后综合评定,分为一等品、合格品,以其中最低一项定等。低于合格品者为不合格品。

6.5 复验规则

6.5.1 内在质量检验项目中如有一项不合格,允许对该批产品的不合格项加倍抽样复验。如复验合格,则判定该批产品的内在质量合格;如复验仍不合格,则判定该批产品的内在质量不合格。

6.5.2 外观质量检验项目中,只有一项不合格时,允许从该批产品中加倍抽样复验,全项复验合格或优于合格时,则判定该批产品外观质量合格;如仍有一项不合格则判定该批产品外观质量不合格。

6.6 其他要求

重量验收时,纱线按公定回潮率折算,见附录D。

7 标志、包装、运输、贮存

7.1 产品标识需要标明的内容:

a) 产品名称、品种;
b) 生产企业名称;
c) 产品规格、色号;
d) 纤维类型及含量;
e) 产品质量等级;
f) 出厂批号、净重;
g) 生产日期;
h) 选择性信息。

7.2 产品标识

可以在外包装明显处印刷不褪色标识内容,或挂牢固的吊牌标识。

7.3 产品应附有品质检验合格单。

7.4 产品包装必须保证品质不受损伤,贮存和运输时,能防污、防潮、防虫蛀,通风良好。

附 录 A
（规范性附录）
还原条件下染料中不允许分解出的芳香胺清单

表 A.1 对人体有致癌性的芳香胺

英文名称	中文名称	化学文摘编号
4-aminobiphenyl	4-氨基联苯	【92-67-1】
benzidine	联苯胺	【92-87-5】
4-chloro-o-toluidine	4-氯-邻甲基苯胺	【95-69-2】
2-naphthylamine	2-萘胺	【91-59-8】

表 A.2 对动物有致癌性，对人体可能有致癌性的芳香胺

英文名称	中文名称	化学文摘编号
o-aminoazotoluene	邻氨基偶氮甲苯	【97-56-3】
2-amino-4-nitrotoluene	2-氨基-4-硝基甲苯	【99-55-8】
p-chloroaniline	对氯苯胺	【106-47-8】
2,4-diaminoanisole	2,4-二氨基苯甲醚	【615-05-4】
4,4′-diaminobiphenymethane	4,4′-二氨基二苯甲烷	【101-77-9】
3,3′-dichlorobenzidine	3,3′-二氯联苯胺	【91-94-1】
3,3’-dimethoxybenzidine	3,3′-二甲氧基联苯胺	【119-90-4】
3,3′-dimethylbenzidine	3,3′-二甲基联苯胺	【119-93-7】
3,3′-dimethyl-4,4’-diaminobiphenylmthane	3,3′-二甲基-4,4′-二氨基二苯甲烷	【838-88-0】
p-cresidine	2-甲氧基-5-甲基苯胺	【120-71-8】
4,4′-methylene-bis-(2-chloroaniline)	4,4′-亚甲基-二-(2-氯苯胺)	【101-14-4】
4,4′-oxydianiline	4,4′-二氨基二苯醚	【101-80-4】
4,4′-thiodianiline	4,4′-二氨基二苯硫醚	【139-65-1】
o-toluidine	邻甲苯胺	【95-53-4】
2,4-toluylendiamine	2,4-二氨基甲苯	【95-80-7】
2,4,5-trimethylaniline	2,4,5-三甲基苯胺	【137-17-7】
o-anisidine	邻甲氧基苯胺	【90-04-0】
2,4-xylidine	2,4-二甲基苯胺	【95-68-1】
2,6-xylidine	2,6-二甲基苯胺	【87-62-7】
4-aminoazobenzene	4-氨基偶氮苯	【60-09-3】

附 录 B
（规范性附录）
纺织纤维中有毒有害物质的限量

表 B.1 纺织纤维中有毒有害物质限量

纤维名称	有毒有害物质名称		单位	限量
聚丙烯腈纤维	丙烯腈		mg/kg	≤1.5
聚酯纤维	锑		mg/kg	≤260
聚丙烯纤维	铅		mg/kg	≤1.0
聚氨酯弹性纤维	有机锡[a]		mg/kg	≤1.0
人造纤维素纤维（含粘胶纤维、莱赛尔纤维、醋酯纤维、铜氨纤维和三醋酯纤维）	可吸附有机卤化物（AOX）		mg/kg	≤250
棉和其他天然纤维素种子纤维	杀虫剂[b]（总量）		mg/kg	≤0.05
含脂原毛和其他蛋白质纤维（包括绵羊毛、山羊毛、驼毛、兔毛、羊驼毛、牦牛毛和马海毛）	杀虫剂（总量）	有机氯类[c]	mg/kg	≤0.5
		有机磷类[d]		≤2.0
		拟除虫菊酯类[e]		≤0.5
		几丁质合成抑制剂类[f]		≤2.0

a 有机锡化合物指二丁基锡。

b 包括艾氏剂、敌菌丹、氯丹、DDT、狄氏剂、异狄氏剂、七氯、六氯代苯、六氯代环己烷（包括所有异构体）、2,4,5-T、克死螨、地乐酚、久效磷、五氯苯酚、毒杀芬、甲胺磷、甲基对硫磷、对硫磷和磷胺。

c 包括 γ-六六六、狄氏剂、异狄氏剂、p,p'-DDT、p,p'-DDD。

d 包括二嗪农、烯虫磷、杀螟威、除线磷、毒死蜱、皮蝇磷。

e 包括氯氰菊酯、溴氰菊酯、杀灭菊酯、(RS)-氯氟氰菊酯、氟氯苯菊酯。

f 包括氟脲杀、杀虫隆。

附　录　C
（资料性附录）
纱线外观疵点的解释

对纱线外观疵点的解释如下：

a） 大肚纱：粗于正常纱线直径三倍以上，形成枣核状；

b） 松紧捻纱：纱线局部过紧或过松；

c） 弓纱：由于纱线张力不均匀单纱凸出形成弓状；

d） 小辫纱：纱线局部捻度过紧或张力不均匀，卷曲形成辫状；

e） 色花：混纺纱线染色时吸色不匀，局部形成深浅不一致；

f） 夹花：不同纤维染色时，由于上色速率不同形成不应有的深浅不一致；

g） 绞差：在同一批纱线中，白批纱线及染色后出现绞与绞之间颜色差异；

h） 色差：纱线与标样之间的颜色差异；

i） 粗细节纱：粗于正常纱线直径一倍及以上，细于正常纱线直径的1/2及以下。

附　录　D
（规范性附录）
纱线公定回潮率规定

表 D.1　公定回潮率规定

纤维名称	羊毛	锦纶(尼龙)	腈纶	涤纶	丙纶	粘胶
公定回潮率/%	15	4.5	2	0.4	0	13

ICS 97.200.20
Y 58

中华人民共和国国家标准

GB/T 28489—2012

乐器有害物质限量

Limits of hazardous substances for musical instruments

2012-06-29 发布 2012-11-01 实施

中华人民共和国国家质量监督检验检疫总局
中国国家标准化管理委员会 发布

前 言

本标准按照GB/T 1.1—2009给出的规则起草。

请注意本文件的某些内容可能涉及专利。本文件的发布机构不承担识别这些专利的责任。

本标准由中国轻工业联合会提出。

本标准由全国乐器标准化技术委员会(SAC/TC 371)归口。

本标准起草单位:武汉艾立卡电子有限公司、北京乐器研究所、广州珠江钢琴集团股份有限公司、福州和声钢琴有限公司、上海民族乐器一厂。

本标准主要起草人:张鉴堂、张振启、王伟、屠淑珍、庄严、李健、忙安石、吴东亮、张蕊、梁志伟、潘绮珊、徐洁瑞、黄苏东、陈民杰、庄亚娅。

乐器有害物质限量

1 范围

本标准规定了乐器中对人体有害物质允许限量的术语和定义、分类、要求、测试方法、检验规则及包装标志。

本标准适用于乐器、乐器配件及置于室内的乐器包装物。

本标准不适用于贮存、运输过程中的外包装物。

2 规范性引用文件

下列文件对于本文件的应用是必不可少的。凡是注日期的引用文件，仅注日期的版本适用于本文件。凡是不注日期的引用文件，其最新版本(包括所有的修改单)适用于本文件。

GB/T 3186—2006 色漆、清漆和色漆与清漆用原材料 取样

GB 6566—2010 建筑材料放射性核素限量

GB 6675—2003 国家玩具安全技术规范

GB 11737 居住区大气中苯、甲苯和二甲苯卫生检验标准方法 气相色谱法

GB/T 18204.26—2000 公共场所空气中甲醛测定方法

GB 24613—2009 玩具用涂料中有害物质限量

GB/T 26125 电子电气产品 六种限用物质(铅、汞、镉、六价铬、多溴联苯和多溴二苯醚)的测定

GB/T 26572 电子电气产品中限用物质的限量要求

GB 50325—2010 民用建筑工程室内环境污染控制规范

LY/T 1612—2004 甲醛释放量检测用 1 m^3 气候箱

3 术语和定义

下列术语和定义适用于本文件。

3.1

直接接触口腔的乐器产品 musical instruments which directly contacts with mouth

与演奏者口腔接触的部件或产品。

3.2

乐器有害物质 hazardous substances for musical instruments

乐器、乐器配件及置于室内的乐器包装物中所含有的对人体健康有害的元素或物质。

3.3

测试舱 test chamber

模拟室内环境测试乐器、乐器配件及置于室内的乐器包装物所含可挥发性物质释放量的设备。

3.4

测试舱容积 volume of test chamber

空载时舱内空间的体积。

3.5

体积承载率　volume loading factor

样品外轮廓不同部位体积相加的总和与测试舱容积之比。

3.6

空气置换率　air exchang rate

每小时进入测试舱的空气体积与测试舱容积的比率。

3.7

空气流速　air velocity

测试舱空载时，舱内空气的流动速度。

3.8

乐器包装物　musical instrument packages

正常使用情况下，置于室内的用于保护、盛装、随乐器配套的箱(包)、袋等。

4　分类

乐器、乐器配件及置于室内的乐器包装物分为如下两类：

A类：直接接触口腔的部件或产品；

B类：除A类外的部件或产品。

5　要求

5.1　含有塑料材料的乐器、乐器配件及置于室内的乐器包装物应符合表1的要求。

表1　邻苯二甲酸酯类限量　　单位为百分比

项　目	限量值	
	A类	B类
邻苯二甲酸二异辛酯(DEHP)、邻苯二甲酸二丁酯(DBP)和邻苯二甲酸丁苄酯(BBP)总和	≤0.1	—
邻苯二甲酸二异壬酯(DINP)、邻苯二甲酸二异癸酯(DIDP)和邻苯二甲酸二辛酯(DNOP)总和		

5.2　正常使用时人体可触及的乐器、乐器配件及置于室内的乐器包装物应符合表2的要求。

表2　可迁移元素限量　　单位为毫克每千克

项　目		限量值	
		A类	B类
可迁移元素	铅	≤90	
	铬	≤60	
	镉	≤75	
	汞	≤60	
	锑	≤60	—
	硒	≤500	—
	钡	≤1 000	—
	砷	≤25	—
注：正常使用时人体触及不到的乐器内部部件不受此限。			

5.3 乐器、乐器配件及置于室内的乐器包装物，其挥发性有害物质限量应符合表 3 的要求。

表 3 挥发性有害物质限量

单位为毫克每立方米

项　目	限量值
甲醛	≤0.08
甲苯	≤0.20
二甲苯	
苯	≤0.11
总挥发有机化合物	≤0.60

5.4 电子乐器和乐器中电子部件的污染物质限量应符合 GB/T 26572 的要求。

5.5 石质、陶制乐器中的天然放射性核素应符合表 4 的要求，镭-226，钍-232，钾-40 的放射性比活度应同时符合表 4 的要求。

表 4 石质、陶制乐器中有害物质限量

单位为贝克勒尔每千克

项　目	限量值
天然放射性核素	$I_{Ra}\leqslant1.0$，$I_{\gamma}\leqslant1.0$
注：成品中不含石质、陶制材料的不作要求。	

6 测试方法

6.1 样品抽取

样品应从生产线下线后存储 10 天～60 天的产品中随机抽取一件。从抽样到测试的运输过程中，样品应密闭包裹完好。

6.2 邻苯二甲酸酯类

6.2.1 测试原理

用丁酮溶剂对被测样品中的邻苯二甲酸酯类进行超声波提取，在提取液定容后，用气相色谱/质谱联用仪测定。采用全扫描的总离子流色谱图和质谱图进行定性，选择离子检测和外标法进行定量。测得的结果作为被测样品的有害物质含量。

6.2.2 测试方法

按 GB 24613—2009 中附录 C 的规定进行。

6.3 可迁移元素

6.3.1 测试原理

按 6.3.2 规定的方法取样，通过化学方法模拟测试材料在吞咽后与胃酸持续接触一段时间，在此条件下，从测试材料中萃取出可迁移元素，采用检出限适当的分析仪器测定溶液中可溶性元素的浓度。测得的结果作为被测样品的有害物质含量。

6.3.2 测试方法

对于可提供乐器表面涂覆用色漆、清漆及其调和物的产品，按 GB/T 3186—2006 中第 4 章、第 6 章规定的方法取样，然后按 GB 24613—2009 中附录 B 的规定进行。

对于不是采用色漆和清漆涂覆或不能提供涂覆用色漆、清漆及其调和物的产品，按 GB 6675—2003 中 C.8 取样和制备，然后按 GB 24613—2009 中附录 B 的规定进行。

6.4 挥发性有害物质

6.4.1 测试原理

将样品按照适当的体积承载率放入模拟使用环境条件的测试舱内，当舱内挥发性物质散发达到 20 h 后，在 0.5 h 之内完成采集舱内气体。用合适的化学分析方法确定有害物质浓度。

6.4.2 测试方法

6.4.2.1 样品外轮廓体积的测量

样品外轮廓体积测量可分为手动测量和自动测量，优先选用手动测量。手动测量可通过设计图纸尺寸计算或用准确度为 1 mm 的量具测量样品外形尺寸；自动测量可用自动测量仪器或自动测量技术测量样品外形尺寸。样品的外轮廓为二种或二种以上不同的形体组合时，应分别测量并以各形体的最大尺寸计算体积，其结果相加。测量误差应不超过 5%，计算结果应精确到 10^{-6} m^3。

6.4.2.2 样品的预处理

测试前，样品应放置在温度为(23±2)℃、相对湿度为(45±10)% RH 的环境中预处理 72 h。预处理时样品应按演奏状态放置，并按演奏状态开启应开启的部件。

6.4.3 测试舱的选择

6.4.3.1 样品体积承载率应符合表 5 的规定，并按公式(1)选择可用的测试舱。

表 5 体积承载率

单位为立方米每立方米

适用范围	体积承载率
三角钢琴	0.05
立式钢琴	0.043
除以上之外的乐器产品及乐器包装物	0.035

$$Q=\frac{V}{L_f} \quad \cdots\cdots(1)$$

式中：

Q ——测试舱容积；

V ——样品外轮廓体积；

L_f ——体积承载率。

6.4.3.2 当按表 5 所规定体积承载率计算出的测试舱容积小于 1 m^3 时，应选用容积为 1 m^3 测试舱，空气置换率为(1±0.05)/h。

6.4.3.3 当按表5所规定体积承载率计算出的测试舱容积不能满足样品装载时，按公式(2)选择可用的测试舱。

$$0.5Q \leqslant Q_1 \leqslant 1.5Q \quad \cdots\cdots(2)$$

式中：

Q_1——实际用测试舱容积；

Q ——测试舱容积。

6.4.4 测试舱的要求

见附录A。

6.4.5 测试条件

6.4.5.1 测试前，舱内指标应进行检测，当指标值达到下述规定且处于稳定状态后，开始测试。

——温度：(23±2)℃；

——相对湿度：(45±5)% RH；

——空气流速：(0.1～0.3)m/s；

——空气置换率：(1±0.05)/h；

——甲醛浓度应在0.006 mg/m^3 以下；

——总挥发性有机化合物含量应在不大于0.05 mg/m^3。

6.4.5.2 选择实际测试舱容积与计算测试舱容积的差异，按公式(3)调整测试舱内的空气置换量。

$$n = Q_1 \times \frac{L}{L_f} \quad \cdots\cdots(3)$$

式中：

n ——每小时的实际空气置换量；

Q_1——实际用测试舱容积；

L ——样品实际体积承载率；

L_f——表5中规定的体积承载率。

注：实际空气置换率可通过 n/Q_1 得到。

6.4.5.3 测试时，样品应按使用状态放置在测试舱的中心位置，并按使用状态开启应开启的部件。

6.4.5.4 测试舱内温度、相对湿度、空气置换率、空气流速的监测应是连续和经常性的，且应在有代表性的位置测量。

6.4.5.5 测试舱容积大于10 m^3 时，空气流速的测量点至少应有4个；小于10 m^3 时(含10 m^3)，空气流速测量点至少应有2个。

6.4.6 甲醛释放量的采样与测定

甲醛释放量在测试舱取样口处进行。采集、测定方法按GB/T 18204.26—2000中第一法酚试剂分光光度法的规定进行。

6.4.7 苯、甲苯、二甲苯释放量的采样与测定

苯、甲苯、二甲苯释放量在测试舱取样口处进行。采集、测定方法按GB 11737的规定进行。

6.4.8 总挥发性有机化合物释放量的采样与测定

总挥发性有机化合物释放量在测试舱取样口处进行。采集、测定方法按GB 50325—2010中的附录G的规定进行。

6.5 电子装置中污染物质

按GB/T 26125的规定进行。

6.6 石质、陶制乐器中的有害物质

6.6.1 测试原理

当被测样品中天然放射性衰变链基本达到平衡后，在与标准样品测量条件相同情况下，通过多通道γ能谱仪进行比活度测量，测得的结果作为被测样品中的有害物质含量。

6.6.2 测试方法

按 GB 6566—2010 中第 4 章的规定进行。

7 检验规则

7.1 本标准第 5 章所规定的有害物质限量的测试分为型式检验和确认检验。

7.2 在正常情况下，型式检验每二年进行一次；

7.3 有下列情况之一时，应进行型式检验：

a) 新产品定型；

b) 产品改为异地生产；

c) 质量监督部门提出要求。

7.4 主要原材料改变使有害物质含量发生变化时，应对相应项目进行确认检验。

7.5 当所有项目的测试结果全部达到本标准第 5 章规定的要求时，则判定该产品符合本标准。

8 包装标志

符合本标准的产品可在包装标志和说明书上明示。

附 录 A
（规范性附录）
测试舱的要求

A.1 容积

无负荷时，计算舱内总容积应扣除控制舱内的辅助装置及设施，且长、宽、高尺寸应能满足被测样品使用状态时的放置要求。

A.2 内壁材料

除应符合 LY/T 1612—2004 中 4.3.1 的规定的要求外，其内壁材料和辅助装置还应使用最难吸附挥发性有机化合物的惰性材料。

A.3 工艺

应符合 LY/T 1612—2004 中 4.3.2 规定的要求。

A.4 密闭性

应符合 LY/T 1612—2004 中 4.4a 的规定，进给空气的泄露量应小于 5%。

A.5 清洁空气供给

除应符合 LY/T 1612—2004 中 4.8.1 的规定外，总挥发性有机化合物含量应在 0.05 mg/m^3 以下。

A.6 空气循环装置

舱内应有维持空气循环的设施（风机系统）以加强舱内的气体混合，使其均匀，空气速率应达到 (0.1～0.3) m/s，并保障舱内测试点间检测浓度差小于 5%。

A.7 空气交换装置

舱内应设有调节清洁空气流量的装置，使空气置换率能满足测试时的要求。

A.8 空气取样口

测试舱应至少有 2 个空气取样口，位于测试舱长度方向上对称的离任一内壁至少 0.6 m 处，高度在 1.3 m～1.5 m 间。取样管道应使用最难吸附甲醛和可挥发性有机化合物的惰性材料，测试时取样管道与支撑件应可靠地固定，并尽量的短，箱外管道长不应超过 6 m。

A.9 温度和相对湿度调节装置

舱内的气候条件应通过调节温度、注入相应湿度的空气方式进行调节，并控制在以下范围：

——温度：(23±2)℃；

——相对湿度：(45±3)% RH。

A.10 监控装置

应能连续不断地监测指定的测试条件，并将指定的测试条件误差控制在以下范围：

——温度：±0.1 ℃；

——相对湿度：±1% RH；

——空气流速：±0.05 m/s；

——空气置换率：±3%。

A.11 回收率与吸附影响

测试舱内挥发性有机化合物的回收率可以用于测定测试舱中该种挥发性有机化合物的扩散速率。浓度的产生应类似于试样测试期间的期望值。

回收测试应当在测试舱中用甲苯和正十二烷来完成。测试舱内浓度的测试应当在测试开始后的72 h后进行(例如首次强制测试)。甲苯和正十二烷的平均回收率应大于80%。回收测试的结果应被记载下来(所期待的浓度和所测量的浓度)。

注1：在加湿空气中可能使挥发性有机化合物产生低回收率。

注2：吸附的影响、泄漏或缺乏测量的校准，可能导致一些困难满足最低要求。吸附和吸收特性在很大程度上依赖于挥发出来的化合物的种类。采用具有不同分子量和极性的挥发性有机化合物所进行的附加回收试验，可用于增加对这些效果的理解。

ICS 61.040
Y 75

中华人民共和国国家标准

GB/T 28490—2012

钮扣分类及术语

Button classification and terminology

2012-06-29 发布　　2012-11-01 实施

中华人民共和国国家质量监督检验检疫总局
中国国家标准化管理委员会　发布

前 言

本标准按照 GB/T 1.1—2009《标准化工作导则　第1部分:标准的结构与编写》给出的规则起草。

请注意本文件的某些内容可能涉及专利。本文件的发布机构不承担识别这些专利的责任。

本标准由中国轻工业联合会提出。

本标准由全国钮扣标准化技术委员会(SAC/TC 400)归口。

本标准主要起草单位:嘉善县华友钮扣辅料厂、嘉善华亿达服装辅料有限公司。

本标准参与起草单位:中国日用杂品工业协会、浙江伟星实业发展股份有限公司、浙江奥华服饰有限公司、福建石狮华联服装配件企业有限公司、广东东莞添成钮扣有限公司、嘉善县银螺钮扣有限公司、温州新城钮扣饰品有限公司、嘉善县标准化协会、嘉善县质量检验事务所、上海天祥质量技术服务有限公司。

本标准主要起草人:俞友金、李木龙、张广荣、罗仕万、王春桥、黄文远、陈元登、李银林、柯永国、徐豪、张春燕、赵行志。

钮扣分类及术语

1 范围

本标准确定了钮扣的分类及钮扣生产和使用中的有关术语。

本标准适用于制定钮扣及相关领域的标准化文件和技术文件，用于规范钮扣生产和使用过程中的术语。

2 钮扣分类

2.1 按截面形状分

a) 圆形钮扣；

注：圆形钮扣规格尺寸见资料性附录A。

b) 异形钮扣；

c) 组合类钮扣。

2.2 按尺寸分

a) 直径系列(常规为7.5 mm～50 mm的钮扣)；

b) 厚度系列(常规为2 mm～20 mm的钮扣)；

c) 宽度系列(常规为5 mm～80 mm的钮扣)；

d) 长度系列(常规为5 mm～80 mm的钮扣)。

注：钮扣各部位命名及尺寸测量法见资料性附录B。

2.3 按材料分

a) 金属材料类钮扣；

b) 化工高分子材料类钮扣；

c) 天然材料类钮扣；

d) 纺织材料类钮扣；

e) 组合材料类钮扣。

2.4 按用途分

a) 普通用途钮扣：

1) 服装用钮扣；

2) 家纺用钮扣；

3) 鞋用钮扣；

4) 箱包用钮扣。

b) 其他特殊用途钮扣。

3 术语和定义

3.1 一般术语

3.1.1

钮扣 button

用于连接服饰(包括服装、手套、帽子、皮带等)、鞋类、家用纺织品、箱包等由各种材料制成的扣件。

3.1.2

冲压 stamping

将金属材料冲制成所需形状的过程。

3.1.3

铆合 riveting

将相关配合部件铆制、合成钮扣的工艺过程。

3.1.4

压铸 casting

将所用材料压制成所需形状的过程。

3.1.5

注塑 injecting

将所用的材料通过加热或热固成形的过程。

3.1.6

表面处理 surface treatment

在所用材料表面进行化学或物理工艺处理,达到所需表面效果的过程。如电镀、喷漆、抛光、滴胶、漂光等。

3.1.7

变色 color transforming

使钮扣表面颜色改变产生变化的工艺。

3.1.8

染色 dyeing

运用着色工艺使钮扣改变颜色的工艺。

3.1.9

缺陷 defects

钮扣表面存在机械或化学损伤的瑕疵。如毛边、起泡、裂纹、擦伤、划痕、压痕、断裂、变形、氧化、生锈、腐蚀斑点等。

3.1.10

色差 color difference

指定颜色与实际颜色,或者同批中不同个体颜色的差异。

3.1.11

允许偏差 tolerance of deviation

可分为上偏差和下偏差,或称为正偏差,负偏差。指可允许的最大或最小极限尺寸减去基本尺寸的代数值,通常也可称为偏差。

3.2

材料　material

3.2.1

金属　metal

铜、铁、不锈钢、锌合金、铝等材料。

3.2.2

化工高分子材料　polymeric material

经化工合成的材料。常用高分子材料有不饱和聚酯树脂、ABS塑料、尼龙、聚甲醛、亚克力、脲醛树脂、三聚氰胺、环氧树脂等。

3.2.2.1

不饱和聚酯树脂　unsaturated polyester resin

热固性树脂中最常用的一种，英文缩写为UP。

3.2.2.2

ABS塑料　acrylonitrile butadiene styrene plastic

化学名称为丙烯腈-丁二烯-苯乙烯塑料，英文名缩写为ABS。

3.2.2.3

尼龙　nylon

化学名为聚酰胺，英文名简称PA。是分子主链上含有重复酰胺基团—[NHCO]—的热塑性树脂总称。

3.2.2.4

脲醛树脂　urea-formaldehyde resins

由尿素与甲醛聚合而成的材料，又称脲甲醛树脂，英文缩写为UF。

3.2.2.5

三聚氰胺甲醛树脂　melamine-formaldehyde resin

三聚氰胺与甲醛反应聚合而成的热固性材料。简称为三聚氰胺树脂，又称密胺甲醛树脂、密胺树脂。英文缩写为MF。

3.2.2.6

环氧树脂　epoxy resin

分子结构中含有两个或两个以上环氧基的高分子化合物，英文缩写为EP。

3.2.2.7

亚克力　acrylic

音译外来名，是一种热塑料性聚合物。化学名称为聚甲基丙烯酸甲酯，英文缩写为PMMA，俗称"经过特殊处理的有机玻璃"。

3.2.2.8

聚甲醛　polyoxymethylene

以甲醛为原料缩聚而成的热塑性塑料，化学名为聚氧甲烯，英文缩写为POM，通常也称为缩醛树脂。

3.2.3

天然材料　natural material

源自天然的材料。常用钮扣用天然材料有淡水湖、河贝壳、海洋贝壳、植物果实、椰子壳、木、竹、牛角、玉石、沙鱼骨、牛羊猪皮、陶瓷、钻石、水晶、砭石等材料。

3.3

部件、部位　part component

3.3.1

钮扣眼　button hole

钮扣与服饰缝制连接所用的孔眼。

3.3.2

钮扣脚　button foot

钮扣底部或边缘部分与服饰连接所用的部位。

注：钮扣钮脚形状对照表见附录C。

3.3.3

明眼　visible hole

孔在钮扣表面，洞孔上下穿透的眼。

3.3.4

暗眼　hidden hole

孔在钮扣的底部或背面，呈左右穿透。

3.3.5

扣面　cap

钮扣的正面部分，通常指四合扣中最外面的一个部件。

3.3.6

钮扣底　button base

通常由底板与高脚，或沟槽与螺钉铆合而成，是四合扣或揿扣的下半部分。

3.3.7

弹簧面　spring part socket

四合钮扣或揿扣中带有弹簧的部件。

3.3.8

底板　button bottom

钮扣的底部。

3.3.9

高脚　prong

凸出部分比较长，约5 mm～10 mm，或呈五爪凸出脚座。通常与底板铆合。

3.3.10

沟槽　groove

钮扣面或底凹下的部分。

3.3.11

螺钉　nail

外形呈螺丝状，通常与有螺纹的扣面铆合组成工字扣(牛仔扣)。

3.3.12

扣勾　hook

通常呈勾状，与其他部件配合用于连接服装等用品。

3.3.13

弹弓杯　socket

大白扣中的一个部件，通常呈环形，与扣面铆合组成大白扣的面扣部分。

3.3.14

钮珠 stud

又称钮子。四合扣或揿钮中的一个部件，中间呈凸出珠状，通常与簧面配合形成扣合。

3.3.15

直笛 post

四合扣或大白扣中的一个部件，凸出部分较长，中间呈空心柱状，通常与钮珠或钮子铆合成四合扣或大白扣的底板部分。

3.4 性能

3.4.1

镀层厚度 thickness of the plating

钮扣表面金属镀层的厚度。

3.4.2

漆膜附着力 adhesion of painting

漆膜与被涂材料表面通过物理和化学作用结合在一起的牢固程度。

3.4.3

镀层结合性能 bonding strength of plating

电镀层表面抵抗外界刮擦出现皱皱、毛疵、起皮或脱落等现象的能力。

3.4.4

抗拉强度 tensile strength

钮扣在拉伸过程中，从开始到发生断裂时所达到的最大应力值。

3.4.5

扣件结合力 snap attachment strength

钮扣的扣面与簧面、底板与高脚(直笛)铆合后的松紧值。

3.4.6

按钮分开强力 unsnapping strength

四合扣，大白扣或揿钮的面扣(弹簧面/扣子)与底板(钮珠/钮子)打开的力值。

3.4.7

按钮扣合强力 snapping strength

四合扣，大白扣或揿钮的面扣(弹簧面/扣子)与底板(钮珠/钮子)扣合的力值。

3.4.8

抗滑脱力 anti-slip force

通过拉伸强力试验后，扣勾抵抗变形从扣眼中滑脱的能力。

3.4.9

眼孔拉力 tensile strength of button

明眼钮扣扣眼在拉伸过程中从开始到发生断裂时所达到的最大力值。

3.4.10

钮扣柄(脚)抗拉强度 tensile strength of botton foot

暗眼扣的扣眼(自身脚)或装配的脚(组合脚)抵抗拉伸，从开始到发生断裂时所达到的最大应力值。

3.4.11

钮扣附着强力 button attachment strength

钮扣从附着的产品材料上抵抗拉力脱落的性能。

3.4.12

耐腐蚀性　corrosion resistance

钮扣抵抗周围介质腐蚀破坏作用的能力。

3.4.13

耐疲劳性　fatigue resistance

钮扣耐模拟重复使用后性能保持的能力。

3.4.14

耐熨烫性　anti-ironing property

钮扣在高温下耐熔融和收缩的能力。

3.4.15

耐环境试验能力　environment resistant

金属钮扣经过模拟高温高湿环境装运存储后表面的变化及对面料的沾色程度。

3.4.16

耐水洗色牢度　color fastness to washing

钮扣经过数次水洗后颜色耐洗涤剂的变色程度。

3.4.17

耐干洗色牢度　color fastness to dry cleaning

钮扣经过数次干洗后颜色耐洗涤剂的变色程度。

3.4.18

耐热压色牢度　color fastness to hot pressing

钮扣颜色在服装熨烫时耐热压和耐热滚筒加工后的变色程度。

3.4.19

耐漂白色牢度　color fasthess to bleaching

钮扣抵抗漂白浸渍后的变色程度。

3.5　名称术语

3.5.1

金属类钮扣　metal button

用金属材料制成的钮扣。

3.5.2

化工高分子材料类钮扣　polymeric button

用化工高分子材料制成的钮扣。

3.5.3

天然材料类钮扣　natural button

用天然材料制成的钮扣。

3.5.4

镭射钮扣　laser engraving button

用电脑、激光在各种材料制成的钮扣表面、边缘刻成图案或文字，具有特殊的光亮反射效果。

3.5.5

雕刻钮扣　engraving button

钮扣表面用机械或手工雕成文字或图案。分浮雕和平雕。

3.5.6

水晶钮扣　crystal button

用水晶类材料制成的钮扣。

3.5.7

镶钻钮扣　button with inlaided diamond

表面镶有钻石的钮扣。

3.5.8

仿钻扣　rhinestone button

用仿钻材料制成的钮扣。

3.5.9

四合扣　snap button

俗称啪钮。由扣面、弹簧面、钮珠和直笛四件构成。

3.5.10

大白扣　snap fastener

俗称车蓬扣。由扣面、弹弓杯、钮子和直笛四件构成。

3.5.11

工字扣　shank button,Jeans button

俗称牛仔扣。由上部面扣与下部螺钉(或单针)组合而成。

3.5.12

五爪扣　round prong snap

制作成形,由五爪面扣、扣子、钮珠和五爪脚座四件构成。

3.5.13

揿钮　press button

俗称按钮。由簧面和钮珠两件构成。

3.5.14

撞钉　rivet

俗称衣角钉、铆钉。由面和高脚钉两件构成。

3.5.15

组合钮扣　combination button

由不同材质和形状的若干扣件组合而成的钮扣。

3.5.16

可调节扣　adjustable buckle

通常与带配合使用,可调节带长短的扣。如:日字扣,三线扣,D 型扣(D-Ring),单环扣(O-Ring),葫芦扣,吊带扣等。

3.5.17

鞋扣　shoe buckle

鞋面固定鞋带所用的各种扣钩。

3.5.18

袖扣　sleeve button

服饰上衣袖子上装饰用的扣子。

3.5.19

裤钩　trouser hook

由面、底两件或四件构成的用于裤子上的扣子。

3.5.20

绳扣 rope button

固定服饰绳、带的扣。

3.5.21

吊扣 end stopper

俗称吊钟。用于固定服饰绳、带末端的扣。

3.5.22

书包扣 bag button

起到书包合拢牢固作用的扣。

3.5.23

皮带扣 buckle

又称腰带扣、腰扣。用于皮带一端,起到固定作用的扣。

3.5.24

气眼 eyelet grommet

又称鸡眼,由面、底板两件构成。通常为圆形或长椭圆孔状,用于服饰鞋类上穿绳带用,或透气装饰用。也有其他形状及网眼孔的。

3.5.25

风纪钮扣 hook and eye

连接上衣领口或内衣,由扣、搭两件构成。

3.5.26

异形钮扣 special-shaped button

造型不同,形状各异的钮扣,如各种多边形钮扣等。

3.5.27

吊袜扣 garter fastener

用于吊住袜子的扣。

3.5.28

仿形钮扣 profile modeling button

外形模仿动物、文字图案等,多用于服饰用扣。

3.5.29

水泡钮扣 bubble button

表面凸出,形状似水泡状的扣。

3.5.30

工艺钮扣 craftwork button

通过电脑、机械、手工加工制成的各种有装饰性、艺术性的钮扣,如拉花钮扣、贝雕钮扣等。

3.5.31

插扣 Insert & closure

两件相互插嵌固定的扣,多用于箱包。

3.5.32

包钮 wrap button

用皮、布等材料包镶起来的钮扣。

3.5.33

盘扣 chinese button

又称花结扣,盘花钮。用线、带盘成两件(圈和结)的花式钮扣。

3.5.34

特殊用途钮扣　buttons with specific use

用各种材料经过各种不同制作工艺，用于不同的特别场合，起特殊作用的钮扣。如：分度钮扣、闹钟钮扣、报警钮扣、香味钮扣、制服钮扣、发光钮扣等。

附　录　A
（资料性附录）
圆形钮扣规格尺寸对照表

圆形钮扣规格尺寸对照表见表 A.1。

表 A.1　圆形钮扣规格尺寸对照表

规格 L	基本尺寸		规格 L	基本尺寸	
	公称直径/mm	英寸/″		公称直径/mm	英寸/″
12	7.6	38/125	30	19.0	19/25
13	8.2	41/125	32	20.3	203/250
14	8.9	89/250	34	21.6	108/125
15	9.5	19/50	36	22.8	114/125
16	10.2	2/5	40	25.4	127/125
17	10.8	21/50	44	27.9	279/250
18	11.4	57/125	48	30.5	61/50
20	12.7	127/250	54	34.3	343/250
22	14.0	14/25	60	38.1	381/250
24	15.2	76/125	64	40.6	203/125
28	17.8	89/125	70	44.5	222/125
注：1L=0.635 mm；1 mm=1/25″。					

附 录 B
（资料性附录）
钮扣各部位命名及尺寸测量法

钮扣各部位命名及尺寸测量法见图 B.1～图 B.23。

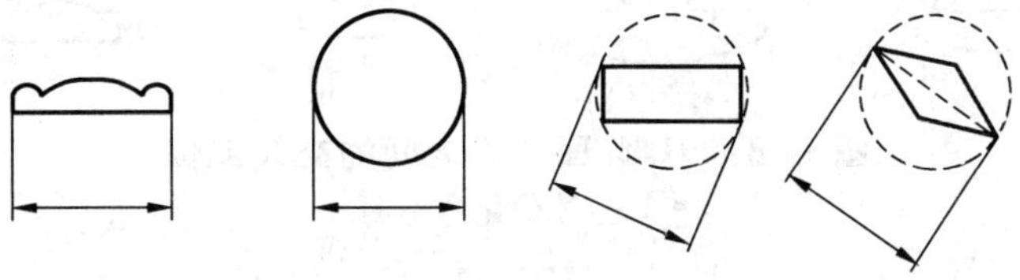

图 B.1 直径（规格）：以外切圆的直径作为基准

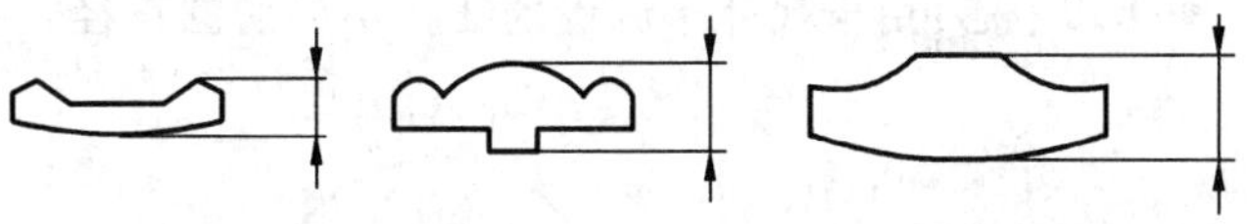

图 B.2 扣厚：正面与反面高点之间的距离

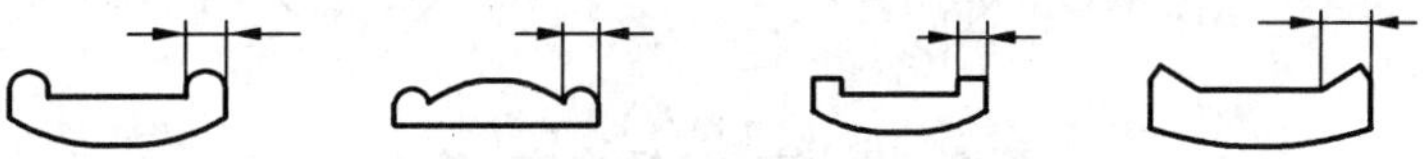

图 B.3 小刀：指刀脚至钮扣圆周的最短距离

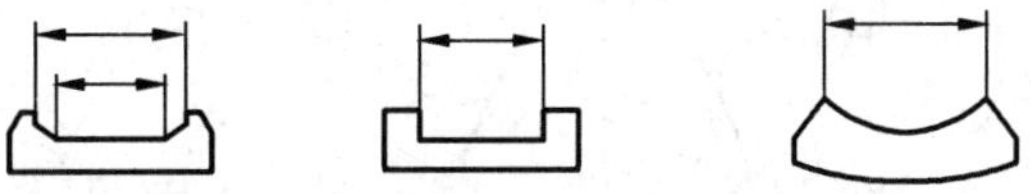

图 B.4 内圆：用卡尺内卡测量的内圆直径

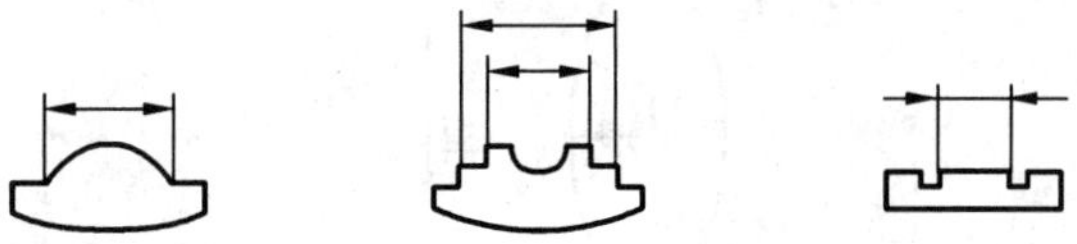

图 B.5 外圆：用卡尺外卡测量的外圆直径

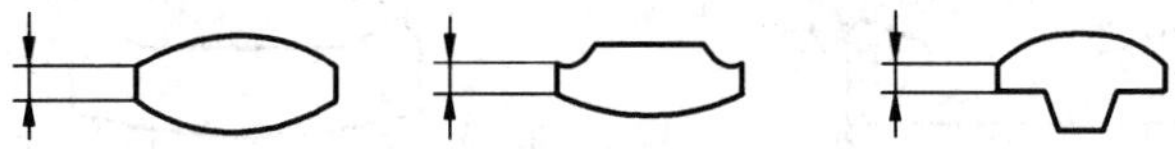

图 B.6 边厚：钮扣正反面边沿之间的最短距离

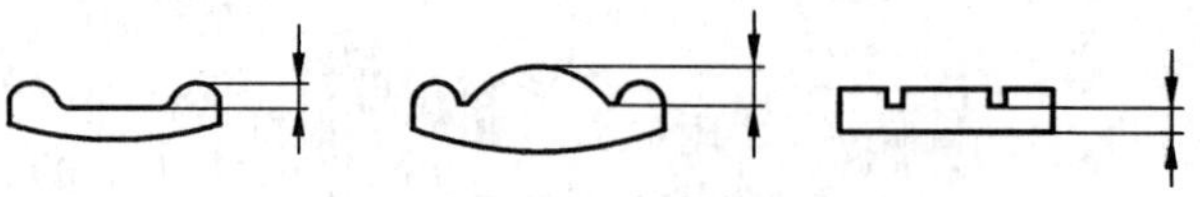

图 B.7　深度：钮扣深度最低点与表面最高点的距离，常规为内圆中心点的深度

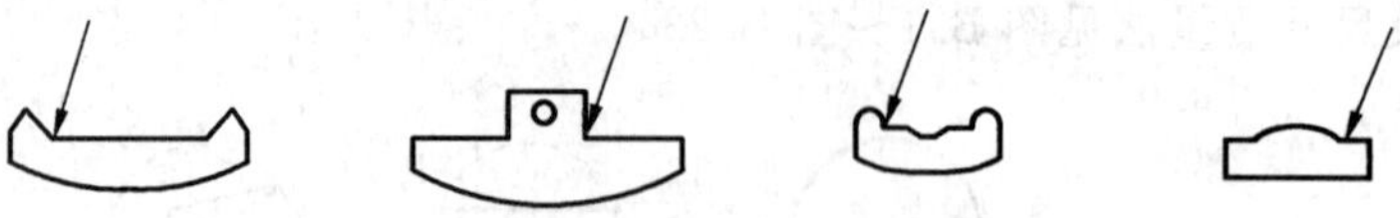

图 B.8　刀脚：面与面之间的交线部位

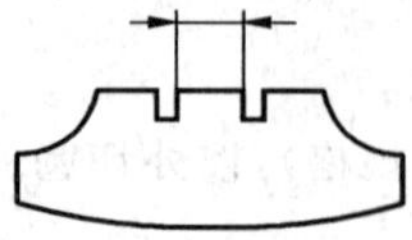

图 B.9　芯：用卡尺外卡测量的钮扣小外切圆直径

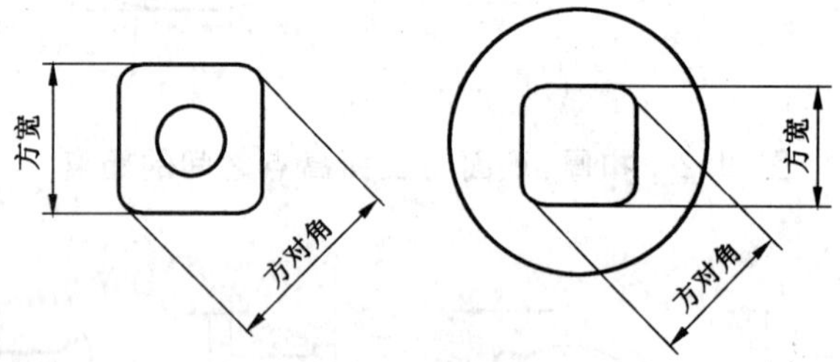

图 B.10　方(包括内方、外方)

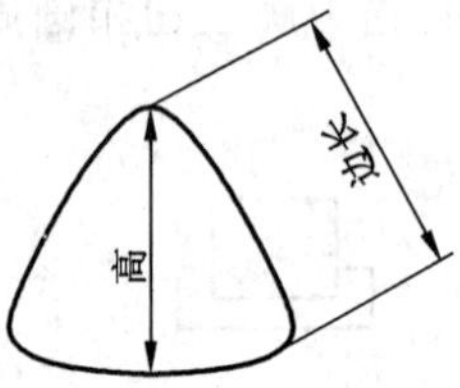

图 B.11　三角形：(边长、高)

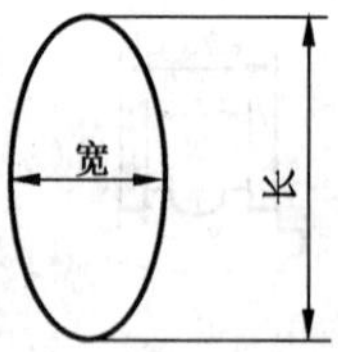

图 B.12　椭圆：(长、宽)

图 B.13　小边

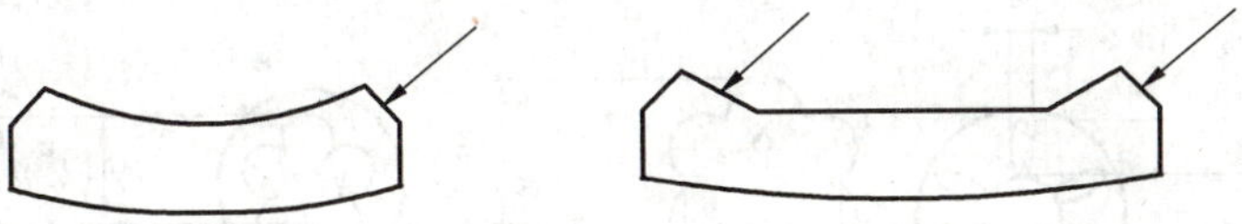

图 B.14　斜边

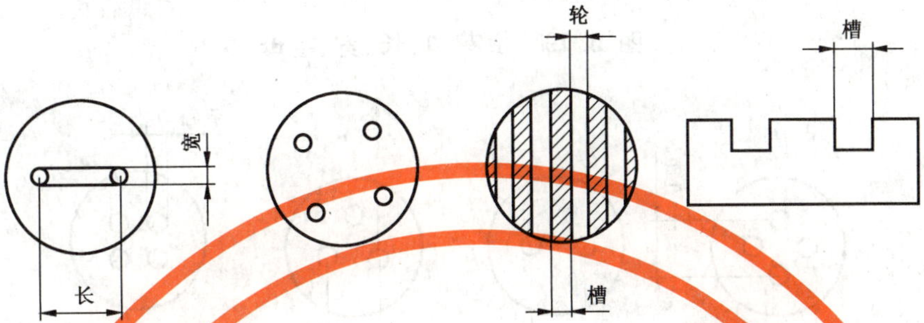

说明：凹部位称为槽，凸部位称为轮。

图 B.15　槽、轮

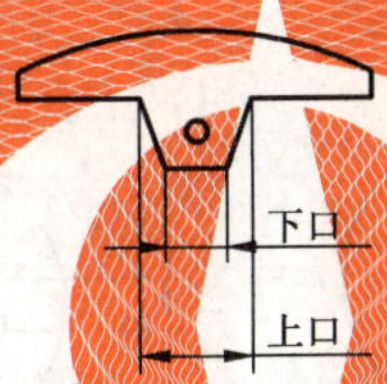

图 B.16　带柄扣：柄长、柄宽、柄深、柄大

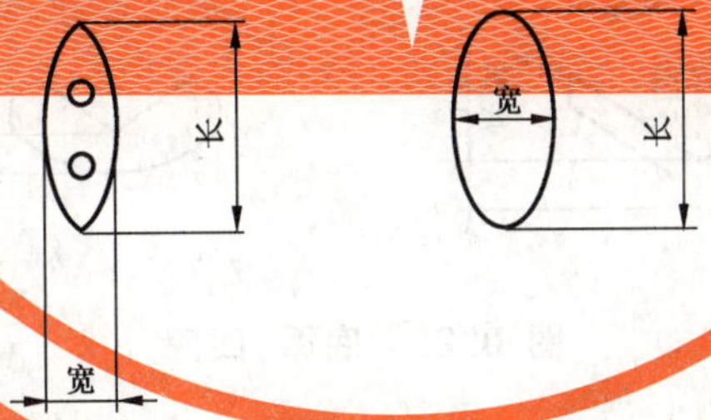

图 B.17　鱼眼扣：鱼眼长、鱼眼宽

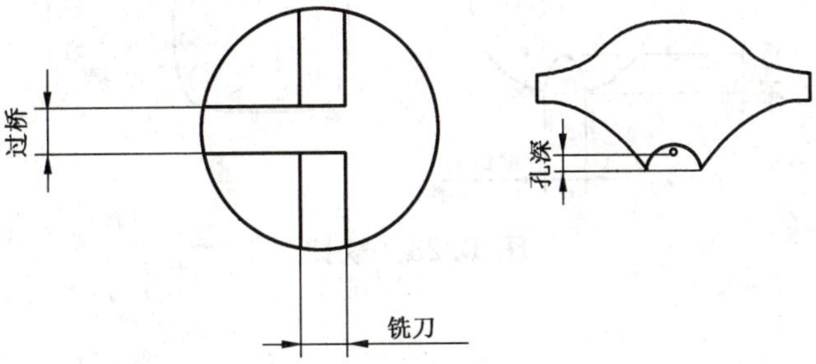

图 B.18　暗眼扣：铣刀、过桥、深孔

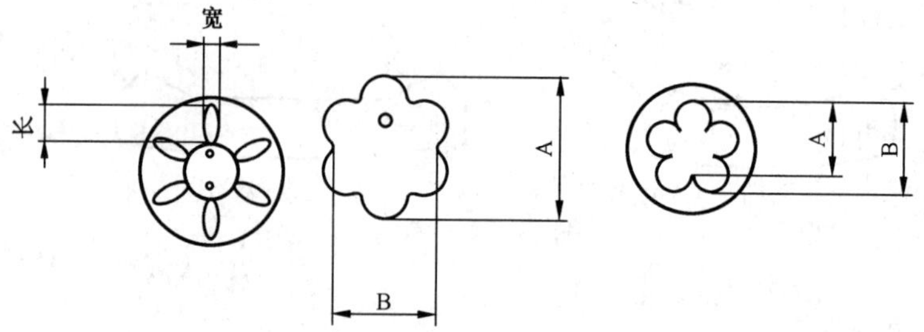

图 B.19 梅花扣:长、宽、字母

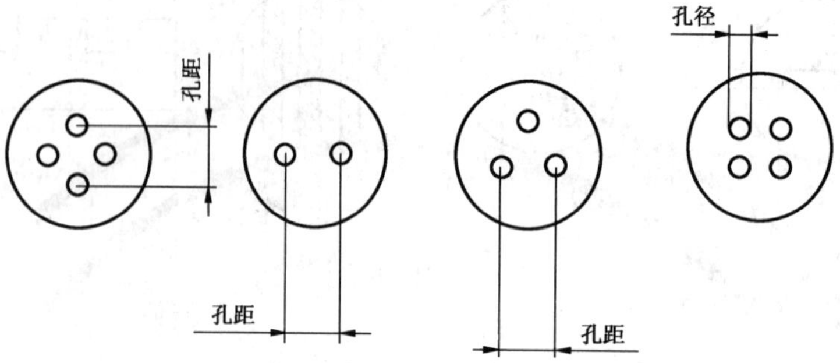

图 B.20 孔距、孔径:测量正面内孔 0.5 mm 处(两面样钮扣为正反两面平均值)

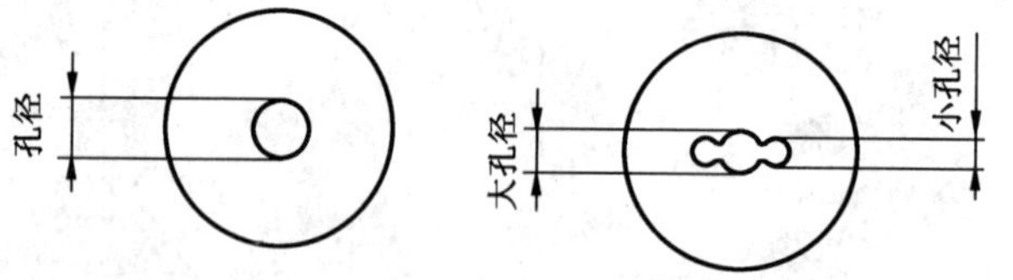

图 B.21 独孔

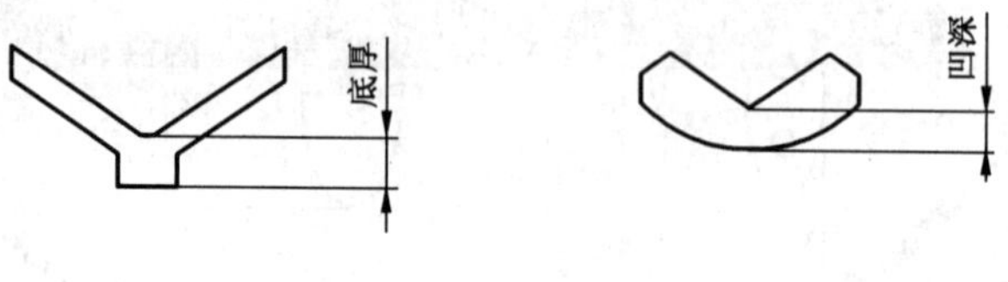

图 B.22 底厚、凹深

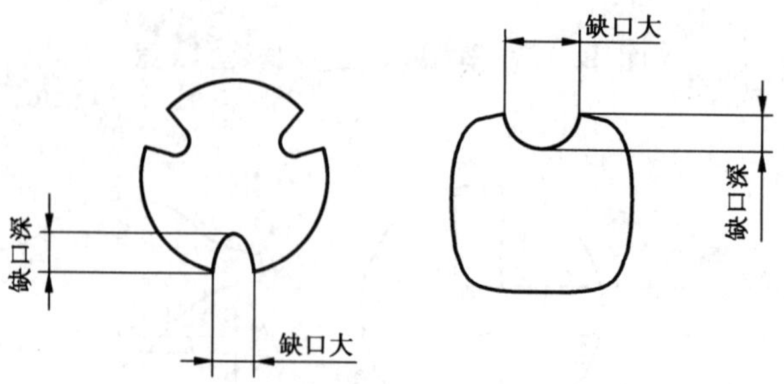

图 B.23 缺口

附 录 C
（资料性附录）
钮扣钮脚形状对照表

钮扣钮脚形状对照表见表 C.1。

表 C.1 钮扣钮脚形状对照表

	U 型脚	U-shape shank
	隧道脚	Tunnel shank
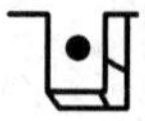	立脚	Stand shank
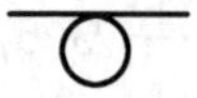	圆形脚	Round shank
	方形脚	Square shank
	方形立脚	Square solid shank
	圆棒脚	Cylindrate shank
	通用立脚	Unilversal shank
	方形组合脚	Square assemble shank
	椭圆组合脚	Oval shank
	Y 型脚	Y shank

中 文 索 引

英 文 索 引

A

B

C

D

E

F

G

H

I

L

M

N

ICS 61.040
Y 77

中华人民共和国国家标准

GB/T 28491—2012

钮扣通用技术要求和检测方法 天然贝壳类

Button general technical requirements and testing methods—Natural shell button

2012-06-29 发布 2012-11-01 实施

中华人民共和国国家质量监督检验检疫总局
中国国家标准化管理委员会 发布

前　言

本标准按照 GB/T 1.1—2009 给出的规则起草。

请注意本文件的某些内容可能涉及专利。本文件的发布机构不承担识别这些专利的责任。

本标准由中国轻工业联合会提出。

本标准由全国钮扣标准化技术委员会(SAC/TC 400)归口。

本标准主要起草单位为:广东东莞添成钮扣有限公司、嘉善县银螺钮扣有限公司。

本标准参与起草单位为:浙江伟星实业发展股份有限公司、嘉善县奔马钮扣服饰厂、浙江省迈利发服饰有限公司、嘉善聚城贝扣有限公司、嘉善县众成钮扣制造有限公司、温州新城钮扣饰品有限公司、嘉善县华友钮扣辅料厂、上海天祥质量技术服务有限公司、永嘉县产品质量监督检验所。

本标准主要起草人为:陈元登、李银林、刘艳新、沈传根、孙永亮、陆罗衣、李天荣、柯永国、俞友金、钱玮、陈素娟。

钮扣通用技术要求和检测方法 天然贝壳类

1 范围

本标准规定了天然贝壳钮扣(以下简称钮扣)的产品分类、技术要求、试验方法、检验规则、标志、包装、运输及贮存。

本标准适用于以天然贝壳为原材料,在特定设备和工艺条件下进行加工制成的钮扣。

2 规范性引用文件

下列文件对于本文件的应用是必不可少的。凡是注日期的引用文件,仅注日期的版本适用于本文件。凡是不注日期的引用文件,其最新版本(包括所有的修改单)适用于本文件。

GB/T 191 包装储运图示标志

GB/T 250 纺织品 色牢度试验 评定变色用灰色样卡

GB/T 3921 纺织品 色牢度试验 耐皂洗色牢度

GB/T 5711 纺织品 色牢度试验 耐干洗色牢度

GB/T 6543 运输包装用单瓦楞纸箱和双瓦楞纸箱

GB/T 7069 纺织品 色牢度试验 耐次氯酸盐漂白色牢度

GB/T 28490 钮扣分类及术语

3 术语和定义

GB/T 28490 界定的术语和定义适用于本文件。

4 产品分类

4.1 品种

按款式可分为明眼扣、暗眼扣;明眼扣又可分为两眼扣、四眼扣。

按形状可分为圆形扣、异形扣。

4.2 规格

应符合表 1、表 2 的规定。特殊要求可由供需双方协商确定。

5 技术要求

5.1 结构尺寸及偏差

5.1.1 明眼扣的基本尺寸及偏差应符合表 1 的规定,示意图见图 1、图 2。

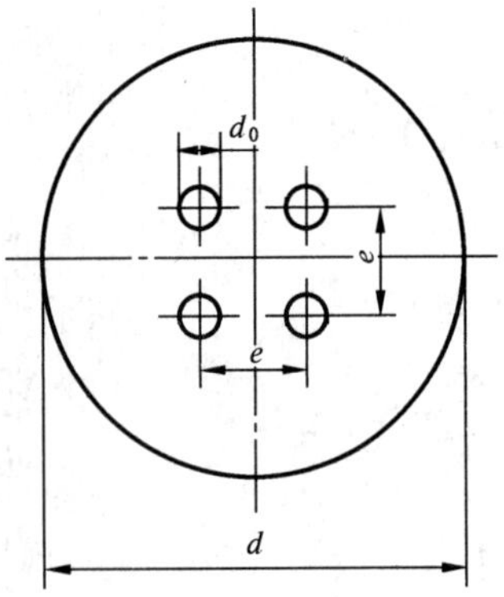

图 1　四眼明眼扣

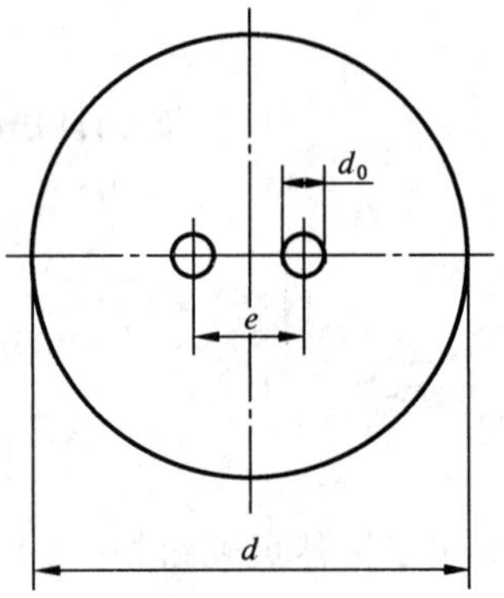

图 2　两眼明眼扣

表 1　明眼扣的基本尺寸及偏差(圆形款)

单位为毫米

规格	外径 d				孔距 e				孔径 d_0			同批产品厚度		
	尺寸	偏差 Δd			尺寸	偏差 Δe			尺寸		偏差 Δd_0	偏差 ΔH		
		优等品	一等品	合格品		优等品	一等品	合格品	两眼	四眼		优等品	一等品	合格品
10L	6.3	±0.3	±0.4	±0.5	由供需双方协商确定	±0.1	±0.2	±0.2	1.8	1.6	+0.2 −0.1	≤0.2	≤0.3	≤0.4
12L	7.6													
13L	8.2													
14L	8.9													
16L	10.2								2.0	1.8				
18L	11.4													
20L	12.7								2.2	2.1				
22L	14.0													
24L	15.2													
26L	16.5													
28L	17.8								2.4	2.3	+0.3 −0.1			
30L	19.0													
32L	20.3													
34L	21.6													
36L	22.9													
38L	24.1								3.0					
40L	25.4													
42L	26.7													
44L	27.9													
46L	29.2													
48L	30.5													
50L	31.7													
54L	34.2													
60L	38.1													
70L	44.4													

注 1：$1L=0.635$ mm；

注 2：对于非圆形款明眼扣的外径，取其最大对角距离。

5.1.2　暗眼扣的基本尺寸及偏差应符合表 2 的规定，示意图见图 3、图 4。

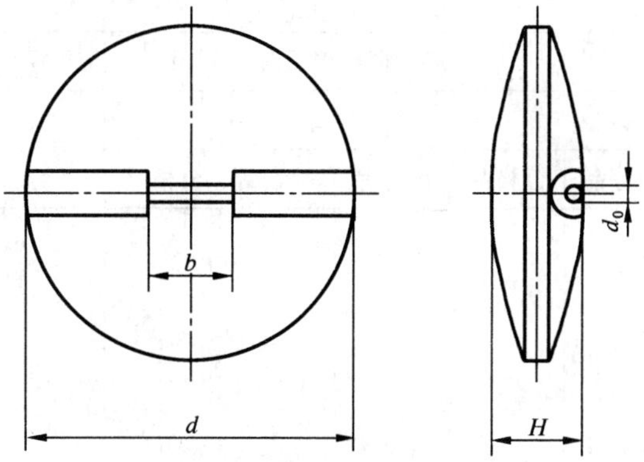

图 3　暗眼扣(一)

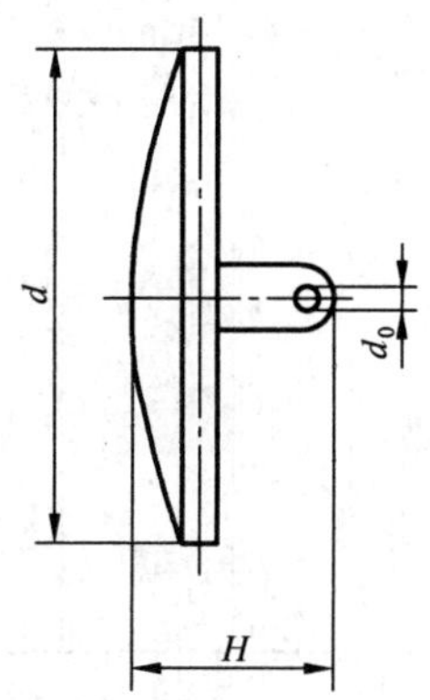

图 4　暗眼扣(二)

表 2　暗眼扣的基本尺寸及偏差(圆形款)

单位为毫米

规格	外径 d				同批产品钮柄尺寸			孔径 d_0	同批产品厚度		
	尺寸	偏差 Δd			偏差 Δb			尺寸	偏差 ΔH		
		优等品	一等品	合格品	优等品	一等品	合格品		优等品	一等品	合格品
10L	6.3										
12L	7.6										
13L	8.2										
14L	8.9										
16L	10.2										
18L	11.4	±0.3	±0.4	±0.5	≤0.3	≤0.6	≤1.0	≥1.2	≤0.2	≤0.3	≤0.4
20L	12.7										
22L	14.0										
24L	15.2										
26L	16.5										
28L	17.8										

表 2（续）

单位为毫米

规格	外径 d				同批产品钮柄尺寸			孔径 d_0	同批产品厚度		
	尺寸	偏差 Δd			偏差 Δb			尺寸	偏差 ΔH		
		优等品	一等品	合格品	优等品	一等品	合格品		优等品	一等品	合格品
30L	19.0	±0.3	±0.4	±0.5	≤0.3	≤0.6	≤1.0	≥1.4	≤0.2	≤0.3	≤0.4
32L	20.3										
34L	21.6										
36L	22.9										
38L	24.1										
40L	25.4										
42L	26.7										
44L	27.9										
46L	29.2										
48L	30.5										
50L	31.7										
54L	34.2										
60L	38.1										
70L	44.4										

注 1：$1L=0.635$ mm；

注 2：对于非圆形款暗眼扣的外径，取其最大对角距离。

5.2 外观质量

应符合表 3 规定。

表 3 外观质量

序号	项目	要求
1	表面	光亮、带有珍珠光泽，不允许有裂纹、缺口、凹凸及明显伤痕，允许有自然壳纹
2	眼孔	应光洁畅通
3	暗眼扣背面	沟槽应光滑，允许有轻微不对称和深浅，不明显爆边
4	着色色差	同批钮扣应≥3 级，与来样相比应≥3 级

5.3 理化性能

应符合表 4 规定。

表 4 理化性能

序 号	项 目	要 求
1	眼孔拉力[a]	≥45 N
2	钮扣附着强力	≥45 N，钮扣无脱落、破裂，面料、缝线无断裂
3	耐皂洗色牢度[b]（变色、沾色）	≥3 级，表面应无裂纹、缺口、变形，光泽应无明显变化
4	耐干洗色牢度[c]（变色、沾色）	
5	耐氯漂色牢度（变色）	

[a] 眼孔拉力不考核马司贝、海司贝明眼钮扣；

[b] 测试选用多纤维贴衬布；

[c] 耐干洗色牢度仅考核可干洗类产品用钮扣，色牢度项目适用于着色产品。

6 试验方法

6.1 外观检验

6.1.1 检验条件

钮扣的表面、眼孔、暗眼扣背面在天然散射光线或无反射光的白色透射光线下进行，光的强度相当于 40 W 日光灯，距离 0.3 m 目测。

6.1.2 检验方法

6.1.2.1 色差按 GB/T 250 规定判定。

6.1.2.2 其他项目以目视观感和手感检验，并与需方的样品进行比对。

6.2 尺寸检验

6.2.1 钮扣的外径、厚度、扣柄等尺寸检验用精度为 0.02 mm 游标卡尺测量，精确到 0.1 mm。

6.2.2 明眼扣的孔径、孔距使用读数数显卡尺测量，精确到 0.1 mm。

6.2.3 暗眼扣的孔径测量按孔径大小选用不同精度的金属圆棒检测。

6.3 理化性能试验

6.3.1 眼孔拉力

6.3.1.1 试样状态调试和试验标准环境：试样应在温度(23±2)℃和相对湿度为(65±4)%的条件下放置 24 h 以上，并在此条件下进行试验。

6.3.1.2 试验设备：拉力试验机。量程不小于 200 N，精度为±2 N。

6.3.1.3 拉伸速度：(10±2)mm/min。

6.3.1.4 试验步骤：试样夹具如图 5 所示。将直径 1.1 mm～1.2 mm 软金属丝穿入钮扣相邻的两眼孔内，把钮扣放入夹具后，另一端软金属丝用螺丝固定在金属板上，分别与拉伸试验机上、下夹头连接，然后按试验条件施加负荷至眼孔破坏，读取负荷值。结果精确到 1 N。测试 6 粒钮扣，以最低测试结果为最终结果。

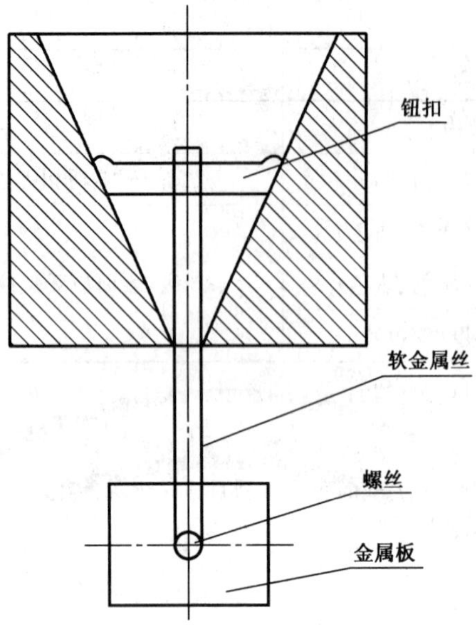

图5　眼孔拉力测试示意图

6.3.2　钮扣附着强力

6.3.2.1　试样状态调试和试验标准环境：试样应在温度(23±2)℃和相对湿度为(65±4)%的条件下放置24 h以上，并在此条件下进行试验。

6.3.2.2　试验设备：拉力试验机。量程不小于200 N，精度为±2 N，见图6。

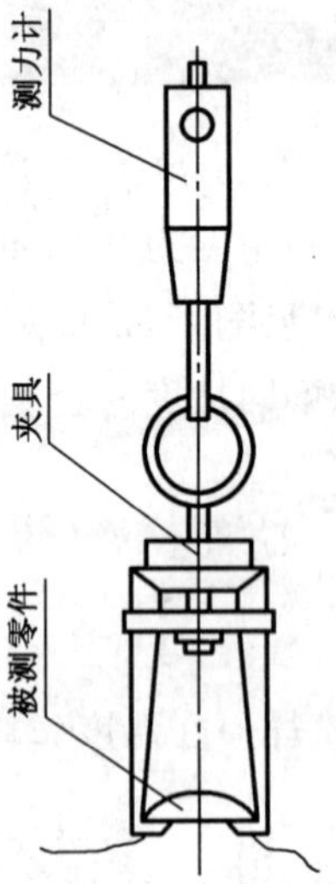

图6　钮扣附着强力测试示意图

6.3.2.3　试验步骤：

a)　由客户提供已装订至少6粒钮扣的布料(每粒间距>10 cm)或成衣样品作为测试样；

b)　根据试样大小选择合适的夹座，根据试样类型选择夹具；

c) 将装订有钮扣的布料压在夹座下面，露出被测物并压紧布料，将织物的四周拉平，通过手轮放低在试样上方的夹具，将试样放入夹具中间，调整夹具到钮扣样品的边缘，确认只有钮扣被夹住，而织物并没有影响，钮扣样品所处的平面垂直于拉力测试仪的上夹钳；

d) 按下测试仪“OFF”的位置，要求拉力必须在 5 s 内均匀地施加，并平行于测试部件的主轴，达到规定力值(45 N)后维持 10 s。如有需要，可继续拉伸，直到出现缝纫线断裂、面料破坏以及钮扣破碎、脱落和明显裂痕现象，记录此时的力值和损坏现象；

e) 取下夹具，重复测试程序 b)～d)，直至所有钮扣测试完毕；以最低测试结果为最终结果，单位为牛顿，精确到 1 N。

6.3.3 耐皂洗色牢度

试样制备：用白线将钮扣缝在一块 40 mm×100 mm 多纤维贴衬布上，缝制钮扣的粒数按钮扣外径(d)规格规定。$d \leqslant 11.4$ mm 时，缝 6 粒；11.4 mm$<d \leqslant$20.3 mm，缝 4 粒；$d>20.3$ mm，缝 2 粒。按照 GB/T 3921 中 A(1)方法进行测试。

6.3.4 耐干洗色牢度

按照 GB/T 5711 标准进行测试。测试钮扣粒数按钮扣外径规格规定，同 6.3.3。

6.3.5 耐氯漂色牢度

按照 GB/T 7069 标准进行测试。测试钮扣粒数按钮扣外径规格规定，同 6.3.3。

7 检验规则

7.1 检验分类

7.1.1 产品检验分出厂检验和型式检验。

7.1.2 每批产品必须经质检部检验合格，并附合格证出厂。

7.1.3 出厂检验项目：外观，规格尺寸。

7.1.4 型式检验项目：第 5 章要求的全部项目。

7.1.5 有下列情况之一需进行型式检验：

a) 新产品或者产品转厂生产的试制定型鉴定；

b) 正式生产后，如结构、材料、工艺有较大改变，考核对产品性能影响时；

c) 正常生产过程中，定期或积累一定产量后，周期性地进行一次检验，考核产品质量稳定性时；

d) 产品长期停产后，恢复生产时；

e) 出厂检验结果与上次型式检验结果有较大差异时；

f) 国家质量监督机构提出进行型式检验的要求时。

7.2 组批、抽样

7.2.1 检验以一次交验的产品为一批，以每粒产品为一个单位产品。

7.2.2 外观和规格尺寸检测按产品批量：

500 粒[含 500 粒]以下抽验 50 粒。

500 粒以上至 10 000 粒[含 10 000 粒]抽验 100 粒。

10 000 粒以上抽验 200 粒。

7.2.3 按 6.3 测试规定取足够量的试样进行理化性能测试。

7.3 判定规则

7.3.1 单件(样本)判定

单件产品不符合本标准规定的技术要求,即构成缺陷。缺陷分为轻缺陷和重缺陷。不符合本标准的规定,但对产品的使用性能及外观影响较小的缺陷为轻缺陷;严重影响使用及外观的缺陷为重缺陷。在同一粒贝壳钮扣上同时出现三种或三种以上的轻缺陷,视同重缺陷。

7.3.2 批量判定

7.3.2.1 外观和主要尺寸检验中,抽取的钮扣中若出现5粒有重缺陷,则进行二次抽样,样本加倍。若累计出现10粒重缺陷,则判定批产品不合格。若出现轻缺陷的产品数量超过检测样本数量的20%,视同重缺陷,判为批产品不合格。

7.3.2.2 理化性能要求中若有一项指标不合格,则判定为批产品不合格。

7.3.3 天然贝壳钮扣的常见缺陷的判定见表5。

表5 常见缺陷分类

项目	内　　容	轻缺陷	重缺陷
尺寸	主要尺寸超差≤0.5 mm(外径除外)	●	
	外径超差>0.2 mm		●
外观	表面有不明显的裂纹、缺口、凹凸及伤痕	●	
	表面有明显的裂纹、缺口、凹凸及伤痕		●
	眼孔明显不对称或明显深浅		●
	眼孔有明显毛刺	●	
	暗眼扣背面有明显爆边		●
	同批钮扣着色色差低于3级		●
	与来样相比着色色差低于3级		●

8 标志、包装、运输、贮存

8.1 标志

8.1.1 产品内包装里应标志以下内容:

a) 检验合格标识及生产日期;

b) 制造单位名称、地址;

c) 产品商标;

d) 产品名称、规格、货号、产品等级;

e) 产品标准代号;

f) 颜色。

8.1.2 产品外包装箱上应清晰地标明以下内容:

a) 制造单位名称、地址;

b) 产品名称、规格;

c) 产品商标;

d) 产品颜色、数量、净质量;

e) 生产日期；

f) 包装外形尺寸：长×宽×高(毫米)。

8.1.3 产品储运标志应符合 GB/T 191 的规定。

8.2 包装

8.2.1 钮扣经计数后装入塑胶类薄膜袋内，然后再装入小包装纸盒或大包装纸箱。必要时在小包装袋外加上气泡袋，箱内应有相应的标签。或双方协商可简易包装。

8.2.2 纸箱质量应符合 GB/T 6543 中不低于 2 类纸箱的规定。

8.3 运输

钮扣运输应远离火源，并注意防压、防机械损伤，不得曝晒或者雨雪直接浸淋，严禁与酸碱混运。装卸时严禁抛掷包装箱，做到小心轻放。

8.4 贮存

8.4.1 钮扣贮存于干燥通风的库房内，并垫起 200 mm 以上，不得与地面直接接触，严禁与酸碱共贮，远离火源，贮藏环境应有干燥、通风条件。

8.4.2 钮扣自出厂日期起，贮存期为一年。

ICS 61.040
Y 76

中华人民共和国国家标准

GB/T 28492—2012

钮扣通用技术要求和检测方法 铜质类

Button general technical requirements and methods—Copper button

2012-06-29 发布　　2012-11-01 实施

中华人民共和国国家质量监督检验检疫总局
中国国家标准化管理委员会　发布

前　言

本标准按照 GB/T 1.1—2009《标准化工作导则　第1部分：标准的结构与编写》给出的规则起草。

请注意本文件的某些内容可能涉及专利。本文件的发布机构不承担识别这些专利的责任。

本标准由中国轻工业联合会提出。

本标准由全国钮扣标准化技术委员会(SAC/TC 400)归口。

本标准主要起草单位：嘉善华亿达服装辅料有限公司、浙江奥华服饰实业有限公司。

本标准参与起草单位：广东东莞添成钮扣有限公司、浙江伟星实业发展股份有限公司、福建石狮华联服装配件企业有限公司、温州市方圆金属钮扣有限公司、嘉善县东方银河实业有限公司、嘉善县舜凰服饰有限公司、嘉善县雄真金属钮扣厂、江苏泰兴市双环服饰制造有限公司、上海天祥质量技术服务有限公司、嘉善县华友钮扣辅料厂、温州新城钮扣饰品有限公司、永嘉县产品质量监督检验所。

本标准主要起草人：李木龙、王春桥、陈元登、刘艳新、黄俊文、邹德道、冯雪荣、王家明、章其荣、殷奇明、吴岚、俞友金、柯永国、陈素娟。

钮扣通用技术要求和检测方法
铜质类

1 范围

本标准规定了铜质钮扣的产品分类、技术要求、试验方法、检验规则及标志、包装、运输和贮存。

本标准适用于以黄铜带或黄铜板材经冲压、铆合、表面处理等工艺制作的铜质钮扣的生产及检验。其他铜质材料钮扣、合金类钮扣也可参照执行。

2 规范性引用文件

下列文件对于本文件的应用是必不可少的。凡是注日期的引用文件,仅注日期的版本适用于本文件。凡是不注日期的引用文件,其最新版本(包括所有的修改单)适用于本文件。

GB/T 191 包装储运标志
GB/T 250 纺织品 色牢度试验 评定变色用灰色样卡
GB/T 2059 铜及铜合金带材
GB/T 3921 纺织品 色牢度试验 耐皂洗色牢度
GB/T 5711 纺织品 色牢度试验 耐干洗色牢度
GB/T 6462 金属和氧化物覆盖层厚度测量显微镜法
GB/T 6543 运输包装用单瓦楞纸箱和双瓦楞纸箱
GB/T 7069 纺织品 色牢度试验 耐次氯酸盐漂白色牢度
GB/T 28490 钮扣分类及术语
QB/T 3826 轻工产品金属镀层和化学处理层的耐腐蚀试验方法 中性盐雾试验(NSS)法

3 术语和定义

GB/T 28490 界定的术语和定义适用于本文件。

4 产品分类

4.1 明眼钮扣

明眼钮扣可分为两眼、四眼钮扣。

4.2 暗眼钮扣

按扣柄方向分为横柄(水平方向)和竖柄(垂直方向)。

4.3 其他钮扣

有四合扣、五爪扣、工字扣等。

5 技术要求

5.1 材料和规格要求

原材料选用黄铜带或黄铜板材，其材料和规格要求应符合 GB/T 2059 等有关国家标准的规定。

5.2 结构尺寸及偏差

铜质钮扣由铜材制成两眼、四眼明眼钮扣或由扣面、扣底和扣柄构成的暗眼钮扣，其他铜质类钮扣常规四件由扣面、弹弓杯、钮珠、直笛四件组成。

5.2.1 明眼扣的基本尺寸及偏差见表 1 的规定，示意图见图 1、图 2。

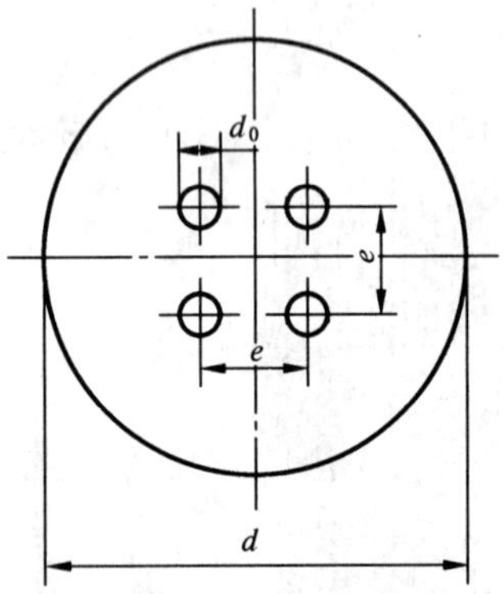

图 1 四眼明眼扣

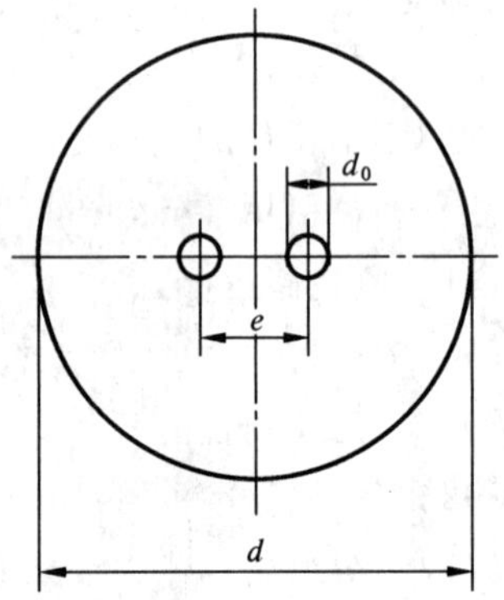

图 2 两眼明眼扣

5.2.2 暗眼扣的基本尺寸及偏差见表 2 的规定，示意图见图 3、图 4。

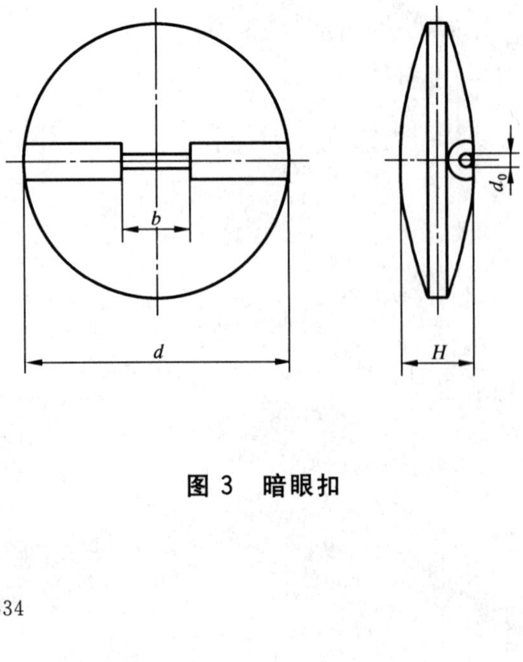

图 3 暗眼扣

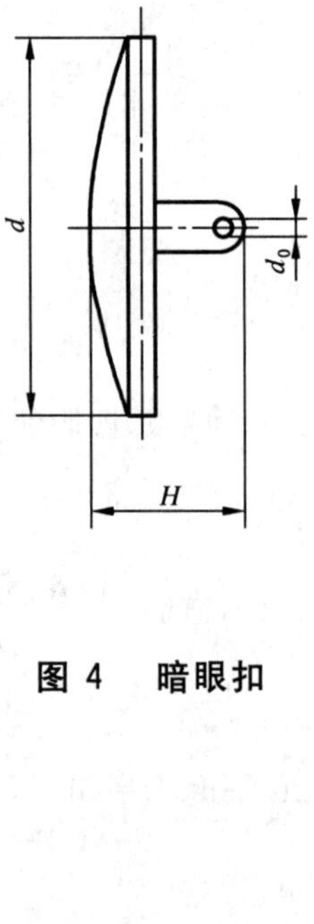

图 4 暗眼扣

表 1　明眼扣的基本尺寸及偏差(圆形款)

单位为毫米

<table>
<tr><th rowspan="3">规格</th><th colspan="4">外径 d</th><th colspan="4">孔距 e</th><th colspan="3">孔径 d_0</th><th colspan="3">同批产品厚度</th></tr>
<tr><th rowspan="2">尺寸</th><th colspan="3">偏差 Δd</th><th rowspan="2">尺寸</th><th colspan="3">偏差 Δe</th><th colspan="2">尺寸</th><th rowspan="2">偏差 Δd_0</th><th colspan="3">偏差</th></tr>
<tr><th>优等品</th><th>一等品</th><th>合格品</th><th>优等品</th><th>一等品</th><th>合格品</th><th>二眼</th><th>四眼</th><th>优等品</th><th>一等品</th><th>合格品</th></tr>
<tr><td>14L</td><td>8.9</td><td rowspan="18">±0.3</td><td rowspan="18">±0.4</td><td rowspan="18">±0.5</td><td rowspan="18">由供需双方协商确定</td><td rowspan="18">±0.1</td><td rowspan="18">±0.2</td><td rowspan="18">±0.2</td><td>1.8</td><td>1.6</td><td rowspan="7">+0.2
−0.1</td><td rowspan="18">≤0.2</td><td rowspan="18">≤0.3</td><td rowspan="18">≤0.4</td></tr>
<tr><td>16L</td><td>10.2</td><td rowspan="2">2.0</td><td rowspan="2">1.8</td></tr>
<tr><td>18L</td><td>11.4</td></tr>
<tr><td>20L</td><td>12.7</td><td rowspan="4">2.2</td><td rowspan="4">2.1</td></tr>
<tr><td>22L</td><td>14.0</td></tr>
<tr><td>24L</td><td>15.2</td></tr>
<tr><td>26L</td><td>16.5</td></tr>
<tr><td>28L</td><td>17.8</td><td rowspan="5">2.4</td><td rowspan="11">2.3</td><td rowspan="11">+0.3
−0.1</td></tr>
<tr><td>30L</td><td>19.0</td></tr>
<tr><td>32L</td><td>20.3</td></tr>
<tr><td>34L</td><td>21.6</td></tr>
<tr><td>36L</td><td>22.9</td></tr>
<tr><td>38L</td><td>24.1</td><td rowspan="6">3.0</td></tr>
<tr><td>40L</td><td>25.4</td></tr>
<tr><td>42L</td><td>26.7</td></tr>
<tr><td>44L</td><td>27.9</td></tr>
<tr><td>46L</td><td>29.2</td></tr>
<tr><td>48L</td><td>30.5</td></tr>
<tr><td>50L</td><td>31.8</td></tr>
</table>

注 1：$1L = 0.635$ mm；

注 2：对于非圆形款明眼扣的外径，取其最大对角距离。

表 2　暗眼扣的基本尺寸及偏差(圆形款)

单位为毫米

<table>
<tr><th rowspan="3">规格</th><th colspan="4">外径 d</th><th colspan="3">同批产品钮柄尺寸</th><th>孔径 d_0</th><th colspan="3">同批产品厚度</th></tr>
<tr><th rowspan="2">尺寸</th><th colspan="3">偏差 Δd</th><th colspan="3">偏差 Δb</th><th rowspan="2">尺寸</th><th colspan="3">偏差 ΔH</th></tr>
<tr><th>优等品</th><th>一等品</th><th>合格品</th><th>优等品</th><th>一等品</th><th>合格品</th><th>优等品</th><th>一等品</th><th>合格品</th></tr>
<tr><td>14L</td><td>8.9</td><td rowspan="18">±0.3</td><td rowspan="18">±0.4</td><td rowspan="18">±0.5</td><td rowspan="18">≤0.3</td><td rowspan="18">≤0.6</td><td rowspan="18">≤1.0</td><td rowspan="8">≥1.2</td><td rowspan="18">≤0.2</td><td rowspan="18">≤0.3</td><td rowspan="18">≤0.4</td></tr>
<tr><td>16L</td><td>10.2</td></tr>
<tr><td>18L</td><td>11.4</td></tr>
<tr><td>20L</td><td>12.7</td></tr>
<tr><td>22L</td><td>14.0</td></tr>
<tr><td>24L</td><td>15.2</td></tr>
<tr><td>26L</td><td>16.5</td></tr>
<tr><td>28L</td><td>17.8</td></tr>
<tr><td>30L</td><td>19.0</td><td rowspan="10">≥1.4</td></tr>
<tr><td>32L</td><td>20.3</td></tr>
<tr><td>34L</td><td>21.6</td></tr>
<tr><td>36L</td><td>22.9</td></tr>
<tr><td>38L</td><td>24.1</td></tr>
<tr><td>40L</td><td>25.4</td></tr>
<tr><td>42L</td><td>26.7</td></tr>
<tr><td>44L</td><td>27.9</td></tr>
<tr><td>46L</td><td>29.2</td></tr>
<tr><td>48L</td><td>30.5</td></tr>
<tr><td>50L</td><td>31.8</td></tr>
<tr><td colspan="12">注 1：1L=0.635 mm；
注 2：对于非圆形款暗眼扣的外径，取其最大对角距离。</td></tr>
</table>

5.2.3　其他类钮扣常规四件结构及各部位基本尺寸及偏差见表 3 的规定，示意图见图 5。

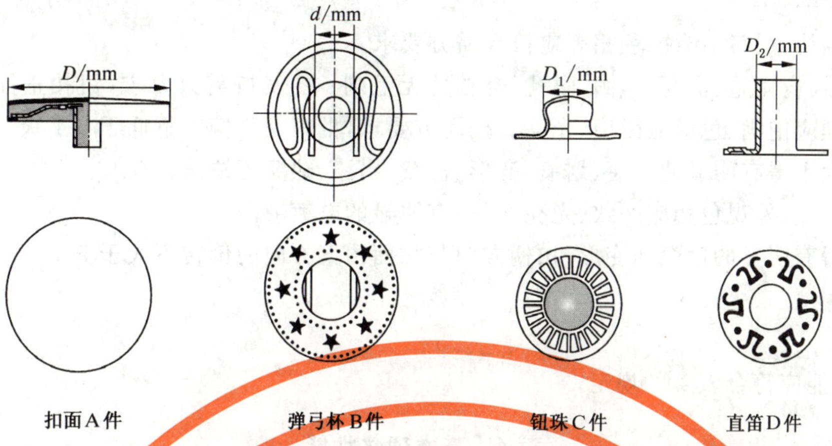

图 5　其他类钮扣常规四件结构部件图

表 3　其他类钮扣常规四件结构及各部位基本尺寸及偏差

单位为毫米

<table>
<tr><th rowspan="3">规格</th><th colspan="4">外径(A 件)
D</th><th colspan="4">弹簧宽度或内径(B 件)
d</th><th colspan="2">珠头外径(C 件)
D_1</th><th colspan="2">直笛(D 件)
D_2</th></tr>
<tr><th rowspan="2">尺寸</th><th colspan="3">偏差 ΔD</th><th rowspan="2">尺寸</th><th colspan="3">偏差 Δd</th><th rowspan="2">尺寸</th><th rowspan="2">偏差
ΔD_1</th><th rowspan="2">尺寸</th><th rowspan="2">偏差
ΔD_2</th></tr>
<tr><th>优等品</th><th>一等品</th><th>合格品</th><th>优等品</th><th>一等品</th><th>合格品</th></tr>
<tr><td>14L</td><td>8.9</td><td rowspan="19">±0.2</td><td rowspan="19">±0.2</td><td rowspan="19">±0.4</td><td rowspan="19">由供需双方协商决定</td><td rowspan="19">±0.05</td><td rowspan="19">±0.05</td><td rowspan="19">±0.1</td><td rowspan="19">比弹簧宽度大 1.0 为基础</td><td rowspan="19">±0.1</td><td rowspan="19">和弹簧宽度或内径一致</td><td rowspan="19">±0.1</td></tr>
<tr><td>16L</td><td>10.2</td></tr>
<tr><td>18L</td><td>11.4</td></tr>
<tr><td>20L</td><td>12.7</td></tr>
<tr><td>22L</td><td>14.0</td></tr>
<tr><td>24L</td><td>15.2</td></tr>
<tr><td>26L</td><td>16.5</td></tr>
<tr><td>28L</td><td>17.8</td></tr>
<tr><td>30L</td><td>19.0</td></tr>
<tr><td>32L</td><td>20.3</td></tr>
<tr><td>34L</td><td>21.6</td></tr>
<tr><td>36L</td><td>22.9</td></tr>
<tr><td>38L</td><td>24.1</td></tr>
<tr><td>40L</td><td>25.4</td></tr>
<tr><td>42L</td><td>26.7</td></tr>
<tr><td>44L</td><td>27.9</td></tr>
<tr><td>46L</td><td>29.2</td></tr>
<tr><td>48L</td><td>30.5</td></tr>
<tr><td>50L</td><td>31.8</td></tr>
</table>

5.3 外观质量

5.3.1 产品的结构、图案、花纹、色相等应符合需方要求。

5.3.2 图案、花纹应完整、清晰、饱满，眼孔、合扣处无毛刺。图案按需方要求，钮扣正面可为图案或文字，花纹构槽纹理应饱满、色泽应鲜艳、光亮。按需方要求，批内颜色偏差不低于3-4级。

5.3.3 产品表面不得有明显的凹痕、划痕、变形、污渍、出漆、缺漆等缺陷。

5.3.4 镀层应完整，外观色相应一致、光亮，不得有明显的电镀缺陷。

5.3.5 扣柄不得有明显的偏歪和变形，扣柄方向与扣面图案方向的偏转不大于5°。

5.4 理化性能

基本理化性能应符合表4的规定。

表4 基本理化性能

序号	项　目	要　求
1	钮扣附着强力[a]	钮扣直径≤10 mm:≥50 N 钮扣直径>10 mm:≥90 N 钮扣无脱落、明显变形，面料、缝线无断裂
2	耐中性盐雾腐蚀	12 h后主要表面无明显腐蚀
3	镀层厚度	≥1 μm
4	扣件结合力[b]	钮扣直径≤10 mm:≥50 N 钮扣直径>10 mm:≥90 N
5	按钮分开强力[b]	装饰类扣:4 N～10 N 功能性扣:10 N～25 N
6	按钮扣合强力[b]	7 N～35 N
7	耐皂洗色牢度[c]	白布沾色≥3-4级;钮扣褪色≥3-4级，表面应无裂纹、缺口、变形，光泽应无明显变化
8	耐氯漂色牢度	钮扣褪色≥3级，表面应无裂纹、缺口、变形，光泽应无明显变化
9	耐干洗色牢度[d]	溶剂沾色≥3级;钮扣腿色≥3级，表面应无裂纹、缺口、变形，光泽应无明显变化

[a] 适用于钉在面料上的明眼扣、暗眼扣及传统缝制揿钮。

[b] 适用于四合扣，大白扣及揿扣。

[c] 选用多纤维贴衬布。

[d] 耐干洗色牢度仅考核可干洗类产品用钮扣，色牢度项目适用于着色产品。

6 试验方法

6.1 基本尺寸及偏差

6.1.1 钮扣的外径、厚度、扭柄等尺寸检验用精度为0.02 mm游标卡尺测量，精确到0.1 mm。

6.1.2 明眼扣的孔径、孔距使用读数数显卡尺测量，精确到0.1 mm。

6.1.3 暗眼扣的孔径测量按孔径大小选用不同精度的金属圆棒检测。

6.2 外观检验

6.2.1 钮扣的表面、眼孔、暗眼扣背面在天然散射光线或无反射光的白色透射光线下进行，光的强度相当于40 W日光灯，距离0.3 m目测。

6.2.2 色差按GB/T 250规定判断。

6.2.3 扣柄偏转度采用分度不低于0.5°的量角器或其他同等精度的仪器进行测量。

6.2.4 其他项目以目视观感和手感检验，并与需方的样品进行比对。

6.3 理化性能试验

6.3.1 钮扣附着强力测试

6.3.1.1 试样状态调试和试验标准环境

试样应在温度(23±2)℃和相对湿度为(65±4)%的条件下放置24 h以上，并在此条件下进行试验。

6.3.1.2 试验设备

拉力试验机。量程不小于200 N，精度为±2 N。试验设备见图6。

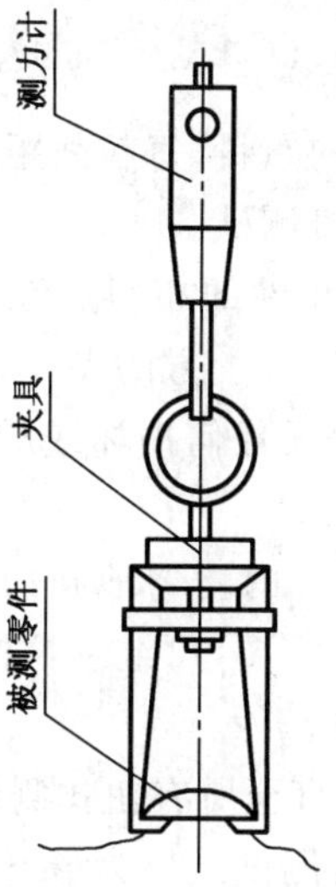

图6 钮扣附着强力测试示意图

6.3.1.3 试验步骤

a) 由客户提供已装订至少6粒钮扣的布料(每粒间距>10 cm)或成衣样品作为测试样。
b) 根据试样大小选择合适的夹座，根据试样类型选择夹具。
c) 将装订有钮扣的布料压在夹座下面，露出被测物并压紧布料，将织物的四周拉平。通过右手轮放低在试样上方的夹具，将试样放入到夹具中间，调整夹具到钮扣样品的边缘，确认只有钮扣被夹住，而织物并没有影响。钮扣样品所处的平面垂直于拉力测试仪的上夹钳。
d) 转动摇手手柄，要求拉力必须在5s内均匀地施加，并平行于测试部件的主轴，达到规定力值(50 N或90 N)后维持10 s。如有需要，可继续拉伸，直到出现缝纫线断裂、面料破坏以及钮扣明显变形、脱落和明显裂痕、破碎等现象，记录此时的力值和损坏现象。

e) 取下夹具,重复测试程序 b)～d),直至所有钮扣测试完毕。以最低测试结果为最终结果,单位为牛顿,精确到 1 N。

6.3.2 耐中性盐雾腐蚀

选取六粒钮扣按 QB/T 3826 规定方法进行,盐雾浓度为 5%,测试 12 h 后与原样目测比较,六粒钮扣均需符合要求。

6.3.3 镀层厚度

选取六粒钮扣按 GB/T 6462 规定方法进行,以最低测试结果为最终结果。

6.3.4 扣件结合力

6.3.4.1 试样状态调试和试验标准环境

试样应在温度(23±2)℃和相对湿度为(65±4)%的条件下放置 24 h 以上,并在此条件下进行试验。

6.3.4.2 试验设备

同 6.3.1.2,见图 6。

6.3.4.3 试验步骤

a) 由客户提供已装订至少 6 粒钮扣的布料(每粒间距＞10 cm),每 6 粒为一组进行检测。也可在客户提供的实际成品的钮扣上直接测试。
b) 将装订有四合扣、大白扣、揿扣等扣件的布料压在夹座下面,露出被测物并压紧布料,将织物的四周拉平。通过右手轮放低在试样上方的夹具,夹住钮扣部件,确认只有钮扣被夹住,而织物并没有影响,夹持样本时应确保无任何损坏或滑移。钮扣样品所处的平面垂直于拉力测试仪的上夹钳。
c) 转动摇手手柄,要求拉力必须在 5 s 内均匀地施加,并平行于测试部件的主轴,达到规定力值(50 N 或 90 N)后维持 10 s。如有需要,可继续拉伸,直到出现面料破环、钮扣部件破损或脱离布料,记录此时的力值和损坏现象。
d) 取下夹具,重复测试程序 b)～c),直至所有钮扣测试完毕。
e) 记录每个样本的最大拉力,以最低测试结果为最终结果,单位为牛顿,精确到 1 N。

6.3.5 按钮分开强力

6.3.5.1 试样状态调试和试验标准环境

试样应在温度(23±2)℃和相对湿度为(65±4)%的条件下放置 24 h 以上,并在此条件下进行试验。

6.3.5.2 试验设备

同 6.3.1.2,见图 6。

6.3.5.3 试验步骤

a) 由客户提供已装订至少 6 粒按钮的布料(每粒间距＞10 cm)或成衣样品作为测试样。测试前应确保按钮部件中钮珠和弹弓杯完全闭合。

b) 将装订有弹弓杯的布料压在夹座下面，露出被测物并压紧布料，将织物的四周拉平。通过右手轮放低在试样上方的夹具，夹住装订在布料上的钮珠部件。按钮样品所处的平面垂直于拉力测试仪的上夹钳。

c) 转动摇手手柄，上夹具拉动钮珠直到钮珠从弹弓杯中脱离，从仪表上读取显示的本次试验力值。

d) 取下夹具，重复测试程序 b)～c)，直至所有按钮测试完毕。

e) 记录每个样本的测试力值，以最差测试结果为最终结果，单位为牛顿，精确到 0.1 N。

6.3.6 按钮扣合强力

6.3.6.1 试样状态调试和试验标准环境

试样应在温度(23±2)℃和相对湿度为(65±4)%的条件下放置 24 h 以上，并在此条件下进行试验。

6.3.6.2 试验设备

同 6.3.1.2，见图 6。

6.3.6.3 试验步骤

a) 由客户提供已装订至少 6 粒按钮的布料(每粒间距>10 cm)或成衣样品作为测试样。测试前应确保按钮部件中钮珠和弹弓杯完全打开。

b) 将钮珠和弹弓杯两个部件分别固定在测试仪的上下夹具上，保证样品纵向中心轴垂直经过上下夹具中心线。放置样品时应确保无任何损坏或滑移。

c) 转动摇手手柄，上夹具压动钮珠直至与弹弓杯扣合，从仪表上读取显示的本次试验力值。

d) 取下夹具，重复测试程序 b)～c)，直至所有按钮测试完毕。

e) 记录每个样本的测试力值，以最差测试结果为最终结果，单位为牛顿，精确到 0.1 N。

6.3.7 耐皂洗色牢度

试样制备：对于明眼扣、暗眼扣等可以用线缝制在面料上的钮扣，用白线将这些钮扣缝在一块 40 mm×100 mm 多纤维贴衬布；对于四合扣、大白扣及揿扣等需用特别设备打在面料上的钮扣，将钮扣放入用一块 40 mm×100 mm 多纤维贴衬布缝制的口袋中。

测试样品数量：钮扣的粒数按钮扣外径规格规定。外径≤11.4 mm 时，缝 6 粒；11.4 mm<外径≤20.3 mm，缝 4 粒；外径>20.3 mm，缝 2 粒。按照 GB/T 3921 A(1)标准进行测试。

6.3.8 耐干洗色牢度

按照 GB/T 5711 标准进行测试。测试钮扣粒数按钮扣外径规格规定，同 6.3.7。

6.3.9 耐氯漂色牢度

按照 GB/T 7069 标准进行测试。测试钮扣粒数按钮扣外径规格规定，同 6.3.7。

7 检验规则

7.1 检验分类

7.1.1 检验分出厂检验和型式检验。

7.1.2 每批产品必须经质检部门检验合格,并附合格证出厂。

7.1.3 出厂检验项目:外观、结构尺寸。

7.1.4 型式检验项目:第5章要求的全部项目。

7.1.5 有下列情况之一需进行型式检验:

a) 正式生产后,如设备、原料和工艺有较大改变,可能影响产品性能时;

b) 产品停产半年后,恢复生产时或连续生产半年;

c) 出厂检验结果与上次型式检验有较大差异时;

d) 国家质量监督机构提出进行型式检验的要求时。

7.2 组批、抽样

7.2.1 检验以一次交验的产品为一批,以每粒产品为一个单位产品。

7.2.2 外观和结构尺寸检测按以下产品批量:

a) 500粒[含500粒]以下抽验50粒;

b) 500粒以上至10 000粒[含10 000粒]抽验100粒;

c) 10 000粒以上抽验200粒。

7.2.3 按6.3规定取足够量的试样进行理化性能测试。

7.3 判定规则

7.3.1 单件(样本)判定

单件产品不符合本标准规定的技术要求,即构成缺陷。缺陷分为轻缺陷和重缺陷。不符合本标准的规定,但对产品的使用性能及外观影响较小的缺陷为轻缺陷;严重影响使用及外观的缺陷为重缺陷。在同一粒铜质钮扣上同时出现三种或三种以上的轻缺陷,视同重缺陷。

7.3.2 批量判定

7.3.2.1 外观和主要尺寸检验中,抽取的铜质钮扣若出现5粒有重缺陷,则进行二次抽样,样本加倍。若累计出现10粒重缺陷,则判定批产品不合格。若出现轻缺陷的产品数量超过检测样本数量的20%,视同重缺陷,判为批产品不合格。

7.3.2.2 理化性能要求中若有一项指标不合格,则判定为批产品不合格。

7.3.3 铜质钮扣的常见缺陷的判定见表5。

表5 常见缺陷分类

项 目	内 容	轻缺陷	重缺陷
尺寸	主要尺寸超差≤0.2 mm(外径除外)	●	
	外径超差>0.2 mm		●
外观	非主要表面镀层露底、花色	●	
	主要表面镀层露底、花色		●
	花纹不清晰,但可以辨认	●	
	花纹模糊		●
	不明显的局部变形	●	
	较大的变形		●
	非主要表面起皮或起泡≤ϕ1.0 mm,限两处	●	
	主要表面起皮或起泡>ϕ1.0 mm		●

表 5（续）

项　目	内　容	轻缺陷	重缺陷
外观	漆出界≤ϕ1.0 mm，限两处；缺漆≤ϕ1.0 mm，限两处	●	
	漆出界＞ϕ1.0 mm；缺漆＞ϕ1.0 mm		●
	扣柄偏转 5°～10°	●	
	扣柄偏转＞10°		●

8　标志、包装、运输与贮存

8.1　标志

8.1.1　包装标志

8.1.1.1　纸盒标志

纸盒正面需注明产品名称、数量、生产单位及生产日期、产品标准代号、质量等级等。

8.1.1.2　纸箱标志

产品外包装需注明如下内容：

a）产品名称、规格；
b）数量；
c）重量；
d）体积：长×宽×高(毫米)；
e）生产单位名称及地址。

包装储运标志应符合 GB/T 191 的规定。

纸箱外标志印刷布局应合理，字体大小合宜。字迹应清晰、工整。

8.2　包装

8.2.1　钮扣经计数后装入塑胶类薄膜袋内，然后再装入小包装纸盒或大包装纸箱。必要时在小包装袋外加上气泡袋，箱内应有相应的标签。或双方协商可简易包装。

8.2.2　纸箱质量应符合 GB/T 6543 中不低于 2 类纸箱的规定。

8.3　运输

钮扣运输应远离火源，并注意防压、防机械损伤，不得曝晒或者雨雪直接浸淋，严禁与酸碱混运。装卸时严禁抛掷包装箱，做到小心轻放。

8.4　贮存

8.4.1　钮扣贮存于干燥通风的库房内，并垫起 200 mm 以上，不得与地面直接接触，严禁与酸碱共贮，远离火源，贮藏环境应有干燥、通风条件。

8.4.2　钮扣自出厂日期起，贮存期为一年。

ICS 97.130.20
J 73

中华人民共和国国家标准

GB/T 28493—2012

瓶装、罐装和其它封装饮料自动售货机性能试验方法

Test method for rating vending machines for bottled, canned and other sealed beverages

2012-06-29 发布　　2012-11-01 实施

中华人民共和国国家质量监督检验检疫总局
中国国家标准化管理委员会　发布

前　言

本标准按照GB/T 1.1—2009给出的规则起草。

本标准参考ANSI/ASHRAE Standard 32.1—2004《瓶装、罐装和其它封装饮料自动售货机性能试验方法》(Methods of testing for rating vending machines for bottled,canned and other sealed beverages),其框架与ANSI/ASHRAE Standard 32.1—2004基本相同,结构和技术内容做了比较多的修改。

本标准由中华人民共和国商务部提出。

本标准由全国制冷标准化技术委员会(SAC/TC 119)归口。

本标准起草单位:江苏白雪电器股份有限公司、大连富士冰山自动售货机有限公司、青岛澳柯玛自动售货机股份有限公司、中国制冷学会秘书处、国家商用制冷设备质量监督检测中心、西安交通大学。

本标准主要起草人:漆鹏程、崔健、宋洪杰、何雅玲、胡汪洋、刘小朋、肖杨、张选施、唐学平、钱春雷、周小波。

瓶装、罐装和其它封装饮料自动售货机性能试验方法

1 范围

本标准规定了用于瓶装、罐装和其它封装饮料自动售货机容量、耗电量、售卖试验、恢复试验和噪声的试验方法。

本标准适用于自携机械制冷的瓶装、罐装和其它封装饮料自动售货机(以下简称售货机)。

2 规范性引用文件

下列文件对于本文件的应用是必不可少的。凡是注日期的引用文件,仅注日期的版本适用于本文件。凡是不注日期的引用文件,其最新版本(包括所有的修改单)适用于本文件。

GB/T 3785.1 电声学 声级计 第1部分:规范

GB/T 3785.2 电声学 声级计 第2部分:型式评价试验

GB/T 18517 制冷术语

JB/T 4330 制冷和空调设备噪声的测定

3 术语和定义

GB/T 18517 界定的以及下列术语和定义适用于本文件。

3.1

瓶 bottle

用于封装饮料的玻璃或塑料容器。

3.2

罐 can

用金属或纸,或者两种材料混合制成的,用于封装饮料的容器。

3.3

特殊包装 special package

不同于瓶装、罐装的密封饮料容器。

3.4

基本型 basic model

电气性能参数相同、没有影响耗电量的不同物理或功能特性的一类售货机。

3.5

能量管理系统 energy management system

根据售货机摆放场所的环境和运行变量来调整售货机的一个或一套控制装置。

3.6

货品 product

瓶装、罐装或其它封装的饮料。

3.7

货仓　storage rack

售货机内用于放置售卖货品的部件。

3.8

试验负载　standard product

用于试验的制造商规定的各货道中可售卖最大容积的货品。

3.9

标准试验包　standard test package

一种专门为售货机而特制的与试验负载同尺寸、外形和材质的饮料容器，在饮料容器内盛放标称容积且体积比为1∶4的乙二醇和水的混合溶液，中心位置安装有一个测温装置。

3.10

满负载　full loading

可销售的试验负载达到最大装载量时的状态。

3.11

售货机容量　vending machine capacity

不再次装填的情况下，采用试验负载，使售货机处于满负载时，可销售试验负载的最大数量。

3.12

稳定运行　stabilized operation

当售货机连续运行一段时间后，所有试验参数值呈重复性（或周期性）变化的运转状态。

3.13

待机状态　standby

售货机处于非售卖模式下的运行状态。

3.14

售卖　vend

售货机处于售卖模式下的运行状态。

3.15

恢复时间　recovery time

按6.4的要求对试验负载进行冷却，达到售卖温度要求时售货机所需的时间，比满足6.4.2.4中的要求所需的工作时间少2 h来计算。

4　测量仪器

4.1　概述

所有仪器均应在检定或校准的有效期内，记录形式参见附录A。

4.2　温度测量仪器

应采用允许误差为±0.5 ℃的仪器。

4.3　电气测量仪器

应采用分辨率为0.01 kW·h或更好的积分式电能表，其准确度至少应为±0.5%。测量输入电压应采用准确度至少为±1.0%的电压表。

4.4　时间测量仪器

应采用准确度不低于±0.1%的仪器。

4.5 噪声测量仪器

应采用符合 GB/T 3785.1 和 GB/T 3785.2 规定的 2 级或 2 级以上的声级计或准确度相当的其它测试仪器。

5 试验条件

5.1 标准试验条件

表 1 中规定的试验条件为标准试验条件，记录形式参见附录 A。

表 1 标准试验条件

试验及预备试验条件	耗电量试验(6.2)	售卖试验(6.3)		恢复试验(6.4)
		室内型	室外型	
环境温度	两次试验条件： 1.(32±1)℃ 2.(25±1)℃	(25±1)℃	(32±1)℃	(32±1)℃
相对湿度	温度为(32±1)℃时,(65±5)% 温度为(25±1)℃时,(45±5)%	(45±5)%	(65±5)%	(65±5)%
再装填试验负载温度	—	(25±0.5)℃	(32±0.5)℃	(32±0.5)℃
平均饮料温度 (试验用)	整个试验过程 (8±0.5)℃	最终温度小于等于 10 ℃		最终温度小于等于 10 ℃
平均饮料温度 (预备试验用)	—	预备试验条件 (8±1)℃		预备试验条件 (8±1)℃

5.2 电压和频率

试验应在电压为额定电压±2%，频率为额定频率±1%的条件下进行。

6 试验方法

6.1 一般要求

6.1.1 售货机的安置

售货机的安置应该符合以下要求：

a) 应按照制造商的产品使用说明书进行安置；

b) 应在一个水平位置上安置，除非使用说明书上另有要求；

c) 应放置在地面上(或者试验平台上)以保证正常运行；

d) 应在正常的照明和控制设置下运行，采用始终运行的能量管理模式，且不能被机器操作者所调整；

e) 应防止受到附近热源或冷源的影响；

f) 空气流速不应大于 0.25 m/s。

6.1.2 空气流通

为了限制售货机背面空气的流通，机器放置时后部应距垂直隔板或墙 150 mm，或符合 6.1.1a)的要求，两者中取大值。从地面(或试验平台)起垂直隔板的边界应伸出售货机两侧壁至少 300 mm，且高出售货机顶部不少于 300 mm。

6.1.3 环境温度测量

对于环境温度的测量，需将测温仪器探头放置在距售货机前 300 mm 的位置，且对准箱体的正中间，在试验的过程中测点处的温度应保持在表 1 规定的温度值。

6.2 耗电量试验

6.2.1 目的

本试验的目的是确定售货机日耗电量和单位容量的日耗电量，售货机应连续稳定运行超过 24 h，且在整个试验过程中，使用的能量管理系统不允许被操作者调节。如需在高温环境下对售货机的耗电量进行试验，按附录 B 要求。

6.2.2 方法

6.2.2.1 采用标准试验包来测量饮料的温度，该标准试验包应放置在每个选择货道最先被售出位置。

6.2.2.2 售货机处于满负载状态，温度应设定为表 1 中规定的平均饮料温度，且在标准试验条件下达到稳定运行。温度的稳定状态是指在平均饮料温度达到表 1 中规定值 24 h 后、且两个连续的不小于 6 h 周期的耗电量折算成两个 6 h 耗电量之间的变化不大于 2%。

6.2.2.3 试验应在温度达到稳定运行状态后进行，应连续 24 h 记录如下数值：

a) 环境温度；
b) 相对湿度；
c) 平均饮料温度(算术平均值)；
d) 耗电量；
e) 输入电压；
f) 试验持续时间。

6.2.2.4 为了避免售货机在试验过程中受外部环境影响，除了某些特定要求，在进行耗电量试验期间一旦测量仪器放好后，在整个过程中实验室和售货机均不应被干扰。

6.2.2.5 耗电量试验应在饮料平均温度(8±0.5)℃时测定；也可以采用两点内插法测定。设 t 为 8 ℃，调节一个高点温度 t_1，使 $t<t_1<t+1.5$ ℃，测得一个高点耗电量 W_1；再调节一个低点温度 t_2，使得 $t-1.5$ ℃$<t_2<t$，测得一个低点耗电量 W_2。见图 1，即可用内插法求出饮料平均温度 8 ℃的耗电量。

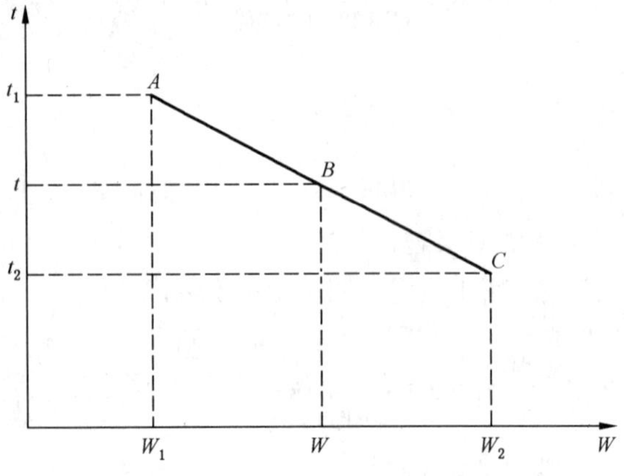

图 1 两点内插法

6.2.3 耗电量计算

6.2.3.1 日耗电量计算

每个基本型的售货机日耗电量应按式(1)计算：

$$E_D = (E_T / t_T) \times 24 \quad \cdots\cdots(1)$$

E_D——日耗电量，单位为千瓦小时每 24 小时(kW·h/24 h)；

E_T——试验期间耗电量，单位为千瓦小时(kW·h)；

t_T——试验持续时间，单位为小时(h)。

6.2.3.2 单位容量日耗电量计算

单位容量日耗电量应按式(2)计算：

$$E_C = E_D / (C \times P) \quad \cdots\cdots(2)$$

E_C——单位容量日耗电量，单位千瓦小时每 24 小时升[kW·h/(24 h·L)]；

C——售货机容量(试验负载的数量)；

P——单个试验负载标称容积，单位为升(L)。

6.3 售卖试验

6.3.1 目的

本试验的目的是确定每个货道在半负载状态下，以表 1 规定温度的饮料进行补充完，继续运行 3 h 后，试验负载以 2 个/min 的速率出售，售货机可售卖符合表 1 规定温度试验负载的数量值。

6.3.2 方法

6.3.2.1 饮料温度的测点位于液体的中心。

6.3.2.2 按照 6.2.2 设置温度控制装置，售货机在半负载状态，满足标准试验条件(见表 1)运行至少 12 h，直至稳定运行。

6.3.2.3 然后开启箱门，将货仓重新装满符合表 1 中饮料温度的试验负载，开门持续时间值见表 2。

表 2 开门持续时间

售卖商品容量 个	开门持续时间 min	
	售卖试验	恢复试验
≤400	10	15
>400	20	30

6.3.2.4 关闭箱门，运行 3 h 后开始售卖，记录每个被售出的饮料温度值。试验负载售卖应当以 2 个/min 的同样速率，有次序地选择试验负载货道，确保均匀出货。

6.3.2.5 继续进行售卖，并记录温度，直至有一半的试验负载被售卖，或者有 10% 的被售卖试验负载温度高于 10 ℃，在出现上述任何一种情况后，应停止售卖。

6.3.2.6 记录每个试验负载的温度和符合表 1 规定饮料温度的试验负载的数量。

6.4 恢复试验

6.4.1 目的

本试验的目的是为了确定售货机装填表 1 规定温度的试验负载后，其温度的恢复时间值。

6.4.2 方法

6.4.2.1 采用标准试验包来测量饮料的温度，该标准试验包应放置在每个选择货道最先被售出位置。

6.4.2.2 按 6.2.2 进行温度控制设置，根据表 1 中规定的标准试验条件，售货机在空载条件下运行直至稳定运行状态。

6.4.2.3 然后开启箱门，将货仓装满符合表 1 规定饮料温度的试验负载，开门持续时间见表 2。

6.4.2.4 当所有的最终平均饮料温度达到表 1 规定时，即可判断恢复试验完成。

6.4.2.5 应记录恢复时间，6.4.2.3 中关门后和满足 6.4.2.4 要求之间的实耗时间，并记录开门、关门、试验结束和恢复的实际时间。

6.5 噪声

6.5.1 目的

本试验的目的是为了确定售货机满负载时按表 3 规定的测点处的噪声值。

表 3 测点位置

单位为米

编　号	X	Y	Z
1	a	0	1.5
2	0	b	1.5
3	0	$-b$	1.5

6.5.2 方法

6.5.2.1 噪声测试采用工程法，应符合 JB/T 4330 中的规定。

6.5.2.2 在测试场所地面的几何中心处，将售货机固定在不会发生共振的混凝土基础上或铺上毛毡的坚固的台子上。

6.5.2.3 售货机应满负载，温度控制应被设定能达到表 1 售卖试验中规定的平均饮料温度，并在额定电压、额定频率、待机状态下进行测定。

6.5.2.4 在测试期间，如果箱内温度达到设定的温度而停机时，则此时应中断测量，待压缩机重新开机工作 2 min 后再测量。

6.5.2.5 按图 2 所示，将传声器分别置于 1、2、3 各测试点，用声压级计（A 计权）测试噪声，分别记录三点噪声值 L_{p1}、L_{p2}、L_{p3}。

单位为米

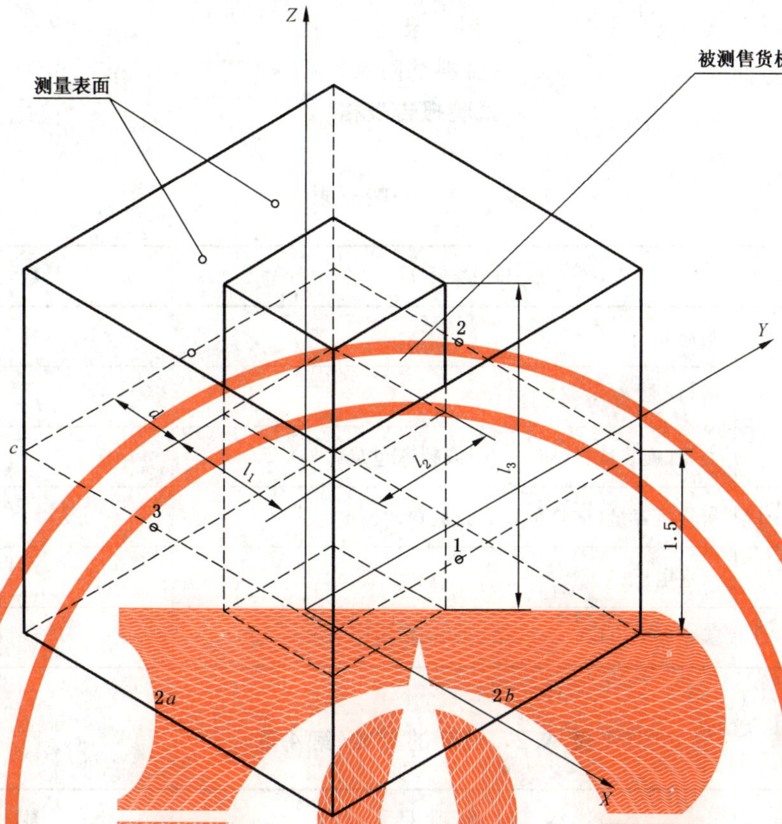

注：坐标原点位置为俯视投影面的几何中心。

图 2　噪声测定坐标点

设 l_1、l_2、l_3 分别为器具的长、宽和高，单位为 m。

$$a=\frac{l_1}{2}+d \qquad b=\frac{l_2}{2}+d \qquad c=l_3+d$$

取 $d=1$ m。

各测点的位置见表 3。

6.5.2.6　背景噪声测量

断开售货机电源，按照 6.5.2.5 所述测量方法，分别测量 1、2、3 各测试点的背景噪声值 L_{b1}，L_{b2}，L_{b3}。

附 录 A
（资料性附录）
试验报告表格

表 A.1 一般要求

章条	试验项目	数 值
—	制造商	
—	型号	
3	类型(罐装饮料、瓶装饮料或特殊包装饮料)	
3.11	售货机容量(试验负载的数量)	
5.2	额定电压(V)	
5.2	额定频率(Hz)	

表 A.2 最新的校准(第 4 章)

章条	试验项目	数 值
4.2	温度测量仪器	
4.3	电气测量仪器	
4.4	时间测量仪器	
4.5	噪声测量仪器	

表 A.3 在环境温度 32 ℃下耗电量试验(6.2)

章条	试验项目	数 值
6.2.2.3a)	平均环境温度(℃)	
6.2.2.3b)	平均相对湿度(%)	
6.2.2.3c)	平均饮料温度(℃)	
6.2.2.3d)	试验过程耗电量(kW·h)	
6.2.2.3e)	平均输入电压(V)	
6.2.2.3f)	试验持续时间(h)	
6.2.3.1	日耗电量(kW·h/24 h)	
6.2.3.2	单位容量日耗电量[kW·h/(24 h·L)]	

表 A.4　在环境温度 25 ℃下耗电量试验(6.2)

章条	试验项目	数　值
6.2.2.3a)	环境平均温度(℃)	
6.2.2.3b)	平均相对湿度(%)	
6.2.2.3c)	平均饮料温度(℃)	
6.2.2.3d)	试验过程耗电量(kW·h)	
6.2.2.3e)	平均输入电压(V)	
6.2.2.3f)	试验持续时间(h)	
6.2.3.1	日耗电量(kW·h/24 h)	
6.2.3.2	单位容量日耗电量[kW·h/(24 h·L)]	

表 A.5　售卖试验(6.3)

章条	试验项目	数　值
6.3.1	平均环境温度(℃)	
6.3.1	平均相对湿度(%)	
6.3.1	平均再装填试验负载温度(℃)	
6.3.1	平均饮料温度(℃)	
6.3.2.3	开门持续时间(min)	
6.3.2.5	售卖持续时间(min)	
6.3.2.6	试验负载的数量	
6.3.2.6	每个售卖出试验负载的温度(℃)	

表 A.6　恢复试验(6.4)

章条	试验项目	数　值
6.4.1	平均环境温度(℃)	
6.4.1	平均相对湿度(%)	
6.4.1	平均再装填试验负载温度(℃)	
6.4.1	平均最终饮料温度(℃)	
6.4.2.3	开门时间(min)	
6.4.2.5	恢复时间(min)	
6.4.2.5	实耗时间(min)	

表 A.7 噪声(6.5)

章条	试验项目	数值
6.5.2.5	测点 1 L_{p1}(机器正面) dB(A)	
	测点 2 L_{p2}(机器右侧面) dB(A)	
	测点 3 L_{p3}(机器左侧面) dB(A)	
6.5.2.6	测点 1 L_{b1}(机器正面) dB(A)	
	测点 2 L_{b2}(机器右侧面) dB(A)	
	测点 3 L_{b3}(机器左侧面) dB(A)	

附 录 B
（规范性附录）
高温环境耗电量试验

本标准的使用者如需在高温环境下对售货机的耗电量进行试验，推荐按本标准中6.2的试验要求，将环境温度变为(40±1)℃，其他要求参照表1来进行。

ICS 83.140.30;23.060.99
G 33

中华人民共和国国家标准

GB/T 28494—2012

热塑性塑料截止阀

Globe valves of thermoplastics materials

(ISO 21787:2006,Industrial valves—
Globe valves of thermoplastics materials,MOD)

2012-06-29 发布　　2012-11-01 实施

中华人民共和国国家质量监督检验检疫总局
中国国家标准化管理委员会　发布

前　言

本标准按照 GB/T 1.1—2009 给出的规则起草。

本标准修改采用国际标准 ISO 21787:2006《工业阀门—热塑性塑料截止阀》。

本标准与 ISO 21787:2006 相比,主要技术变化如下:

——修改了 ISO 21787:2006 的范围内容和编排格式;

——规范性引用文件采用国内相关同类标准进行替代和增减;

——增加了生活用冷热水、饮用水和采暖系统的用途,并增加了相关要求;

——增加了公称尺寸 DN32;

——取消了压力等级(Class);

——在"术语和定义"中增加了符号;

——将"材料"单列一章,作为第 4 章;

——将 ISO 21787:2006 中第 4 章的要求改为两章:第 5 章的一般要求和第 6 章的技术要求;

——增加了扭矩要求;

——疲劳强度的循环次数由 5 000 次升为 10 000 次;

——增加了系统检验;

——将原文中第 5 章的检验程序更改为第 7 章的试验方法和第 8 章的检验规则;

——取消了第 6 章符合性;

——将 ISO 21787:2006 中的第 7 章和第 8 章合并为第 9 章的"标志、包装、运输、贮存";

——删除了 ISO 21787 的原有附录,增加了手工操作允许作用力、热塑性塑料阀门扭矩试验方法、热塑性塑料阀门疲劳强度试验方法等附录。

本标准的附录 A、附录 B、附录 C 均为规范性附录。

本标准由中国轻工业联合会提出。

本标准由全国塑料制品标准化技术委员会塑料管材、管件及阀门分技术委员会(SAC/TC 48/SC 3)归口。

本标准起草单位:上海三山信邦科技有限公司、上海白蝶管业科技股份有限公司、佛山市日丰企业有限公司、广东联塑科技实业有限公司、成都四维塑料阀门有限公司。

本标准主要起草人:朱利平、柴冈、林细勇、林少全、罗荣森。

热塑性塑料截止阀

1 范围

本标准规定了热塑性塑料截止阀(以下简称截止阀)的定义和符号、材料、一般要求、技术要求、试验方法、检验规则、标志、包装、运输、贮存。

本标准适用于民用冷热水系统、饮用水系统、采暖管道系统和考虑材料的耐化学性和耐热性的条件下输送工业用水及其他非水介质管道系统中的手动或动力驱动的截止阀。

公称尺寸的范围是 DN 10,DN 15,DN 20,DN 25,DN 32,DN 40,DN 50,DN 65,DN 80,DN 100,DN 125 和 DN 150。公称压力范围是 PN0.6,PN1.0,PN1.6。

2 规范性引用文件

下列文件对于本文件的应用是必不可少的。凡是注日期的引用文件,仅注日期的版本适用于本文件。凡是不注日期的引用文件,其最新版本(包括所有的修改单)适用于本文件。

GB/T 2828.1—2003 计数抽样检验程序 第1部分:按接收质量限(AQL)检索的逐批检验抽样计划(ISO 2859-1:1999,IDT)

GB/T 4217—2008 流体输送用热塑性塑料管材 公称外径和公称压力

GB/T 7306.1—2000 55°密封管螺纹 第1部分:圆柱内螺纹与圆锥外螺纹

GB/T 7306.2—2000 55°密封管螺纹 第2部分:圆锥内螺纹与圆锥外螺纹

GB/T 8806—2008 塑料管道系统 塑料部件 尺寸测定(ISO 3126:2005,IDT)

GB 12222—2005 多回转阀门驱动装置的连接

GB/T 17219—1998 生活饮用水输配水设备及防护材料的安全性评价标准

GB/T 19993—2005 冷热水用热塑性塑料管道系统 管材管件组合系统热循环试验方法(EN 12293:1999,IDT)

GB/T 21300—2007 塑料管材和管件不透光性的测定(ISO 7686:2005,IDT)

GB/T 27726—2011 热塑性塑料阀门压力试验方法及要求

ISO 10931:2005 工业用塑料管道系统 聚偏氟乙烯(PVDF) 元件和系统的规范

ISO 15493:2003 工业用塑料管道系统 ABS、PVC-U 和 PVC-C 组成和系统规范 公制系列

ISO 15494:2003 工业用塑料管道系统 PB、PE 和 PP 组成和系统规范 公制系列

EN 1267:1999 阀门 以水为试验介质,测试阀门流阻

3 术语、定义和符号

3.1 术语和定义

下列术语和定义适用于本文件。

3.1.1

公称尺寸 nominal size

DN

管道系统部件尺寸的名义数值。DN 和后面的无量纲数值,与连接端的外径或通孔(单位为毫米)间接相关。

3.1.2

温度折减系数　rating factor

f_r

材料受温度影响致使承压能力变化的计算系数。

3.1.3

关闭扭矩　closing torque

在公称压力下,将截止阀完全关闭过程中的最大转矩。

3.1.4

开启扭矩　opening torque

在公称压力下,将截止阀完全打开过程中的最大扭矩。

3.1.5

手工操作作用力　manual force

单个人能够实施对截止阀的手动操作部件的操作力,用 F 表示,最大允许手工操作力用 F_s 表示。

3.1.6

阀门流通能力 K_V 值　valve flow coefficient K_V

K_V:截止阀在两端规定压差状态下的流量,单位为 m^3/h。

K_{V100}:截止阀在两端压差 0.1 MPa 状态下的流量,单位为 m^3/h。

3.2　符号

下列符号适用于本文件。

DN:公称尺寸;

p_{MA}:最大允许工作压力;

f_r:温度折减系数;

K_{V100}:截止阀在两端压差 0.1 MPa 状态下的设计流通能力(m^3/h)。

4　材料

4.1　截止阀的材料

壳体和阀盖所选材料可从 ABS、PE、PP、PE-RT、PVC-U、PVC-C、PB、PVDF 和 PPO、PPSU 中选择,并应符合 ISO 15493:2003、ISO 15494:2003 和 ISO 10931:2005 等塑料管道系统标准中对原料的要求。

4.2　如果壳体和阀盖使用其他材料,原料供应商应提供符合本标准使用要求的原材料定级证明。

4.3　用于连接壳体和阀盖的螺栓、螺母应满足密封与使用的要求。

4.4　截止阀的其他部件

密封件、阀杆,阀瓣等其他各部件材料的选择,应确保截止阀的性能符合第 6 章规定的要求。

4.5　使用寿命与温度折减系数

4.5.1　选择原料应满足截止阀的壳体设计使用寿命达到 25 年。

4.5.2　截止阀的最大允许工作压力 p_{MA} 与工作温度有关,并与截止阀所用不同材料的设计有关,若截止阀使用寿命不是 25 年,或介质对壳体材料的物理和化学性能有影响时,由制造者给出折减系数 f_r。因此,截止阀在不同的工作温度下不同材料应使用温度折减系数 f_r 见表 1,表中没有列入壳体材料的温度折减系数 f_r 由制造者给出。

表 1 寿命 25 年的最小折减系数 f_r

温 度 ℃	壳体材料的温度折减系数 f_r					
	ABS	PE	PP	PVC-C	PVC-U	PVDF
−40	1.0	1.0	—	—	—	a
−30	1.0	1.0	—	—	—	a
−20	1.0	1.0	—	—	—	1.0
−10	1.0	1.0	—	—	—	1.0
0	1.0	1.0	—	—	—	1.0
5	1.0	1.0	1.0	—	—	1.0
10	1.0	1.0	1.0	1.0	1.0	1.0
20	1.0	1.0	1.0	1.0	1.0	1.0
25	1.0	1.0	1.0	1.0	1.0	1.0
30	0.80	0.76	0.85	0.85	0.80	0.90
40	0.60	0.53	0.70	0.65	0.60	0.80
50	0.40	0.35	0.55	0.50	0.35	0.71
60	0.20	0.24	0.40	0.35	0.15	0.63
70	—	—	0.27	0.25	—	0.54
80	—	—	0.15	0.15	—	0.47
90	—	—	0.08	—	—	0.36
100	—	—	a	—	—	0.25
110	—	—	—	—	—	0.17
120	—	—	—	—	—	0.12
130	—	—	—	—	—	—
140	—	—	—	—	—	—
注：这些折减系数 f_r 与管材、管件其他相关的折减系数不一致。						

最大允许工作压力按公式(1)计算：

$$p_{MA} = f_r \times PN \quad \cdots\cdots\cdots\cdots (1)$$

式中：

p_{MA}——最大允许工作压力；

f_r ——温度折减系数；

PN ——公称压力。

表 1 为截止阀压力折减系数最小值，所列数据符合下述要求：

——表中材料为壳体材料；

——设计使用寿命 25 年；

——与流体接触的截止阀部件，其物理和化学性能不受介质影响。

5 一般要求

5.1 设计和操作要求

5.1.1 截止阀的功能

截止阀适用于隔离和调节流量。

5.1.2 截止阀与管道的连接

5.1.2.1 连接可选下列方式：

对接焊连接、粘接承插连接、电熔承插连接、热熔承插连接、粘接承插连接、橡胶圈密封承插连接、法兰连接、圆薄电熔带连接、螺纹连接、活接式连接。

5.1.2.2 连接端与截止阀应为一体，也可以在一个截止阀上有不同的连接方式。

5.1.2.3 用于熔接或粘接的连接端，应与所连接管材的材质相同。

5.1.3 如果顾客不指定用动力驱动装置，制造者应提供手动操作装置。

5.1.4 所有操作装置应：

——从上手轮上方看，顺时针方向旋转手轮为关闭；

——操作后手轮相对于阀杆的位置不能发生变化。

5.1.5 齿轮和动力驱动截止阀应：

——在“开”和“关”的终点位置有停止装置限位；

——驱动附件应符合 GB 12222—2005 的要求。

截止阀驱动部分与截止阀设计成一体的结构，可不按照此条要求。

5.2 设计特征

5.2.1 截止阀的设计应由制造者负责。

5.2.2 截止阀应具有下列设计特征：

a) 对称设计应适合于流体双向流动和隔离；

b) 如果仅有一个承压方向，应在壳体外部用箭头标注；

c) 由阀杆旋转带动阀瓣升降，在终点或中间任一位置靠摩擦力定位，流体流动不能将其改变；

d) 截止阀的通径符合全通径设计时，最小流通孔径应不小于 DN 值的 90%；

e) 截止阀采用最小流通孔径小于 DN 值 90%缩径设计时，生产商应给出最小流通孔径的实际尺寸；

f) 阀杆：

——与壳体之间的密封应符合 6.4；

——用弹性制品密封。

5.2.3 截止阀宜使用柔性密封件密封壳体。

5.2.4 阀杆、阀瓣等与介质接触的部件宜用塑料材质或采用耐腐蚀的金属材料制作。

5.3 外观及颜色

截止阀表面不允许有裂纹、气泡、脱皮和明显的杂质、明显的缩形以及色泽不均，分解变色等缺陷。颜色由供需双方确定。

5.4 尺寸

5.4.1 连接尺寸

5.4.1.1 截止阀的连接尺寸应符合以下要求：

a) 电熔连接、热熔承插连接和溶剂粘接应符合塑料管道系统中对管件连接尺寸的要求；

b) 截止阀上的金属法兰环应符合连接管道上的法兰尺寸要求；

c) 管螺纹连接应符合 GB/T 7306.1—2000、GB/T 7306.2—2000。

5.4.1.2 其他形式的连接，尺寸由供需双方协商，但应满足管路系统的使用要求。

5.4.2 部件结构尺寸

整体尺寸应符合管路系统的要求。

连接管材部件的壁厚应不小于相同管系列 S 的等径管材的壁厚。

6 技术要求

6.1 壳体强度要求

6.1.1 壳体的强度设计应符合 GB/T 27726—2011 附录 A 中 A.2 要求。

6.1.2 用于热水系统或采暖系统中截止阀的壳体，应满足试验温度为 95 ℃±2 ℃，用壳体材料 1 000 h 95 ℃的预测应力值除以$(d_{em}-e_n)/2e_n$计算出试验压力值，保持 1 000 h 不渗漏的要求。

6.2 截止阀整体强度要求

截止阀整体应符合 GB/T 27726—2011 附录 A 中 A.3 要求。

6.3 流动性

6.3.1 制造者应给出截止阀全开位置的K_{V100}值。

6.3.2 如果用截止阀控制流量，制造者应给出截止阀在半开位置的K_{V100}值。

6.4 阀座和密封件的密封

阀座密封实验时应使阀瓣处于全关位置；密封件试验时应使阀瓣处于半开位置。密封应符合 GB/T 27726—2011 附录 A 中 A.4 要求。

6.5 操作扭矩

制造者应给出截止阀在公称压力 PN 的承压条件下，开启扭矩或关闭扭矩的最大操作扭矩数值。

6.6 手工操作允许作用力

6.6.1 按附录 A 中表 A.1 所规定的最大允许操作力F_s数值，要求作用后截止阀各部位不能损坏。

6.6.2 在操作力F作用后，截止阀的所有功能应保持完好。

6.7 疲劳强度要求

疲劳强度试验按照 7.8 进行，并应符合下列要求：

a) 截止阀密封应符合 GB/T 27726—2011 附录 A 中 A.4 的要求；

b) 在试验过程中不能有滴漏现象；

c) 疲劳强度循环不少于 10 000 次；

d) 疲劳强度试验后，所有截止阀的功能部分仍能正常使用。

6.8 卫生性能要求

用于饮用水系统截止阀与水接触部件应满足卫生性能要求。

6.9 不透光性

用于饮用水系统截止阀应具有不透光性，透光率应≤0.2%。

6.10 系统检验要求

当截止阀用于热水系统或采暖系统中，应进行截止阀整体系统的热循环试验，试验条件是截止阀设计热水温度最高工作温度 $T_{max}+10$ ℃(但不超过 90 ℃)，热水压力为截止阀最大工作压力 p_{MA}；冷水温度为 20 ℃，冷水压力为 0.1 MPa。一个循环的时间为(30^{+2}_{0}) min，包括(15^{+1}_{0}) min 最高试验温度和(15^{+1}_{0}) min 最低试验温度，循环 1 000 次，截止阀应不泄漏。

7 试验方法

7.1 一般要求

尺寸按 GB/T 8806—2008 测量，特征、外观、颜色和结构用肉眼观察。

7.2 壳体强度试验

壳体强度试验是将截止阀壳体封闭后按照 GB/T 27726—2011 中 7.2 试验，并满足 6.1 要求。采用内部为水外部为空气的方式试验。

7.3 截止阀整体强度

截止阀整体长期性能的试验，是按照制造者说明书，将截止阀与连接元件装配后按照 GB/T 27726—2011 中 7.3 试验。采用内部为水外部为空气的方式。

7.4 截止阀流通能力 K_{V100} 值试验

试验按 EN 1267 进行。

7.5 阀座和密封件密封试验

按照 GB/T 27726—2011 中 7.4 试验。

7.6 操作扭矩试验

手动截止阀的扭矩应在压力 PN 和室温状态下按照附录 B 试验。

7.7 手工操作允许作用力

试验按附录 A 进行。

7.8 疲劳强度试验

试验按附录 C 进行。

截止阀应在下列状态做开启与关闭的疲劳强度循环试验：

a) 以水为试验流体，温度为 15 ℃～30 ℃；

b) 截止阀完全开启，使水的流速达到(1±0.2)m/s；

c) 当完全关闭时，截止阀的输入端压力为 p_{MA}，输出端的压力等于大气压力；

d) 重复 b)、c)。

7.9 卫生性能试验

试验按 GB/T 17219—1998 进行。

7.10 不透光性试验

试验按 GB/T 21300—2007 进行。

7.11 系统试验

截止阀整体的系统试验，是按照制造者说明书，将一个半开的截止阀与自由长度不小于管材公称外径 6 倍长度的管段连接装配后按照 GB/T 19993—2005 的第 6 章进行试验。

8 检验规则

8.1 产品需经生产厂质量检验部门检验合格并附有合格标志方可出厂。

8.2 组批

用同一原料和工艺连续生产的同一规格的截止阀作为一批。DN≤50 mm 规格的截止阀每批不超过 5 000 个，DN≥65 mm 规格的截止阀每批不超过 1 000 个。如果生产 7 天仍不足上述数量，则以 7 天为一批。

8.3 分组

按表 2 规定对截止阀进行尺寸分组。

表 2 截止阀的尺寸组及公称尺寸范围

尺寸组	公称尺寸范围
1	DN≤50
2	DN≥65

8.4 出厂检验

8.4.1 出厂检验项目为 5.4 和 6.4、6.5 的试验。

8.4.2 外观、尺寸按 GB/T 2828.1—2003 采用正常检验一次抽样方案，取一般检验水平 I，合格质量水平 6.5，抽样方案见表 3。

表 3 抽样方案

件

批量范围 N	样本大小 n	合格判定数 Ac	不合格判定数 Re
≤150	8	1	2
151～280	13	2	3
281～500	20	3	4
501～1 200	32	5	6
1 201～3 200	50	7	8
3 201～10 000	80	10	11

8.5 型式检验

8.5.1 按表2中每个尺寸组任选一规格进行型式检验，型式检验的项目为5.2～5.4和6.1～6.10的全部要求。

8.5.2 一般情况下，5.2～5.4和6.1～6.9(其中不含6.1.2)每两年进行一次试验，6.1.2和6.10每5年进行一次试验。若有以下情况之一，应进行型式检验：

a) 正式生产后，若结构、材料、工艺有较大改变，可能影响产品性能时；

b) 产品因任何原因停产半年以上恢复生产时；

c) 出厂检验结果与上次型式检验结果有较大差异时。

8.6 判定规则

外观、尺寸按表3进行判定。用于生活用水的截止阀卫生指标有一项不合格，卫生指标即判为不合格。其他指标有一项达不到规定时，则随机抽取双倍样品进行该项复验，如仍不合格，则判为不合格。

9 标志、包装、运输、贮存

9.1 标志

9.1.1 产品至少应有下列永久性标记

a) 公称尺寸DN和所连接管材公称外径 d_n；

b) 公称压力PN和管系列S值；

c) 壳体原料名称或缩略语；

d) 商标；

e) 生产日期(年月)；

f) 用于非饮用水应注明；

g) 采用缩径设计应注明。

9.1.2 产品包装应有下列标记

a) 生产厂名、厂址、商标；

b) 产品名称、规格；

c) 生产批号或生产日期；

d) 本标准编号。

9.2 包装

一般情况下，每个包装箱内应装相同品种和规格的截止阀，其他情况供需双方协商。

9.3 运输

截止阀在运输时，不得曝晒、沾污、重压、抛摔和损伤。

9.4 贮存

截止阀应贮存在室内，远离热源，合理放置。

附 录 A
（规范性附录）
手工操作允许作用力的确定方法

A.1 原理

本方法是根据截止阀部件的尺寸确定手工操作允许作用力。

A.2 要求

A.2.1 截止阀部件的最小尺寸

手动操作力 F 和最大手动操作力 F_s 是根据表 A.1 的尺寸按表 1 选择或按 A.2.2 计算。

表 A.1 手动操作力与部件尺寸

操作力	D 和 L/mm											
	100	125	160	200	250	315	400	500	630	720	800	1 000
F/N	250	300	300	350	400	400	400	400	400	400	400	400
F_s/N	500	600	600	700	800	800	1 000	1 000	1 000	1 000	1 000	1 000

注：
D ——指手轮的直径，以毫米(mm)表示，见图 A.1；
L ——手柄的长度或操纵杆旋转的半径，以毫米(mm)表示，见图 A.2；
F ——确定手动操作部件尺寸时所用的手动操作力，以牛顿(N)表示；
F_s ——确定手动操作部件尺寸时所用的最大手动操作力，以牛顿(N)表示。

A.2.2 操作要求

对于 D 和 L 中间值所用到的 F 和 F_s 的应用值应根据列表值采用线性插入的方法进行计算。

操作力 F 是指在以下条件下，单个人能手动操作操作部件时所用的手动操作力：

——操纵者站立着；

——操作部件近腰部；

——无空间约束；

——脚底坚实；

——操作用时不超过 5 min。

操作力 F_s 是指在与 F 同等使用条件下，单个人缩短操作时间时，能手动操作部件所用的手动操作力。

A.2.3 其他要求

在其他条件下应用 F 和 F_s 数值时，生产商与用户应协商一致。

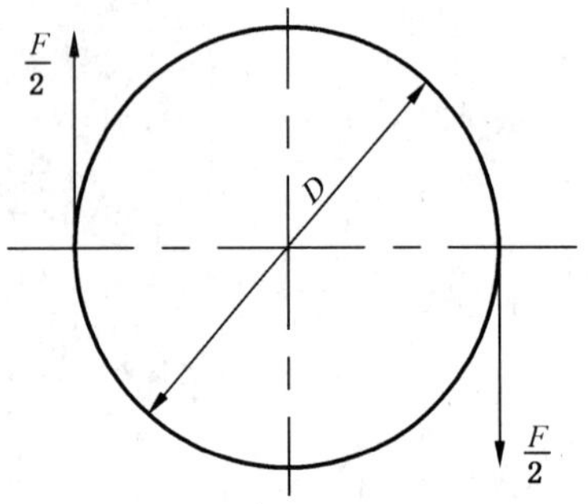

图 A.1　手轮

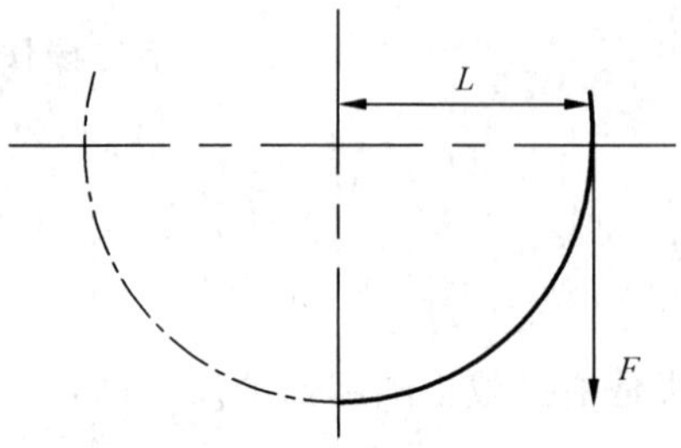

图 A.2　手柄

附 录 B
（规范性附录）
热塑性塑料阀门扭矩试验方法

B.1 原理

根据阀杆的扭矩大小，检查塑料阀门部件的加工质量与整体的装配质量。

B.2 设备

B.2.1 设备应满足阀门在 23 ℃±5 ℃和公称压力下用水或气体（用气体时最大压力为 0.6 MPa）试验。
B.2.2 泵，在试验期间应能提供规定的压力，压力精度为 1%。
B.2.3 装置，能提供试验所需要的扭矩，其读数精度应满足测量值的±2%。
B.2.4 测量仪器，在扭矩试验期间，应能够连续读数，并能记录其最大值。

B.3 试验步骤

B.3.1 状态调节前的预处理
B.3.1.1 开启和关闭阀门 10 次，应能平滑操作。
B.3.1.2 试验前进行状态调节不少于 12 h。
B.3.2 在阀门关闭状态下，阀门压力在 60 s 内逐渐升到公称压力，保压 5 min。
B.3.3 将阀门手柄或阀杆与扭矩测量装置连接，施加扭矩，并逐渐增加到开启扭矩。过程应符合表 B.1 内要求。

表 B.1

型　式	公称尺寸 DN	操作时间 s	操作速度 r/min
90°旋转阀门	DN≤50	2	—
	DN>50	DN/30[a]	—
多圈旋转阀门	DN≤50	—	20
	DN>50	—	10

[a] 阀门的公称外径，数值上等于 GB/T 4217—2008 中规定的管材的公称外径；保留一位小数，小数点后第二位非零进位。

B.3.4 在整个开启过程中，连续记录整个过程的开启扭矩及最大开启扭矩。
B.3.5 关闭阀门到完全闭合，连续记录整个过程的关闭扭矩及最大关闭扭矩。
B.3.6 双向阀门应在两个方向分别进行试验。

附 录 C
（规范性附录）
热塑性塑料阀门疲劳强度试验方法

C.1 原理

根据塑料阀门阀杆转动次数的多少，检查塑料阀门部件的加工质量与整体的密封质量。

C.2 设备

能对整体阀门进行试验，并且能分步骤试验或自动地连续试验。

能在试验周期内有压力状态下停止试验，并且能在阀门关闭状态下保持压力。

压力表的精度范围应不低于满量程的1%。

温度测量精度应在±2 ℃%以内。

C.3 步骤

C.3.1 试验规定

a) 在前5次循环中调整流速达到(1±0.2)m/s；

b) 在疲劳强度试验过程中允许紧固压盖3次；

c) 试样的数量为1个；

d) 试验环境温度为23 ℃±5 ℃。

C.3.2 疲劳强度试验

疲劳强度试验使用水、气体作为流体介质，应符合具体产品标准规定的温度、压力和流速。试验的环境温度应符合产品标准。

C.3.2.1 多圈旋转开启的阀门到完全开启的位置，DN≤50的阀门，转动速度为40 r/min±10 r/min；DN>50的阀门，转动速度为20 r/min±10 r/min。

旋转90°开启的阀门，DN≤50的阀门，开启时间至少为2 s；DN>50的阀门，开启时间至少为4 s。

阀门在开启的位置停留应不少于5 s，但不能多于20 s。

C.3.2.2 多圈旋转关闭的阀门，转动速度为40 r/min±10 r/min。

旋转90°关闭的阀门，关闭时间至少为1 s。

C.3.2.3 关闭所施加的扭矩应符合具体产品的规定。

在开启和关闭期间，密封处应没有明显的渗漏。

C.3.2.4 在阀门关闭之后，承受的内压应符合具体产品标准。阀门在关闭的位置应不少于5 s，但不能多于20 s。

C.3.2.5 阀门应按C.3.2.1的要求开启。

C.3.2.6 试验步骤按C.3.2.1～C.3.2.5的要求，循环次数按具体产品标准的要求。

C.4　试验报告

试验报告至少应包括下列内容：

a)　产品标准号；

b)　阀门的整体信息包括以下内容：

　　1)　阀体的材料；

　　2)　公称尺寸 DN 和承口或插口的直径；

　　3)　阀门的公称压力 PN；

　　4)　生产单位名称或商标；

　　5)　与管材连接的方式；

　　6)　流动方向(如果需要)。

c)　试验条件；

d)　试样的数量；

e)　是否通过本方法的试验要求，如果阀门试验失败(泄漏或破裂)，应说明失效状态；

f)　本试验方法没有规定的其他操作，或影响试验结果的偶然现象。

ICS 97.200.50
Y 57

中华人民共和国国家标准

GB/T 28495—2012

竹木玩具通用技术条件

General technical requirements for bamboo and wooden toys

2012-09-03 发布　　2012-11-01 实施

中华人民共和国国家质量监督检验检疫总局
中国国家标准化管理委员会　发布

前　言

本标准按 GB/T 1.1—2009 给出的规则编写。

本标准由中国轻工业联合会提出。

本标准由全国玩具标准化技术委员会(SAC/TC 253)归口。

本标准的起草单位:浙江省质量技术监督检测研究院、浙江和信玩具有限公司、广东出入境检验检疫局检验检疫技术中心玩具实验室、谱尼测试科技(北京)有限公司、扬州进出口玩具检验所、上海进出口玩具检测中心、北京中轻联认证中心。

本标准主要起草人:郑希俊、丁浩、何尚清、何晓红、刘炘、顾航、傅晓梅。

竹木玩具通用技术条件

1 范围

本标准规定了一般竹木玩具的基本技术要求及测试方法。

本标准适用于以木材、竹等为主制造的竹木玩具，不包括能承载儿童体重的竹木玩具。

2 规范性引用文件

下列文件对于本文件的应用是必不可少的。凡是注日期的引用文件，仅注日期的版本适用于本文件。凡是不注日期的引用文件，其最新版本(包括所有的修改单)适用于本文件。

GB/T 1931 木材含水率测定方法

GB 6675 国家玩具安全技术规范

GB 19865 电玩具的安全

3 术语和定义

GB 6675 和 GB 19865 界定的以及下列术语和定义适用于本文件。

3.1

本色产品 original color product

选用透明涂料(如各种清漆)涂饰或未经涂饰的竹木玩具产品。

3.2

上色产品 colored product

选用有色涂料(如各种色漆)涂饰的竹木玩具产品。

3.3

堆漆 pile paint

由于局部涂料堆积造成的缺陷。

3.4

流痕 flow trace

对流挂处进行处理后，仍可分辨出的流挂痕迹。

3.5

树脂漏 resinous wood; resin bleeding

树干局部受伤后，树脂大量集聚，并浸透其周围的木质所形成，通常称为明子。

3.6

装饰面 decorative surface

产品外部的涂饰或作其他表面处理之处。

4 技术要求

4.1 总则

竹木玩具机械和物理性能、燃烧性能、特定元素的迁移、玩具标识和使用说明、电性能的安全要求，应符合 GB 6675 和 GB 19865 的规定。

4.2 产品外观

4.2.1 竹木材质要求

产品的纹理清楚、颜色均匀，无霉变、虫蛀、死节、树脂漏(明子)、无明显影响使用功能的变形。

4.2.2 本色产品

本色产品的装饰应无明显黑点、结疤和裂纹。

4.2.3 上色产品涂饰面

上色产品的涂饰面应无明显的色差。

4.2.4 装饰性图案要求

产品装饰性图案不得有污迹、渗痕，同一产品上相同颜色不得有明显差异，符合设计要求。

4.2.5 漆膜

漆膜应平滑、光亮、牢固；主要表面应无堆漆、起泡、皱纹、泛白及影响美观的补漆、擦毛和流痕。

4.2.6 镀层

镀层应牢固、光亮，不得有起泡、脱壳、露底、锈蚀、发毛及明显的擦伤和冲制拉丝。

4.2.7 塑料配件

塑料件应表面光洁，无飞边及影响美观的缩痕、斑纹、熔合线、生料、色差、划痕和污点等。

4.3 含水率

产品含水率应不高于我国各地年平均木材平衡含水率，我国各地区年平均木材平衡含水率值见附录 A 中表 A.1。

4.4 装配要求

装配应平整、牢固，不得有脱胶、脱钉，无影响美观和功能的明显错位，活动部位应灵活，各项功能完整。

4.5 特定产品特殊要求

4.5.1 积木玩具

同一副积木玩具按使用说明堆积平稳不倒塌，主要面厚度公差应符合产品设计要求。

4.5.2 贴纸玩具

贴纸玩具应贴纸平服、无气泡、折皱；宽度不大于 3 mm 的翘角或浮边不得超过一处；同副产品中各组成件的同一画面厚度公差和缝隙不大于 0.40 mm。

4.5.3 拼板玩具

拼板玩具应预切割完整，圆弧曲率半径公差正面为 2 mm，拼板反面不得有宽度超过 2 mm 的缺口。

4.5.4 组装玩具

组装玩具应装拆自如。

4.5.5 拖拉玩具

按5.4.1测试时,拖拉玩具轮子着地平面度公差应小于或等于1 mm,功能应符合设计规定。

拖拉玩具的拖拉绳安装强度在按5.4.2测试时,应无松开或断裂现象。

4.5.6 计算玩具

计算玩具算珠应数目准确、大小均匀、外观圆滑,无裂缝、节疤,同一产品各档算珠滑动顺畅、叠拢高度公差应小于或等于3 mm。

4.5.7 声响玩具

按5.6测试时,声响玩具应声音清晰、音量适中。

4.5.8 多功能玩具

多功能玩具的各项功能应分别符合4.5.1～4.5.7规定的要求,特殊的性能要求应符合产品设计要求。

5 测试方法

5.1 外观检查

外观检查应朝北散射的自然光照下,或者产品距光源1 m～1.2 m的40 W日光灯下,用目测进行检查,检查视距为300 mm～450 mm。

5.2 含水率测试

木材含水率按GB/T 1931进行检验。

5.3 积木、贴纸、拼板及组装玩具测试

积木、贴纸、拼板及组装玩具,应分别进行堆积、拼接或装拆,用精度为±0.02 mm的游标卡尺和精度为±1 mm的钢直尺检验4.5中相应的要求。

5.4 拖拉玩具测试

5.4.1 轮子着地平面度

拖拉玩具轮子着地的平面度检查:将产品放在平板上用精度为±0.1 mm塞尺检验。

5.4.2 拖拉绳的安装强度

从安装绳部位500 mm处,将绳固定,从固定处将玩具自然落下,落下次数为3次,若绳的长度不足500 mm时,将其末端固定,只以绳的长度使其落下。

5.5 计算玩具测试

外观采用目测检查,叠拢高度公差用精度为±1 mm的钢直尺检验。

5.6 声响玩具测试

试奏声响玩具,以正常听觉检验。

附 录 A
（规范性附录）
我国各地区木材平衡含水率

A.1 产品年平均木材平衡含水率

产品的年平均木材平衡含水率应按表 A.1 中我国各省(区)、直辖市及主要城市年平均木材平衡含水率值为评定依据，其中表 A.1 中未列出的城市应按各省(区)年均木材平衡含水率值为评定依据。

表 A.1 我国各省(区)、直辖市及主要城市年平均木材平衡含水率值

各省市及城市名称	年平均木材平衡含水率 %	各省市及城市名称	年平均木材平衡含水率 %
* 北京	11.4	郑州	12.4
* 黑龙江	13.6	洛阳	12.7
哈尔滨	13.6	徐州	13.9
齐齐哈尔	12.9	* 安徽	14.9
佳木斯	13.7	合肥	14.8
牡丹江	13.9	芜湖	15.8
克山	14.3	* 湖北	15.0
* 吉林	13.1	武汉	15.4
长春	13.3	宜昌	15.4
四平	13.2	* 浙江	16.0
* 辽宁	12.2	杭州	16.5
沈阳	13.4	温州	17.3
大连	13.0	* 江西	15.6
* 内蒙古	11.1	南昌	16.0
呼和浩特	11.2	九江	15.8
* 天津	12.6	* 湖南	16.0
* 山西	11.4	长沙	16.5
太原	11.7	衡阳	16.8
* 河北	11.5	* 新疆	10.0
石家庄	11.8	乌鲁木齐	12.7
* 山东	12.9	* 宁夏	10.6
济南	11.7	银川	11.8
青岛	14.4	* 陕西	12.8
* 河南	13.2	西安	14.3

表 A.1（续）

各省市及城市名称	年平均木材平衡含水率 %	各省市及城市名称	年平均木材平衡含水率 %
*青海	10.2	*上海	16.0
西宁	11.5	*江苏	15.3
*重庆	15.9	南京	14.9
*四川	14.3	*福建	15.7
成都	16.0	福州	15.6
雅安	15.3	永安	16.3
康定	13.9	厦门	15.2
宜宾	16.3	崇安	15.0
*甘肃	11.1	南平	16.1
兰州	11.3	*广西	15.5
*西藏	10.6	南宁	15.4
拉萨	8.6	桂林	14.4
昌都	10.3	*广东	15.9
*贵州	16.3	广州	15.1
贵阳	15.4	海南(海口)	17.3
*云南	14.3	台湾(台北)	
昆明	13.5		

注 1：我国各省(区)、直辖市及主要城市年平均木材平衡含水率值参照了 GB/T 6491—1999《锯材干燥质量》附录 A 中表 A.1 和中国林业出版社 1998 年出版的《木材工业实用大全》之一的木材干燥卷中的 1.3.3 我国各地木材平衡含水率的年估计值。

注 2：凡有“*”记号表示我国各省(区)、直辖市。